城镇燃气输配工程施工手册

主编：黄梅丹　　副主编：喻文烯
主审：宓亢琪　严铭卿

中国建筑工业出版社

图书在版编目（CIP）数据

城镇燃气输配工程施工手册/黄梅丹主编. —北京：
中国建筑工业出版社，2018.6（2024.2重印）
ISBN 978-7-112-21779-3

Ⅰ．①城…　Ⅱ．①黄…　Ⅲ．①城市燃气-煤气输
配-工程施工-技术手册　Ⅳ．①TU996.6-62

中国版本图书馆 CIP 数据核字（2018）第 013909 号

　　本书包括 16 章，分别是：概述；施工准备；土方工程；管材、附件及管道加工；埋地管道施工；管道的防腐和保温；管道附属设备安装；穿越、跨越工程施工；场站施工；用户燃气工程施工；信息化工程；工程竣工验收；管道置换与运行管理；管道不停输施工；施工安全、环境保护；施工组织设计及网络计划技术。文后还有附录。内容简明扼要，实用性强。

　　本书可以作为从事燃气工程建设、施工、监理工作的人员使用，也可以供大专院校专业师生参考。

责任编辑：胡明安
责任设计：李志立
责任校对：姜小莲

城镇燃气输配工程施工手册

主编：黄梅丹　副主编：喻文烯
主审：宓亢琪　严铭卿

*

中国建筑工业出版社出版、发行（北京海淀三里河路 9 号）
各地新华书店、建筑书店经销
霸州市顺浩图文科技发展有限公司制版
建工社（河北）印刷有限公司印刷

*

开本：787×1092 毫米　1/16　印张：22½　字数：555 千字
2018 年 4 月第一版　2024 年 2 月第二次印刷
定价：**72.00** 元
ISBN 978-7-112-21779-3
（31622）

序

与任何实体工程项目一样，燃气工程项目的建设需要经过可行性论证、初步设计的全局安排、施工图的具体化设计等文件的制定阶段，最后经由施工过程予以从实体上实现项目的建设。笼统地说，施工以前的各项程序阶段是"务虚"，施工则是"务实"。这表明，全面说明燃气工程项目的施工内容、论述施工各环节的进程和基本要求等的《城镇燃气输配工程施工手册》，应具有鲜明的反映施工实践的性质。不同于其他类型的科学技术书籍那样，要求详细列举学科中的各种分类、论及一系列概念、原理、给出众多公式、定理等；《城镇燃气输配工程施工手册》的科学性应寓于对施工内容、进程、重点要求和遵从标准、规范的务实性之中。

这本《城镇燃气输配工程施工手册》是在我国燃气工业，特别是天然气工业在新世纪经历了一段突飞猛进的发展以后，在继承已有燃气工程施工书籍文献的基础上，结合天然气工程项目施工新的实践编撰而成。它是一本有新内涵、有工程实际指导意义的书籍。

本书共有16章。我们只略为指出：本书的主线是第5章埋地管道施工，第7章管道附属设备安装，第9章场站施工，第10章用户燃气工程施工和讲述燃气管道施工的特殊形态的第8章穿越、跨越工程施工，以及讲述对燃气工程系统施工的完成评价的第12章工程竣工验收。围绕这一主线，第3章土方工程，讲述燃气工程系统的环境条件——土地和道路；第4章管材、附件及管道加工，讲述燃气管道的施工对象；第6章管道的防腐和保温，讲述燃气管道应对主要环境问题——防腐和防电化腐蚀。此外，第11章燃气信息化工程，按辅助专业角度进行讲述。第13章管道置换与运行管理，第14章管道不停输施工，第15章施工安全、环境保护，讲述项目施工中或建成后的重要实际工程操作。第16章施工组织设计及网络计划技术，概述了施工现代化的系统工程方法，提倡在燃气工程施工中采用科学的计划和进度控制技术，以及另有两个开篇的概述、预备章节。应该说，本书内容完整、丰富，且实用。

在当今计算机和信息科学技术、数字化、人工智能发展的时代，燃气工程施工有望在这一潮流中，在不断创新的科技成果的基础上，逐步引进高度机械化、自动化以至智能化的施工装备、施工系统、施工工地。我们期望到那时《城镇燃气输配工程施工手册》应该又一次在新的工程技术实践的基础上写进更新的内容。

响应本书作者的委托，写了以上对《城镇燃气输配工程施工手册》的一些不成熟的认识和感想，权且提供作为本书的序言吧。

严铭卿

2018.1.29

前　言

在国家政策《能源发展"十三五"规划》中，天然气管网建设方面按照"西气东输、北气南下、海气登陆、就近供应"的原则，统筹规划天然气管网，加快主干管网建设，优化区域性天然气干线支线管网建设，打通天然气利用"最后一公里"，实现全国主干管网及区域管网互联互通，城市燃气工程随着城市的发展，投资也越来越多。燃气工程作为城市的基础设施不仅关系到居民的生活，还直接影响到城市发展的可持续发展大局。为此，各城市不遗余力的加大城市燃气工程的建设力度，使燃气工程施工规模越来越大、技术难度越来越高、施工环境越来越复杂，同时，新材料、新工艺、新设备、新技术的不断涌现，对燃气工程从业人员的知识积累、技能要求、学习能力提出了更高的要求。为了方便城镇燃气输配工程施工技术人员学习、查找施工技术数据和资料，笔者主持编写了《城镇燃气输配工程施工手册》，以帮助城镇燃气输配工程施工技术人员学习和参考。本书以系统实用、简明扼要为宗旨，编写内贴近城镇燃气输配工程实践、真实反映现场施工技术人员的需求，注重实用性和可操作性。

本书主编黄梅丹，副主编喻文烯，主审宓亢琪、严铭卿。内容包括 16 章，由黄梅丹负责总体策划、统筹安排工作，黄梅丹、喻文烯负责大纲编写、组织协调和定稿等工作。其中第 1 章由黄梅丹撰写、第 2 章由喻文烯撰写；第 3、4 章由石婷萍撰写；第 5 章由曾丽、黄梅丹、沈北宁撰写；第 6 章由于彬撰写；第 7 章由喻文烯撰写；第 8 章由于彬撰写；第 9 章由曾丽撰写；第 10 章由喻文烯撰写；第 11 章由管胜强、宋超撰写；第 12 章由胡超撰写；第 13 章由曾丽、黄梅丹撰写；第 14 章由胡超撰写；第 15 章由黄梅丹撰写；第 16 章由赵慧华撰写；附录部分由胡超负责收集整理。在本书的成稿过程中，严铭卿和宓亢琪提出了很多宝贵意见，指导本书的校核，彭知军为本书整理了大量的规范和法律法规，席新芳为本书提供了燃气入廊的资料，在此表示深深的感谢。

本书是编写人员多年从业经验的总结和提升，希望通过本书与各位专业人士分享我们的技术方法和施工理念。虽然编写人员尽了最大的努力，但限于作者水平有限书中疏漏和错误之处恐有所难免，敬请读者批评指正。本书的编写的过程中参阅了大量的参考文献，从中受益匪浅，所附参考文献如有遗漏或错误，请读者直接与出版社联系，以便再版时补充或者更正。

最后，谨向所有帮助、支持和鼓励完成本书的家人和朋友致以深深的敬意和感谢。

目　　录

1 概　　述

1.1　燃气的分类和性质

燃气是指所有的气体燃料。它清洁无烟，发热量大，燃烧温度高，容易点燃和调节，已经成为城镇居民生活、公共建筑和工业企业生产所需燃料的主要来源。燃气是由多种气体组成的混合物，包括可燃气体、不可燃气体和混杂气体。

1.1.1　燃气的分类

燃气的种类有很多，一般作为城镇燃气的有天然气、人工燃气和液化石油气等。无论是天然气、人工燃气和液化石油气都直接或者来自天然气、石油和煤炭等这些不可再生资源。为落实科学发展观，创造节约型社会，增强城市国际竞争力，合理利用燃气、节约使用燃气尤其重要。

1. 天然气

天然气是由古生物的遗骸长期沉积地下，经过漫长岁月的转化、裂解而形成的气态碳氢化合物。它既是制取合成氨、炭黑、乙炔等化工产品的原料气，又是优质燃气，是理想的城镇燃气气源。有效利用天然气对于促进低碳化、实现节能减排、提高能源利用率和实现能源的可持续发展具有重要的意义。

2. 人工燃气

人工燃气是以固体或者液体加工所得可燃气体。按照制取方法不同一般可以分为干馏煤气、气化煤气、油制气、高炉煤气等。作为城镇气源的人工燃气主要有：焦炉炼焦副产品的干馏煤气、以纯氧和水蒸气作为汽化剂的高压气化煤气和石脑油为原料的油制气。近年来，人工燃气逐渐被液化石油气和天然气取代。

3. 液化石油气

液化石油气是开采和炼制石油过程中作为副产品获得的一部分碳氢化合物，分为天然石油气和炼厂石油气，我国目前供应的主要为炼厂石油气。加压液化后体积可以缩小到原来体积的 1/250，便于运输和管理。

1.1.2　城镇燃气质量要求

（1）城镇天然气与人工燃气　天然气的技术指标应符合表 1-1 中一类气或二类气的规定，人工燃气的技术指标及试验方法则应符合表 1-2 之规定。

（2）液化石油气　液化石油气应限制其中的硫分、水分、乙烷、乙烯的含量，并应控制残液（C5～C6 以上成分）量，因为 C5 和 C5 以上成分在常温下不能气化。

天然气的技术指标（GB 17820） 　　表1-1

项　　目	一类	二类	三类	试验方法
高发热值(MJ/m³)		>31.4		GB/T 11062
总硫(以硫计)(mg/m³)	≤100	≤200	≤460	GB/T 11061
硫化氢(mg/m³)	≤6	≤20	≤460	GB/T 11060.1
二氧化碳(%)		≤3.0		GB/T 13610
水露点(℃)		在天然气交接点的压力和温度条件下， 天然气的水露点应比环境温度低5℃		GB/T 17283

注：1. 标准中气体体积的标准参比条件是 101.325kPa，20℃；
　　2. 本标准实施之前建立的天然气输送管道，在天然气交接点的压力和温度条件下，天然气中应无游离水。无游离水是指天然气经机械分离设备分不出游离水。

人工燃气的技术标准及试验方法（GB 13612） 　　表1-2

项　　目	质量指标	试验方法
低热值[a](MJ/m³) 　一类气[b] 　二类气[b]	 >14 >10	 GB/T 12206 GB/T 12206
燃烧特性指数[c]波动范围应符合	GB/T 13611	
杂质 焦油和灰尘(mg/m³) 硫化氢(mg/m³) 氨(mg/m³) 萘[d](mg/m³)	 <10 <20 <50 <50×10²/P(冬天) <100×10²/P(夏天)	 GB/T 12208 GB/T 12211 GB/T 12210 GB/T 12209.1
含氧量[e](体积分数)(%) 一类气 二类气	 <2 <1	 GB/T 10410.1 或化学试验方法 GB/T 10410.1 或化学试验方法
一氧化碳量[f](体积分数)(%)	<10	GB/T 10410.1 或化学试验方法

注：a) 本标准煤气体积 (m) 指在 101.325kPa，15℃状态下的体积。
　　b) 一类气为煤干馏气；二类气为煤气化气、油气化气（包括液化石油气及天然气改制）。
　　c) 燃烧特性指数：华白数 (W)、燃烧势 (CP)。
　　d) 萘系指萘和它的同系物 a-甲基萘及 β甲基萘和 β甲基萘。在确保煤气中萘不析出的前提下，各地区可以根据当地城市燃气管道埋设处的土壤温度规定本地区煤气中萘标准，并报标准审批部门批准实施。但管道绝对压力小于202.65kPa，压力 (p) 因素可不参加计算。
　　e) 含氧量系指制气厂生产过程中所要求的指标。
　　f) 对二类气或掺有二类气的一类气，其一氧化碳含量应小于20%（体积分数）。

　　作为民用及工业用燃料的液化石油气与汽车用液化石油气的质量标准有所不同，应符合国家标准规定。表1-3 为液化石油气的技术要求和试验方法。

液化石油气的技术要求和试验方法（GB 11174） 　　表1-3

项　　目	质量指标			试验方法
	商品丙烷	商品丙丁烷混合物	商品丁烷	
密度(15℃)(kg/m³)		报告		SH/T 0221[a]
蒸汽压(37.8℃)(kPa)　不大于	1430	1380	485	GB/T 12576

续表

项　目	质量指标			试验方法
	商品丙烷	商品丙丁烷混合物	商品丁烷	
组分[b] C₃ 烃类组分烃(体积分数) 　　　　　　　　　　不小于 C₄ 及 C₄ 以上烃类组分(体积分数)(%) 　　　　　　　　　　不大于 (C₃+C₄)烃类组分(体积分数)(%) 　　　　　　　　　　不小于 C₅ 及 C₅ 以上烃类组分(体积分数)(%) 　　　　　　　　　　不大于	95 2.5 — —	— — 95 3.0	— — 95 2.0	SH/T0230
残留物 蒸发残留物(mL/100mL)　　不大于 油渍观察	0.05 通过[c]			SY/T 7509
铜片腐蚀(40℃,1h)(级)　不大于	1			SH/T 0232
总硫含量(mg/m³)　　　不大于	343			SH/T 0222
硫化氢(需满足下列要求之一) 　乙酸铅法 　层析法(mg/m³)　　　不大于	无 10			SH/T 0125 SH/T 0231
游离水	无			目测[d]

注：a　密度也可用 GB/T 12576 方法计算，有争议时以 SH/T 0221 为仲裁方法。
　　b　液化石油气中不允许人为加入除加臭剂以外的非烃类化合物。
　　c　按 SY/T 7509 方法所述，每次以 0.1mL 的增量将 0.3mL 溶剂-残留物混合液滴到滤纸上，2min 后在日光下观察，无持久不退的油环为通过。
　　d　有争议时，采用 SH/T 0221 的仪器及试验条件目测是否存在游离水。

1.2 燃气系统构成

城镇燃气输配系统是一个综合设施，主要由燃气输配管网、储配站、计量调压站、运行、操作和控制设施等组成。

1.2.1 燃气管道分类

燃气系统的主要组成部分是燃气管道。管道可按燃气压力、用途和敷设方式分类。

1. 按压力分类

（1）高压燃气管道分类　　A：$2.5MPa<P\leqslant4.0MPa$
　　　　　　　　　　　　B：$1.6MPa<P\leqslant2.5MPa$

（2）次高压燃气管道分类　A：$0.8MPa<P\leqslant1.6MPa$
　　　　　　　　　　　　B：$0.4MPa<P\leqslant0.8MPa$

（3）中压燃气管道分类　　A：$0.2MPa<P\leqslant0.4MPa$
　　　　　　　　　　　　B：$0.01MPa\leqslant P\leqslant0.2MPa$

（4）低压燃气管道分类　　$P<0.01MPa$

2. 按用途分类

(1) 长距离输气管道，一般用于天然气长距离输送。

(2) 城镇燃气管道，又可以分为以下几类：

1) 城镇输气干管：城镇燃气门站至城市配气管道之间的管道。

2) 配气管：在供气地区将燃气分配给居民用户、商业用户和工业企业用户的管道。如街区配气管与住宅庭院内的管道。

3) 引入管：室外配气支管与用户室内燃气进气管之间的管道。

4) 室内燃气管：引入管总阀门到各个燃具和用气设备之间的燃气管道。

3. 按敷设方式分类：

(1) 地下燃气管道：一般在城市中常采用地下敷设的管道。

(2) 架空燃气管道：在管道越过障碍物时，或在工厂区为了管理维修方便，采用架空敷设管道。

1.2.2 燃气管网系统

城市燃气管网由燃气管道及其设备组成。由于低压、中压和高压等各种压力级别管道不同组合，城市燃气管网系统的压力级制可分为：

(1) 一级系统：仅由一种级别的管网分配和供给燃气的管网系统。通常为低压或中压管道系统。一级系统一般适用于小城镇的供气，当供气范围较大时，输送单位体积燃气的管材用量将急剧增加。

根据低压气源（燃气制造厂和储配站）压力的大小和城镇的范围，低压供应方式分为利用低压储气柜的压力进行供应和由低压压送机供应两种。低压供应原则上应充分利用储气柜的压力，只有当储气柜的压力不足，以至低压管道的管径过大而不合理时，才采用低压压送机供应。

低压供应方式和低压一级制管网系统的特点是：

1) 输配管网为单一的低压管网，系统简单，维护管理容易。

2) 无需压送费用或只需少量的压送费用，当停电或压送机发生故障时，基本不妨碍供气，供气可靠性好。

3) 对供应区域大或供应量多的城镇，需敷设较大管径的管道而不经济。

(2) 二级系统：以两种压力级别的管网组成的管网系统。设计压力一般为中压 B-低压或者中压 A-低压。

中压供应方式和中-低压两级管网系统。如图 1-1 所示，中压燃气管道经中-低压调压站调至低压，由低压管网向用户供气；或由低压气源厂和储配柜供应的燃气经压送机加至中压，由中压管网输气，再通过区域调压器调至低压，由低压管道向用户供气。在系统中设置储配站调节用气不均匀性。

二级制管网系统适用于区域较大、供气量较大、采用低压供应方式不经济的中型城镇。

在天然气输配系统中，经门站调压或中压天然气由中压管道送至小区调压柜或楼栋调压箱调制低压供用户，称为单级中压系统，实则也是由两级系统构成。

(3) 三级系统：以三种压力级别组成的管网系统。设计压力一般为高压—中压—低压

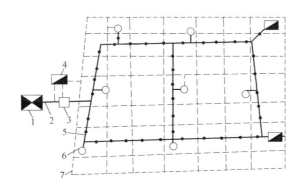

图 1-1 低压-中压 B 两级调压

1—气源厂；2—低压管道；3—压气站；4—低压储气站；
5—中压 B 管网；6—区域调压站；7—低压管网

或者次高压—中压—低压。

高压供应方式和高—中—低三级管网系统。如图 1-2 所示，高压燃气从城市天然气接收站（天然气门站）或气源厂输出，由高压管网输气，经区域高—中压调压器 6 调至中压，输入中压管网 7 再经中—低压调压器 8 调成低压，由低压管网供应燃气用户。目前多采用高管道储气调节用气的不均匀性。

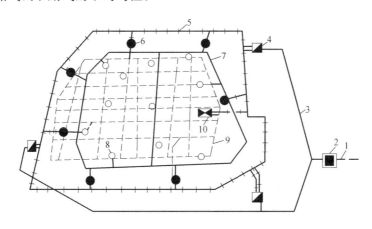

图 1-2 三级管网系统

1—长输管线；2—城市燃气分输站；3—高压管道；4—储气站；5—高压管网；6—高-
中压调压站；7—中压管网；8—中-低压调压站；9—低压管网；10—气源厂

高压供应和高—中—低压三级制管网系统的特点是：

1）高压管道的输送能力较中压管道更大，需用管道的管径更小，如果有高压气源，管网系统的投资和运行费用均较经济。

2）因采用管道储气或高压储气柜（罐），可保证在短期停电等事故时供应燃气。

3）因三级制管网系统配置了多级管道和调压器，增加了系统运行维护的难度。如无高压气源，还需要设置高压压送机，压送费用高，维护管理较复杂。

因此，高压供应方式及三级制管网系统适用于供应范围大、供气量大、并需要较远距离输送燃气的场合，可节省管网系统的建设费用，用于天然气或高压制气等高压气源更为经济。

（4）多级系统：由三种以上级制的管道之间通过调压装置连接的系统，压力分为四级：低压、中压 B、中压 A 和高压 B，天然气由高压管网进入，经过调压后进入各级环中；工业和大型用户与中压环网相连，居民和公建与低压管网相连。如图 1-3 所示。

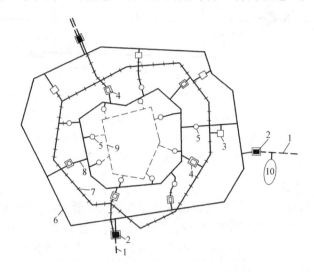

图 1-3　多级管网系统

1—长输管线；2—城市燃气分输站；3—调压计量；4—储气站；5—调压站；
6—高压环网；7—高压 B 环网；8—中压 A 环网；9—中压 B 环网；10—地下储气库

1.3　城镇燃气工程施工是基建程序中的重要环节

随着经济的发展和社会的进步，城市基础建设投资逐年增加。燃气工程是城市主要基础设施，能够促进我国城镇化的发展和进步。但城市燃气的安全生产总体形势依然十分严峻，燃气工程质量引起了政府的重视和人们的广泛关注。如果我们把城镇比作人体，燃气管道就相当于人体中的血管，如何保证"血管"安全可靠运行是至关重要的，也是燃气经营企业面临的重要课题。燃气工程的规划建设不仅关系到城镇居民的衣食住行，还直接影响我们城市的经济、文化、环境建设和可持续发展。

城镇燃气工程是复杂的系统工程。有不同压力级制的输配管网及附属设施。单位工程可以不设分部工程，直接划分为分项工程。根据工程实际情况，对燃气泄漏报警系统、钢管阴极保护系统、定向钻施工、顶管施工等专业化程度高、施工工艺复杂的工程或进行专业分包的工程可划分为分部工程。需要分段验收交付使用的工程应划分分部工程。

1.3.1　燃气工程建设遵循的基本原则及技术要求

燃气工程建设应遵循国家有关法律、法规、现行强制性国家技术标准、规范进行设计施工，并处理好近期、远期关系；工程建设中涉及安全、公众利益和强制性技术标准规范的内容，要加强审核、监督；利用行之有效的新技术、新工艺、新材料、新设备时，必须依据现行国家行业标准或可研依据（如鉴定、许可证）；按国家统一"市政工程"建设项目的定额、政费标准进行工程预、决算。从而达到工程技术先进、经济合理、确保质量、安全适用、保护环境的基本原则。工程投产运行后，持续长期安全运行。

1.3.2 燃气工程建设程序

（1）城镇燃气发展规划以后期为主，结合城镇建设总体发展规划适度扩展中期。规划由建设行政主管部门组织编写或由企业编制上报审批，属行政行为。燃气发展规划经批准后纳入当地城镇建设总体规划统一管理实施。新建燃气工程规划作为招商依据；改、扩建工程，有规划依据，管网路由、站址有可靠保障。

（2）工程立项，可行性研究报告。实行审批。

（3）工程初步设计、施工图设计、施工。纯属企业行为。

（4）工程竣工验收，试运行，正式交付使用，企业行为主导，有关部门参与。工程图档交付城建档案馆建档。

工程建设过程中特别注意事项：

（1）气源可靠：技术条件（质量、供气压力、流量等）明晰；以合同方式论定。

（2）工艺方案比选后确定：一般高压输送、中压配送，低压使用（工业、商业用户中压进户）。

（3）材料设备选择符合现行国家行业标准且安全实用。如管材 L320、L295、L245（ERW）、PE、复合管选择应由技术经济指标、施工质量以及一次投资与二次运行费用有机结合。

（4）调压器：技术性能、安全可靠、环境保护相互匹配。

（5）储气设施：根据气源压力等级、储气方式、站址地质条件、安全评估、环境保护、运行可靠、人文因素等综合条件。加强质量监督管理，确保工程质量。

1.4 燃气工程识图

1.4.1 工程制图基本规定

1. 图纸图幅

（1）图纸幅面和图框尺寸应符合现行国家标准《房屋建筑制图统一标准》GB/T 50001 的规定，应符合表 1-4 规定。

图幅及图框尺寸（mm）　　　　　　　　　　　表 1-4

尺寸代号＼幅面代号	A0	A1	A2	A3	A4
$b \times l$	841×1189	594×841	420×594	297×420	210×297
C		10		5	
A			25		

注：本节以《房图统一标准》为基础，结合燃气工程设计的特点编写完成，其内容可满足燃气工程常规设计需要。

7

（2）A0 号图幅的面积为 1m²，A1 号为 0.5m²，是 A0 号图幅的对开。必要时允许加长幅面，但不是任意的，短边一般不应加长，长边可加长，但应符合表 1-5 规定。

图纸长边加长尺寸（mm）   表 1-5

幅面尺寸	长边尺寸	长边加长后尺寸
A0	1189	1486,1635,1783,1932,2080,2230,2378
A1	841	1051,1261,1471,1682,1892,2102
A2	594	743,891,1041,1189,1338,1486,1635,1783,1932,2080
A3	420	630,841,1051,1261,1471,1682,1892

（3）A0～A3 可横式或立式使用，A4 只能立式使用，如图 1-4～图 1-6 所示。

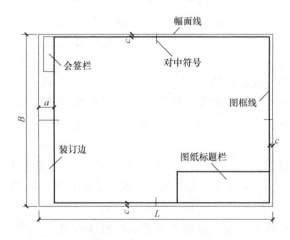

图 1-4 A0～A3 横式幅面

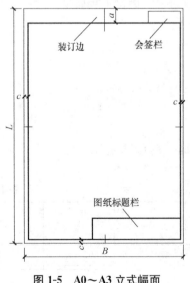

图 1-5 A0～A3 立式幅面

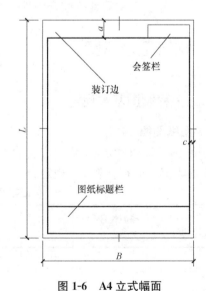

图 1-6 A4 立式幅面

（4）图纸标题栏及会签栏

将工程名称、设计单位、图名、图号、设计号及设计人、绘图人、审批人的签名和日期等集中列表放在图纸右下角称为图纸标题栏,如图 1-7 所示。其格式和内容可根据需要自行确定。会签栏是为各种工种负责人签字所列的表格,会签栏应按照图所示如图 1-8 所示,其尺寸应为 100mm×20mm,栏内应填写会签人员所代表的专业、姓名、日期;一个会签栏不够时,可另加一个,两个会签栏应并列;不需会签的图纸可不设会签栏。

图 1-7　图纸标题栏

专业	实名	签名	日期

图 1-8　会签栏

2. 图线

(1) 图线的粗实线宽度 b,应根据图纸的比例和类别按现行国家标准《房屋建筑制图统一标准》GB/T 50001 的规定选择。线宽可分为粗、中、细三种。

(2) 一张图纸上同一线型的宽度应保持一致,一套图纸中大多数图样同一线型的宽度宜保持一致。

(3) 常用线型的画法及用途宜符合表 1-6 的规定。表 1-6 中未给出的其他线型的画法及用途应符合国家现行相关标准的规定。

(4) 同一张图中,虚线、点画线、双点画线的线段长及间隔应一致,点画线、双点画线的点应使间隔均分,虚线、点画线、双点画线应在线段上转折或交汇。当图纸幅面较大时,可采用线段较长的虚线、点画线、双点画线。

常用线型的画法及用途　　　　　　　　　　　　　　　　　　　　　　表 1-6

名称	线　　型	线宽	用　途　示　例
粗实线	——————	b	(1)单线表示的管道; (2)设备平面图及剖面图中的设备外轮廓线; (3)设备及零部件等编号标志线; (4)剖切符号线; (5)表格外轮廓线
中实线	——————	$0.50b$	(1)双线表示的管道; (2)设备和管道平面及剖面图中的设备外轮廓线; (3)尺寸起止符; (4)单线表示的管道横剖面

续表

名称	线　型	线宽	用　途　示　例
细实线	——————————	0.25b	(1)可见建(构)筑物、道路、河流、地形地貌等的轮廓线； (2)尺寸线、尺寸界线； (3)材料剖面线、设备及附件等的图形符号； (4)设备、零部件及管路附件等的编号引出线； (5)较小图形中心线； (6)管道平面图及剖面图中的设备及管路附件的外轮廓线； (7)表格内线
粗虚线	— — — — — —	b	(1)被遮挡的单线表示的管道； (2)设备平面及剖面图中被遮挡设备外轮廓线； (3)埋地单线表示的管道
中虚线	— — — — — —	0.50b	(1)被遮挡的双线表示的管道； (2)设备和管道平面及剖面图中被遮挡设备外轮廓线； (3)埋地双线表示的管道
细虚线	— — — — — —	0.25b	(1)被遮挡的建(构)筑物的轮廓线； (2)拟建建筑物的外轮廓线； (3)管道平面和剖面图中被遮挡设备及管路附件的外轮廓线
点画线	—·—·—·—·—	0.25b	(1)建筑物的定位轴线； (2)设备中心线； (3)管沟或沟槽中心线； (4)双线表示的管道中心线； (5)管路附件或其他零部件的中心线或对称轴线
双点画线	—··—··—··—	0.25b	假想轮廓线
波浪线	∿∿∿	0.25b	设备和其他部件自由断开界线
折断线	—————／\————	0.25b	(1)建筑物的断开界线； (2)多根管道与建筑物同时被剖切时的断开界线； (3)设备及其他部件断开界线

3. 比例

（1）比例应采用阿拉伯数字表示。当一张图上只有一种比例时，应在标题栏中标注；当一张图中有两种及以上的比例时，应在图名的右侧或下方标注（图1-9）。

（2）当一张图中垂直方向和水平方向选用不同比例时，应分别标注两个方向的比例。在燃气管道纵断面图中，纵向和横向可根据需要采用不同的比例（图1-10）。

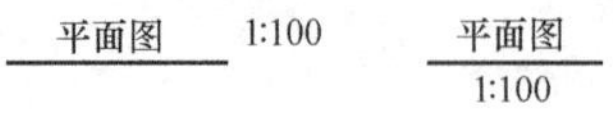

平面图 1:100　　　　平面图
　　　　　　　　　　　1:100

管道纵断面图　纵向　1:50
　　　　　　　横向　1:500

图1-9　比例标注示意图（一） 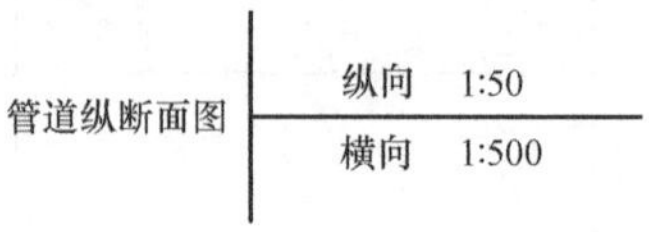　　　　**图1-10　比例标注示意图（二）**

（3）同一图样的不同视图、剖面图宜采用同一比例。

（4）流程图和按比例绘制确有困难的局部大样图，可不按比例绘制。

（5）燃气工程制图常用比例宜符合表1-7的规定。

常用比例   表 1-7

图　名	常用比例
规划图、系统布置图	1：100000,1：50000,1：25000,1：20000,1：10000,1：5000, 1：2000
制气厂、液化厂、储存站、加气站、灌装站、气化站、混气站、储配站、门站、小区庭院管网等的平面图	1：1000,1：500,1：200,1：100
工艺流程图	不按比例
瓶组气化站、瓶装供应站、调压站等的平面图	1：500,1：100,1：50,1：30
厂站的设备和管道安装图	1：200,1：100,1：50,1：30,1：10
室外高压、中低压燃气输配管道平面图	1：1000,1：500
室外高压、中低压燃气输配管道纵断面图	横向 1：1000,1：500　纵向:1：100,1：50
室内燃气管道平面图、系统图、剖面图	1：100,1：50
大样图	1：20,1：10,1：5
设备加工图	1：100,1：50,1：20,1：10,1：2,1：1
零部件详图	1：100,1：20,1：10,1:5,1：3,1：2,1：1,2：1

4. 字体

（1）图纸中的汉字宜采用长仿宋体，字高与字宽应按现行国家标准《房屋建筑制图统一标准》GB/T 50001 的规定选用。汉字字高宜根据图纸的幅面确定，但不宜小于 3.5mm。

（2）一张图或一套图中同一种用途的汉字、数字和字母大小宜相同，数字与字母宜采用直体。

5. 尺寸标注

（1）尺寸标注的深度应根据设计阶段和图纸用途确定。

（2）尺寸标注应包括尺寸界线、尺寸线、尺寸起止符和尺寸数字。尺寸宜标注在图形轮廓线以外。

（3）尺寸线的起止符可采用箭头、短斜线或圆点。一张图宜采用同一种起止符。其画法宜符合表 1-8 的规定。

箭头、短斜线和原点的画法   表 1-8

项　目	箭　头	短斜线	圆点
画法			

（4）除半径、直径、角度及弧线的尺寸线外，尺寸线应与被标注长度平行。多条相互平行的尺寸线，应从被标注图轮廓线由内向外排列，小尺寸宜离轮廓线较近，大尺寸宜离

轮廓线较远。尺寸线间距宜为 5~10mm。尺寸界线的一端应由被标注的图形轮廓线或中心线引出，另一端宜超出尺寸线 3mm（图 1-11）。

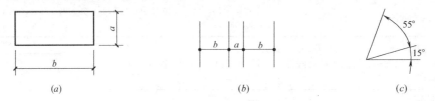

图 1-11 尺寸标注示意

（5）半径、直径、角度和弧线的尺寸线起止符应采用箭头表示。

（6）尺寸数字应标注在尺寸线上方的中部。当注写位置不足时，可引出标注，不得被图线、文字或符号中断。角度数字应在水平方向注写。

（7）图样上的尺寸单位，除标高应以米（m）及燃气管道平面布置图中的管道长度应以米（m）或千米（km）为单位外，其他均应以毫米（mm）为单位，否则应加以说明。

（8）尺寸数字的方向宜按现行国家标准《房屋建筑制图统一标准》GB/T 50001 的规定标注。

6. 管径和管道坡度

（1）管径应以毫米（mm）为单位。

（2）管径的表示方法应根据管道材质确定，且宜符合表 1-9 的规定。

管径的表示方法   表 1-9

管道材质	示例(mm)
钢管、不锈钢管	1 以外径 $D×$壁厚表示(如：$D108×4.5$) 2 以公称直径 DN 表示(如：$DN200$)
铜管	以外径$≠×$壁厚表示(如：$\phi8×1$)
铸铁管	以公称直径 DN 表示(如：$DN300$)
钢筋混凝土管	以公称内径 D_0 表示(如：$D_0=800$)
铝塑复合管	以公称直径 DN 表示(如：$DN65$)
聚乙烯管	按对应国家现行产品标准的内容表示(如：$de110$，$SDR11$)
胶管	以外径 $\phi×$壁厚表示(如：$\phi12×2$)

（3）管道管径的标注方式应符合下列规定：

① 当管径的单位采用毫米（mm）时，单位可省略不写；

② 水平管道宜标注在管道上方；垂直管道宜标注在管道左侧；斜向管道宜标注在管道斜上方；

③ 管道规格变化处应绘制异径管图形符号，并应在该图形符号前后分别标注管径；

$D219×5$

图 1-12 单管管径标注示意

④ 单根管道时，应按图 1-12 的方式标注；

⑤ 多根管道时，应按图 1-13 的方式标注。

（4）管道坡度应采用单边箭头表示。箭头应指向标高降低的方向，箭头部分宜比数字每端长出 1~2mm（图 1-14）。

图 1-13 多管管径标注示意

图 1-14 管道坡度标注示意

7. 标高

（1）标高符号及一般标注方式应符合表 1-10 及现行国家标准《房屋建筑制图统一标准》GB/T 50001 的规定。

管道标高符号 表 1-10

项目	管顶标高	管中标高	管底标高
符号	 ▼	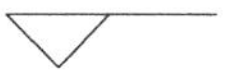 ▽	 ▼

（2）标高的标注应符合下列规定：

① 平面图中，管道标高应按图 1-15 的方式标注；

② 平面图中，沟渠标高应按图 1-16 的方式标注；

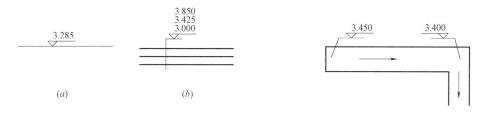

图 1-15 平面图管道图标高示意

图 1-16 平面图沟渠标高示意

③ 立面图、剖面图中，管道标高应按图 1-17 的方式标注；

④ 轴测图、系统图中，管道标高应按图 1-18 的方式标注。

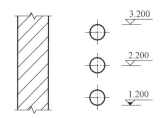

图 1-17 立面图、剖面图管道标高示意

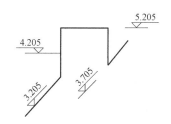

图 1-18 轴测图、系统图管道标高示意

（3）室内工程应标注相对标高，室外工程宜标注绝对标高。在标注相对标高时，应与总图专业一致。

（4）标高应标注在管道的起止点、转角点、连接点、变坡点、变管径处及交叉处。

8. 设备和管道标号标注

（1）当图纸中的设备或部件不便用文字标注时，可进行编号。在图样中应只注明编号，其名称和技术参数应在图纸附设的设备表中进行对应说明。编号引出线应用细实线绘制，引出线始端应指在编号上。宜采用长度为 5～10mm 的粗实线作为编号的书写处（见图 1-19）。

（2）在图纸中的管道编号标志引出线末端，宜采用直径 5～10mm 的细实线圆或细实线作为编号的书写处（图 1-20）。

图 1-19　设备编号标注示意　　　　　　　图 1-20　管道标注示意

9. 剖面图的剖切符号

（1）剖面图的剖切符号应由剖切位置线和剖视方向线组成，均应以粗实线绘制。剖切位置线长度宜为 5～10mm。剖视方向线应垂直于剖切位置线，其长度宜为 4～6mm，并应采用箭头表示剖视方向，见图 1-21（a）。

（2）剖切符号的编号宜采用阿拉伯数字或英文大写字母，按照自左至右、由下向上的顺序连续编排，并应标注到剖视线的端部。当剖切位置转折处易与其他图线发生混淆时，应在转角处加注与该符号相同的编号，见图 1-21（b）。

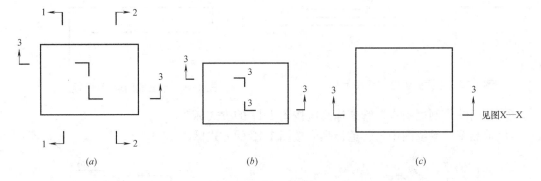

图 1-21　剖切符号标注示意图

（3）当剖面图与被剖切图样不在同一张图纸内时，应在剖切位置线处注明其所在图纸的图号，也可在图上说明，见图 1-21（c）。

10. 指北针

平面图上应有指北针。其形状宜按图 1-25 绘制。圆的直径宜为 24mm，采用细实线绘制；指北针头部应注"北"或"N"字，尾部的宽度宜为 3mm。当需要较大直径绘制指北针时，指针尾部宽度宜为直径的 1/8。指北针宜绘制在平面图的右上角。

指北针也可用风玫瑰代替。

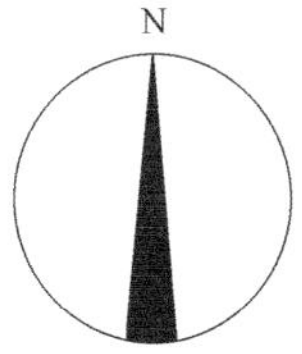

11. 常用代号和图形符号

（1）一般规定

1）流程图和系统图中的管线、设备、阀门和管件宜用管道代号和图形符号表示。

图 1-22　指北针画法示意图

2）同一燃气工程图样中所采用的代号、线型和图形符号宜集中列出，并加以注释。

3）本节示例中未列出的管道代号和图形符号，设计中可自行定义。

（2）管道代号

燃气工程常用管道代号宜符合表 1-11 的规定，自定义的管道代号不应与表 1-11 中的示例重复，并应在图面中说明。

燃气工程常用管道代号　　　　　　　　　　　　　　　　　表 1-11

序号	管道名称	管道代号	序号	管道名称	管道代号
1	燃气管道（通用）	G	16	给水管道	W
2	高压燃气管道	HG	17	排水管道	D
3	中压燃气管道	MG	18	雨水管道	R
4	低压燃气管道	LG	19	热水管道	H
5	天然气管道	NG	20	蒸汽管道	S
6	压缩天然气管道	CNG	21	润滑油管道	LO
7	液化天然气气相管道	LNGV	22	仪表空气管道	IA
8	液化天然气液相管道	LNGL	23	蒸汽伴热管道	TS
9	液化石油气气相管道	LPGV	24	冷却水管道	CW
10	液化石油气液相管道	LPGL	25	凝结水管道	C
11	液化石油气混空气管道	LPG-AIR	26	放散管道	V
12	人工燃气管道	M	27	旁通管道	BP
13	供油管道	O	28	回流管道	RE
14	压缩空气管道	A	29	排污管道	B
15	氮气管道	N	30	循环管道	CI

（3）图形符号

1）区域规划图、布置图中燃气厂站的常用图形符号宜符合表 1-12 的规定。

燃气场站常见图形符号　　　　　　　　　　　　　　　　　表 1-12

序号	名　　称	图形符号	序号	名　　称	图形符号
1	气源厂		3	储配站、储存站	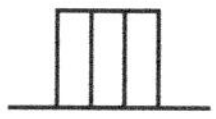
2	门站		4	液化石油气储配站	

序号	名　　称	图形符号	序号	名　　称	图形符号
5	液化天然气储配站		10	汽车加气站	
6	天然气、压缩天然气储配站		11	汽车加油加气站	
7	区域调压站		12	燃气发电站	
8	专用调压站		13	阀室	
9	汽车加油站		14	阀井	

2）常用不同用途管道图形符号宜符合表 1-13 的规定。

常见不同用途管道图形符号　　　　　　　　　　　表 1-13

序号	名　　称	图形符号	序号	名　　称	图形符号
1	管线加套管		6	蒸汽伴热管	
2	管线穿地沟		7	电伴热管	
3	桥面穿越		8	报废管	
4	软管、挠性管		9	管线重叠	上或前
5	保温管、保冷管		10	管线交叉	

3）常用管线、道路等图形符号宜符合表 1-14 的规定。

常见管线、道路等图形符号　　　　　　　　　　　表 1-14

序号	名　称	图形符号	序号	名　称	图形符号
1	燃气管道	—— G ——	4	污水管道	—— DS ——
2	给水管道	—— W ——	5	雨水管道	—— R ——
3	消防管道	—— FW ——	6	热水供水管线	—— H ——

序号	名　　称	图形符号	序号	名　　称	图形符号
7	热水回水管线	——— HR ———	22	管道穿墙	
8	蒸汽管道	——— S ———	23	管道穿楼板	
9	电力线缆	——— DL ———	24	铁路	
10	电信线缆	——— DX ———	25	桥梁	
11	仪表控制线缆	——— K ———	26	行道树	
12	压缩空气管道	——— A ———	27	地坪	
13	氮气管道	——— N ———	28	自然土壤	
14	供油管道	——— O ———	29	素土夯实	
15	架空电力线	←◇→ DL ←◇→	30	护坡	
16	架空通信线	—•○• DX ○•—	31	台阶或梯子	E
17	块石护底		32	围墙及大门	
18	石笼稳管		33	集液槽	
19	混凝土压块稳管		34	门	
20	桁架跨越		35	窗	
21	管道固定墩		36	拆除的建筑物	

4) 常用阀门图形符号宜符合表 1-15 的规定。

常用阀门图形符号　　　　　　　　　　表 1-15

序号	名　称	图形符号	序号	名　称	图形符号
1	阀门(通用)、截止阀		11	针形阀	
2	球阀		12	角阀	
3	闸阀		13	三通阀	
4	蝶阀		14	四通阀	
5	旋塞阀		15	调节阀	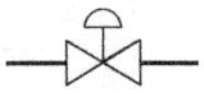
6	排污阀		16	电动阀	
7	止回阀		17	气动或液动阀	
8	紧急切断阀		18	电磁阀	
9	弹簧安全阀		19	节流阀	
10	过流阀		20	液相自动切换阀	

5) 流程图和系统图中，常用设备图形符号宜符合表 1-16 的规定。

常用设备图形符号　　　　　　　　　　表 1-16

序号	名　称	图形符号	序号	名　称	图形符号
1	低压干式气体储罐	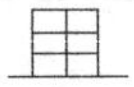	7	潜液泵	
2	低压湿式气体储罐	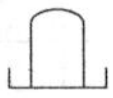	8	鼓风机	
3	球形储罐	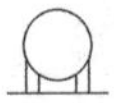	9	调压器	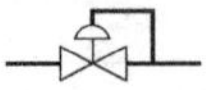
4	卧式储罐	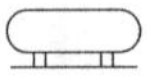	10	Y形过滤器	
5	压缩机	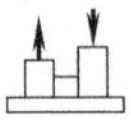	11	网状过滤器	
6	烃泵	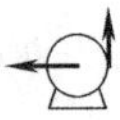	12	旋风分离器	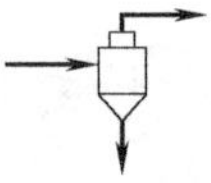

序号	名 称	图形符号	序号	名 称	图形符号
13	分离器		24	放散管	
14	安全水封		25	调压箱	
15	防雨罩		26	消声器	
16	阻火器		27	火炬	
17	凝水缸		28	管式换热器	
18	消火栓		29	板式换热器	
19	补偿器		30	收发球筒	
20	波纹管补偿器		31	通风管	
21	方形补偿器		32	灌瓶嘴	
22	测试桩		33	加气机	
23	牺牲阳极		34	视镜	

6) 常用管件和其他附件图形符号宜符合表 1-17 的规定。

常用管件和其他附件图形符号　　　　　　　　　表 1-17

序号	名 称	图形符号	序号	名 称	图形符号
1	钢塑过渡接头		7	钢盲板	
2	承插式接头		8	管帽	
3	同心异径管		9	丝堵	
4	偏心异径管		10	绝缘法兰	
5	法兰		11	绝缘接头	
6	法兰盖		12	金属软管	

序号	名 称	图形符号	序号	名 称	图形符号
13	90°弯头		16	快装接头	
14	<90°弯头		17	活接头	
15	三通				

7）常用阀门与管路图形符合宜符合表 1-18 的规定。

常用阀门与管路图形符号 表 1-18

序号	名 称	图形符号	序号	名 称	图形符号
1	螺纹连接		4	卡套连接	
2	法兰连接		5	环压连接	
3	焊接连接				

8）常用管道支座、管架和支吊架图形符号宜符合表 1-19 的规定。

常用管道支座、管架和支吊架图形符号 表 1-19

序号	名 称		图形符号	
			平面图	纵剖面
1	固定支座、管架	单管固定		
		双管固定		
2	滑动支座、管架			
3	支墩			
4	滚动支座、管架			
5	导向支座、管架			

9）常用检测、计量仪表图形符号宜符合表 1-20 的规定。

常用检测、计量仪表图形符号 表 1-20

序号	名 称	图形符号	序号	名 称	图形符号
1	压力表		3	U形压力计	
2	液位计		4	温度计	

序号	名 称	图形符号	序号	名 称	图形符号
5	差压流量计		9	罗茨流量计	
6	孔板流量计		10	质量流量计	
7	腰轮式流量计		11	转子流量计	
8	涡轮流量计				

10）用户工程的常用设备图形符号宜符合表 1-21 的规定。

用户工程的常用设备图形符号 表 1-21

序号	名 称	图形符号	序号	名 称	图形符号
1	用户调压器		8	炒菜灶	
2	皮膜燃气表		9	燃气沸水器	
3	燃气热水器		10	燃气烤箱	
4	壁挂炉、两用炉		11	燃气直燃机	
5	家用燃气双眼灶		12	燃气锅炉	
6	燃气多眼灶		13	可燃气体泄漏探测器	
7	大锅灶		14	可燃气体泄漏报警控制器	

1.4.2 燃气工程施工图识读

（1）在施工图样的首页有图样目录、设计说明、图例符号。从图样目录查对全套图样是否缺页，选用什么通用图集的相关图样；详细阅读设计说明，掌握设计要领、技术要求和需参阅哪些技术规范；图例符号有些施工图不列在首页，而是分别表示在平面图和系统图上，只有弄懂图例符号的意义，才能知道图样所代表的内容，有些首页中有综合材料清单，翻阅时先作一般了解，看有无特种材料和附件。

（2）仔细识读平面图或工艺流程图。通常工业与民用管道图要先看平面图；场站管道安装图则应先看工艺流程图。平面图表示管道、设备的相互位置，管道的敷设方法，是架空、埋地还是地沟敷设，在平面图中都有标明，如图 1-23 所示，识图可知引入管的位置、敷设方式、燃气灶具的平面布置位置等。工艺流程图反映了设备与管道的连接，各种设备的相互关系，工艺生产的过程，以及工艺过程中所需要的各种相配合管道的关系，如图 1-24。

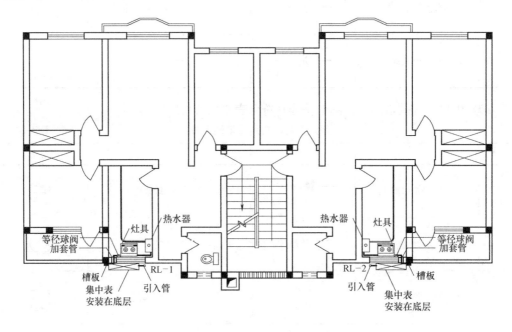

图 1-23　平面图

（3）仔细识读系统图或剖面图、纵断面图。系统图是按轴测图原理绘制的，立体感强，可以反映管道的标高、走向和各管道之间的上下、左右位置，图样上必须标明管径、变径、标高、坡度、坡向和附件安装位置，如图 1-25。剖面图一般用于安装图中，表示设备、管道的空间位置，还可标明管道距建筑物的有关尺寸；纵断面图为室外埋地管道必备的施工图，它反映了埋地管道与地下各种管道、建筑之间的立体交叉关系。

（4）仔细识读大样图、节点详图和标准图。管道安装图在进入室内时一般有入口图，如燃气引入管安装图如图 1-26 等，标明尺寸，确定仪表安装位置和附件设备安装位置。大样图是管道连接的通用图样，如工商业燃气表具和器具的安装，就有若干种类型，可在具体安装时选用。对于平面图不能表达清楚的时候采用详图绘制，如图 1-27。

（5）在读懂安装图后，进一步核对材料，管道施工图的阅读顺序，并不一定是孤立单独进行的，往往是互相对照起来看，一边看平面图，一边翻阅相关部位的系统图，以便全面、正确地进行安装。安装管道还应查阅土建图样，在相关的土建图上，都设有预埋件、预留洞，安装时紧密配合，这样可以减少安装的辅助工时、节省材料，而且美观。

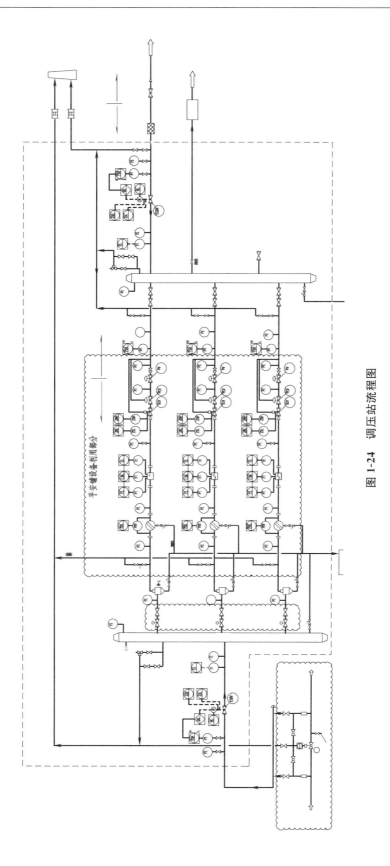

图 1-24 调压站流程图

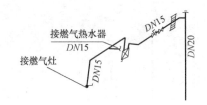

图 1-25 系统图

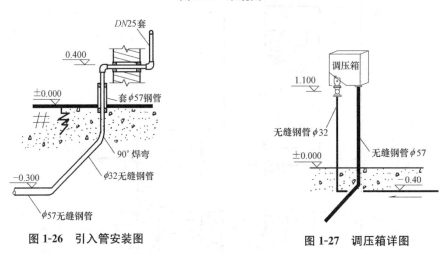

图 1-26 引入管安装图

图 1-27 调压箱详图

参考文献

[1] 严铭卿. 燃气工程设计手册 [M]. 北京：中国建筑工业出版社，2009

[2] 张廷元等. 城镇燃气输配及应用工程施工图设计技术措施 [M]. 北京：中国建筑工业出版社，2007

[3] 王洁蕾. 市政燃气热力施工员 [M]. 北京：中国建材工业出版社，2010

[4] 中华人民共和国住房和城乡建设部. 燃气工程制图标准 [S] CJJ/T 130—2009. 北京：中国建筑工业出版社，2009

2 施 工 准 备

施工准备的目的是给以后的施工创造良好的条件，燃气工程施工准备贯穿于整个工程的实施全过程，它是有组织、有计划、有步骤、分阶段的。一般包括以下内容：建立施工指挥系统，熟悉和审查施工设计图纸、编制施工组织设计或施工方案，编制工程施工预算，准备材料配件、工具和机械设备，修建临时设施，协调办理与工程有关的拆迁、征地和其他有关审批、配合等事宜。

认真做好施工前的准备工作，对合理利用资源、加快施工速度、确保施工安全、降低工程成本、提高工程质量、获得更好的经济效益、充分发挥各方面的积极因素都起着重要作用。

2.1 熟悉、审查图纸及有关资料

图纸是施工的依据，经过审批的设计施工图，有关施工及验收的现行国家及行业标准、规程、规定，是燃气管道施工必须具备的依据。在接到设计图纸后，组织有关人员对其熟悉、审查，并提出问题，才能保证工程的顺利进行。具体表现为以下几个方面。

2.1.1 施工单位内部熟悉、审查施工设计图

（1）图纸资料准备齐全后，就应该开始熟悉。一般先看基本图和详图，有必要时，再熟悉土建图。审查施工设计图和资料是否齐全，是否符合国家有关政策、标准及相关规定的要求；图纸本身是否存在错误，图纸相互之间有无矛盾，图纸和设计说明是否一致，若存在问题，应做好记录，以便图纸会审时向设计方质疑；设计要求参照执行的施工及验收标准、规程是否齐全、合理，有无遗漏或更新等。

（2）熟悉有关施工区域的地质、水文等资料，审查图纸中燃气管道周围的构筑物、管线的位置关系。

（3）领会设计意图，熟悉并掌握设计技术要求及设计要求的施工标准、规范等。

（4）了解建设周期与设计概（预）算。

2.1.2 设计交底、施工图会审

（1）设计交底。设计交底是指在施工图完成并经审查合格后，设计单位在设计文件交付施工时，按法律规定的义务就施工图设计文件向施工单位和监理单位做出详细的说明。其目的是对施工单位和监理单位正确贯彻设计意图，使其加深对设计文件特点、难点、疑点的理解，掌握关键工程部位的质量要求，确保工程质量。

设计交底可分为图纸设计交底和施工设计交底。

图纸设计交底包括：

1）施工现场的自然条件，工程地质及水文地质条件等；

2）设计主导思想、建设要求与构思，使用的规范；

3）设计抗震设防烈度的确定；

4）基础设计、主体结构设计、装修设计、设备设计（设备选型）等；

5）对基础、结构及装修施工的要求；

6）对建材的要求，对使用新材料、新技术、新工艺的要求；

7）施工中应特别注意的事项等；

8）设计单位对监理单位和承包单位提出的施工图纸中的问题的答复。

施工设计交底包括：

1）施工范围、工程量、工作量和实验方法要求；

2）施工图纸的解说；

3）施工方案措施；

4）操作工艺和保证质量安全的措施；

5）工艺质量标准和评定办法；

6）技术检验和检查验收要求；

7）增产节约指标和措施；

8）技术记录内容和要求；

9）其他施工注意事项。

（2）踏勘施工现场。由业主协同设计、施工、监理等单位人员共同进行，以施工图为依据，对燃气管道的走向和位置进行现场踏勘，了解地上建筑物、树木、电线杆等障碍物以及其他地下管线等燃气管道施工障碍，采取合理的处理措施和拆迁项目。明确有无施工道路与电源等，协调好各项事宜。

（3）施工图会审。由业主协同设计、施工和监理单位人员共同参加，对工程内容进行审议，审议内容包括以下几个方面：

1）设计图纸是否符合国家现行的有关方针、政策的规定；

2）设计图纸与说明书是否齐全、明确，坐标、标高、尺寸、管线、道路等交叉连接是否相符；

3）施工图与设备、特殊材料的技术要求是否一致；主要材料来源有无保证，能否代换；新技术、新材料的应用是否落实；

4）各专业之间、平立剖面之间、总图与分图之间有无矛盾；地下与地上障碍、拆迁及占地等问题是否有切实可行的解决方案；穿越公路、铁路、河流等的施工要求、主要措施等是否可行。

2.2 编制施工组织设计与施工图预算

施工单位要参与初步设计、技术设计方案的讨论，并据此组织编制施工组织设计。施工组织设计是施工准备工作的重要组成部分，也是指导施工现场全部生产活动的技术经济文件，是施工企业实行科学管理的重要环节。施工组织设计是在充分研究工程的现场地形、交通、土质、水文等客观情况和施工特点的基础上制定的，是规划部署全部生产活动，实施先进合理的施工方案和技术组织措施及质量保证，建立正常的施工秩序的必要保证。掌握了施工组织设计，能使责任人对施工活动心中有数，及时有效地调整施工中的薄弱环节，快速处理施工中可能出现的问题，保证施工顺利进行，选取最优的施工方案，以实现质量控制、时间控制、成本控制的最优化。

2.2.1 施工组织设计

施工组织设计主要依据设计图纸、施工说明、现行有关规定文件、现场踏勘的资料等进行编制。合理安排施工顺序，均衡调节各个环节的衔接，确保工程质量、工期要求。保证施工安全，尽量安排在有利于施工的季节。采用先进的施工技术和工艺，科学的管理经验，机械化的作业手段，提高生产施工效率。如果是大型的工程项目，要考虑分段、分期施工，边施工边清理，材料、机具堆放要适宜，缩小施工作业面场地。

详见第 16 章。

2.2.2 施工图预算

施工图预算即单位工程预算书，是在施工图设计完成后，工程开工前，根据已批准的施工图纸，在施工方案或施工组织设计已确定的前提下，按照国家或省市颁发的现行预算定额、各项取费标准、建设地区的自然及技术经济条件等有关规定，进行逐项计算工程量、套用相应定额、进行工料分析、计算分部分项工程费、措施项目费，其他项目费，规费、税金等费用，确定单位工程造价的技术经济文件。

施工图预算是建筑企业和建设单位签订承包合同、实行工程预算包干、拨付工程款和办理工程结算的依据；也是建筑企业控制施工成本、实行经济核算和考核经营成果的依据。在实行招标承包制的情况下，是建设单位确定招标控制价和建筑企业投标报价的依据。施工图预算是关系建设单位和建筑企业经济利益的技术经济文件，如在执行过程中发生经济纠纷，应按合同经协商或仲裁机关仲裁，或按民事诉讼等其他法律规定的程序解决。

施工图预算的编制方法包括：

（1）套用地区单位估价表的定额单价法；

（2）根据人工、材料、机械台班的市场价及有关部门发布的其他费用的计价依据按实计算的实物法；

（3）根据工程量清单计价规范的工程量清单单价法，使用国有资金的项目必须采用工程量清单单价法。

施工图预算是设计文件的重要组成部分，是设计阶段控制工程造价的主要指标，概算、预算均由有资格的设计、工程（造价）咨询单位负责编制。作为招标控制用，由业主单位或者招标代理机构委托有资质的造价编制单位来编制；作为投标报价用，由投标单位编制；作为内部成本控制或者项目计划用，由成本控制部门或计划部门编制（或委托他人编制）。

2.3 内部和外部关系的协调

工程建设牵涉到建设单位、施工单位、材料供应商、设计单位、监理公司、勘察院、各种政府部门、监测单位、各种市政配套供应公司、周边居民与单位等（图2-1）。城镇燃气工程施工过程中，会遇到各种障碍物，如地上的建筑物、树木、绿地、电线杆、桥梁等，地下的动力电缆、通信电缆、给水排水管道、人防工程等，它们分属不同的部门管理，这些部门都有其管理立法程序。这些都需要项目经理进行组织与协调，协调工作有利于提高工程质量，控制工程投资和合同管理，使各专业队伍间的衔接工作顺利进行，保证工程建设按计划工期顺利实施。

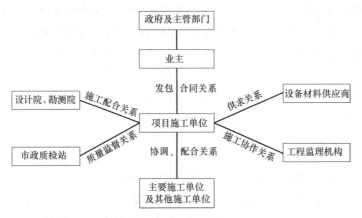

图2-1 施工单位与其他各部门之间的关系

燃气施工单位在施工前，要主动与相关部门联系，在施工过程中，发现任何障碍或者意外情况，要及时请示，取得审批同意方可继续施工。具体应注意以下几个方面：

（1）土方开挖前向市政、交通等部门提出申请，审批同意后再开工。

（2）根据施工图与现场实际资料，明确燃气管道与道路、建筑物、树木、绿地、电线杆、桥梁等发生矛盾的部位，燃气管道与地下其他电缆、管道、地下构筑物交叉、平行的位置、距离、数量及所属单位等。

（3）对照施工图，将实测的间距与规定的地下燃气管道与建筑物、构筑物或相邻管道之间的水平净距及垂直净距标准相对照，如果超过允许值，应由设计单位出具设计变更，或由业主、设计、监理和施工人员共同提出解决方案，并与各主管部门协商解决。某些地区地下情况复杂，若在管沟开挖时发现施工图中未标出的管线、构筑物和古墓等，需及时向有关部门报告。需要拆迁的项目，要取得各级政府的支持，并与有关单位逐个协商，签订拆迁协议。

（4）城镇燃气管道一般设在道路或人行道下，施工中会给居民生活与交通带来不便，还会造成粉尘和噪声污染。为了方便市民生活、确保车辆与行人安全，做到文明施工，要注意以下几点：

1）燃气管道施工采用分段流水作业，尤其对于一些重要部位，应该合理部署施工力量，尽可能缩短工期、减少管沟开挖后的长期暴露。

2）燃气管道设在道路下时，可协调交通部门临时改道，或将施工用地设在道路一侧，留出另一侧供车辆行驶。管道横穿道路时，可以避开交通高峰期，夜间挖土，沟旁应设护栏和夜间警示灯，防止车辆或行人发生危险。或者先挖一半，铺设厚钢板使车辆可安全通过，再挖另一半。

3）管道设在人行道下时，应铺设通过管沟的临时通道，必要时在沟旁设护栏，确保施工安全。

4）施工中应防止破坏地下给水排水管、热力管、电缆等其他地下管线。

5）回填土应夯实，防止路面沉陷。

参 考 文 献

［1］ 李公藩. 燃气管道工程施工［M］. 北京：中国计划出版社，2001

［2］ 花景新. 燃气工程施工［M］. 化学工业出版社，2010

［3］ 戴路. 燃气输配工程施工技术［M］. 中国建筑工业出版社，2006

3 土方工程

3.1 土的分类与性质

3.1.1 土的分类

工程上通常把地壳表面所有的松散堆积物称之为土。

1. 按工程预算定额分

土的种类繁多，燃气工程中作为构筑物地基和管道沟槽的土和岩，在工程预算定额中的分类，见表 3-1。

土的工程分类

表 3-1

土的分类	土的级别	土的名称	坚实系数	开挖方法及工具
一类土 (松软土)	I	砂土；粉质砂土；冲积砂土层；种植土；泥炭（淤泥）	0.5～0.6	用锹、锄头挖掘
二类土 (普通土)	II	粉质黏土；湿润的黄土；夹有碎石的砂、种植土、填筑土及粉质砂土	0.6～0.8	用锹、锄头挖掘，少许用镐翻松
三类土 (坚土)	III	软及中等密实黏土；粉土；粗砾石；干黄土及含碎石卵石的黄土、粉质黏土；压实的填筑土	0.8～1.0	主要用镐，少许用锹、锄头挖掘，部分用撬棍
四类土 (砂砾坚土)	IV	重黏土及含碎石、卵石的黏土；粗卵石；密实的黄土；天然级配砂石；软泥灰岩及蛋白石	1.0～1.5	整个用镐、撬棍然后用锹挖掘，部分用楔子及大锤
五类土 (软石)	V	硬石炭纪黏土；中等密实的页岩、泥灰岩；白垩土；胶结不紧的砾岩；软的石灰岩	1.5～4.0	用镐或撬棍、大锤挖掘，部分使用爆破方法
六类土 (次坚石)	VI	泥岩；砂岩；砾岩；坚实的页岩、泥灰岩；密实的石灰岩；风化花岗岩、片麻岩	4.0～10	用爆破方法开挖，部分用镐
七类土 (坚石)	VII	大理岩；辉绿岩；玢岩；粗、中粒花岗岩；坚实的白云岩、砂岩、砾岩、片麻岩、石灰岩；风化痕迹的安山岩、玄武岩	10～18	用爆破方法开挖
八类土 (特坚石)	VIII	安山岩；玄武岩；花岗片麻岩坚实的细粒花岗岩、闪长岩、石英岩、辉长岩、辉绿岩、玢岩	18～25 以上	用爆破方法开挖

2. 按其堆积条件分

（1）残积土

残积土是指地表岩石经强烈的物理、化学及生物的风化作用，并经成土作用残留在原地而组成的土。

（2）沉积土

沉积土是指地表岩石的风化产物，并经风、水、冰或重力等因素搬运，在特定环境下沉积而成的土。

（3）人工填土

人工填土是指人工填筑的土。

3.1.2 土的性质

1. 土的天然密度

天然密度是指土体在天然状态下单位体积的质量。

$$\rho = Q/V \tag{3-1}$$

式中　ρ——天然密度（kg/m³）；

　　　Q——质量（kg）；

　　　V——单位体积（m³）。

不同土体的天然密度各不相同，与密实程度和含水量有关。一般土体的天然密度在 $1600\sim2200$kg/m³ 之间。

天然密度可用体积为 V 的环刀切土一块称得的质量为 Q 直接测出。

2. 天然含水量

天然含水量是天然状态下土中水的质量与土颗粒质量的比值，以百分数表示。

$$W = Q_1/Q_0 \times 100\% \tag{3-2}$$
$$Q_0 = g_0 V_0 \rho_1 \tag{3-3}$$

式中　W——天然含水量（kg）；

　　　Q_1——天然状态下土中水的质量（kg）；

　　　Q_0——颗粒质量（kg）；

　　　g_0——颗粒相对密度，一般土体为 $2.65\sim2.80$；

　　　V_0——单位体积（m³）；

　　　ρ_1——同体积水的密度（kg/m³）。

3. 孔隙比

孔隙比是指土中孔隙体积与土颗粒体积的比值。孔隙比越大，土越松散；孔隙比越小，土越密实。

$$e = V_2/V_0 \tag{3-4}$$

式中　e——土的孔隙比；

　　　V_2——土中孔隙体积（m³）；

　　　V_0——颗粒体积（m³）。

单位结构砂土的孔隙比约为 $0.4\sim0.8$。

4. 土的可松性

土的可松性为土经挖掘以后，组织破坏，体积增加，其可松性系数见表 3-2。

5. 土的压缩性

移挖作填或借土回填，一般的土经挖运、填压以后，都有压缩，在核实土方量时，一般可按填方断面增加 $10\%\sim20\%$ 的方数考虑，一般土的压缩率见表 3-3。

土的类别	体积增加百分比（%）		可松性系数	
	最初	最终	K_P	K_P'
一、松软土（种植土除外）	8～17	1～2.5	1.08～1.17	1.01～1.03
一、松软土（植物性土、泥炭）	20～30	3～4	1.20～1.30	1.03～1.04
二、普通土	14～28	1.5～5	1.14～1.28	1.02～1.05
三、坚土	24～30	4～7	1.24～1.30	1.04～1.07
四、砂砾坚土（泥灰岩、蛋白石除外）	26～32	6～9	1.26～1.32	1.06～1.09
四、砂砾坚土（泥灰岩、蛋白石）	33～37	11～15	1.33～1.37	1.11～1.15
五～七、软土、次坚石、坚石	30～45	10～20	1.30～1.45	1.10～1.20
八、特坚石	45～50	20～30	1.45～1.50	1.20～1.30

各种土的可松性参考数值　　　　　　　　　　表 3-2

注：1. 最初体积增加百分比 $=\dfrac{V_2-V_1}{V_1}\times100\%$；最终体积增加百分比 $=\dfrac{V_3-V_1}{V_1}\times100\%$；$K_P$——最终松散系数，$K_P=V_2/V_1$；$K_P'$——最终松散系数，$K_P'=V_3/V_1$；$V_1$——开挖前土自然状态的体积；$V_2$——挖掘时的最初松散体积；$V_3$——填方的最终松散体积。

2. 在土方工程中，K_P 是计算装运车辆及挖土机械的重要参数；K_P' 是计算填方所需挖土工程的重要参数。

土的压缩系数 K 的参考值　　　　　　　　　　表 3-3

土的类别		土的压缩率（%）	每立方米松散土压实后的体积（m³）
一～二类土	种植土	20	0.80
	一般土	10	0.90
	砂土	5	0.95
三类土	天然湿度黄土	12～17	0.85
	一般土	5	0.95
	干燥坚实黄土	5～7	0.94

注：1. 深层埋藏的潮湿的胶土，开挖暴露后水分散失，碎裂成 2～5cm 的小块，不易压碎，填筑压实后有 5% 的胀余。

2. 胶结密实砂砾土及含有石量接近 30% 的坚实粉质黏土或粉质砂土有 3%～5% 的胀余。

用原状土和压实后的土的干密度计算压缩率为：

$$压缩率=\frac{\rho-\rho_d}{\rho_d}\times100\%\qquad(3\text{-}5)$$

式中　ρ——压实后的土干密度（g/cm³）；

ρ_d——原状土的干密度（g/cm³）。

也可用最大密实度时的干密度 ρ_{max}（g/cm³）与压实系数 K 值计算压缩率：

$$压缩率=\frac{K(\rho_{max}-\rho_d)}{\rho_d}\times100\%\qquad(3\text{-}6)$$

6. 原地面经机械压实后的沉陷量

原地面经机械往返运行，或采用其他压实措施，其沉降量（n）通常在 3～30cm 之间，视不同土质而变化，一般可用下列经验公式计算沉降量：

$$n=\frac{P}{C}(cm)\qquad(3\text{-}7)$$

式中　P——有效作用力：铲运机容量（6～8m³）施工按 6kg/m³ 计算；推土机（100 马力）施工按 4kg/m³ 计算；

C——土的抗陷系数（kg/cm³），见表 3-4。

原状土质	抗陷系数 C	原状土质	抗陷系数 C
沼泽土	0.10～0.15	大块胶结的砂、潮湿黏土	0.35～0.60
黏滞土、细黏砂	0.18～0.25	坚实的黏土	1.00～1.25
大松砂、松湿黏土、耕土	0.25～0.35	泥灰石	1.30～1.80

各种不同土原状 C 值参考值　　　　　　　　　　表 3-4

3.2 沟槽断面选择及土方量计算

3.2.1 沟槽的断面形式

常用沟槽断面有直槽、梯形槽、混合槽和联合槽 4 种形式，见图 3-1。

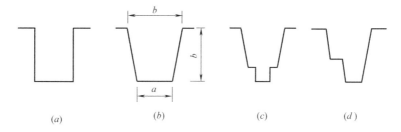

图 3-1　沟槽断面形式

(a) 直槽；(b) 梯形槽；(c) 混合槽；(d) 联合槽

选择沟槽断面的形式，通常要考虑管沟深度和土壤的性质、地下水状况、施工作业面宽窄、施工方法、管道材料类别和直径的大小。

梯形沟槽是沟槽断面的基本形式，其他断面形式均由梯形槽演变而成。

3.2.2 沟槽断面尺寸的确定

管道沟槽应按设计规定的平面位置和标高开挖，当采用人工开挖且无地下水时槽底预留值宜为 0.05～0.10m；当采用机械开挖或有地下水时槽底预留值不应小于 0.15m；管道安装前应人工清底至设计标高。

管沟沟底宽度和工作坑尺寸应根据现场实际情况和管道敷设方法确定，也可按下列要求确定。

1. 单管沟底组装按表 3-5 确定

沟底宽度尺寸　　　　　　　　　　表 3-5

管道公称直径(mm)	50～80	100～200	250～350	400～450	500～600	700～800	900～1000	1100～1200	1300～1400
沟底宽度(m)	0.6	0.7	0.8	1.0	1.3	1.6	1.8	2.0	2.2

2. 单管沟边组装和双管同沟敷设可按下式计算

$$a = D_1 + D_2 + s + c \qquad (3-8)$$

式中　a——沟底宽度（m）；

　　　D_1——第一条管道外径（m）；

　　　D_2——第二条管道外径（m）；

　　　s——两管之间的设计净距（m）；

　　　c——工作宽度，在沟底组装时 $c=0.6$m；在沟边组装时 $c=0.3$m。

3. 梯形槽（图 3-2）上口宽度可按下式计算

$$b=a+2nh \tag{3-9}$$

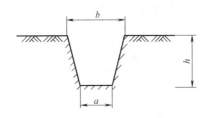

式中　b——沟槽上口宽度（m）；

　　　a——沟槽底宽度（m）；

　　　n——沟槽边坡率；

　　　h——沟槽深度（m）。

4. 沟槽边坡

（1）在无地下水的天然湿度的土中开挖沟槽时，如沟槽深度不超过表 3-6 规定，沟壁可不设边坡。

图 3-2　梯形槽横断面

不设边坡沟槽深度　　　　　　　　　　　　　　　　表 3-6

土壤名称	沟槽深度（m）	土壤名称	沟槽深度（m）
填实的砂土或砾石土	≤1.00	黏土	≤1.50
砂质粉土或粉质黏土	≤1.25	坚土	≤2.00

（2）当土具有天然湿度、构造均匀、无地下水、水文地质条件良好，且挖深小于 5m，不加支撑时，沟槽的最大边坡率可按表 3-7 确定。

深度在 5m 以内的沟槽最大边坡坡度表　　　　　　　　　表 3-7

土壤名称	边坡率		
	人工开挖并将土抛于沟边上	机械开挖	
		在沟底挖土	在沟上挖土
砂土	1∶1.00	1∶0.75	1∶1.00
砂质粉土	1∶0.67	1∶0.50	1∶0.75
粉质黏土	1∶0.50	1∶0.38	1∶0.75
黏土	1∶0.33	1∶0.25	1∶0.67
含砾石卵石土	1∶0.67	1∶0.50	1∶0.75
泥炭岩白垩土	1∶0.33	1∶0.25	1∶0.67
干黄土	1∶0.25	1∶0.10	1∶0.33

注：1. 如人工挖土抛于沟槽上时即时运走，可采用机械在沟底挖土的坡度值。
　　2. 临时堆土高度不宜超过 1.5m，靠墙堆土时，其高度不得超过墙高的 1/3。

（3）在无法达到表 3-7 中要求时，应采用支撑加固沟壁。对不坚实的土应及时做连续支撑，支撑应有足够的强度。

3.2.3　土方量计算

1. 沟槽挖掘土方量计算

根据管线的地形、沟底深度与坡度的不同应分段计算。

直槽沟土方量计算式：

$$V = \frac{1}{2}(h_1 + h_2)bl + V_1 \qquad (3-10)$$

式中　V——管段的土方量（m^3）；

　　　h_1——坡向起点深度（m）；

　　　h_2——坡向终点深度（m）；

　　　l——沟槽长度（m）；

　　　b——沟槽宽度（m）；

　　　V_1——全管段中接口工作坑总土方量（m^3），其计算如下：

$$V_1 = nV_2 \qquad (3-11)$$

式中　n——接口工作坑的数量（个）；

　　　V_2——在沟底挖掘一个接口工作坑的挖土量。

梯形沟槽的土方量计算式为：

$$V = \frac{1}{2}(F_1 + F_2)l + V_1 \qquad (3-12)$$

式中　V——梯形沟槽土方量（m^3）；

　　　F_1——坡向起点的沟槽断面面积（m^2）；

　　　F_2——坡向终点的沟槽断面面积（m^2）；

　　　l——沟槽长度（m）；

　　　V_1——全管段中接口工作坑总土方量（m^3），其计算方法同上。

如果管线中有阀门井、管沟（砌筑的管沟）等时，由于其断面尺寸与沟槽不同，其土方量应分别计算。将沟槽、阀门井、管沟等的土方量相加，即得总土方量。

2. 堆土体积计算

由于土壤的可松性，当土经挖掘后，体积增加，其可松性系数见表 3-2。

堆土体积的计算式为：

$$V_2 = V_1 k_p \qquad (3-13)$$

式中　V_2——堆土体积（m^3）；

　　　V_1——开挖土方量（m^3）；

　　　k_p——土壤最初松散系数。

3. 回填土体积计算

回填土的计算式为：

$$V_4 = (V - V_5)k'_p \qquad (3-14)$$

式中　V_4——回堆土体积（m^3）；

　　　V_5——敷设管道体积（m^3）；

　　　k'_p——土壤最终松散系数。

4. 余土体积计算

余土的体积计算式为：

$$V_6 = V_2 - V_4 \qquad (3-15)$$

式中　V_6——余土体积（m^3）；

V_2——堆土体积（m³）；

V_4——回填土体积（m³）。

3.3 水准测量

3.3.1 一般规定

（1）土方施工前，建设单位应组织有关单位向施工单位进行现场交桩。临时水准点、管道轴线控制桩、高程桩，应经过复核后方可使用，并应定期校核。

（2）施工单位应会同建设等有关单位，核对管道路由、相关地下管道以及构筑物的资料，必要时局部开挖核实。

（3）施工前，建设单位应对施工区域内已有地上、地下障碍物，与有关单位协商处理完毕。

（4）在施工前，燃气管道穿越其他市政设施时，应对市政设施采取保护措施，必要时应征得产权单位的同意。

（5）在地下水位较高的地区或雨期施工时，应采取降低水位或排水措施，及时清除沟内积水。

3.3.2 测量

1. 测量前的施工准备

（1）测定管道中线、附属构筑物位置，并标出与管线冲突的地上、地下构筑物位置；

（2）核对永久水准点，建立临时水准点；

（3）核对接入原有管道或河道接头处的高程；

（4）施放挖槽边线、堆土堆料界线及临时用地范围；

（5）测量管线地面高程（机械挖槽）或埋设坡度板（人工挖槽）。

2. 设置临时水准点

向测量部门索取燃气管道设计位置附近的永久水准点位置和高程数值。由于管道测量精密等级要求不太高，所以也可以用管线附近的导线点高程来代替水准点用，在开工前把水准点或导线点引至管线附近预先选好的位置，选择临时水准点时要设置牢固，标志醒目，编号清楚，三方向要通视。最后进行水准点的串测，要求水准线路闭合。

（1）水准测量的闭合差不得大于$\pm 12\sqrt{L}$（mm），为水平距离，以千米计。

（2）临时水准点应设在稳固及不易被碰撞的地点，其间距以不大于100m为宜，且每次使用前应当校测。

（3）冬期施工，应每隔1000m左右，设置不受冻胀的水准点一处。如无条件将水准点设在永久建筑物的固定点上，可砌筑保护井，深入地下1m左右，水准点设于井内，并做好防冻措施。

3. 管道定位

地下燃气管道位置应按照规划部门批准的管位进行定位。方法如下：

（1）敷设在市区道路下的管道，一般以道路侧石线或道路中心线至管道轴心线的距离为定位尺寸，其他地形地物距离均为辅助尺寸（见图 3-3）。

（2）敷设于市郊公路或沿公路边的水沟、农田的管线，一般以路中心线至拟埋管道轴心线的水平距离为定位尺寸（见图 3-4）。

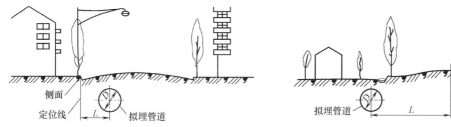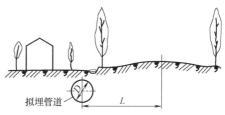

图 3-3　市区道路管道定位示意图　　　图 3-4　市郊公路管道定位示意图

（3）敷设于住宅区或厂区的管线，一般以住宅、厂房等建筑物至拟埋燃气管的轴心线的水平距离为定位尺寸。

（4）穿越农田的管道以规划道路中心线进行定位。

（5）燃气管道遇到障碍物，需要管道横向或纵绕过时，按施工处理方案定位。

4. 直线测量

直线测量就是将施工平面图直线部分确定在地面上，先按批准的管位量出直线段的起点与终点位置，按施工图中的起点、平面与纵向折点及直线段的控制点与终点，在地面上丈量各点位置并打中心桩，桩顶钉中心钉，可用经纬仪定线。使经纬仪中心对准起点 A 的中心桩的小钉，用望远镜对准 B 点的花杆，固定望远镜，另一人立花杆 1 在仪器的视线上，即可在立花杆 1 处打桩 1，如此定出 2、3 等。沿中心桩撒灰线即管沟中心线。如图 3-5 所示。

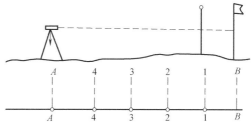

图 3-5　经纬仪定线

5. 放线

按设计与规范要求的沟槽上口宽度及中心桩定出的管沟中心位置，可量出开挖边线，在地面上撒白灰线标明开挖边线。开挖管沟后中心桩会被挖去，须把管线中心线位置移到横跨管沟的坡度板上。坡度板每隔 10m 或 20m 设一个，直接埋在地上，如图 3-6 所示。在测管线中心线时，可按视线方向把中心线设在各坡度板上，并钉小钉标定位置。为了标明管沟开挖的深度，要在坡度板上做出高程标志，可根据附近的水准点，用水准仪测出中心线上各坡度板板顶的高程。板顶高程与管底设计高程之差，就是从板顶往下开挖到管底的深度。将计算值标在坡度板上，以控制管沟开挖的深度和坡度。坡度板应不影响施工并妥善保护，这种方法只适用于人工挖土，用机械挖土时常用测挖深的方法。

6. 测挖深

当管沟挖到约距设计标高 50cm 时，要在槽帮上钉出坡度桩，把水准尺放到水准点上，支水准仪，见图 3-7 所示。读出数后，将读数加上水准点的高程 H，减去要钉坡度标

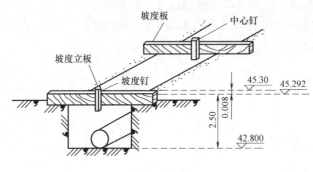

图 3-6　放线

位置的设计高程 h，再减去下反数（常数），就得出前视钉桩位置的水准仪读数，即

$$h_前 = H + h_后 - h - h_1 \tag{3-16}$$

根据读数，钉出第一个坡度桩。一般坡度桩的间距为 $10 \sim 20m$。钉好的坡度桩要经过复测，合格后再与施工人员交清下反数，再继续开挖。

城镇燃气管道常埋设在道路或人行道下，水准点不易获取，故常用道路的标高来确定管道的埋深。

7. 验槽

开挖管沟至设计管底标高，清槽后，要复测坡度桩，然后在坡度桩上拉线。丈量线与沟

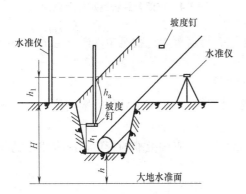

图 3-7　用水准仪测挖深

底的距离是否一致，要求每 1m 测 1 个点，不合格处要修整。管底需夯实时，夯实后再测一次。最后，请有关单位验收沟槽。

3.4　城市道路工程基本知识

3.4.1　城市道路工程的作用及组成

1. 城市道路的作用

城市道路不仅是城市中最基本的交通设施，而且在城市的形成过程中起到至关重要的作用，城市道路是组织城市交通的基础，是城市的主要基础设施之一，是市区范围内人工修建的交通路线，从总体上讲，城市道路的功能可以分为交通功能和空间功能。

城市道路的交通功能，主要作用在于安全、迅速、舒适地通过车辆和行人，为城市工业生产和居民生活服务。城市道路的空间功能，是布置城市公用事业地上、地下管线设施，组织沿街建筑和划分街坊的基础，为城市公用设施提供容纳空间。

城市道路用地是在城市总体规划中所确定的道路规划红线之间的用地部分，是道路规划与城市建筑用地、生产用地以及其他用地的分界控制线。因此，城市道路是城市市政设施的重要组成部分。

2. 城市道路的组成

城市道路主要由车行道、人行道、平侧石及附属设施四个部分组成，分别起到不同的作用。

（1）车行道。车行道即道路的行车部分，主要供各种车辆行驶，分为机动车道和非机动车道。车行道的宽度根据通行车辆的多少及车速而定，一般常用的机动车道宽度有 3.50m、3.75m 和 4.00m，无路缘者，靠路边的车道要适当放宽。每条非机动车道的宽度为 2.0～2.5m。一条道路的车行道可由一条或数条机动车道和数条非机动车道组成。

（2）人行道。人行道是供行人步行交通所用，人行道的宽度主要取决于行人交通的数量。人行道每条步行带宽度为 0.75～1m，由数条步行带组成，一般宽度为 4～5m，但在车站、剧场、商业网点等行人集散地段的人行道，应考虑行人的滞留、自行车停放等因素，可以适当加宽。为了保证行人的交通安全，人行道与车行道应有所隔离，一般高出车行道 15～17cm。

（3）平侧石。平侧石位于车行道与人行道的分界位置，它也是路面排水设施的一个组成部分，同时又起到保护道路面层结构边缘部分的作用。

侧石与平石共同构成路面排水边沟，侧石与平石的线形确定了车行道的线形，平石的平面宽度属于车行道范围。

（4）附属设施。附属设施主要包括排水设施、交通隔离设施、道路绿化、地面杆线、地下管网和其他设施等。

3.4.2 城市道路的分类及作用

城市道路是按照其道路系统中的地位、交通功能及沿街建筑物的服务功能等来分类的，在我国《城市道路工程设计规范》CJJ 37—2012 中分为快速路、主干路、次干路和支路四类。除快速路外的每类道路按所在城市规模、设计交通量、地形等，又分为 3 级，共 4 类 10 级。

（1）快速路。快速路应为城市中大量、长距离、快速交通服务。快速路对向车行道之间应设中间分车带，当有自行车通行时，应加设两侧带。快速路的进出口应采用全控制或部分控制，快速路与高速公路、快速路、主干路相交时，都必须采用立体交叉，与交通量很小的次干路相交时，可近期采用平面交叉，当应为将来建立立体交叉留有余地，与支路不能直接相交，在过路行人较集中地点应设置人行天桥或地道。

快速路两侧不应设置吸引大量车流、人流的公共建筑的进出口。两侧一般建筑物的进出口应加以控制。

（2）主干路。主干路是构成城市道路网的骨架，是连接城市各主要分区的主要干道。当以交通功能为主时，宜采用机动车与非机动车分隔形式，一般为三幅路或四幅路。主干路两侧也不应设置吸引大量车流、人流的公共建筑物的进出口。

（3）次干路。次干路是城市中的交通干路，辅助主干路构成城市完整的道路系统网，沟通支路与主干路之间的交通联系，起到连接城市各部分与集散交通的作用，兼有服务功能。

（4）支路。支路时联系次干路之间的道路，特殊情况下也可沟通主干路、次干路。支路是用于居住区内部的主要道路，也可作为居住区域与街坊外围的连接线，主要作用是供区域内部交通使用，以服务功能为主，在支路上应很少有车辆行驶。

3.4.3　基本规定

1. 道路分级

（1）城市道路应按道路在道路网中的地位、交通功能以及对沿线的服务功能等，分为快速路、主干路、次干路和支路四个等级，并应符合下列规定：

① 快速路应中央分隔、全部控制出入、控制出入口间距及形式，应实现交通连续通行，单向设置不应少于两条车道，并应设有配套的交通安全与管理设施。快速路两侧不应设置吸引大量车流、人流的公共建筑物的出入口。

② 主干路应连接城市各主要分区，应以交通功能为主。主干路两侧不宜设置吸引大量车流、人流的公共建筑物的出入口。

③ 次干路应与主干路结合组成干路网，应以集散交通的功能为主，兼有服务功能。

④ 支路宜与次干路和居住区、工业区、交通设施等内部道路相连接，应以解决局部地区交通，以服务功能为主。

（2）在规划阶段确定道路等级后，当遇特殊情况需变更级别时，应进行技术经济论证，并报规划审批部门批准。

（3）当道路为货运、防洪、消防、旅游等专用道路使用时，除应满足相应道路等级的技术要求外，还应满足专用道路及通行车辆的特殊要求。

（4）道路应做好总体设计，并应处理好与公路以及不同等级道路之间的衔接过渡。

2. 设计速度

（1）各级道路的设计速度应符合表3-8的规定。

各级道路的设计速度　　　　　　　表3-8

道路等级	快速路			主干路			次干路			支路		
设计速度(km/h)	100	80	60	60	50	40	50	40	30	40	30	20

（2）快速路和主干路的辅路设计速度宜为主路的0.4～0.6倍。

（3）在立体交叉范围内，主路设计速度应与路段一致，匝道及集散车道设计速度宜为主路的0.4～0.7倍。

（4）平面交叉口内的设计速度宜为路段的0.5～0.7倍。

3. 设计车辆

（1）机动车设计车辆应包括小客车、大型车、铰接车，其外廓尺寸应符合表3-9的规定。

（2）非机动车设计车辆的外廓尺寸应符合表3-10的规定。

4. 道路建筑限界

（1）道路建筑限界应为道路上净高线和道路两侧侧向净宽边线组成的空间界线（图3-8）。顶角抹角宽度（E）不应大于机动车道或非机动车道的侧向净宽（W_1）。

机动车设计车辆及其外廓尺寸 表 3-9

车辆类型	总长(m)	总宽(m)	总高(m)	前悬(m)	轴距(m)	后悬(m)
小客车	6	1.8	2.0	0.8	3.8	1.4
大型车	12	2.5	4.0	1.5	6.5	4.0
铰接车	18	2.5	4.0	1.7	5.8+6.7	3.8

注: 1. 总长: 车辆前保险杠至后保险杠的距离。
　　2. 总宽: 车厢宽度(不包括后视镜)。
　　3. 总高: 车厢顶或装载顶至地面的高度。
　　4. 前悬: 车辆前保险杠至前轴轴中线的距离。
　　5. 轴距: 双轴车时,为从前轴轴中线到后轴轴中线的距离; 铰接车时分别为前轴轴中线至中轴轴中线、中轴轴中线至后轴轴中线的距离。
　　6. 后悬: 车辆后保险杠至后轴轴中线的距离。

非机动车设计车辆及其外廓尺寸 表 3-10

车辆类型	总长(m)	总宽(m)	总高(m)
自行车	1.93	0.60	2.25
三轮车	3.40	1.25	2.25

注: 1. 总长: 自行车为前轮前缘至后轮后缘的距离; 三轮车为前轮前缘至车厢后缘的距离;
　　2. 总宽: 自行车为车把宽度; 三轮车为车厢宽度;
　　3. 总高: 自行车为骑车人骑在车上时,头顶至地面的高度; 三轮车为载物顶至地面的高度。

(2) 道路建筑限界内不得有任何物体侵入。

(3) 道路最小净高应符合表 3-11 的规定。

道路最小净高 表 3-11

道路种类	行驶车辆类型	最小净高(m)
机动车道	各种机动车	4.5
	小客车	3.5
非机动车道	自行车、三轮车	2.5
人行道	行人	2.5

(4) 对通行无轨电车、有轨电车、双层客车等其他特种车辆的道路,最小净高应满足车辆通行的要求。

(5) 道路设计中应做好与公路以及不同净高要求的道路间的衔接过渡,同时应设置必要的指示、诱导标志及防撞等设施。

5. 设计年限

(1) 道路交通量达到饱和状态时的道路设计年限为: 快速路、主干路应为 20 年; 次干路应为 15 年; 支路宜为 10~15 年。

(2) 各种类型路面结构的设计使用年限应符合表 3-12 的规定。

(3) 桥梁结构的设计使用年限应符合表 3-13 的规定。

6. 荷载标准

(1) 道路路面结构设计应以双轮组单轴载 100kN 为标准轴载。对有特殊荷载使用要求的道路,应根据具体车辆确定路面结构计算荷载。

(2) 桥涵的设计荷载应符合现行行业标准《城市桥梁设计规范》CJJ 11 的规定。

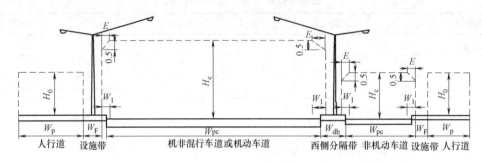

(a) 无中间分隔带

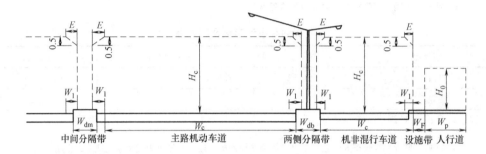

(b) 有中间分隔带

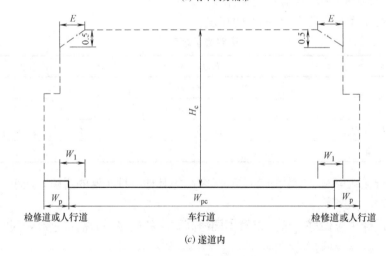

(c) 遂道内

图 3-8　道路建筑限界

路面结构的设计使用年限（年）　　　　　　　　　　　　表 3-12

道路等级	路面结构类型		
	沥青路面	水泥混凝土路面	砌块路面
快速路	15	30	—
主干路	15	30	—
次干路	10	20	—
支路	8(10)	15	10(20)

注：1. 支路采用沥青混凝土时，设计年限为 10 年；采用沥青表面处治时，为 8 年。
　　2. 砌块路面采用混凝土预制块时，设计年限为 10 年；采用石材时，为 20 年。

| | 桥梁结构的设计使用年限 | 表 3-13 |

类　　别	设计使用年限(年)
特大桥、大桥、重要中桥	100
中桥、重要小桥	50
小桥	30

注：对有特殊要求结构的设计使用年限，可在上述规定基础上经技术经济论证后予以调整。

7. 防灾标准

（1）道路工程应按国家规定工程所在地区的抗震标准进行设防。

（2）城市桥梁设计宜采用百年一遇的洪水频率，对特别重要的桥梁可提高到三百年一遇。

对城市防洪标准较低的地区，当按百年一遇或三百年一遇的洪水频率设计，导致桥面高程较高而引起困难时，可按相交河道或排洪沟渠的规划洪水频率设计，且应确保桥梁结构在百年一遇或三百年一遇洪水频率下的安全。

（3）道路应避开泥石流、滑坡、崩塌、地面沉降、塌陷、地震断裂活动带等自然灾害易发区；当不能避开时，必须提出工程和管理措施，保证道路的安全运行。

3.5　沟槽土方开挖与回填

燃气工程施工中，沟槽土方开挖分人工作业、机械作业及人机配合施工作业三种方法。开挖方法应根据工程具体情况而定。

3.5.1　土方开挖

1. 一般规定

（1）土方施工前，建设单位应组织有关单位向施工单位进行现场交桩。临时水准点、管道轴线控制桩、高程桩，应经过复核后方可使用，并应定期校核。

（2）施工单位应会同建设等有关单位，核对管道路由、相关地下管道以及构筑物的资料，必要时局部开挖核实。

（3）施工前，建设单位应对施工区域内已有地上、地下障碍物与有关单位协商处理完毕。

（4）在施工中，燃气管道穿越其他市政设施时，应对市政设施采取保护措施，必要时应征得产权单位的同意。

（5）在地下水位较高的地区或雨期施工时，应采取降低水位或排水措施，及时清除沟内积水。

2. 施工现场安全防护

（1）在沿车行道、人行道施工时，应在管沟沿线设置安全护栏，并应设置明显的警示标志。在施工路线沿线，应设置夜间警示灯。

（2）在繁华路段和城市主要道路施工时，宜采用封闭式施工方法。

（3）在交通不可中断的道路上施工，应有保证车辆、行人安全通行的措施，并应设有负责安全的人员。

3. 开槽技术规定

(1) 混凝土路面和沥青路面的开挖应使用切割机切割。

(2) 管道沟槽应按设计规定的平面位置和标高开挖。当采用人工开挖且无地下水时，槽底预留值宜为 0.05～0.10m，当采用机械开挖或有地下水时，槽底预留值不应小于 0.15m；管道安装前应人工清底至设计标高。

(3) 在无地下水的天然湿度的土壤中开挖沟槽时，如沟槽深度不超过表 3-6 规定，沟壁可不设边坡。

(4) 当土壤具有天然湿度、构造均匀、无地下水、水文地质条件良好，且挖深小于 5m，不加支撑时，沟槽的最大边坡率可按表 3-7 确定。

(5) 在无法达到第 (4) 条的要求时，应采用支撑加固沟壁。对不坚实的土壤应及时做连续支撑，支撑物应有足够的强度。

(6) 沟槽一侧或两侧临时堆土位置和高度不得影响边坡的稳定性和管道安装。堆土前应对消火栓、雨水口等设施进行保护。

(7) 局部超挖部分应回填压实。当沟底无地下水时，超挖在 0.15m 以内，可采用原土回填；超挖在 0.15m 及以上，可采用石灰土处理。当沟底有地下水或含水量较大时，应采用级配砂石或天然砂回填至设计标高。超挖部分回填后应压实，其密实度应接近原地基天然土的密实度。

(8) 在湿陷性黄土地区，不宜在雨期施工，或在施工时切实排除沟内积水，开挖时应在槽底预留 0.03～0.06m 厚的土层进行压实处理。

(9) 沟底遇有废弃构筑物、硬石、木头、垃圾等杂物时必须清除，并应铺一层厚度不小于 0.15m 的砂土或素土，整平压实至设计标高。

(10) 对软土基及特殊性腐蚀土壤，应按设计要求处理。

(11) 当开挖难度较大时，应编制安全施工的技术措施，并向现场施工人员进行安全技术交底。

4. 沟槽检验

沟槽开挖完毕后，及时组织有关各方共同检验。沟槽断面尺寸应准确，沟底应平直、坡度应正确，有沟底标高测量记录，转角应符合设计要求，沟内无塌方、无积水、无各种油类及杂物，接口工作坑位置与断面尺寸应正确，其管沟检查标准应符合表 3-14 的规定。

管沟检查标准 表 3-14

检查项目	允许偏差(mm)
管沟中心线偏移	≤ 100
管沟标高	+50 −100
管沟宽度	±100

5. 管沟开挖方法

(1) 人工开挖

人工开挖一般适用于城市居民小区庭院燃气管道沟槽、零星土方工程或遇障碍物，施工机械不能充分发挥效能的场合，多数情形是人工作业与机械作业配合施工。

人工破路时，应先沿沟槽外边线在路面上凿槽或用切割机切槽。混凝土路采用钢錾；沥青或碎石路面用十字镐。然后沿凿出的槽将路面层以下的垫层或土层掏空，用大锤或十字镐等将路面逐块击碎。

（2）机械开挖

机械开挖，目前用的机械主要有推土机、铲运机、单斗挖土机、多斗挖土机、装载机等。按照挖土装置容量的大小，又可分为中小型和大型机械。

在使用机械开挖土石方时，一般按下述情况选择施工机械：

① 土石方的开挖断面、范围大小；

② 土石方机械的特点和适应程度；

③ 施工现场的条件。

6. 土方机械

（1）推土机

推土机是土方工程施工的主要机械之一，它是以履带式拖拉机为基础，经必要的加固改装而成的机械，推土板多用油压操纵，推土机操纵灵活，运转方便，所需工作面较小，行驶速度快，易于转移，能爬 30°左右的缓坡，因此应用范围较广，推土机适应于开挖Ⅰ～Ⅲ类土，多用于平整场地、回填土方、开挖深度不大的基坑、堆筑堤坝以及配合挖土机集中土方、修路开道等。图 3-9 是液压操纵的 T2-100 型推土机外形图。液压操纵推土机除了可以升降推土板外，还可调整推土板的角度，具有更大的灵活性。

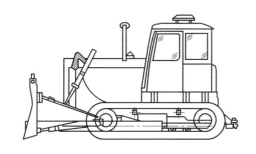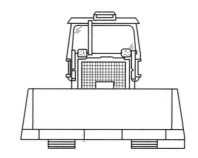

图 3-9　T2-100 型推土机

1）固定式推土机与万能式推土机

固定式推土机又称为直铲式推土机，其推土刀的安装垂直于拖拉机纵轴方向并且与顶推架的联接为刚性固定，这种推土机在作业时只能进行正向前进推土，而不能作侧向移土和侧向开挖。

万能式推土机又称为回转式推土机，其推土刀除了可以在水平面向左或向右作倾斜 20°～30°安装外，还可以根据作业要求进行一定深度的侧向开挖。

2）机械式推土机与液压式推土机

机械推土机又称绳索式推土机，其推土刀的升降是利用装在拖拉机后部的绞盘和钢丝绳，滑轮组来操纵的，推土刀靠自重切入土壤。这种推土机是我国 20 世纪 50 年代的老产品，现在工程上很少使用。

液压式推土机即液压操纵式推土机，其推土刀的升降是靠安装在拖拉机前方两侧的双作用油缸来操纵的。这种推土机在作业中可以随时改变推土刀的切入深度。

3）履带式推土机与轮胎式推土机

履带式推土机的行走装置为履带，是目前使用最普遍的一种推土机，其主要特点是机动性大，动作灵活、爬坡能力强，履带与地面的接触压强小，可在松软、湿地作业，其缺点是行驶时易损坏路面。

轮胎式推土机有的采用专用底盘，也有的以轮胎式拖拉机为基础，经加固改装而成，其特点是行驶速度快、动作灵活、对路面无损坏，广泛用于抢险，修筑港口、道路，构筑军事掩体等工程。其缺点是接地比压大，在泥泞、松软场地作业时易打滑、陷机。

（2）铲运机

铲运机是大面积填挖土方中循环作业式高效铲土运输机械，它能综合完成铲土、运土、卸土三个工序和部分压实工作，主要用于修建铁路、公路、矿山、机场、港口、堤坝、工业厂房等工程的土方填挖及场地平整，如图 3-10。

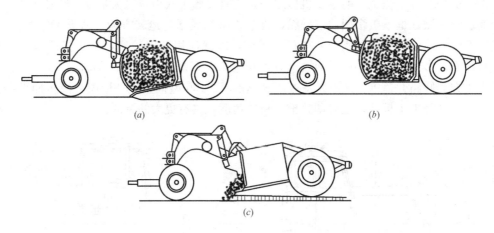

图 3-10 铲运机

1）铲运机的产品类型很多，按运行方式可分为拖式和自行式两种。

A. 拖式　常用履带式拖拉机牵引，其运距为 70～800m。

B. 自行式　其运距为 1500～5000m，生产率较高。

2）按操纵机构可分为液压式和机械式两种。

3）按卸土方式可分为强制卸土、半强制卸土和自由卸土 3 种。

A. 强制卸土　土是被可向前移动的后斗壁强制推出。即使是黏土、过湿土，斗底和侧壁均卸得干净，功率消耗大。

B. 半强制卸土　斗底连同后斗壁向前翻转，以强制方式卸去一部分土，其余土壤靠自重卸出，不能彻底消除斗内土壤。

C. 自由卸土　铲斗是整体结构，卸土时将铲斗倾斜，靠土的自重卸去，所需功率较小，但卸土不彻底，一般为小型铲运机所采用。

（3）挖掘机

挖掘机有循环作业式和连续作业式两大类，即单斗挖掘机和多斗挖掘机。单斗挖掘机是土方工程中的一种主要施工机械，它可以单独进行基坑的挖掘作业或配合汽车等运输工具进行远距离的土的运移，目前已被广泛应用于建筑施工、交通运输、水利电力、矿山采掘以及军事工程等。

单斗挖掘机的种类很多，按传动方式不同分为机械式（图 3-11）和液压式两类。在建筑工程中主要采用单斗液压式挖掘机（图 3-12）。

按工作装置的不同，液压单斗挖掘机有反铲、正铲、抓铲和拉铲四种主要形式。反铲用于挖掘停机面以下的土壤，其工作灵活，使用较多，是液压挖掘机的一种主要工作装置形式。正铲主要用于挖掘停机面以上的土壤，大面积开挖时采用此形式。抓铲主要用于小面积深挖，如挖井、挖坑等。拉铲主要用于大面积开挖。

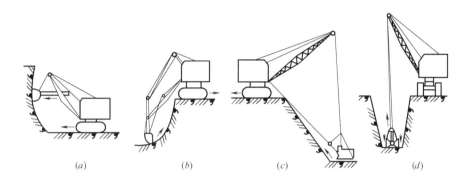

图 3-11 机械式单斗挖掘机

（a）正铲；（b）反铲；（c）拉铲；（d）抓铲

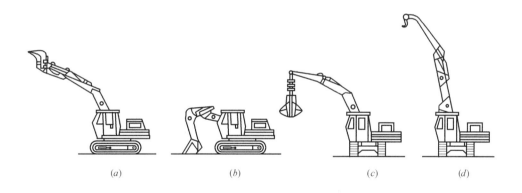

图 3-12 单斗液压式挖掘机

（a）反铲；（b）正铲或装载；（c）抓铲；（d）起重

按行走装置的不同，液压挖掘机可分为履带式、轮胎式、汽车式、悬挂式和拖式等形式。履带式具有良好的通过性，轮胎式具有良好的越野性，而后三种职业采用汽车或拖拉机底盘，结构简单、成本低（图 3-13）。

按动力装置的不同，挖掘机可分为电驱动、内燃机驱动和复合驱动等形式。单斗液压挖掘机采用内燃机驱动。

（4）装载机

装载机式一种作业效率很高的铲装机械，它不仅能对松散物料进行装、运、卸作业，

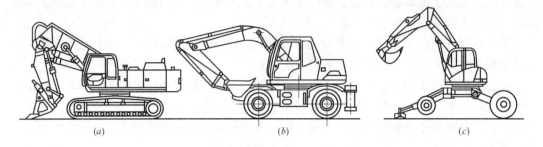

图 3-13 挖掘机行走装置的结构形式
(*a*) 履带式；(*b*) 轮胎式；(*c*) 步履式

还能对爆破后的矿石以及土壤作轻度的铲掘工作。如果交换相应的工作装置后，还可以完成挖土、推土、起重及装卸等工作。因此，装载机被广泛应用与建筑工程施工中。装载机的分类及主要特点见表 3-15。

装载机的分类及主要特点

表 3-15

分类方法	类　　型	主要特点
按行走装置分	(1)履带式：采用履带式行走装置； (2)轮胎式：采用两轴驱动的轮胎行走装置	(1)接地比压低，牵引力大，但行驶速度低，转移不灵活； (2)行驶速度快，转移方便，可在城市道路上行驶，使用广泛
按机身结构分	(1)刚性式：机身系刚性结构； (2)铰接式：机身前部和后部采用铰接	(1)转弯半径大，因而需要较大的活动场地； (2)转弯半径小，可在狭小地方作用
按回转方式分	(1)全回转：回转台能回转360°； (2)90°回转：铲斗的动臂可左右回转90°； (3)非回转式：铲斗不能回转	(1)可在狭窄的场地作业，卸料时对机械停放位置无严格要求； (2)可在半圆范围内任意位置卸料，在狭窄的地方也能发挥作用； (3)要求作业场地较宽
按传达方式分	(1)机械传动：这时传统的传动方式； (2)液力机械传动：当前普遍采用的传动方式； (3)液压传动：一般用于110kW以下的装载机上	(1)牵引力不能随外载荷的变化而自动变化，不能满足装载作业要求； (2)牵引力和车速变化范围大，随着外阻力的增加，车速自动下降而牵引力能增大，并能减少冲击，减少动载荷； (3)可充分利用发动机功率，提高生产率，但车速变化范围窄，车速偏低

3.5.2 沟槽回填

管道施工验收合格后，应尽早回填，恢复地面或路面。避免沟槽长期暴露，影响管道质量，造成沟槽坍塌，增加回填时清沟工作量，妨碍交通等事故。管沟回填前，施工单位、建设单位等有关各方应共同对管道进行全面检查。

1. 一般规定

(1) 管道主体安装检验合格后，沟槽应及时回填，但需留出未检验的安装接口。回填前，必须将槽底施工遗留的杂物清除干净。

对特殊地段，应经监理（建设）单位认可，并采取有效的技术措施后，方可在管道焊接、防腐检验合格后全部回填。

（2）不得采用冻土、垃圾、木材及软性物质回填。管道两侧及管顶以上 0.5m 以内的回填土，不得含有碎石、砖块等杂物，且不得采用灰土回填。距管顶 0.5m 以上的回填土中的石块不得多于 10%、直径不得大于 0.1m，且均匀分布。

（3）沟槽的支撑应在管道两侧及管顶以上 0.5m 回填完毕并压实后，在保证安全的情况下进行拆除，并应采用细砂填实缝隙。

（4）沟槽回填时，应先回填管底局部悬空部位，再回填管道两侧。

（5）回填土应分层压实，每层虚铺厚度为 0.2～0.3m，管道两侧及管顶以上 0.5m 内的回填土必须采用人工压实，管顶 0.5m 以上的回填土可采用小型机械压实，每层虚铺厚度宜为 0.25～0.4m，也可按表 3-16 选取。

每层回填土的虚铺厚度

表 3-16

压实机具	虚铺厚度（cm）
木夯、铁夯	≤ 20
蛙式夯	20～25
压路机	20～30
振动压路机	≤ 40

（6）回填土压实后，应分层检查密实度，并做好回填记录。沟槽各部位的密实度应符合下列要求（图 3-14）：

1）对 Ⅰ、Ⅱ 区部位，密实度不应小于 90%；

2）对 Ⅲ 区部位，密实度应符合相应地面对密实度的要求；

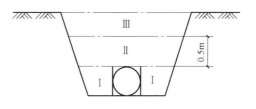

图 3-14　回填土断面图

3）当管道沟槽位于路基范围内时，管顶以上 25cm 范围内回填土的压实度不应小于 87%，其他部位回填土的压实度应符合表 3-17 规定。

沟槽回填土作为路基的最小压实度表

表 3-17

由路槽底算起的深度范围（cm）	道路类别	最低压实度（%）	
		重型击实标准	轻型击实标准
≤80	快速路及主干路	95	98
	次干路	93	95
	支路	90	92
>80～150	快速路及主干路	93	95
	次干路	90	92
	支路	87	90
>150	快速路及主干路	87	90
	次干路	87	90
	支路	87	90

注：1. 表中重型击实标准的压实度和轻型击实标准的压实度，分别以相应的标准击实试验法求得的最大干密度为 100%；
　　2. 回填土的要求压实度，除注明者外，均为轻型击实标准的压实度（以下同）。

4）处于绿地或农田范围内的沟槽回填，表层 50cm 范围内不应压实，但可将表面整平，并预留沉降量。

（7）直接铺设在土弧基础上时，管道与基础之间三角部位填实。压实时，管道两侧应对称进行，且不得使管道位移或损伤。

（8）市区外地下高压燃气管道沿线应设置里程桩、转角桩、交叉和警示牌等永久性标志。市区内地下高压燃气管道应设立管位警示标志。在距管顶不小于 500mm 处应埋设警示带

2. 路面恢复

（1）沥青路面和混凝土路面的恢复，应由具备专业施工资质的单位施工。

（2）回填路面的基础和修复路面材料的性能不能低于原基础和路面材料。

（3）当地市政管理部门对路面恢复有其他要求时，应按当地市政管理部门的要求执行。

3. 警示带敷设

（1）埋设燃气管道的沿线应连续敷设警示带。警示带敷设前应将敷设面压实，并平整地敷设在管道的正上方，距管顶的距离宜为 0.3～0.5m，但不得敷设于路基和路面里。

（2）警示带平面布置可按表 3-18 规定执行。

警示带平面布置   表 3-18

管道公称直径(mm)	≤400	>400
警示带数量(条)	1	2
警示带间距(mm)	—	150

（3）警示带宜采用黄色聚乙烯等不易分解的材料，并印有明显、牢固的警示语，字体不宜小于 100mm×100mm。

4. 管道路面标志设置

（1）一般规定

1）标志应设置于适宜的场所，传达的信息应与所在的场所相对应。

2）设置标志的位置应明显。

3）在需要强调安全的区域入口处，可将该区域涉及的多个安全标志组合使用，并应按照禁止、警告、指令、提示的顺序，先左后右、先上后下地排列在组合标志牌上，标志牌上应有必要的说明性文字。

4）在需要加强管道安全保护的地方、易发生危及燃气管道安全行为的区域应设置临时标志。

5）当燃气管道穿（跨）越铁路、公路、水域敷设时，应在穿（跨）越两侧醒目处及水域的适当位置设置标志。

（2）使用要求

1）在固定位置使用安全标志及燃气设施名称标志时应符合下列规定：

① 标志牌不宜设置在门、窗、架等可移动的物体上；

② 标志牌可采用附着式、悬挂式、柱式的安装方式；

③ 标志牌的安装应固定牢固、不倾斜；当采用柱式安装时，标志牌和支架的连接应

牢固；

　　④ 标志牌采用悬挂式和柱式安装时，其下缘距地面的高度不宜小于 2m。

　　2）地面标志的使用应符合下列规定：

　　① 地面标志应设置在管道的上方地面；

　　② 在管道折点、三通、交叉点、末端等处应设置地面标志；

　　③ 直线管段设置地面标志的间距不宜大于 200m；

　　④ 燃气阀门井盖、凝水缸防护罩等可视为地面标志，并应标注"燃气"字样。

　　(3) 地上标志的使用应符合下列规定：

　　1）地上标志的设置不得妨碍车辆、行人通行；

　　2）地上标志应高出地面，且顶端距地面高度宜为 0.5～1.5m；

　　3）地上标志与管道中心线的水平距离不应大于 1.5m；

　　4）地上标志有警示语的一侧应朝向道路。

　　(4) 地下标志的使用应符合下列规定：

　　1）在管道折点、三通、交叉点等处埋设电子标识器时，电子标识器应埋设于管道上方；

　　2）随聚乙烯管道敷设的示踪线（带）应具有良好的导电性，且应具备有效的电气连接；

　　3）警示带（板）宜敷设在距燃气管顶 300～500mm 处。

　　(5) 燃气场站内工艺管道标志的涂刷应均匀一致，色环觉箭头应清晰醒目。

　　(6) 当需要设置临时标志时，可根据现场实际情况安装或摆放。

参 考 文 献

[1] 戴路. 燃气输配工程施工技术 [M]. 北京：中国建筑工业出版社，2006

[2] 李公藩. 燃气工程便携手册 [M]. 北京：机械工业出版社，2003

[3] 丁崇功. 燃气管道工 [M]. 北京：化学工业出版社，2008

[4] 王洁蕾. 市政燃气热力施工员 [M]. 北京：中国建材工业出版社，2010

[5] 中华人民共和国住房和城乡建设部. 城镇燃气标志标准 [S] CJJ/T 153—2010. 北京：中国建筑工业出版社，2010

[6] 高文安，杨庚. 建筑施工机械 [M]. 武汉：武汉理工出版社，2010

[7] 李帆，管延文等. 燃气工程施工技术 [M]. 武汉：华中科技大学出版社，2007

[8] 李麟. 城市道路工程 [M]. 北京：中国电力出版社，2004

[9] 中华人民共和国建设部. 城镇燃气输配工程施工及验收规范 [S]. CJJ 33—2005 北京：中国建筑工业出版社，2005

4 管材、附件及管道加工

4.1 常用管材

4.1.1 概述

1. 管道工程标准

管道工程标准化的主要内容是统一管子、管件的主要参数与结构尺寸。其中最重要的内容之一是直径和压力的标准化和系列化,即管道工程常用的公称直径系列和工程压力系列。

(1) 管子公称直径

管子和管路附件的公称直径是为了设计、制造、安装和修理的方便而规定的一种标准直径。所谓公称直径就是各种管子与管路的通用口径,用符号 DN 表示,其后附加公称直径的数值。

对于钢管和塑料管及其同材质管件,DN 后的数值不一定是管子内径(D),也不一定是管子的外径(D_w),而是与 D 和 D_w 接近的整数。对于无缝钢管,D_w 是固定的系列数值,壁厚(S)增加,则 D 减小;对于铸铁管及管件和阀门,DN 等于内径;对于法兰,DN 仅是与 D 接近的整数;对于工艺设备,DN 就是设备接口的内径。

(2) 管子的公称压力

管子在基准温度下的耐压强度称为"公称压力",用符号 PN 表示。

管子与管路附件在出厂前,必须进行压力试验,检查强度和密封性。强度试验压力用符号 P_S 表示。从安全观点考虑,强度试验压力必须大于公称压力,而密封性试验压力则可大于或等于其公称压力。

2. 管材的分类

管材是燃气工程最主要的施工用料之一。用以输送燃气介质及完成一些生产工艺过程。由于输送的介质及其参数不同,对管材的要求也不同。燃气工程使用的管材分类方法如下:

(1) 按材质分类

金属管:钢管、铸铁管、铜管等;

非金属管:钢筋混凝土管、陶瓷(土)管、塑料管、玻璃管及橡胶管等;

复合管:衬铅管、衬胶管、玻璃钢管、塑料复合管及钢骨架聚乙烯复合管等。

(2) 按用途分类

低压流体输送用焊接钢管、锅炉用无缝钢管、普通钢管及铸铁钢管等。

(3) 按制造方法分类

热轧无缝钢管、冷拔无缝钢管及砂型离心铸铁管等。

（4）按材质的构成种类及加工程序分类

由同一种材质构成一次加工成型的如钢管、塑料管等；

由两种主要材质构成，经两次或多次加工成型的，如塑料金属复合管等。

3. 管材规格的表示方法

管材的规格一般是这样表示的：对于无缝钢管和电焊钢管用外径×壁厚表示。例如外径为 106mm，壁厚为 4mm 的无缝钢管表示为 $\phi106\times4$；外径为 367mm，壁厚为 8mm 的钢板卷制直缝电焊钢管表示为 $D367\times8$。对于水煤气管（低压流体输送钢管）一般用它们的公称直径表示。例如公称直径为 50mm 的水煤气管表示为 $DN50$。对于铸铁管一般也用它们的公称直径来表示，铸铁管公称直径与内径数值相等。例如公称直径为 100mm 的铸铁管表示为 $DN100$。

4. 燃气管道对管材的要求

燃气管道的设计、施工人员应根据燃气介质的种类和参数正确选用管材。管材的基本要求如下：

（1）在介质的压力和温度作用下具有足够的机械强度和严密性；

（2）有良好的可焊性；

（3）当工作状况变化时对热应力和外力的作用有相应的弹性和安定性；

（4）抵抗内外腐蚀的持久性；

（5）抗老化性好，寿命长；

（6）内表面粗糙度要小，并免受介质侵蚀；

（7）温度变形系数小；

（8）管子或管件间的连接结合要简单、可靠、严密；

（9）运输、保存、施工都应简单；

（10）管材来源充足，价格低廉。

4.1.2 钢管

1. 钢管的种类

钢管具有强度高、韧性好、抗冲击性和严密性好，能承受很大的压力，抗压、抗震的强度大，塑性好，便于焊接和热加工等优点，但耐腐蚀性较差，需要有可靠的防腐措施。按照制造方法可分为焊接钢管和无缝钢管。

（1）焊接钢管

焊接钢管是由卷成管形的钢板以对缝或螺旋缝焊接而成，由于他们的制造条件不同，又分为低压流体输送用钢管、螺旋缝电焊钢管、直缝卷焊钢管、电焊管等。

1）低压流体输送用焊接钢管是由焊接性能较好的低碳钢制造，管径通常用 DN（公称直径）表示规格。它是燃气管道工程中最常用的一种小直径的管材，适用于输送各种低压力燃气介质。按其表面质量可分为镀锌管（俗称白铁管）和非镀锌管（俗称黑铁管）；其规格见表 4-1，镀锌管比非镀锌管重约 3%～6%。按其管壁厚度不同可分为薄壁管、普通管和加厚管 3 种。薄壁管不得用于输送燃气介质，但可作为套管用。

低压流体输送用焊接、镀锌焊接钢管规格　　　　　　　　表 4-1

公称直径(mm)	公称直径(in)	钢管					管螺纹		
		外径(mm)	普通管		加厚管		扣数	退刀部分前螺纹长度(mm)	
			壁厚(mm)	理论质量(不计接头)(kg/m)	壁厚(mm)	理论质量(不计接头)(kg/m)		锥形螺纹	圆柱形螺纹
6	1/8	10.2	2.0	0.40	2.5	0.47			
8	1/4	13.5	2.5	0.68	2.8	0.74			
10	3/8	17.2	2.5	0.91	2.8	0.99			
15	1/2	21.3	2.8	1.28	3.5	1.54	14	12	11
20	3/4	26.9	2.8	1.66	3.5	2.02	14	14	16
25	1	33.7	3.2	2.41	4.0	2.93	11	15	18
32	1	42.4	3.5	3.36	4.0	3.79	11	17	20
40	1	48.3	3.5	3.87	4.5	4.86	11	19	22
50	2	60.3	3.8	5.29	4.5	6.9	11	22	24
65	2	76.1	4.0	7.11	4.5	7.95	11	23	27
80	3	88.9	4.0	8.38	5.0	10.35	11	32	30
100	4	114.3	4.0	10.88	5.0	13.48	11	38	36
125	5	139.7	4.0	13.39	5.5	18.20	11	41	38
150	6	168.3	4.5	18.18	5.5	21.63	11	45	42

2）螺旋缝电焊钢管分为自动埋弧焊和高频焊接钢管两种。各种钢管按输送介质的压力高低分为甲类管和乙类管两类。

① 螺旋缝自动埋弧焊接钢管的甲类管一般用普通碳素钢 Q235、Q235F 及普通低合金结构钢 16Mn 焊制，常用于输送石油、天然气等高压介质。乙类管采用 Q235、Q235F、B3、B3F 等钢材焊制，用作低压力的流体输送管材。

② 螺旋缝高频焊接钢管尚没有统一产品标准，一般采用 Q235、Q235F 等钢材制造。

3）直缝卷制电焊钢管用中厚钢板采用直缝卷制，以弧焊方法焊接而成。直缝电焊钢管在管段互相焊接时，两管段的轴向焊缝应按轴线成 45°角错开。不大于 $DN≤600$ 的长管，每段管只允许有一条焊缝。此外，管子端面的坡口形状，焊缝错口和焊缝质量均应符合焊接规范要求。

（2）无缝钢管

无缝钢管是用优质碳素钢或低合金圆钢坯加热后，经穿管机穿孔轧制（热轧）而成的，或者再经过冷拔而成为外径较小的管子，由于它没有接缝，因此称为无缝钢管。按照制造方法可分为热轧无缝钢管和冷拔无缝钢管两类。

1）热轧无缝钢管的规格：外径为 32～630mm，壁厚为 2.5～75mm。

2）冷拔无缝钢管的规格：外径为 2～150mm，壁厚为 0.25～14mm。

无缝钢管的外径允许偏差根据国家标准《输送流体用无缝钢管》GB/T 8163 规定，应符合表 4-2 的要求。热轧（挤压、扩）钢管壁厚允许偏差应符合表格 4-3，冷拔（轧）

钢管允许偏差应符合表 4-4

钢管的外径允许偏差（mm）　　　　　　　　表 4-2

钢管种类	允许偏差
热压（挤压、扩）钢管	$\pm 1\% D$ 或 ± 0.50，取其中较大值
冷拔（轧）钢管	$\pm 1\% D$ 或 ± 0.30，取其中较大值

热轧（挤压、扩）钢管壁厚允许偏差（mm）　　　　　　表 4-3

钢管种类	钢管外称外径	S/D	允许偏差
热轧（挤压）钢管	≤102	—	$\pm 12.5\% S$ 或 ± 0.40，取其中较大值
	>102	≤0.05	$\pm 15\% S$ 或 ± 0.40，取其中较大值
		>0.05～0.10	$\pm 12.5\% S$ 或 ± 0.40，取其中较大值
		>0.10	$\pm 12.5\% S$ $-10\% S$
热扩钢管	—		$\pm 15\% S$

冷拔（轧）钢管允许偏差（mm）　　　　　　　　表 4-4

钢管种类	钢管公称壁厚	允许偏差
冷拔（轧）	≤3	$\pm 1\% S$ 或 ± 0.50，取其中较大值 $-10\% S$
	>3	$\pm 1\% D$ 或 ± 0.30，取其中较大值

2. 钢管管件

（1）螺纹连接管件

低压流体输送管道的管件，由可锻铸铁和低碳钢制造，多为圆柱内螺纹，用作管道接头连接。根据是否镀锌分为黑铁管件和白铁管件。可锻铸铁管件，适用于公称压力 $PN \leqslant 0.8MPa$，为增加其机械强度，管件两端部有环形凸沿。低碳钢管件，适用于公称压力 $PN \leqslant 1.6MPa$。为了便于连接作业，设有两条纵向对称凸棱。管件规格用公称直径 DN 表示，根据管件在管道安装连接中的用途分为以下几种：

1）管道延长连接用配件。如管箍、外螺纹（内接头）。

2）管道分支连接用配件。如同径或异径三通、同径或异径四通。

3）管道改变方向连接用配件。如各种规格弯头。

4）管道碰头连接用配件。如活接头、根母（六方内螺纹）。

5）管道变径连接用配件。如补心（内外螺纹）、异径管箍（大小头）。

6）管道堵口用配件。如丝堵、管子帽。

（2）无缝钢管和电焊钢管管件

用于燃气管道中的无缝钢管管件与弯头、大小头三通。其规格为 $DN25 \sim DN600$。弯曲半径 $R = (1 \sim 1.5)DN$，弯曲角度有 45°、60° 和 90° 三种。无缝大小头分同心和偏心两种，规格为 25mm×20mm 至 150mm×200mm；无缝三通分同径和异径三通两种，规格

$DN40 \sim DN125$。用于燃气管道中的无缝钢管管件的材质应与直管材质相同，以达到工艺要求。

4.1.3 塑料管

塑料管具有材质轻、耐腐蚀、韧性好、良好的密闭性、管壁光滑流动阻力小、施工方便等优点，适宜埋地敷设。由于施工土方工程量少，管道无需防腐，系统完整性好，维修少或不需维修，工程造价和运行费用都较低。因此，在燃气工程中应用广泛。

1. 聚乙烯塑料管

聚乙烯塑料管是以高密度或中密度聚乙烯为原料生产的管道（简称 PE 管）。它具有以下优点：（1）优异的抗冲击、抗地震、抗磨损、抗腐蚀性能；（2）寿命长，埋地管道在 $-20 \sim 40$℃范围内安全使用 50 年以上；（3）管壁平滑，能提高介质流速，增大流量，与相同直径的金属管道相比，可输送更多的流量，减少动力消耗；（4）成本低，投资省，与金属管道相比，可减少工程投资 1/3 左右；（5）质量仅为钢管的 1/8，易搬运；（6）管材柔软，易弯曲，连接工艺简单；（7）土方量少，不需要做防腐处理，施工速度快捷。

（1）聚乙烯管的型号、规格及主要技术性能

聚乙烯管管材的最小壁厚 e_{min} 应符合表 4-5 的规定。

允许使用根据《热塑性塑料管材通用壁厚表》GB/T 10798 和《流体输送用热塑性塑料管材　公称外径和公称压力》GB/T 4217 中规定的管系列（S）推算出的其他标准尺寸比（SDR）。

聚乙烯管管材的最小壁厚 表 4-5

公称外径 d_n	最小壁厚（e_{min}^a）			
	SDR11[b]	SDR17[b]	SDR21[c]	SDR26[c]
16	3.0	—	—	—
20	3.0	—	—	—
25	3.0	—	—	—
32	3.0	3.0	—	—
40	3.7	3.0	—	—
50	4.6	3.0	3.0	—
63	5.8	3.8	3.0	—
75	6.8	4.5	3.6	3.0
90	8.2	5.4	4.3	3.5
110	10.0	6.6	5.3	4.2
125	11.4	7.4	6.0	4.8
140	12.7	8.3	6.7	5.4
160	14.6	9.5	7.7	6.2
180	16.4	10.7	8.6	6.9
200	18.2	11.9	9.6	7.7
225	20.5	13.4	10.8	8.6

公称外径 d_n	最小壁厚(e_{min}[a])			
	SDR11[b]	SDR17[b]	SDR21[c]	SDR26[c]
250	22.7	14.8	11.9	9.6
280	25.4	16.6	13.4	10.7
315	28.6	18.7	15.0	12.1
355	32.2	21.1	16.9	13.6
400	36.4	23.7	19.1	15.3
450	40.9	26.7	21.5	17.2
500	45.5	29.7	23.9	19.1
560	50.9	33.2	26.7	21.4
630	57.3	37.4	30.0	24.1

[a] $e_{min} = e_n$
[b] 首选系列
[c] SDR21 和 SDR26 常用于非开挖燃气管道修复。

聚乙烯管道的内外表面应清洁、光滑，不允许有气泡、明显划伤、凹陷、杂质、颜色不均等缺陷。其力学性能见表 4-6，物理性能见表 4-7。

聚乙烯管力学性能 表 4-6

序号	项目	要求	试验参数		试验方法
1	静液压强度(20℃, 100h)	无破坏	环应力： PE80 PF100 试验时间 试验温度	9.0MPa 12.0MPa ≥100h 20℃	GB/T 6111
2	静液压强度(80℃, 165h)	无 破 坏，无渗漏[a]	环应力： PE80 PF100 试验时间 试验温度	4.5MPa 5.4MPa ≥100h 80℃	GB/T 6111
3	静液压强度(80℃, 1000h)	无破坏，无渗漏	5.0 4.0MPa 12.0MP ≥100h 20℃		GB/T 6111
4	断裂伸长率 $e \leqslant 5mm$	≥350%[b,c]	试样形状 试样速度	类型 2 100mm/min	按 GB/T 8801.1—2003 制样，按 GB/T 8804.3—2003 试验。当公称壁厚 $e_n > 12mm$ 的管材进行实验时，如有争议，以类型 1 试样的实验结果为最终判定依据
	断裂伸长率 $5mm \leqslant e \leqslant 12mm$	≥350%[b,c]	试样形状 试样速度	类型 1[d] 50mm/min	
	断裂伸长率 $e > 12mm$	≥350%[b,c]	试样形状 试样速度	类型 1[d] 25mm/min	
			或		
			试样形状 试样速度	类型 3[d] 10mm/min	

续表

序号	项目	要求	试验参数		试验方法
5	耐慢速裂纹增长 $e\leqslant5$(椎体试验)	<100mm/24h	—	—	GB/T 19279
6	耐慢速裂纹增长 $e>5$(切口试验)	无破坏,无渗漏	试验温度 内部试验压力: PE80,SDR11 PE100,SDR11 试验时间 试验类型	80℃ 0.80MPa[e] 0.92MPa ≥500h 水-水	GB/T 18476
7	耐快速裂纹扩展 (RCP)[f]	$p_{c,St}\geqslant$MOP// 2.4-0.072MPa	试验温度	0℃	GB/T 19280
8	压缩复原	无破坏,无渗漏	—	—	按 GB 15558.1—2015 附录 F 试验

注:[a]仅考虑脆性破坏。如果在165h前发生韧性破坏,则按静液压强度(80℃)试验选择较低的应力和相应的最小破坏时间重新试验。

[b]若破坏发生在标距外部,在测试值达到要求情况下认为试验通过。

[c]当达到测试要求值时即可停止试验,无需试验至试样破坏。

[d]如果可行,壁厚不大于25mm的管材也可以采用类型2试样,类型2试样采用机械加工或模压法制备。

[e]对于其他 SDR 系列对应的压力值,参见 GB/T 18476。

[f]管材制造商生产的管材大于混配料制造商提供合格验证 RCP 试验中所用管材的壁厚时,才进行 RCP 试验。

在 0℃以下应用时,要求在该温度下进行 RCP 试验,以确定在最小工作温度下的临界压力。

按 GB/T 19280 试验时,若 S4 试验结果不能达到要求,可以按照全尺寸试验重新进行测试,以全尺寸试验的结果作为最终判定依据,在此情况下,$p_{c,St}\geqslant15\times$MOP。

聚乙烯管材的物理性能　　　　　　　　　　　　　　　表 4-7

序号	项目	要求	试验参数		试验方法
1	氧化诱导时间 (热稳定性)	>20min	试验温度 试样质量	200℃ (15±2)mg	GB/T 19466.6
2	溶体质量流动速率(MFR) (g/10min)	加工前后 MFR 变化<20%	负荷质量 试验温度	5kg 190℃	GB/T 3682—2000
3	纵向回缩率(壁厚≤16mm)	≤3%,表面无破坏	试验温度 试样长度 烘箱内放置时间	110℃ 200mm 1h	GB/T 6671—2001

聚乙烯管道输送天然气、液化石油气和人工燃气时,其设计压力应不大于管道最大允许工作压力,最大允许工作压力应符合表 4-8 的规定。

聚乙烯管道的最大允许工作压力(MPa)　　　　　　　表 4-8

城镇燃气种类		PE80		PE100	
		SDR11	SDR17.6	SDR11	SDR17.6
天然气		0.50	0.30	0.70	0.40
液化石油气	混空气	0.40	0.20	0.50	0.30
	气态	0.20	0.10	0.30	0.20
人工燃气	干气	0.40	0.20	0.50	0.30
	其他	0.20	0.1	0.30	0.20

（2）聚乙烯管件

目前国产聚乙烯管件有两种：一种是 $DN20\sim DN110$ 电熔管件；另一种是 $DN110\sim DN250$ 热熔管件，管件颜色为黄色或黑色。

电熔式接头采用承口式，承口内缠绕多圈电热丝，通电后，电热丝产生热量，可使承口内壁和接管外壁的聚乙烯逐渐被加热，当达到聚乙烯熔化温度（约130℃）后，内、外壁聚乙烯熔为一体，冷却后即成为一个整体。每个电熔接头管件都应注明管径、熔接温度、熔接时间和冷凝时间等数据。管件的内外表面应清洁、光滑，不允许有气泡、明显的划伤、凹陷、杂质、颜色不均等缺陷，管件应完整，周边应平整。管件技术性能见表4-9。

聚乙烯电熔管件技术性能 表4-9

序号	项 目		技术性能
1	热稳定性(200℃)(min)		＞20
2	短期静液压强度(MPa)	20℃	9.0,韧性破坏时间＞100h
		80℃	4.6,韧性破坏时间＞165h
			4.0,韧性破坏时间＞1000h
3	加热伸长		管件外径及长度变化不超过±5%,管件外形不允许有明显变化

2. 尼龙-11 塑料管

尼龙-11管是聚酰胺管中的一种，其主要性能是强度高，耐化学腐蚀性极好，使用温度范围大（−20～70℃）。由于强度高，与同样的承压等级、同外径的塑料管相比，管壁厚度较薄，因此重量更轻。尼龙-11的良好物理性能，使得尼龙-11管抗环境应力开裂及抗开裂的传递性能非常优越，它的良好的耐化学腐蚀性使得它适用于输送各种燃气，其中包括人工燃气和液化石油气。国产尼龙-11管道型号规格见表4-10。

国产尼龙-11 管道型号规格 表4-10

外径(mm)	壁厚(mm)		近似质量(kg/100m)		长度(m)
	SDR33	SDR25	SDR33	SDR25	
18	1.2	1.2	6.11	6.11	12
20	1.2	1.2	6.83	6.83	12
23	1.2	1.2	7.90	7.90	12
25	1.2	1.2	8.62	8.62	12
32	1.5	1.5	14.03	14.03	12
40	1.5	1.9	17.69	21.92	12
50	1.9	2.3	27.63	33.67	12
63	2.3	3.0	42.83	55.18	12
75	2.6	3.4	58.17	75.19	12
90	3.2	4.2	85.43	111.25	12
110	3.6	5.1	125.32	165.21	12

尼龙-11管采用管件和专用胶粘剂连接，操作极为简单方便。溶剂渗入管材和管件接触面并溶解表面，然后蒸发，从而产生永久的、高强度的密闭接口。

4.1.4 铸铁管

铸铁管具有塑性好，使用年限长，生产简便，成本低，且有良好的耐腐蚀性等优点。一般情况下，地下铸铁管的使用年限为60年以上。

（1）灰口铸铁管灰口铸铁是目前铸铁管中最主要的管材。灰口铸铁中的碳以石墨状态存在，破断后断口呈灰口，故称灰口铸铁。灰口铸铁易于切削加工，其主要组分见表4-11。

灰口铸铁的主要组分（%）   表 4-11

碳(C)	硅(Si)	锰(Mn)	磷(P)	硫(S)
3.0～3.8	1.5～2.2	0.5～0.9	≤0.4	≤0.12

铸铁管的铸造方法有连续式浇铸和离心式浇铸等。铸铁管根据材料和铸造工艺分为高压管、普压管及低压管等。用于燃气管道的承插灰口铸铁管为普压管。

铸铁管的接口主要为机械式接口，此外还有滑入式及承插式接口等。目前生产的铸铁管以机械式接口为主，法兰接口也有供应。

铸铁管内外表面允许有厚度不大于2mm的局部黏砂，外表面上允许有高度小于5mm的局部凸起。承口部内外表面不允许有严重缺陷，同一部位内外表面局部缺陷深度不得大于5mm，直管的两端应与轴线相垂直，其抗压强度不低于200MPa，抗拉强度不低于140MPa。铸铁管出厂试验压力见表4-12。

铸铁管体及插口的外径和承口内径允许偏差为：直径公称口径 $D \leqslant 800$mm 为 $\pm 1/3E$（mm）；直径公称 $D \geqslant 900$mm 为 $\pm(1/3E+1)$（mm）；（E 为承插口径标准间隙）。

铸铁管出厂试验压力   表 4-12

管　件	公称口径(mm)	承压(MPa)
低压直管	≥500	1.0
	≤450	1.5
普压直管及管件	≥500	1.5
	≤450	2.0
高压直管	≥500	2.0
	≤450	2.5

承口深度允许偏差为承口的 $\pm 5\%$；管体壁厚允许负偏差为 $(1+0.05T)$（mm），T 为管体壁厚；承口壁厚允许负偏差为 $(1+0.05c)$（mm），c 为承口壁厚。长度允许偏差为 ± 20mm，直管的弯曲度应不大于表4-13规定。

直管的弯曲度   表 4-13

公称口径(mm)	弯曲度(mm/m)	公称口径(mm)	弯曲度(mm/m)
≤150	3	≥500	1.5
200～450	2		

（2）球墨铸铁管

铸铁熔炼时在铁水中加入少量球化剂，使铸铁中的石墨球化，这样就得到球墨铸铁。铸铁进行球化处理的主要作用是提高铸铁的各种机械性能。球墨铸铁的主要成分见表4-14。

球墨铸铁的主要成分（%）　　　　　　　　　　　　　　　表 4-14

碳(C)	硅(Si)	锰(Mn)	磷(P)	硫(S)	镁(Mg)	稀土(Re)
3.4～4.0	2～2.9	0.4～1.0	< 0.1	0.04	0.03～0.06	0.02～0.05

球墨铸铁不但具有灰口铸铁的优点，而且还具有很高的抗拉、抗压强度，其冲击性能为灰口铸铁管 10 倍以上。因此国外已广泛采用球墨铸铁管来代替灰口铸铁管。我国球墨铸铁管生产增长很快，球墨铸铁管接口形式为承插接口与机械接口。球墨铸铁管的有关各项技术要求，均参照灰口铸铁管。

4.2 附属设备

为保证燃气工艺装置及管网的安全运行，并考虑到检修、接线的需要，必须依据具体情况及有关规定，在管道的适当地点设置必要的附属设备。

4.2.1 阀门

阀门是启闭、调节和控制管道内介质的流向、流速与压力的管道附属设备，是管路系统中的重要设备。由于燃气管道输送的介质易燃、易爆，有毒性；且阀门经常处于备而不用的状态，又不便于检修，因此对它的质量和可靠性有以下严格要求：

（1）密封性能好阀门关闭后不泄漏，阀壳无砂眼、气孔，对其严密性要求严格。阀门关闭后若漏气，不仅造成大量燃气泄漏，造成火灾、爆炸等危险，而且还可能引起自控系统的失灵和误动作。因此，阀门必须有出厂合格证，并在安装前逐个进行强度试验和严密性试验。

（2）强度可靠阀门除承受与管道相同的试验与工作压力外，还要承受安装条件下的温度、机械振动和其他各种复杂的应力，阀门断裂会组成巨大的损失，因此不同压力管道上阀门的强度一定安全可靠。

（3）耐腐蚀不同种类的燃气中含有程度不一的腐蚀气体成分，阀门中金属材料和非金属材料应能长期经受燃气腐蚀而不变质。

此外燃气管网系统还要求阀门应启闭迅速，动作灵活，维修保养方便，经济合理等。

1. 阀门的分类

（1）按用途和作用分类

1）截断阀类：用于截断或接通介质流。包括闸阀、截止阀、隔膜阀、旋塞阀、蝶阀等。

2）止回阀类：用于阻止介质倒流。包括各种结构的止回阀。

3）调节阀类：用于调节介质的流量、压力等。包括调节阀、节流阀、调压阀等。

4）安全阀类：用于超压安全保护。包括安全阀、紧急开启阀、紧急关闭阀等。

（2）按构成材质分类

按材质可分为铸铁阀门、铸钢阀门、锻钢阀门、铜阀门等。

（3）按螺纹连接形式分类

（4）按连接形式可分为螺纹连接阀门、法兰连接阀门、焊接连接阀门等。

（5）按压力分类

1）真空阀门：工作压力低于标准大气压的阀门。

2）压阀门：公称压力 $PN \leqslant 1.6\text{MPa}$ 的阀门。

3）中压阀门：公称压力 $PN2.5 \sim PN6.4\text{MPa}$ 的阀门。

4）高压阀门：公称压力 $PN10.0 \sim PN80.0\text{MPa}$ 的阀门。

（6）按驱动方式分类

按驱动方式可分为手动阀门、电动阀门、电磁阀门、液压阀门、自动阀门等。

2. 阀门的型号编制

阀门种类繁多，为便于选用和简化表达，通常应标出阀门的类型、驱动方式、连接方式、结构特点、密封面材料和公称压力等要素。按照《阀门型号编制方法》JB/T 308 的规定，阀门型号分七项内容，见图 4-1。

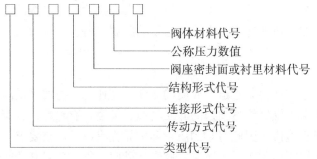

图 4-1 阀门型号

第一项内容表示类型，称为类型代号，应汉语拼音字母表示，见表 4-15。

阀门类型代号 表 4-15

类型	代号	类型	代号
闸阀	Z	旋塞阀	X
截止阀	J	止回阀	H
节流阀	L	安全阀	A
球阀	Q	减压阀	Y
蝶阀	D		

注：低温（低于 $-40℃$）和保温阀门，在类型代号前分别加"D"和"B"汉语拼音字母。

第二项内容表示传动方式，称为传动方式代号。用阿拉伯数字表示，见表 4-16。

阀门传动方式代号 表 4-16

传动方式	代号	传动方式	代号
电磁动	0	伞齿轮	5
电磁-液动	1	气动	6
电-液动	2	液动	7
涡轮	3	气液动	8
正齿轮	4	电动	9

注：1. 手轮、手柄和扳手传动及安全阀、减压阀省略本代号；
2. 对于气动或液动：常开式用 6K、7K 表示；常闭式用 6B、7B 表示；气动带手动用 6S 表示。

第三项内容为连接形式代号，表示阀门与管道或设备接口连接方式，用阿拉伯数字表示，见表 4-17。

阀门连接形式代号　　　　　　　　　　　　　　表 4-17

连接方式	代号	连接方式	代号
内螺纹	1	对夹	7
外螺纹	2	卡箍	8
法兰	4	卡套	9
焊接	6		

第四项内容为阀门结构形式，称为结构形式代号，用阿拉伯数字表示。如闸阀结构形式代号见表 4-18 等。

闸阀结构形式代号　　　　　　　　　　　　　　表 4-18

结构形式				代号
			弹性闸板	0
明杆	楔式	刚性	单闸板	1
			双闸板	2
	平行式		单闸板	3
			双闸板	4
暗杆楔式			单闸板	5
			双闸板	6

第五项内容表示阀门阀座的密封面材料或阀的衬里材料，其代号用汉语拼音字母表示，见表 4-19。

阀座密封面或衬里材料代号　　　　　　　　　　表 4-19

材料	代号	材料	代号
铜合金	T	渗氮钢	D
橡胶	X	硬质合金	Y
尼龙塑料	SN	衬胶	CJ
巴氏合金	B	衬铅	CQ
合金钢	H	搪瓷	TC
氟塑料	SA	渗硼钢	P

第六项内容表示阀门的公称压力数值。在表示阀门型号时，只写公称压力的数值，不写单位。（压力数值单位 kg/cm^2）。

第七项内容表示阀体材料，称为阀体材料代号，用汉语拼音字母表示，见表 4-20。公称压力 $PN \leqslant 1.6MPa$ 的灰铸铁阀体和 $PN \leqslant 2.5MPa$ 的铸钢阀体，省略本项代号。

阀体材料代号　　　　　　　　　　　　　　　　表 4-20

材料	代号	材料	代号
HT25-47	Z	Cr5Mo	I
KT30-6	K	1Cr18Ni9Ti	P
QT40-15	Q	1Cr18Ni12Mo2Ti	R
H62	T	12 Cr1MoV	V
ZG251	C		

3. 常用阀门的结构

(1) 闸阀

闸阀由阀体、阀座、闸板、阀盖、阀杆、填料压盖、手轮等部件组成。它的主要启闭件是闸板和阀座。闸板平面与介质流动方向垂直，改变闸板与阀座间的相对位置，即可改变介质流通截面的大小，从而实现对管路的开启和关闭。

闸阀按闸板的结构特性分为平行闸板和楔形闸板，每一种又分为单闸板和双闸板。平行闸板的两个密封面互相平行；楔形闸板的两个密封面有一夹角，呈楔形。单闸板是一块整体闸板；双闸板由两块对称放置的闸板组成，两闸板之间装有顶楔，它与两闸板采用斜面配合。当闸板下降时，顶楔靠斜面的作用使两闸板张开，并紧压在阀座密封面上，达到完全密封，使阀门关闭严密；当闸板上升时，顶楔先脱离闸板，待闸板上升到一定高度，顶楔被闸板上的凸块托起，并随闸板一起上升。图 4-2 为明杆平行式双闸板闸阀；适用于压力不超过 1.0MPa，温度不高于 200℃ 的燃气介质，当介质参数较高时多采用图 4-3 所示的楔形闸板闸阀。

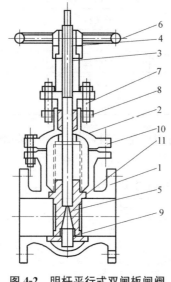

图 4-2 明杆平行式双闸板闸阀

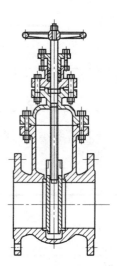

图 4-3 楔形闸板闸阀

1—阀体；2—阀盖；3—阀杆；4—阀杆螺母；5—闸板；6—手轮；
7—填料压盖；8—填料；9—顶楔；10—垫片；11—密封圈

(2) 截止阀

截止阀由阀座、阀瓣、阀杆、阀体、阀盖、填料、密封圈、手轮等部件组成。截止阀在管路中主要起开启和关闭的作用。截止阀的内腔左右两侧不对称，安装时必须注意介质流向。截止阀的优点是密封性较好，密封面摩擦现象不严重，检修方便，开启高度小，可以适当调节流量；缺点是介质通过截止阀时流动阻力比闸阀大，结构长度和启闭力较大。

截止阀的阀体形式一般分为直通式、直流式和角式。直通式截止阀介质流动方向在阀体内突然改变 90°，因而阻力较大。为了减少阻力，阀体可做成斜阀杆而成直流型；直流式截止阀常用于液化石油气槽车槽船的卸装管道上。直角式截止阀两个通道的方向相互成 90°，直角式截止阀则适用于改变燃气流动方向的管道上。

（3）止回阀

止回阀又称逆止阀或单向阀，是一种防止管道中的介质逆向流动的自动阀门。止回阀是利用阀前、阀后的压力差使阀门完成自动启闭，从而控制管道中的介质只向一定的方向流动，当介质即将倒流时，它能自动关闭而阻止介质逆向流动。止回阀根据结构形式可分为升降式止回阀和旋启式止回阀两大类。

1）升降式止回阀阀瓣垂直于阀体的通道作升降运动。当介质流过阀门时，阀瓣反复冲击阀座，使阀座很快磨损并产生噪声。如图 4-4。

2）旋启式止回阀阀瓣围绕阀座的销轴旋转，按其口径大小分为单瓣、双瓣和多瓣三类。它阻力较小，在低压时密封性能较差。多用于大直径的或高、中压燃气管道上。旋启式止回阀介质的流动方向没有多大变化，流通面积也大，但密封性不如升降式。旋启式止回阀安装时，仅要求阀瓣的销轴保持水平，因此可装于水平管道和直立管道。当装于直立管道时，应注意介质的流向必须是由下向上流动，否则阀瓣会因自重作用起不到止回作用。如图 4-5。

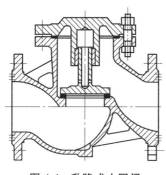

图 4-4　升降式止回阀

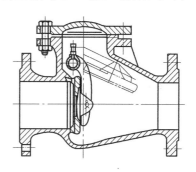

图 4-5　旋启式止回阀

（4）旋塞阀

旋塞阀是一种快开式阀门，在管路上用作快速全开和全关使用。旋塞阀由阀体、栓塞、填料及填料压盖等部件组成，它是利用带孔的锥形栓塞绕阀体中心线旋转而控制阀门的开启和关闭。旋塞阀具有结构简单、外形尺寸小、启闭迅速、阻力小、操作方便等优点。但由于栓塞和阀座接触面大，转动较费力，不适用于大直径管道，且容易磨损发生渗漏，研磨维修困难。旋塞阀根据其进出口通道的个数可分为直通式、三通式和四通式。按其连接方式不同分为内螺纹连接旋塞阀图 4-6 和法兰旋塞连接阀图 4-7。

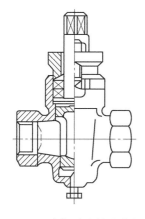

图 4-6　内螺纹连接旋塞阀

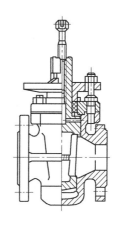

图 4-7　法兰旋塞连接阀

（5）球阀

球阀的结构和作用原理和旋塞阀非常相似。球阀由阀体和中间开孔的球体阀芯组成，带孔的球体是球阀的主要启闭零件。利用中间开孔的球体阀芯旋转实现阀门的开启和关闭。球阀的最大特点是操作方便、启闭迅速、旋转 90°即可实现开启和关闭，流体流动阻力小，结构简单、重量轻，零件少，密封面比旋塞阀容易加工，且不易擦伤。

球阀是管网系统中不可少的控制元件。主要用于低温、高压、黏度较大的介质，要求快速开启和关闭的管路中，因此，在燃气工程中应用和广泛。球阀也同旋塞阀一样分为直通式，三通式和多通式三类。连接方式分为螺纹连接图 4-8、法兰连接图 4-9 和夹式三种。

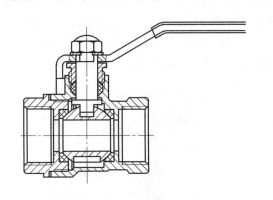

图 4-8 螺纹球阀

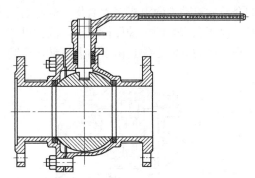

图 4-9 法兰球阀

（6）蝶阀

蝶阀由阀体、阀板、阀杆和驱动装置等部件组成。蝶阀的启闭件为阀板，阀板随着阀杆的旋转实现阀门的启闭。蝶阀具有结构简单、重量轻、流体阻力小、操作力矩小、结构长度短、整体尺寸小等优点，但由于密封性不好。蝶阀的驱动方式有手动、蜗轮传动、气动和电动，手动蝶阀可安装在管道的任何位置上，带传动机构的蝶阀应直立安装，使传动机构处于垂直位置。

（7）安全阀

安全阀是一种安装在受内压的容器或管道上，根据介质工作压力而自动开启或关闭的阀门。当容器或管道内介质的压力超过规定数值时，阀瓣自动开启，排出部分介质；当介质压力降到规定数值时，阀瓣又自动关闭，使系统正常工作。

1）安全阀的种类

安全阀按其结构主要分为杠杆重锤式安全阀、弹簧式安全阀和脉冲式安全阀等。弹簧式安全阀是燃气工程中最常用的安全装置。

2）弹簧式安全阀的构造原理

弹簧式安全阀由阀体、阀杆、弹簧、阀芯和阀座等部件组成。它是以弹簧的压缩弹力来平衡介质作用在阀瓣上的压力，因此通过改变弹簧的压缩程度可以改变安全阀的动作压力。一般顺时针方向旋转弹簧的压紧螺母时，弹簧被压缩，弹力增大，从而使安全阀开启压力也增大；相反，逆时针方向旋转弹簧的压紧螺母时，安全阀开启压力将会减小。安全阀调整后，应用紧锁螺母固定，再套上安全罩，并用铁丝铅封，以防乱动。

弹簧式安全阀按开启高度的不同可分为微启式安全阀和全启式安全阀。弹簧微启式安全阀主要用于液体介质的场合；全启式安全阀主要用于气体或蒸汽介质的场合。

3）安全阀的安装

① 容器上的安全阀最好直接安装在容器上，或安装在容器出口的管道上，此管道公称直径不得小于安全阀进口的公称直径，坡度应坡向容器，以利于排液，否则应设排液管，安装时应注意将安全阀尽量靠近容器。

② 安全阀应垂直安装，并检查阀杆的垂直度，偏斜时必须予以校正，以保证管路系统畅通，杠杆式安全阀应使杠杆保持水平，安全阀应布置在便于检查和检修的地方。

③ 安全阀的进口管和排放管上，一般不得装设切断阀，以保证使用安全。如遇特殊情况要求装设切断阀时，则应保证该阀处于全开状态，并加铅封以防乱动。

④ 液体安全阀泄压应排入密闭系统；气体安全阀泄压一般都排入大气，当2个及2个以上安全阀由同一样集合管放散时，每个安全阀的排放管应从上部或侧面进入集合管，不得从下部进入。

⑤ 液泵或压缩机出口的安全阀，放泄物通常排入泵、机的吸入管。如泵、机口超压时，则安全阀放泄物应排至其他安全地方。

⑥ 排入大气的安全阀放空管，出口应高出操作面2.5mm以上，并引到室外。排入大气的可燃气体和有毒气体的安全阀放空管出口应高出周围最高建筑或设备2m以上；在水平距离15m以内有明火设备时，可燃气体不得排入大气。

⑦ 安全阀的排出管路过长时应予以固定，以防振动。

⑧ 安全阀安装完毕投入运行时，应按设计文件规定的开启压力进行试调，调压时压力应稳定，每个安全阀启闭试验不得少于3次。调试完毕后应加铅封，并填写安全阀调试记录。

（8）紧急切断阀

紧急切断阀是燃气工程上为应付紧急事故，迅速切断燃气输入（或输出）的安全装置，它的启闭件靠弹簧及阀顶部的活塞作用而作升降运动。紧急切断阀在管道系统中，经常处于开启状态，当需要紧急切断时，气（油）缸腔泄压，活塞杆在弹簧力的作用下，向下运动，使启闭件处于闭合状态，切断燃气流动。紧急切断阀按驱动方式分为气动紧急切断阀和液动紧急切断阀。

（9）电动阀

电动阀门一般用于ϕ500mm以上管道上，安装方法与立式阀门相同。但由于阀杆部分必须露出地面，阀门两端的管道埋设深度，应酌情考虑。电动阀门一般用于输配站内（见图4-10）。

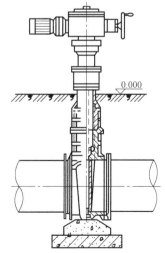

图4-10 立式电动阀门安装图

4.2.2 调压器

1. 调压器的作用与基本原理

（1）调压器的作用

燃气输配系统的压力工况是靠安装在气源厂、储配站、输配管网及用户处的调压器来控制的。其作用是将较高的入口压力调至较低的出口压力，并随着燃气需求用量的变化自动地保持出口压力为定值。

（2）调压器的基本原理

调压器的工作原理主要是靠膜片、弹簧、活塞等元件改变阀瓣与阀座的间隙，把进口压力减至某一需要的出口压力，并靠介质本身的能量，使出口压力自动保持稳定。因此，调压阀的动作是由阀后介质的压力的变化，使关闭件失去平衡，关闭件则移动到一个新的位置上，从而使介质压力得到自动调整。如图 4-11。

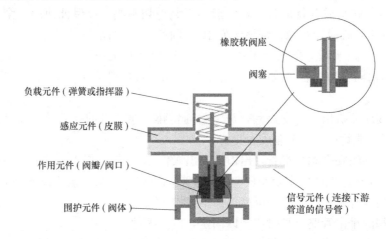

图 4-11　调压器工作原理图

2. 调压器的分类

通常调压器分为直接作用式调压器和间接作用式调压器两种。直接作用式调压器只依靠敏感元件（薄膜）所感受的出口压力的变化移动调节阀门进行调节。敏感元件就是传动装置的受力原件，使调节阀门移动的能源是被调介质。在间接作用式调压器中，燃气出口压力的变化，使操纵机构动作，接通能源使调节阀门移动。间接作用式调压器的敏感元件和传动装置的受力元件是分开的，用户调压器一般为直接作用式。

调压器按出口压力分为高高压、高中压、中中压、中低压和低低压调压器。

按结构分可分为浮筒式、薄膜式等。薄膜式又可分为重块薄膜式和弹簧薄膜式。

3. 直接作用式调压器

直接作用式调压器只依靠敏感元件（薄膜）所感受的出口压力的变化，移动节流阀进行调节，不需要外部能源。根据作用在薄膜上的给定压力部件，直接作用式调压器可分为重块式、弹簧式与压力作用式调压器。

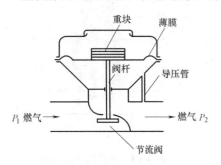

图 4-12　重块式调压器

重块式调压器示意图如图 4-12。当出口压力 P_2 发生变化时，通过导压管使 P_2 压力作用到薄膜下方，由于它与薄膜上方重块的给定压力值不相等，故薄膜失去平衡。薄膜的移动，通过阀杆带动节流阀，改变通过孔口的燃气量，从而恢复压力的平衡。

导压管应能正确反映出口压力 P_2 之值，故必须远离阀门、弯头等不稳定气流段。改变重块的多少，可增加或减小给定压力值。重块调压器一般用于出口为低压的输配系统。

弹簧式调压器示意图如图 4-13。弹簧式调压器与重块式调压器的主要区别在于用弹簧代替重块，调节弹簧的调节螺丝即可增加或减小给定压力值。因此，弹簧调压器比较灵活、经济，重量较轻，尺寸较小，可调节的进、出口压力范围比重块式调压器大一些。

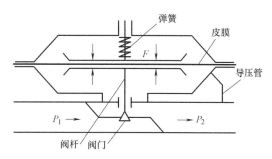

图 4-13　弹簧式调压器

这两种调压器薄膜上部空间均与大气相通，薄膜承受着出口压力 P_2 与给定压力之差的作用。他们都不适合用于高的出口压力，因为出口压力高，则作用在薄膜上的压力就大，就需要把薄膜面积减得很小。这是不现实的。此外，被检压力增大，薄膜面积减小，重块及弹簧力要增大，则调压器灵敏度减小，当出口压力高时，可使用压力作用式调压器。

4. 间接作用式调压器

间接作用式调压器的敏感元件和传动装置的受力元件是分开的。当敏感元件感受到出口压力的变化后使操纵机构（如指挥器）动作，接通外部能源或被调介质（压缩空气或燃气），使调节阀门动作。由于多数指挥器能将所受力放大，故出口压力的微小变化，也可导致主调压器的调节阀门动作。因此，间接作用式调压器的灵敏度比直接作用式调压器要高。

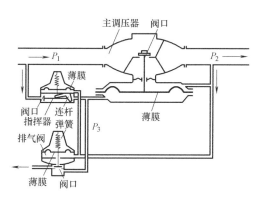

图 4-14　指挥式调压器

指挥式调压器示意图如图 4-14。调压器开始工作时，先调整指挥器弹簧压力，当被调介质压力低于给定值时，指挥器的弹簧力推动阀杆左行，通过杠杆作用，将指挥器上的活门开启，这时负荷压力增大，使得主调压器上腔压力变大，薄膜下行，带动主调压器杠杆开启主阀活门。这时调压器进入工作状况，调压器依靠出口压力变化，与薄膜上下腔压力平衡，从而使调节压力保持恒定。反之，调压器出口压力增大，或输入端气源压力变小，则主调压器薄膜克服膜片上的弹簧力，使阀杆上行，这时主阀活门开度逐渐变小，甚至自动关闭，切断燃气通道。

4.2.3　补偿器

由于燃气及周围环境温度变化，引起管道的长度发生变化，会产生巨大的应力，导致管道损坏，故架空燃气管路上需设置补偿器。地下直埋燃气管道，虽然由于燃气及周围土壤温度变化很小，可不设补偿器，但是为了安装、更换阀门方便和保护阀门，在阀门旁应安装补偿器；当考虑基础沉陷或地裂带错动等原因引起管道位移时，也应设置补偿器。燃

图 4-15　补偿器

气管线上常所用的补偿器主要有波形补偿器、波纹管和方形补偿器等如图 4-15 所示。

1. 波形补偿器

波形补偿器是一种以金属薄板压制拼焊起来，利用凸形金属薄壳挠性变形构件的弹性变形，来补偿管道热伸缩量的一种补偿器。波形补偿器一般用于工作压力 $P_g \leqslant 0.6MPa$ 的中、低压大直径的燃气管线上。根据其形状可分为：波形、盘形、鼓形和内凹形等 4 种。燃气工程上常用套筒式波形补偿器，其结构如图 4-16 所示。通常补偿器可由单波或多波组成，边缘波节的变形大于中间波节，造成波节受力不均匀，因此波节不宜过多，燃气管道上用的一般为二波节。

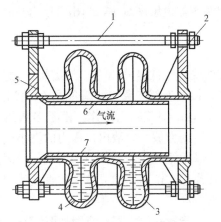
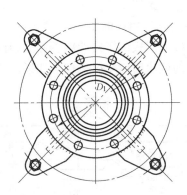

图 4-16　套筒式波形补偿器

1—螺杆；2—螺母；3—波节；4—石油沥青；5—法兰；6—套管；7—注入孔

2. 波纹补偿器

波纹补偿器可以防止多波节波形补偿器对称变形的破坏，减小固定支架承受能力，提高使用寿命。为了减少介质的流动阻力，减少高速流动下的冲蚀现象，或为了减少因波纹而发生的共振，当公称直径大于等于 $DN150$，补偿器应安装在内套管。

3. 方形补偿器

方形补偿器是由四个弯头和一定长度的相连直管构成，依靠弯管变形来消除热应力及补偿热伸长量，其材质与所连接管道相同，其结构形式有 4 种，如图 4-17 所示。方形补偿器的特点是坚固耐用、工作可靠、补偿能力强、制作简便，架空和地上燃气管道常用方形补偿器调节管线的伸缩变形。

4. 橡胶-卡普隆补偿器

橡胶-卡普隆补偿器是带法兰的螺旋皱纹软管，软管用卡普隆作夹层的胶管，外层则用粗卡普隆（或钢绳）加强，如图 4-18。其补偿能力在拉伸时为 150mm，压缩时为 100mm。这种补偿器的特点是纵横方向均可变形，多用于通过山区、坑道和多地震地区

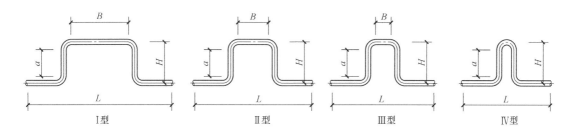

图 4-17 方形补偿器种类

的中低压燃气管道上。

4.2.4 排水器

排水器又称凝水缸及聚水井,如图 4-19。其作用是把燃气中的水或油收集起来并能排出管道之外。管道应有一定的坡度,且坡向排水器,设在管道低点,通常每 500m 设置一台。考虑到冬季防止水结冰和杂物堵塞管道,排水器的直径可适当加大。排水器分为低压、中压和高压型。高压与中压排水器用钢制成。

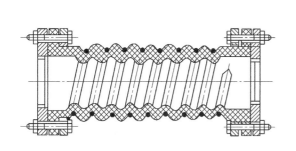

图 4-18 橡胶-卡普隆补偿器

图 4-19 排水器

排水器应保证夏季、冬季都能排水、安全运行、维修方便,并便于清除其中固体沉淀物。在气候温和地区,可露天安装,作适当保温或加热。在寒冷地区,排水器应设在供暖小室内。架空敷设的燃气管道上常用自动连续排水器,管道按规定坡向排水器。

1. 管道敷设坡度要求:

(1) 湿燃气管道的坡度不宜小于 0.003,低压管道的坡度应更大一些。

(2) 管道坡向应遵循小口径坡向大口径管、支管坡向干管的规定,并应尽量适应道路或地面的变化。

2. 排水器的设置

(1) 排水器的设置在管道坡向改变的转折最低处;

(2) 排水器的设置间距,视冷凝液量的多少而定,一般每 200~300m 设置 1 只,在出厂、出站管线上还需加密;

(3) 河底管道的排水器的井杆应伸至岸边,以便定期排水。

4.3 管道加工

4.3.1 管子调直与切割

1. 调直

由于运输装卸或堆放不当，易造成管子弯曲和变形。在安装前，必须将其调直，以免管道外观不直，影响美观，或因管子弯曲超标，强行连接管件或阀门，而造成管路漏水漏气。

（1）调直前的准备

1）长管检查。长管检查采用滚动法进行。将长管对称横放在两根平行的角钢（或其他型钢和直管）上轻轻滚动，当管子以均匀速度滚动而不颠摆，能够在任意位置停止则为直管。如果长管滚动的速度不均且伴有来回摆动，并且在每次停止时都在同一部位朝下，说明向下的这面有弯，需调直。

2）短管检查。将短管一端抬起，闭上一只眼，用另一只眼从此端看另一端，管子表面是一条直线时，管子为直管，无需调直。如有一面凸起，反面必然凹下，则此管必须调直。

（2）管子的调直方法

1）热调。热调指在加热状态下调直管子的方法。适用于管径为 50～100mm 管子的调直。对于弯曲较大的大管（管径在 100mm 以上），一般不予调直，可将其割去另作他用。

① 加热滚动调直法：先将管子弯曲部分放在烘炉上加热到 600～800（火红色），然后平抬到平行设置的钢管上，使管子靠其自身重量，在来回滚动的过程中校直，滚动前应在弯管和直管部分的接合部浇水冷却，以免直管部分在滚动过程中产生变形。如图 4-20。

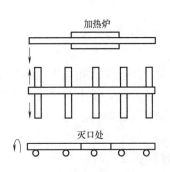

图 4-20 加热滚动调直

② 冷缩调直法：将钢管的弯曲部位加热，然后用冷水浇弯曲部分的背部，使钢管急剧收缩而调直的方法。由于因碰撞等原因造成管子局部凹坑等变形，如果无法校正或者校正后可能影响钢管的使用时，不再校正，将其截掉。

2）冷调。指在常温下调直管子的方法。适用于管径在 50mm 以下且弯曲度不大的管子。根据操作方法不同，分为平台调直法、锤击调直法、杠杆调直法、调直器调直法等。

① 平台调直。平台调直用来调直管径 25mm 以内的管子，在平台上操作。操作时一人站在管子的一端指挥，另一人用木锤敲打凸起部位，注意不能用手锤捶打，以防锤击时变形。

② 锤击调直。锤击调直用来调直小管径的管子。将管子放在两根相距一定距离的平行粗管或方木上，依靠两把手锤进行。一把顶住管子凹面起弯点作支点，另一把则用力敲打凸面高点。两把手锤间应有一定间距，使两力产生一个弯矩，敲击的力量要适度，直到管子平直为止。

③ 杠杆调直。以管子弯曲部位作支点，用手加力于施力点。不断变动支点部位，使弯曲管均匀调直而不变形损坏。

④ 调直器调直。将管子的弯曲部位放在调直器丝杆两边的凹槽中，管子的突出部位朝上。固定后，用力旋转丝杆，使丝杆的压块下压，迫使管子突出部位变直。该法调直效果较好，且可减轻劳动强度。

2. 切割

根据管道安装需要的尺寸、形状，将管子切割成管段。对切口的质量要求是：管子切口要平正，即断面与管子轴心线要垂直（切口不正会影响焊接与套丝质量并影响管道的平直）；管口内外无毛刺和铁渣，切口不应产生断面收缩，以免减小管子的有效断面积从而增大阻力。常用的机具及方法如下：

（1）钢锯切断常用于切割管径 50mm 以下的小管。锯管子常用的锯条规格是 12in（300mm）×18 牙和 12in×24 牙两种（其牙数为 1in 长度内有 18 个或 24 个牙）。见图 4-21。薄壁管锯切时应用牙数多的（细牙）锯条，因齿低及齿距小，进刀量小，不致卡掉锯齿。如果用牙数少的（粗牙）锯薄管壁，就易卡掉锯齿。所以，壁厚不同的管子锯切时应选用不同的锯条。锯管时锯条应始终保持与管子垂直，以保证断面平正。切口应锯到底，不能采用不锯完而掰断的方法，以免切口不整齐，影响焊接与套螺纹。这种方法的优点是工具简单，灵活方便，不需要电源，切口不收缩，不氧化；缺点是速度慢，费工费力。

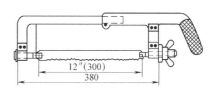

图 4-21 钢锯

（2）砂轮切割机

砂轮切割机常用于切割管子与型钢，其原理是高速旋转的圆砂轮片与管壁接触、摩擦、切削，将管壁摩透切断。使用砂轮机时，要使砂轮片与管子保持垂直，被锯材料要夹紧，再将手把下压进刀，但用力不可过猛过大，以免砂轮破碎飞出伤人。砂轮机切割速度快，移动方便，适合现场用，应用广泛，但噪声较大，如图 4-22。

（3）射吸式割炬

射吸式割炬常称气割，见图 4-23，是利用氧气与乙炔的混合气体对管壁或钢板的切割处加热，烧至钢材呈黄红色（约 1100～1150℃），然后喷射高压氧气，使高温的铁在纯氧中燃烧生成四氧化三铁熔渣，熔渣松脆易被高压氧气吹开，使管子切割。根据管壁厚度不同，选用不同规格的割炬：1 号割炬的割嘴孔径为 0.6～1.0mm，切割钢材厚度为 1～30mm；2 号割炬切割钢材厚度为 10～100mm。管径较大的钢管

图 4-22 砂轮切割机

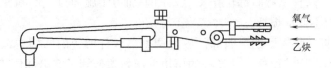

图 4-23 射吸式割炬

常用气割切割与开坡口，用手工气割时，应在气割前在切口处划线，并用冲子在划线上打上若干点，以便在切割时能按线切断。割炬切割或开坡口后的管口，应用砂轮磨口机或锉刀打磨平整，除去铁渣，以利焊接。

（4）等离子切割

等离子切割是利用高温等离子体切割金属的方法。将电流和气体（如氩、氮）通过用水冷却的特种喷嘴内，造成强烈的压缩电弧而形成温度极高（10000℃以上）的等离子流。

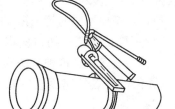

图 4-24 液压割管机

用等离子切割法可以切割铸铁管与不锈钢管等。

（5）钢管切断坡口机

钢管切断坡口机是钢管切断、开坡口的专用机械，在切管的同时完成开坡口。切断、坡口质量好，使用方便。

（6）液压切割机

液压切割机操作方便，使用安全、工效高、切割效果好，是较好的铸铁管切断工具。液压割管机上有液压缸、手动泵、装上刀具及刀框后即可工作，以手动泵为动力，进行挤压，达到切断的目的。如图 4-24。

4.3.2 管子整圆

管口常有不圆或局部凹陷，为保证焊接质量，必须整圆。可用局部加热方法整圆，但锤痕最深不得超过 0.5mm。大口径管可用内挤压法，将钢制模板放入管内管口不圆处，用手动千斤顶使模板向外挤压，用专用样板检查。直缝钢管与螺旋钢管整圆时，必须保护管口焊缝不受损伤。当发现裂纹时应修补探伤或割去不用。当管端凹陷无法整圆时，可切掉管端。

4.3.3 弯管加工

弯管用来改变燃气管道的走向，又称弯头。按加工方法可分为冷揻、热揻弯头、冲压弯头和焊接弯头等。

1. 揻弯时管子受力与变形

揻弯时管子受力与变形，见图 4-25。管子在揻制过程中，其内侧管壁各点均受压力，由于挤压作用管壁增厚，直线 CD 成为圆弧 $C'D'$，由于压缩变短；外侧管壁受拉力，在拉力作用下管壁减薄，直线 AB 变为圆弧线 $A'B'$，且伸长。管壁减薄会使强度降低，为

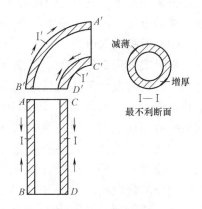

图 4-25 管子受力与变形

了保证一定强度，要求管壁有一定厚度，在弯曲段管壁减薄应均匀。

壁厚减薄率，高压管不超过 10%，中低压管不超过 15%，且不小于设计计算壁厚。

$$壁厚减薄率 = \frac{弯管前壁厚 - 弯管后壁厚}{弯管前壁厚} \times 100\%$$

断面椭圆率，高压管不超过 5%，中低压管不超过 8%。

$$壁厚减薄率 = \frac{弯管前壁厚 - 弯管后壁厚}{弯管前壁厚} \times 100\%$$

影响弯管壁厚的主要因素是弯曲半径 R（见图 4-26），同一直径的管子弯曲时，R 大，弯曲断面的外侧的减薄量或内侧的增厚量小，R 小，弯曲断面外侧减薄量大。从强度方面和减少管道阻力考虑，R 值大较为有利，但在工程上 R 大的弯头占空间大，且不美观，所以 R 值应有选用范围。一般常用 $R=(1.5 \sim 4)D$（D 为管子公称直径），热揻弯 $R=3.5D$，冷揻弯 $R=4D$，冲压弯头 $R=1.5D$，焊接弯头 $R=1.5D$。

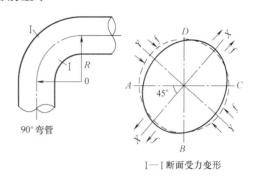

图 4-26 弯管

用直缝钢管揻弯时应注意焊缝的位置，应将焊缝放在受力小、变形小的部位。图4-25 的 I—I 断面图是对最不利断面的描绘。揻弯后圆形断面（虚线圆）变为椭圆形，圆周上只有 A、B、C、D 4 点位置不变，其他各点都发生了移位，AB 弧及 CD 弧区内的各点在拉力作用下沿径向向外移位，AD 弧与 BC 弧区的各点在压力作用下沿径向向圆心移动，形成椭圆。椭圆长轴和短轴与椭圆交点处均属受力最大、变形最大的位置，应避免放焊缝。A、B、C、D 四个点不受力的作用，不产生移位，这四个点与椭圆的长短轴近似呈 45°角，是放焊缝的最佳位置。

2. 弯管加工

（1）钢管冷弯。指钢管不加热，在常温下弯管加工。常用手工弯管器与电动弯管机。

1）手工弯管器。手工弯管器的形式较多，图 4-27 是滚轮式弯管器，由固定轮 1、活动轮 2、管子夹持器 3 及杠杆 4 组成。将需要揻弯的管子插入两滚轮之间，一端用夹持器固定，然后转动杠杆，则管子弯曲，达到需要的弯曲角度后停止转动杠杆。其缺点是一套滚轮只能弯一种管径的管子，需要有多套滚轮，劳动强度高，只适用于小管径。

2）小型液压弯管机。常用的小型液压弯管机有三角架式与小车式弯管机，见图 4-28。它用手动油泵为动力，操作省力。弯管范围为管径 15～40mm，适合现场使用。每一模具弯一种管径的管子，需要有多种模具。

3）电动弯管机。电动弯管机揻弯速度快、质量好，可冷弯管径 25～150mm 的管子，有定型设备。有些安装企业自制的电动弯曲机可弯管径

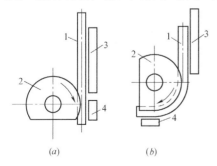

图 4-27 滚轮弯管器

（a）揻管前；（b）揻管后

1—固定轮；2—活动轮；3—管子夹持器；4—杠杆

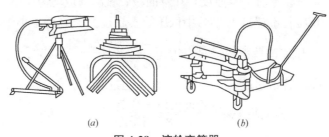

图 4-28 滚轮弯管器

(a) 三脚架式；(b) 小车式

300mm 的管子。

用电动弯管机弯管时，先把管子沿导板放在弯管模与压紧模之间，见图 4-29 (a)。压紧管子后启动开关，使弯管模和压紧模带着管子一块绕弯管模旋转，到需要的角度后停车，如图 4-29 (b) 所示。

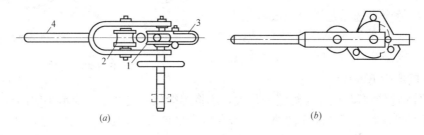

图 4-29 电动弯管机搣管示意图

1—管子；2—弯管模；3—导板；4—压紧模

电动弯管机分无芯弯管与有芯弯管机两种：

① 无芯弯管机。钢管搣弯时，管内不加芯棒。为了防止搣弯时产生椭圆断面，常采用反向预变形法，即在管子搣弯前，将管子的将弯曲处加压力产生反向预变形。见图 4-30。当管子搣弯后，反向预变形正好消除，弯曲处管子断面保持圆形。加压预变形是通过滚轮胎具压制而成的，滚轮胎具的凹槽是按照变形实际情况加工的，对不同管径的管子要用不同滚轮胎具。

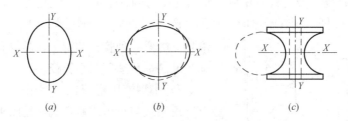

图 4-30 弯管预变性

(a) 90°弯管断面；(b) 管段反向预变形；(c) 预变形滚轮模具

② 有芯弯管机。大直径的钢管，管壁较厚，常使用有芯弯管机。在管内放置芯棒，芯棒外径比管内径小 1~1.5mm，放在管子开始弯曲面的稍前方。芯棒的圆锥部分与圆柱部分的交界线，要放在管子的开始弯曲面上。如图 4-31 所示。如果芯棒伸出过前，可能使芯棒开裂；如果芯棒靠后，又会使管子产生过大的椭圆度。芯棒的正确位置可通过试验

获得。

（2）钢管热弯。通过将管子加热，增加塑性，降低机械强度，从而降低弯曲时需要的动力来揻制弯管。在没有冷揻机械的情况下，对管径较大、管壁较厚的管子采用热揻弯。钢管热揻弯应用较早的是灌砂加热揻弯法，以后逐步为火焰弯管机、可控硅中频弯管机所代替。

1）火焰弯管机。见图 4-32。其主要组成有动力和变速部分，弯曲力臂，火焰加热和水冷装置以及管子固定调节装置等。

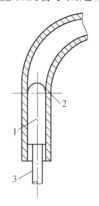

图 4-31　弯管时弯曲
1—芯棒；2—管子开始
的弯曲面；3—拉杆

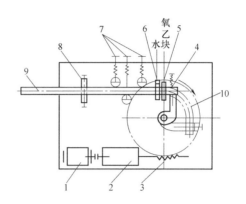

图 4-32　火焰弯管机
1—电动机；2—减调速机构；3—传动机构；4—转臂；5—火焰炬；
6—水冷圈；7—调节轮；8—托辊；9—直管；10—弯管

弯管时，按要求调节力臂的弯曲半径和弯曲角度，将管子用滚轮固定好位置。选择合适的火焰炬套在管外，调节好起弯点位置，然后调节火焰炬点火加热管子，选定力臂的旋转速度，开动弯管机与通往水冷圈的水管阀门，弯曲力臂慢慢移动，管子也就弯曲成形。

火焰弯管机是对管子的弯曲部分分段加热揻弯，即采取边加热边揻弯边冷却，直至达到所需要的角度为止。管子加热采用氧-乙炔混合气体通过环形火焰炬内侧的许多小孔，喷出火焰，加热钢管，加热宽度约 30mm。当加热至 780～850℃，呈樱红色时，力臂按弯曲半径走动，就能对受热带进行揻弯。受热带经过揻弯后，立即进入紧靠火焰圈后的水冷圈，水通过水冷圈内侧的许多小孔喷出将管子冷却，使管子揻弯总是控制在受热带以内。这样，加热、揻弯、冷却连续进行，即可弯成所需要的弯管。由于弯管机弯曲力均匀，管子加热、揻弯，冷却面窄，速度快，管壁变形均匀，所以在管内不加填充物的情况下仍可保证弯管的椭圆度，其椭圆率可以控制在 4% 以下。但对于要求较高的钢管，用火焰弯管机弯制的弯管质量难以满足要求。火焰弯管机的火炬喷气孔孔径较小，易填塞，以致使加热不均匀而影响弯管质量，用氧-乙炔气加热，容易因回火引起爆炸事故，另外，氧-乙炔燃烧会造成劳动环境变差。使用中频弯管机可以避免这些缺点。

2）中频弯管机。采用电感应圈代替火焰炬加热，由于通过感应圈的电流交变，感应圈对应处的管壁中就相应产生感应涡流。感应圈中电流交变频率越高，管壁中涡流电流越大。由于管材电阻较大，使电能转变为热能，在涡流电的热效应作用下，产生高温进行揻弯。中频电一般是将常用交流电（50Hz）通过变频设备产生的。常用变频设备有两种：一种是变频机，另一种是可控硅发生器。中频弯管机可揻管径 300mm 的钢管。用可控硅发生器的常称为可控硅弯管机。

中频弯管机除加热装置为感应圈外,其他构造与火焰弯管机基本相同。感应圈是用四方形紫铜管制成,圈的内径和揻弯管子外表面保持 3mm 左右间隙,紫铜管壁厚 2～3mm。感应圈的厚度决定着加热宽度,管径为 $\phi68～\phi108mm$,厚度用 12～13mm;管径为 $\phi133～\phi219mm$ 时,厚度用 15mm。感应圈内通入冷水,经水孔喷淋冷却已揻弯的红带,加热红带宽度约为 15～20mm。管子前进加热、揻弯和喷水冷却都是通过自控系统连续进行的。

3)冲压弯头。冲压弯头又称模压弯头,是根据规定的弯曲半径,用钢制成模具,然

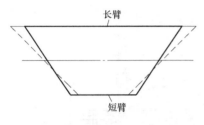

图 4-33 无缝模压弯管下料

后将下好的管段或钢板放入加热炉中,加热至 900℃左右,取出,放在模具中加压成型。用管段压制的为无缝弯头,用板材压制的为有缝弯头。

无缝模压弯头是根据计算的弯管展开长度下料(见图 4-33),将切好的管段放入加热炉中加热,加热至 900℃左右,取出放在模具中压制,模具由上模、下模与芯子三部分组成。芯子放入管段中,用压力机压制成型。当弯头管口不圆时需再加热整圆,

切去毛边,坡口即成。实践证明,在下料时弯管的长臂要比理论计算加长 15%,而短臂比理论计算值应减小 4%。

有缝弯头制作。按弯管展开原理,先将钢板下料呈扇形,然后加热,放入模具压制成瓦状(见图 4-34),再画线并切去多余部分,修理后将两瓦坡口,组对焊接成弯头。弯头管口不圆时需加热后修整。燃气管道使用的有缝弯管,其焊缝必须探伤合格。这种弯管管臂厚度均匀,耐压强度高,弯曲半径小,适合于加工大管径弯管。

图 4-34 有缝模压弯管

模压弯管要有大量模具,用以加工各种角度、各种管径的弯管,适合批量生产,运输方便,成本低。

模压弯管有定型产品,其他弯管亦可委托加工。当采购或委托加工弯管时,必须注明钢材要求、弯管内、外径与壁厚(应与管子相同),弯曲半径,椭圆率,焊缝探伤要求和弯管角度等。实践中经常发生弯管直径、壁厚与管材不符,弯管角度不符合要求等。这些问题在现场难以解决,将会拖延工期。

4)焊接弯管。当管径较大、管壁较厚或较薄、弯曲半径较小时,采用揻弯方法困难,常用焊接弯管。其弯曲角度、弯曲半径及弯管组成的节数可根据需要选定,弯曲半径大,弯管组成的节数多,弯管内壁平滑,流体通过时阻力小。焊接弯管的节数,不应少于表4-21 规定的节数。焊接弯管是若干节带有斜截面的直管段焊接而成的,每个弯头有若干个中间节和两个端节。中间节两端带斜截面;端节一端带斜截面,长度为中间节的一半。见图 4-35。

弯管角度	节数	其中	
		中间节 n	端节
90°	4	2	2
60°	3	1	2
45°	3	1	2
30°	2	0	2

焊接弯管的最小节数　　　　　　　　　　　表 4-21

为了减少焊口，常将端节的斜截面直接下料在较长的管子上，这样就减少了两上焊口。

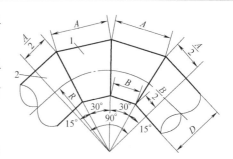

① 尺寸计算。中间节的背高和腹高分别为 A 和 B，则端节的背高与腹高即分别为 $\dfrac{A}{2}$ 和 $\dfrac{B}{2}$，可由下式计算：

$$\frac{A}{2}=\left(R+\frac{D}{2}\right)\tan\frac{\alpha}{2(n+1)} \qquad (4-1)$$

$$\frac{B}{2}=\left(R-\frac{D}{2}\right)\tan\frac{\alpha}{2(n+1)} \qquad (4-2)$$

图 4-35　焊接弯头
1—中间节；2—端节

式中　$\dfrac{A}{2}$——端节的背高（mm）；

　　　$\dfrac{B}{2}$——端节的腹高（mm）；

　　　R——弯曲半径（mm）；

　　　D——管外径（mm）；

　　　α——弯曲角度（度）；

　　　n——弯管中间节的节数。

按表 4-21 中的节数，90°、60° 及 30° 焊接弯头端节尺寸可分别按下式计算：

$$\frac{A}{2}=\tan15°\left(R+\frac{D}{2}\right)\approx0.268\left(R+\frac{D}{2}\right) \qquad (4-3)$$

$$\frac{B}{2}=\tan15°\left(R-\frac{D}{2}\right)\approx0.268\left(R-\frac{D}{2}\right) \qquad (4-4)$$

45° 焊接弯头端节尺寸可分别按下式计算：

$$\frac{A}{2}=\tan11°15'\left(R+\frac{D}{2}\right)\approx0.2\left(R+\frac{D}{2}\right) \qquad (4-5)$$

$$\frac{B}{2}=\tan11°15'\left(R-\frac{D}{2}\right)\approx0.2\left(R-\frac{D}{2}\right) \qquad (4-6)$$

② 用展开法制作样板。焊接弯头下料应先做样板，用展开法放样，如图 4-36 所示。

在牛皮纸或石油沥青油毡纸上画直线段 1～7 等于管外径，分别从 1 和 7 两点作直线 1～7 的垂直线，截取 1-1′ 等于 、7-7′ 等于连接 1′ 和 7′ 两点得斜线 1′～7′。以 1～7 之长为直径画半圆，把半圆弧分为六等份（等份越多越精确），从各等份点向直径 1～7 作垂线，与 1～7 相交于 2、3、4、5、6 各点，并与斜线 1′～7′ 相交于 2′、3′、4′、5′、6′ 各点。在右边画 1～7 延长线，截取 1-1 线段等于管子外圆周长（$L=\pi D$），把 1-1 分成 12 等份，各等份点依次为1、2、3、4、5、6、7、6、5、4、3、2、1，由各等份点作1-1的垂线，在这些垂线上分别截取1-1″等于1-1′、2-2″等于2-2′……7-7″等于7-7′。用曲线板连接1″、2″、……7″……1″图中带斜线部分即为端节的展开图。在1-1直线段下面画出上半部的对称图与带斜线部分一块构成中间节的展开图。用剪刀将展开图剪下，即成下料样板。

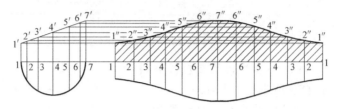

图 4-36　焊接弯头下料样板

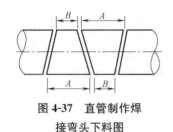

图 4-37　直管制作焊接弯头下料图

③下料与焊接。下料时先在钢管沿管子轴线画两条对称的直线，二直线间的弧长等于管子外圆周长的一半。以后将样板围在管外，使样板上的背高线和腹高线分别与管子上已绘出的两条直线重合。沿样板在管子上画出切割线，再将样板翻转180°，画出另一段的切割线，两段间应留出切割口的宽度。如图4-37所示。两个端节另一端不切割，应和直管连在一起，以减少焊口。

焊接弯头各节坡口时，弯头外侧的坡口角度应小些，弯头内侧的坡口角度应大些，否则弯头焊接后外侧焊缝厚，内侧焊缝窄，使弯头出现勾头现象。

4.3.4　三通的制作

1. 挤压三通

挤压三通（见图4-38）是利用钢材的塑性，在不破坏金属组织的条件下，使钢管段按照三通胎模作塑性变形。采用无缝钢管切成管段，经过压椭圆、加热挤凸颈、开孔、整形等加工成三通。用挤压法，加工三通所用的钢管管径应使用比三通主通管直径大2～3号的管子，例如三通主通管为φ76mm，则采用

图 4-38　挤压三通

φ102mm以上的钢管加工。国内有挤压三通的定型产品。

2. 焊接三通

干管连接支管时经常在干管上开孔焊接支管而成焊接三通。

（1）正三通。正三通是支管与干管垂直的三通，分为等径正三通和异径正三通，其样板画法是相同的。异径正三通展开法画样板，见图4-39。先用干管外圆直径D画一圆，并画横向和竖向轴线。在竖向轴线上截取0～4等于支管高度，过4点竖向轴线的垂线1-1，1-1长度等于支管外圆的直径D_1，并被竖向轴线所平分（即1～4长度等于4～1长度）。以1-1长度为直径在上方画半圆，再将半圆弧等份6等份，过圆弧上各等份点作支管直径1-1的垂线，交直径1-1于2、3、4、3、2点，延长各垂线交下面大圆（干管截面）于1′、2′、3′、4′、3′、2′各点。过1-1向右引水平线，在水平线上截取1-1，等于支管外

圆周长 L_1（$L_1 = \pi D_1$），再将 1-1 等份 12 等份，等份点为 1、2、3、4、3、2、1、2、3、4、3、2、1，过各等份点作 1-1 的垂线，在各垂线上分别截取 1-1′、2-2′、3-3′、4-4′、3-3′、2-2′、1-1′、2-2′……1-1′，其长度分别等于左图中的各线对应长度。再用曲线板连接 1′、2′、3′、4′、3′、2′、1′、2′……，各点，可得出支管的展开图，用剪刀剪出即支管的下料样板。

（2）斜三通。在样板纸上先画出斜三通的正面图与侧面图。见图 4-40。分别在正面图和侧面图的支管端部，以支管外圆直径画

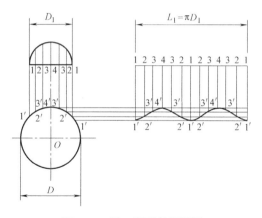

图 4-39 正三通下料样板图

半圆，分别将两个半圆等份 8 等份，过各等份点，作与支管直径垂直的平行垂线。侧面图上的平行垂线相交于干管的圆上，得到 5、6、7、8、9 等若干交点。通过侧面图 5、6、7、8、9 各点向左作水平直线，与正面图上引下来的平行垂线相交在正面图中 1、2、3、4、5、6、7、8、9 点，这些点的连线就是三通的支管与干管间的结合线。作正面图上方支管直径 1-9 的延长线，在延长线上截取 9-9 等于支管外圆周长，并将其平分 16 等份，过各等份点作线段 9-9 平行垂线。再过正面图中的各结合点（即 1、2、3……9 点）作与 9-9 的线段平行的直线，连接它们的对应交点可得斜三通的支管展开图，将放样图剪出即得支管下料样板。

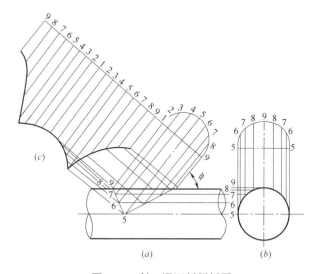

图 4-40 斜三通下料样板图
（a）正面图；（b）侧面图；（c）支管展开图

施工中只作支管下料样板。支管按样板切割后，清除氧化铁与毛刺，然后扣到干管的连接部位，划出切割线，留出切割余量，再用割炬进行切割，除去氧化铁与毛刺并坡口，组对支管，检查对口间隙合格后再焊接。严禁支管插入干管内。否则阻力大，易堵塞，特别是当通球扫线时易卡住清管，球不能前进或损伤球表面，造成漏气。

4.3.5　异径管制作

异径管又称变径管、大小头，当大直径管与小直径管连接时使用。

同心异径管的下料。画出同心异径管的正面投影图，将两斜边 ab 与 dc 延长相交与 o 点，如图4-41（c）所示。以 oa、ob 为半径，分别画圆弧 $\overset{\frown}{a'a''}$、$\overset{\frown}{b'b''}$，使它们的长度分别等于异径管大头与小头的圆周长，连接 $a'b'$ 与 $a''b''$，则 $a'b'b''a''$ 即为同心异径管的下料图。用样板在钢板上下料切割后，将扇形钢板加热撖制和焊接而成。现在异径管已能批量生产。图 4-41（a）、（b）为手工制作异径管。

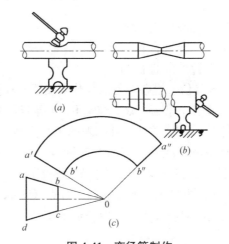

图 4-41　变径管制作

（a）缩口；（b）扩口；（c）卷制

参 考 文 献

[1]　戴路. 燃气输配工程施工技术［M］. 北京：中国建筑工业出版社，2006

[2]　李公藩. 燃气工程便携手册［M］. 北京：机械工业出版社，2003

[3]　丁崇功. 燃气管道工［M］. 北京：化学工业出版社，2008

[4]　王洁蕾. 市政燃气热力施工员［M］. 北京：中国建材工业出版社，2010

[5]　中华人民共和国建设部. 城镇燃气输配工程施工及验收规范［S］CJJ 33—2005. 北京：中国建筑工业出版社，2005

[6]　中华人民共和国建设部. 聚乙烯燃气管道工程技术规程［S］CJJ 63—2008. 北京：中国建筑工业出版社，2008

[7]　赵兴忠. 市政工程材料与施工现场技术问答详解［M］. 北京：化学工业出版社，2010

[8]　高文安. 杨庚. 建筑施工机械［M］. 武汉：武汉理工出版社，2010

[9]　李帆、管延文等. 燃气工程施工技术［M］. 武汉：华中科技大学出版社，2007

[10]　李麟. 城市道路工程［M］. 北京：中国电力出版社，2004

5 埋地管道施工

燃气管道一般都很长，应采取分段流水作业，即根据施工力量，合理安排，分段施工，管沟开挖后，立即安装管道，同时开挖下一段管沟。完成一段，立即回填管沟，避免管沟长期暴露而造成影响交通、安全事故、管口锈蚀、防腐层损坏，地面水（或雨水）进入管沟造成沟壁塌方、沟底沉陷、管道下沉或上浮、管内进水、管内壁锈蚀等各种事故。

分段施工是确保工程质量、减少事故、加快工程进度、降低工程造价的有效措施，这就需要合理组织挖土、管道组装、焊接、分段强度试验与严密性试验、分段吹扫、钢管焊口防腐、回填土等，尽量缩短工期。

管子运输和布管应尽量在管沟挖成后进行。将管子布置在管沟堆土的另一侧，管沟边缘与管外壁间的安全距离不得小于 500mm。禁止先在沟侧布管再挖管沟，将土、砖头、石块等压在管上，损坏防腐层与管子，使管内进土。布管时，应注意首尾衔接。在街道布管时，尽量靠一侧布管，不要影响交通，避免车辆等损伤管道，并尽量缩短管道在道路上的放置时间。

地下燃气管道埋设的最小覆土厚度（路面至管顶）应符合下列要求：

1. 埋设在机动车道下时，不得小于 0.9m；

2. 埋设在非机动车车道（含人行道）下时，不得小于 0.6m；

3. 埋设在机动车不可能到达的地方时，不得小于 0.3m；

4. 埋设在水田下时，不得小于 0.8m。

当不能满足上述规定时，应采取有效的安全防护措施。

地下燃气管道不得从建筑物和大型构筑物（不包括架空的建筑物和大型构筑物）的下面穿越。地下燃气管道与建筑物、构筑物或相邻管道之间的水平和垂直净距，不应小于表 5-1 和表 5-2 的规定。

地下燃气管道与建筑物、构筑物或相邻管道之间的水平净距（m）　　表 5-1

项目		地下燃气管道压力（MPa）				
		低压<0.01	中压		次高压	
			B≤0.2	A≤0.4	B≤0.8	A≤1.6
建筑物	基础	0.7	1.0	1.5	—	—
	外墙面(出地面处)	—	—	—	5.0	13.5
给水管		0.5	0.5	0.5	1.0	1.5
污水、雨水排水管		1.0	1.2	1.2	1.5	2.0
电力电缆 (含电车电缆)	直埋	0.5	0.5	0.5	1.0	1.5
	在导管内	1.0	1.0	1.0	1.0	1.5

项目		地下燃气管道压力（MPa）				
		低压＜0.01	中压		次高压	
			B≤0.2	A≤0.4	B≤0.8	A≤1.6
通信电缆	直埋	0.5	0.5	0.5	1.0	1.5
	在导管内	1.0	1.0	1.0	1.0	1.5
其他燃气管道	≤DN300	0.4	0.4	0.4	0.4	0.4
	＞DN300	0.5	0.5	0.5	0.5	0.5
热力管	直埋	1.0	1.0	1.0	1.5	2.0
	在管沟内（至外壁）	1.0	1.5	1.5	2.0	4.0
电杆（塔）的基础	≤35kV	1.0	1.0	1.0	1.0	1.0
	＞35kV	2.0	2.0	2.0	5.0	5.0
通信照明电杆（至电杆中心）		1.0	1.0	1.0	1.0	1.0
铁路路堤坡脚		5.0	5.0	5.0	5.0	5.0
有轨电车钢轨		2.0	2.0	2.0	2.0	2.0
街树（至树中心）		0.75	0.75	0.75	1.2	1.2

地下燃气管道与构筑物或相邻管道之间垂直净距（m）　　　　　　表 5-2

项　　目		地下燃气管道（当有套管时，以套管计）
给水管、排水管或其他燃气管道		0.15
热力管、热力管的管沟底（或顶）		0.15
电缆	直埋	0.50
	在导管内	0.15
铁路（轨底）		1.20
有轨电车（轨底）		1.00

注：1. 当次高压燃气管道压力与表中数不相同时，可采用直线方程内插法确定水平净距。
　　2. 如受地形限制不能满足表 5-1 和表 5-2 要求时，经与有关部门协商，采取有效的安全防护措施后，表 5-1 和表 5-2 规定的净距，均可适当缩小，但低压管道不应影响建（构）筑物和相邻管道基础的稳固性，中压管道距建筑物基础不应小于 0.5 m 且距建筑物外墙面不应小于 1m，次高压燃气管道距建筑物外墙面不应小于 3.0m。其中当对次高压 A 燃气管道采取有效的安全防护措施或当管道壁厚不小于 9.5mm 时，管道距建筑物外墙面不应小于 6.5m；当管壁厚度不小于 11.9mm 时，管道距建筑物外墙面不应小于 3.0m。
　　3. 表 5-1 和表 5-2 规定除地下燃气管道与热力管的净距不适于聚乙烯燃气管道和钢骨架聚乙烯塑料复合管外，其他规定均适用于聚乙烯燃气管道和钢骨架聚乙烯塑料复合管道。聚乙烯燃气管道与热力管道的净距应按国家现行标准《聚乙烯燃气管道工程技术规程》CJJ 63 执行。
　　4. 地下燃气管道与电杆（塔）基础之间的水平净距，还应满足地下燃气管道与交流电力线接地体的净距规定。

5.1　地下钢管敷设

　　地下燃气管道多用钢管，为了防止钢管被腐蚀，常用防腐绝缘层防腐，目前防腐绝缘层主要采用聚乙烯粘胶带防腐层。防腐绝缘层一般是集中预制，检验合格后，再运至现场安装。安装完毕后再对焊接接口进行补口。关于防腐层本书将在第6章介绍。在管道运输、堆放、安装、回填土的过程中，必须妥善保护防腐绝缘层，以延长燃气管道使用年限和安全运行。

5.1.1 运输与布管

燃气钢管防腐绝缘层易碰伤，因此应使用较宽的尼龙带吊具进行吊装，如图5-1所示。若采用卡车运输时，管子放在支承表面为弧形的、宽的木支架上，紧固管子的绳索等应衬垫好；运输过程中，管子不能互相碰撞；若采用铁路运输时，所有管子应小心地装在垫好的管托或垫木上，所有的承载表面及装运栅栏应垫好，管子间要隔开，使它们相互不碰撞。

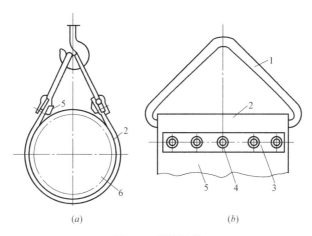

图 5-1 吊管软带

（a）吊管软带使用时；（b）吊管软带构造

1—元钢；2—薄钢板；3—带钢夹板；4—螺栓；5—橡胶板；6—燃气管

当管子沿管沟旁堆放时，应当支撑起来，离开地面，以防止防腐绝缘层损伤。当沟底为岩石等，铺管时会损伤防腐绝缘层，应先在沟底垫一层过筛的土或细砂，移动钢管用的撬棍应套橡胶管。

5.1.2 钢管焊接

埋地钢管主要采用焊接连接。焊接是将管子接口处及焊条加热，达到使金属熔化的状态，而使两个被焊接件连接成一整体。焊接的优点是焊口牢固、耐久、严密性好，焊缝强度一般可达到管子强度的85%以上，甚至超过母材强度；管段间直接焊接，不需要接头配件，构造简单，施工进度快，劳动强度低。

焊接的方法很多，燃气管道上最常用的是氧乙炔气焊、手工电弧焊与氩弧焊等。

1. 气焊

气焊是用氧气、乙炔气的混合气体燃烧进行焊接，其燃烧温度可达到 3100～3300℃，工程上借助这个燃烧过程所放出的高温化学热熔化金属进行焊接。气焊常用的材料和设备包括设备主要包括焊条、氧气瓶、乙炔瓶（如采用乙炔作为可燃气体）、减压器、焊枪、胶管等如图5-2。

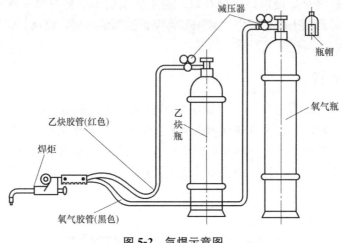

图 5-2 气焊示意图

（1）焊条

焊条的金属成分应与管材金属成分一致。焊条表面应干净无锈，无油脂和其他污垢。

（2）氧气瓶及减压器

氧气要求纯度达到 98％以上。氧气厂生产的氧气是以 15MPa 的压力注入氧气瓶内，以供使用。

① 氧气瓶是储存和运输氧气的一种高压容器，一般采用低合金钢或优质碳素钢制成。满瓶氧气的压力为 15MPa，可储存氧气 7m³。

② 减压器是将瓶内高压氧气调节成工作需要的低压氧气，并保持输出的压力稳定。氧气瓶与减压器均忌沾油脂；不可放在烈日下暴晒，应存放在阴凉处并远离火源；与乙炔瓶要有 5m 以上距离，以防发生安全事故。

（3）乙炔瓶

乙炔是具有爆炸性的气体，使用时应严格遵守安全操作规程，防止发生爆炸事故。乙炔瓶外形与氧气瓶相似，但它的构造比氧气瓶复杂。乙炔瓶的主要部分是用优质碳素钢或低合金钢轧制而成的圆柱形焊接瓶体。

（4）橡胶管

橡胶管必须具有足够承受气体压力的能力，并应质地柔软、重量轻，以便于操作。目前使用的橡胶管是用优质橡胶夹着麻织物或棉织纤维制成的。氧气胶管能承受 2MPa 的气体压力，呈黑色或绿色，一般胶管内径为 8mm，外径为 18mm。乙炔胶管能承受 0.5MPa 的气体压力，表面呈红色，一般胶管的内径为 8mm，外径为 16mm。胶管长度一般为 30m。橡胶管应可靠地固定在焊炬、减压器和乙炔瓶的接头处，并应做气密性试验检查。在用新的胶管时，应先将管内壁的滑石粉吹干净，防止焊炬被堵，胶管不得沾染油脂。

（5）焊炬

焊炬又称焊枪，它将氧气和乙炔（或 LPG）按一定比例混合，并以一定速度喷出燃烧，产生适合焊接要求燃烧温度的火焰。应用最多的是射吸式焊炬。

射吸式焊炬的构造原理如图 5-3 所示。当开启氧气阀时，具有一定压力的氧气便经氧气导管进入喷嘴，并高速喷入射吸管，使喷嘴同空间形成负压，而将乙炔导管中的乙炔

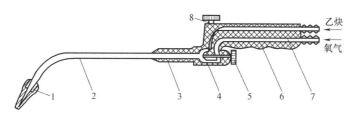

图 5-3　射吸式焊炬的构造原理图
1—焊嘴；2—混合气管；3—射吸管；4—喷嘴；5—氧气阀；
6—氧气导管；7—乙炔导管；8—乙炔阀

（打开乙炔阀时）吸入射吸管，经混合后由焊嘴喷出点燃而形成火焰。

2. 电弧焊接

电弧焊接可分为自动电弧焊接和手工电弧焊接。大直径管口的焊接用自动电弧焊可保证焊接的质量和速度，又可节省劳动力，目前手工电弧焊应用较广。

手工电弧焊采用直流电焊机或交流电焊机均可。用直流电焊机焊接时电流稳定，焊接质量好，但施工现场往往只有交流电源，如采用直流电焊接，需用整流机将交流电变为直流电。为了使用方便，故施工现场一般采用交流焊接。

（1）电焊机与工具

燃气管道工程常用交流电焊机，它的构造简单，结实耐用，价格便宜，容易检修。电焊机由变压器、电流调节器及振荡器组成。

为了保证安全，电焊变压器将焊接电压降至安全电压。常用电源的电压为 220V 或 380V，经过电焊变压器变压后输出电压为 55~65V，供焊接使用。

电流调节器用于对焊接电流进行调节。焊接较薄的工件时用小电流和细焊条，焊接较厚的工件时用大电流或粗焊条。焊接较薄的工件用过大电流时，容易将工件烧穿；而焊接较厚的工件用过小的电流时，则焊不透。所以电流过大或过小均影响焊接质量。

振荡器用来提高焊接电流的频率，它将焊接电源的频率由 50Hz 提高到 250kHz，使交流电的交变间隔趋于无限小，增加电弧稳定性，以利焊接和提高焊缝质量。

电焊钳用来夹持焊条并传导焊接电流。焊工手持电焊钳进行焊接时，要求电焊钳有良好的导电性，长时间使用不发热，能在各个方向上夹住各种直径的焊条，绝缘性能好，质量轻等。常用电焊钳的规格如表 5-3 所示。

常用电焊钳规格　　　　　　　　　　　　　　　　　　　　　表 5-3

型号	适用最大电流（A）	适用焊条直径（mm）	适用电缆规格（mm）	全长（mm）	质量（kg）
G352	300	2~5	$\phi 0.213 \times 1672$ 根	240	0.45
G582	500	4~8	$\phi 0.3 \times 1700$ 根	290	0.70

接地夹钳是将焊接导线或接地电缆接到工件上的一种工具。接地夹钳必须既能牢固地连接，又能快速且容易夹到工件上，接地夹钳有弹簧夹钳和螺丝夹钳两种。

焊接电缆是用来连接电焊机与焊件、焊机与焊钳的导线，焊接电缆由紫铜线外包橡胶绝缘层组成。焊接电缆应具有良好的导电性和绝缘性，并有足够的长度和适当的截面积。焊接电缆应具有较大的柔性，也必须耐磨和耐擦伤。选用焊接电缆时可依据焊接电源来选用，如表 5-4 所示。

焊接电缆选用表   表 5-4

导线截面积(mm²)	25	35	50	70
最大允许电流(A)	140	175	225	280

面罩的作用是用以挡住飞溅的金属和电弧中的有害光线，以保护眼睛和头部。面罩有头戴式和手握式两种。面罩上的护目玻璃是用来降低电弧光的强度和过滤红外线、紫外线的；焊工通过护目玻璃观察熔池，掌握焊接过程。为了防止护目玻璃被飞溅金属损坏，应在护目玻璃前另加普通玻璃，护目玻璃常用牌号与性能见表 5-5。

护目玻璃牌号与性能   表 5-5

玻璃牌号	颜色深浅	用途
11	最暗	供电流大于 350A 时焊接用
10	中等	供电流在 100~350A 时焊接用
9	较浅	供电流小于 100A 时焊接用

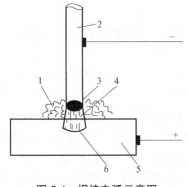

图 5-4　焊接电弧示意图

1—弧焰；2—焊条；3—阴极部分；4—弧柱部分；5—工件；6—阳极部分

防护服是用来保护焊工在焊接过程中不受飞溅的焊花或熔滴的伤害，焊工还应带上防护手套、穿上防护鞋等。

另外，焊接常用的工具还有尖头锤子、钢丝刷等，用来清理焊渣。

（2）手工电弧焊原理

在两极之间的气体中长时间的强烈放电称为电弧，在电弧产生时会产生大量的热量并发出强烈的光线。电弧焊就是利用电弧来熔化焊条和工件而进行焊接的。焊接电弧由阴极、弧柱和阳极组成，如图 5-4 所示。电弧产生在焊条与工件之间，阴极部分位于焊条末端，阳极位于工件表面，弧柱部分呈锥形，弧柱四周被弧焰包围，弧柱中心温度可达到6000~7000℃。

常用的引弧方法有接触引弧法、擦火引弧法两种方法。接触引弧法是将焊条垂直与焊件碰击，然后迅速将焊条离开焊件表面4~5mm，即产生电弧。擦火引弧法是将焊条像擦火柴一样擦过焊件表面，迅速将焊条提起距焊件表面4~5mm，产生电弧。焊接完成后进行熄弧，熄弧时应将焊条端部逐渐往坡口边斜前方拉，同时逐渐抬高电弧，以逐渐缩小熔池，从而减少液体金属和减低热量，使熄弧处不产生裂纹、气孔等。

电弧焊过程如图 5-5 所示。焊件本身的金属称为基体金属，焊条熔滴过渡到熔池的金属称为焊着金属；电弧的吹力使工件底部形成的一个凹

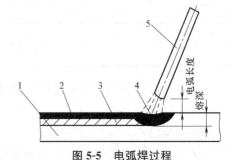

图 5-5　电弧焊过程

1—工件；2—焊渣；3—焊缝；4—熔池；5—焊条

坑称为熔池；焊着金属与基体金属在高温下熔合，冷却后形成焊缝；焊缝表面覆盖的一层渣壳称为焊渣；焊条熔化末端到熔池表面的距离称为弧长；基体金属表面到熔池底部的距离称为熔深。

焊接时，焊条同时存在三个基本运动：即直线运动、横向摆动、焊条送进，如图5-6所示。横向摆动几种简单的横摆动作图形如图5-7所示。在实际操作中，应根据熔池形状大小的变化，灵活调整操作动作，使三个运动协调好，将熔池控制在所需的形状与大小范围内。直线运动的快慢代表焊接速度，焊接速度的变化主要影响焊缝金属横截面积。焊条送进代表焊条熔化的速度，可通过改变电弧长度来调节熔化的速度，弧长的变化将影响焊缝的熔深和熔宽。

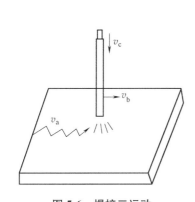

图 5-6　焊接三运动

v_a—横向摆动速度；v_b—直线运动速度；v_c—焊条送进速度

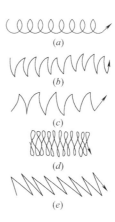

图 5-7　横向摆动

(*a*) 多用于各种位置焊接的第一层及薄板焊接；

(*b*) 多用于平焊、立焊、仰焊的表面焊接；

(*c*) 多用于平焊、立焊、仰焊的表面焊接；

(*d*) 适用于平焊的表面焊接；(*e*) 适用于横缝焊接

（3）焊接工艺的选择

首次使用的焊件，若无齐全的焊接性能试验报告，应进行焊接性能试验。焊接性能试验可参照现行的有关标准进行。在确定钢材的焊接性能后，应验证拟定的焊接工艺能否获得预定的焊接接头力学性能，应进行焊接工艺评定。管道的焊接工艺评定宜参照现行的《钢制压力容器焊接工艺评定》执行。

（4）焊接坡口

根据设计或工艺需要，将焊件的待焊部位加工成一定几何形状的沟槽称为坡口。开坡口的目的是为了得到在焊件厚度上全部焊透的焊缝。坡口的形式由《气焊、手工电弧焊及气体保护焊焊缝坡口的基本形式与尺寸》、《埋弧焊焊缝坡口的基本形式及尺寸》标准制定：根据坡口的形状，坡口分成Ⅰ形（不开坡口）、Ⅴ形、Ｙ形、Ｘ形、Ｕ形、双Ｕ形、单边Ｖ形、双单边Ｙ形、Ｊ形等各种坡口形式如图5-8，坡口的形式根据焊接方法和管壁厚度等进行选择。

施焊前，应根据工艺试验结果编制焊接工艺说明书。焊接工作应根据焊接工艺说明书进行，其主要内容包括焊接材料、焊接方法、坡口形式及制备方法、焊口组对要求及公差、焊缝结构形式、焊接电流种类和极性、指定检验方法等。

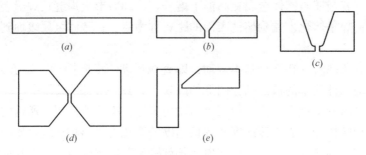

图 5-8 对接接头坡口形式

(*a*) I 形坡口；(*b*) V 形坡口；(*c*) U 形坡口；(*d*) X 形坡口；(*e*) 单边 V 形坡口

3. 焊接要求

燃气管道工程焊接用的焊条，应符合设计要求，当设计无规定时，应根据母材的化学成分、机械性能、焊接接头的抗裂性以及使用条件综合考虑使用。钢管焊接时，应检查坡口质量，坡口表面上不得有裂纹、夹层等缺陷，并应对坡口两侧 10mm 范围内的油、漆、锈、毛刺等污物进行清理，清除合格后应及时施焊。燃气钢管焊接时有以下需要注意事项：

（1）刚性对口焊接时注意事项：

1）根部焊缝应焊得肥厚些，使它具有一定的强度，焊接过程尽可能不中断。

2）最好在焊接之前对焊口进行预热，焊后应退火，以消除残余应力。

3）根部焊完后，应检查有无裂纹，发现裂纹时需彻底清除。

（2）低温下焊接注意事项：

在低温下焊接时，焊缝冷却速度很快，因而产生较大的焊接应力，焊缝容易破裂。另外熔化金属的快速冷却阻碍了气体的排出，焊缝易产生气孔。当温度低时，焊工易疲劳，也影响焊接质量。为保证焊接质量和方便施工，低温及不利天气焊接时应注意做好以下工作：

1）刮风、下雨、降雪天气、露天作业时，必须有遮风、雨、雪的棚。

2）焊接场所尽可能保持在 5℃以上，以保证焊接质量和提高劳动效率。

3）当施焊气温低于 5℃时，施焊管段的两头应采取防风措施，防止冷风贯穿加速焊口冷却，以免应力集中产生裂缝。

4. 焊缝检验

燃气管道的焊缝检验是燃气管道工程施工的重要工序，是评定工程质量与交工验收的主要依据，是保证燃气管道安全运行与使用寿命的关键。因此，必须重视燃气管道焊接的检验。

（1）焊缝外观检查

施焊前应检查坡口形式及坡口精度、组对要求（包括对口间隙、错边量）、坡口及坡口两侧表面的清理是否符合焊接工艺要求，并作出记录。施焊前，必须对焊接设备进行检查，并确认工作性能稳定可靠。检查焊接材料的干燥设备，应保证符合相应焊接材料的干燥要求。

焊后必须对焊缝进行外观检查。检查前应将妨碍检查的渣皮、飞溅物清理干净。外观检查应在无损探伤、强度试验及气密性试验之前进行。对焊缝表面质量：当工作压力不小于 4MPa 时，应符合 Ⅱ 级焊缝标准；当工作压力小于 4MPa 时，合格级别为 Ⅲ 级焊缝标准。焊缝的宽度以每边超过坡口边缘 2mm 为宜。对接接头焊缝表面质量标准如表 5-6 所示。焊缝表面应是原始状态，在外观检查前，不应加工补焊或打磨。

对接接头焊缝表面质量标准（mm）　　　　　　　　　　表 5-6

编号	项　目	焊缝等级			
		Ⅰ	Ⅱ	Ⅲ	Ⅳ
1	表面裂缝 表面气孔 表面夹渣 熔合性飞溅	不允许		不允许	
2	咬边	不允许		深度 $e_1 < 0.5$，长度不大于焊缝全长的 10%，且小于 100	
3	表面加强高度	深度 $e_1 \leqslant 1 + 0.10 b_1$，但最大为 3		深度 $e_1 \leqslant 1 + 0.20 b_1$，但最大为 5	
4	表面凹陷	不允许		深度 $e_1 \leqslant 0.5$，长度不大于焊缝全长的 10%，且小于 100	

续表

编号	项 目	焊缝等级			
		Ⅰ	Ⅱ	Ⅲ	Ⅳ
5	接头坡口错位		深度 $e_1<0.15s$ 但最大为 3	深度 $e_2<0.25s$ 但最大为 5	

焊缝表面应是原始状态，在外观检查前，不应加工补焊或打磨。

（2）焊缝无损探伤检验

焊缝无损探伤检验应由取得锅炉压力容器无损检测人员资格考核委员会颁发的Ⅲ级及Ⅲ级以上资格证书的检测人员承担，评定应由取得Ⅱ级资格证书的检测人员承担。

管道焊缝应进行射线探伤，探伤方法应执行《金属熔化焊焊接接头射线照相》GB/T 3323 的规定。工作压力不小于 4MPa 时，合格级别为Ⅱ级焊缝标准；工作压力小于 4MPa 时，合格级别为Ⅲ级焊缝标准。焊缝根部允许有未焊透，但在任何连续 300mm 焊缝长度中，未焊透的总长度不得大于 25mm。受条件限制时，也可以用超声波探伤代替射线探伤。探伤方法应执行《承压设备无损检测》NB/T 4370.1～NB/T 4370.13 的规定。工作压力不小于 4MPa 时，合格级别为Ⅰ级；工作压力小于 4MPa 时，合格级别为Ⅱ级。对长输燃气管道，要求全部焊缝逐条进行无损探伤；若全部焊缝采用超声波探伤，则应做 5％的射线探伤复查。

城镇燃气管道焊缝的无损探伤数量应按设计规定确定。当设计无规定时，抽查数量应不少于焊缝总数的 15％。在抽查的焊缝中，不合格者超过 30％，则应加倍探伤。若加倍探伤仍不合格者，则应全部探伤。对穿越铁路、公路、河流、城市主要道路及人口稠密地区的管道焊缝，均必须进行 100％的无损探伤。射线探伤和超声波探伤应在强度试验与密封性试验之前进行。对每条管线上每一焊工所焊的焊缝，应按规定比例进行抽查。每条管线最低探伤不得少于一个焊口。若发现不合格者，应对被查焊工所焊焊缝按规定比例加倍探伤，如继续发现有不合格者，则应对该焊工在该管线上所焊全部焊缝进行无损探伤。

经检查不合格的焊缝应进行返修，返修后应按原规定进行检查。焊缝返修一般不得超过两次。如超过两次，必须经单位技术负责人签字，提出有效修理措施。返修最多不得超过三次。对接接头焊缝内部质量标准如表 5-7 所示。

1）焊缝内不允许有任何裂纹、未熔合、未焊透（指双面焊和加垫板的单面焊的未焊透）。

2）允许存在的气孔（包括点状夹渣）不得超过表 5-7 的规定。表中数据是指照片上任何 10mm×50mm 的焊缝区域内（宽度小于 10mm 的焊缝以 50mm 长度计），Ⅰ～Ⅳ级焊缝中所允许的气孔点数，多者用于厚度上限，少者用于厚度下限，中间厚度所允许的气孔点数，用插入法决定，可四舍五入取整数。气孔直径不同时，应先换算，见表 5-8，然后查表 5-7。

对接接头焊缝内部质量标准 表 5-7

序号	项目		等级			
			I	II	III	IV
1	裂纹		不允许	不允许	不允许	不允许
2	未熔合		不允许	不允许	不允许	不允许
3	未焊透	双面或加垫单面焊	不允许	不允许	不允许	不允许
		单面焊	不允许	深度≤10%s，最大≤2mm，长度≤夹渣总长	深度≤15%s，最大≤2mm，长度≤夹渣总长	深度≤20%s，最大≤3mm，长度≤夹渣总长
4	气孔和点夹渣	壁厚(mm)	点数(个)	点数(个)	点数(个)	点数(个)
		2～5	0～2	2～4	3～6	4～8
		5～10	2～3	4～6	6～9	8～12
		10～20	3～4	6～8	9～12	12～16
		20～50	4～6	8～12	12～18	16～24
		50～100	6～8	12～16	18～24	24～32
		100～200	8～12	16～24	24～30	32～48
5	条状夹渣(mm)	单个条状夹渣长	不允许	$s/3$，但最小可 4，最长≤20	$2s/3$，但最小可 6，最长≤30	s，但最小可 8，最长≤40
		条状夹渣总长	不允许	在 12s 长度内不大于 s 或在任何长度内不大于单个条状夹渣长度	在 6s 长度内不大于 s 或在任何长度内不大于单个条状夹渣长度	在 4s 长度内不大于 s 或在任何长度内不大于单个条状夹渣长度
		条状夹渣间距	—	6L，间距小于 6L 时，夹渣总长不大于单个条状夹渣长度	3L，间距小于 3L 时，夹渣总长不大于单个条状夹渣长度	2L，间距小于 2L 时，夹渣总长不大于单个条状夹渣长度

注：s 指钢板壁厚；L 指相邻夹渣中较长者。

不同直径气孔和点夹渣的换算系数 表 5-8

气孔、点夹渣直径(mm)	0.5 以下	0.6～1.0	1.1～1.5	1.6～2.0	2.1～3.0	3.1～4.0	4.1～5.0	5.1～6.0	6.1～7.0	7.1～8.0
换算系数(点数)	0.5	1	2	3	5	8	12	16	20	24

　　在表 5-7 中，L 为相邻两夹渣中较长者；s 为母材厚度。单面焊未焊透的长度指设计焊缝系数大于 70% 者；若不大于 70% 时，则长度不限。缺陷的综合评级。在 12s 焊缝长度内（如 12s 超过底片长度，则以一张底片长度为限）几种缺陷同时存在时，应先按各类缺陷单独评级。如有两种缺陷，可将其级别数字之和减 1 作为缺陷综合后的焊缝质量等级。如有 3 种缺陷，可将其级别数字之和减 2 作为缺陷综合后的焊缝质量等级。

　　在焊接前，每个焊工在施工现场采用与实际管道焊接相同的焊接工艺，焊一道管道焊缝试样，经力学性能试验合格后方可施焊。

　　施工现场焊接的焊缝试件应进行射线探伤检查，合格后截取力学性能试样、拉伸试样、面弯试样和背弯试样各两件。取样位置和试样形式可参照《压力容器焊接工艺评定》执行。试样的抗拉强度不得小于母材的最小抗拉强度，抗拉试验未达到强度要求，且断口在母材上，则试验无效。

弯曲试验的弯曲直径为 3δ（δ 为试样厚），支座间距为 5.2δ，对于弯曲角度，碳素钢为 $90°$；对于普通低合金钢，弯曲角度为 $50°$。拉伸表面不得有长度大于 $1.5mm$ 的横向（沿试样长度方向）裂纹或缺陷，试样的棱角先期开裂不计。

经检查，对管道焊缝试件不合格的焊工还可以补作一个管道焊缝试件，若仍不合格者，则应停止其对管道工程的焊接工作。

（3）修补

焊缝缺陷超出允许范围时，应进行修补或割掉。母材上的焊疤、擦伤等缺陷时应打磨平滑，深度大于 $0.5mm$ 的缺陷应修补。缺陷修补前，焊缝表面上所有涂料、铁锈、泥土和污物等应清除干净。所有补焊的焊缝长度应不小于 $50mm$，修补后应按原规定进行检验。

5.1.3 法兰连接

法兰连接主要用于钢管管道与管件的附属设备的连接，如阀门、调压器、波形伸缩节、过滤器等连接。法兰连接拆卸安装方便、接合强度好、严密性好，它由法兰（被连接件）、螺栓、螺母（连接件）与垫片（密封元件）组成。通过拧紧连接螺栓，压紧法兰接触面上的垫片，使垫片产生足够的弹塑性变形，将其与法兰压紧面凹凸不平的缝隙填满塞紧，以达到密封目的。

1. 常用法兰的类型及适用范围（表 5-9）

常用法兰的类型及适用范围　　　　　　　　　　　　表 5-9

类型	图示	适用范围		使用说明
		压力(MPa)	温度(℃)	
平焊法兰		≤25	≤300	适用于介质为水、蒸汽、空气、油品等一般管道，应用最广；对焊法兰可用于较高温度
对焊法兰		≤25	300～450	
凹凸面平焊法兰		≤25	≤300	适用于易燃、易爆、有毒气体或液体介质管道
凹凸面对焊法兰		16～64	≤450	

类型	图示	适用范围		使用说明
		压力(MPa)	温度(℃)	
榫槽面平焊法兰		≤25	≤300	适用于剧毒、刺激性强,严密性要求高的管道
榫槽面对焊法兰		16～64	≤450	
焊环活动法兰		≤16	≤300	用于输送腐蚀性介质的不锈钢管道,可节约不锈钢的用量

2. 法兰连接

(1) 螺纹连接

螺纹连接是指法兰与管子螺纹连接,用于钢管与铸铁法兰连接,或镀锌钢管与钢法兰的连接。在加工螺纹时,管子的螺纹长度应稍短于法兰的内螺纹长度,螺纹拧紧时应注意两个法兰的螺孔对正,若孔未对正,只能继续拧紧法兰或拆卸后重装,不能将法兰回松对孔,以保证接口严密。

(2) 法兰连接

平焊法兰、对焊法兰或铸钢法兰与管子连接均用焊接。连接时法兰密封面应保持平行,其偏差不大于法兰外径的1.5/1000,且不大于2mm。法兰连接应保持同轴,其螺栓孔中心偏差一般不超过孔径的5%,并保证螺栓自由穿入。管口应凹进法兰1.3～1.5倍管壁厚度,不得与法兰接触面平齐,焊接后焊缝不得高出法兰接触面,避免焊渣飞溅在接触面上,以保证法兰的严密性。

法兰连接为了接口严密、不渗不漏,必须加垫圈。法兰垫圈厚度一般为2～3mm,垫片材质根据管内输送介质的性质或同一介质在不同温度和压力的条件下选用,燃气管道常用石棉橡胶板,见表5-10。

法兰垫圈材料选用表   表5-10

材料名称	适用介质	最高工作压力(MPa)	最高工作温度(℃)
低压石棉橡胶板	水、空气、燃气、蒸汽、惰性气体	1.6	200
中压石棉橡胶板	水、空气及其他气体、蒸汽、燃气、氨、酸及碱稀溶液	4.0	350
高压石棉橡胶板	蒸汽、空气、燃气	10	450

5.1.4 管道下沟与安装

管道下沟就是将管子准确地放置于平面位置和高程均符合设计要求的沟槽中,下管时必须保证不破坏管道接口,不损伤管子的防腐绝缘层,沟壁不产生塌方,以及不发生人身安全事故。

1. 下管前的准备工作

(1) 清理沟槽底至设计标高;

(2) 准备下管工具和设备,并检查其完好程度;

(3) 检查现场所采取的安全措施;

(4) 做好防腐层的保护,尤其是绳索与管子的接触处更要加强保护。

2. 下管方式

(1) 集中下管 将管子集中在沟边某处下到沟内,再在沟内将管子运到需要的位置,这种方式适用于管沟土质较差及有支撑的情况,或地下障碍物多,不便于分散下管的场合。

(2) 分散下管 将管子沿沟边顺序排列,然后依次下到沟内。

(3) 组合吊装 将几根管子焊成管段,然后下入沟内。

3. 下管方法

管道下沟的方法,可根据管子直径及种类、沟槽情况、施工场地周围环境与施工机具等情况而定。一般来说,应采用汽车式或履带式起重机下管,当沟旁道路狭窄,周围树木、电线杆较多,管径较小时,可用人工下管。

图 5-9 履带式起重机下管

(1) 起重机下管法

使用轮胎式或履带式起重机。如图 5-9 所示。

下管时,起重机沿沟槽移动,必须用专用的尼龙吊具,起吊高度以 1m 为宜,将管子起吊后,转动起重臂,使管子移至管沟上方,然后轻放至沟底。起重机的位置应与沟边保持一定距离,以免沟边土壤受压过大而塌方。管两端拴绳子,由人拉住,随时调整方向并防止管子摆动,严禁损伤防腐层。

管子外径大于或等于 529mm 的管道下沟时,应使用 3 台吊管机同时吊装。直径小于 529mm 的管道下沟时,吊管机不应少于 2 台。如果仅是 2～3 根管子焊接在一起的管段,可用 1 台吊管机下管。

管道施工中,应尽可能减少管道受力。吊装时,尽量减少管道弯曲,以防管道与防腐层裂纹。管子应妥贴地安放在管沟中心,以防管子承受附加应力,其允许偏差不得大于100mm。移动管道使用的撬棍或滚杠应外套胶管,以保护防腐层不受损伤。

采用多台起重机同时起吊较长管段时,起重机之间的距离须保持起吊管段的实际弯矩小于管段的允许弯矩,起吊操作必须保持同步,最大起吊长度:

$$L=0.443(2N-1)\sqrt{\frac{(D_{\mathrm{w}}^{4}-D_{\mathrm{n}}^{4})[\sigma]}{qD_{\mathrm{w}}}} \tag{5-1}$$

式中　L——允许最大起吊长度（m）；

　　　N——起重机台数；

D_{w}，D_{n}——起吊钢管的外径和内径（m）；

　　　q——管子重量（N/m）；

　　　$[\sigma]$——管材的允许弯曲应力（N/m²）。

（2）人工下管法

1）压绳下管法

这种方法是在管下铺表面光滑的木板或外套橡胶管的滚杠，再用外套橡胶管的撬棍将钢管移至沟边，在沟壁斜靠滚杠，用两根大绳在两侧管端 1/4 处从管底穿过，在管边土壤中打入撬杠或竖管，将大绳缠在撬杠或立管上 2～3 圈，人工拉住大绳，撬动钢管，逐步放松绳子，使钢管徐徐沿沟壁的滚杠落入沟中，不得将钢管跌入沟中。如图5-10所示。

2）塔架下管法

利用压绳装在塔架上的滑车、捯链等设备进行下管，先将管子在滚杠上滚至架在横跨沟槽的跳板上，然后将管子吊起，撤掉跳板后，将管子下到槽内。塔架数量由管径和管段长度而定，间距不应过大，以防损坏管子及防腐绝缘层。如图5-11 所示。

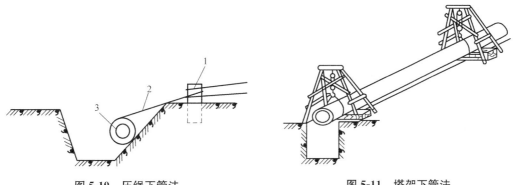

图 5-10　压绳下管法　　　　　　　　　　　　图 5-11　塔架下管法
1—竖管；2—大绳；3—管子

4. 稳管、焊接与防腐

稳管是将管子按设计的标高与水平面位置稳定在地基或基础上，管道应放在管沟中心，其允许偏差不得大于 100mm，管道应稳妥地安放在管沟中，管下不得有悬空现象，以防管道承受附加应力。

事先挖出的焊接工作坑如有位置误差时，应按实际需要重新开挖。挖土时，不可损伤管道的防腐层，管子对口前应将管内的泥土、杂物清除干净，沟内组对焊接时，对口间隙与错边量应符合要求，并保证管道成一直线，焊接前应将焊缝两侧的泥土、铁锈等清除干净。

现场安装一般采用沟边组对焊接。沟边组对焊接就是将几根管子在沟旁的地面上组对焊接，采用滚动焊接，易保证质量、操作方便、生产效率高，焊成管段再入地沟。管段长度由管径大小及下管方法而定，不可过长而造成移动，也不可下管时管段弯曲过大而损坏管道与防腐层,每一管段以 30～40m 长为宜。逐根管清除内壁泥土、杂物后,放在方木或对口支撑上组对。主要的工作是对口、找中、点焊、焊接,有关技术要求与操作方法见本书第 4 章。应特别注意,有缝钢管的螺旋焊缝或直焊缝错开间距,不得小于 100mm。点焊与焊接时,不准敲击管子,分层施焊,焊接到一定程度转动管子,在最佳位置施焊。第一层焊完再焊第二层,禁止将焊口的一半全部焊完,再转动管子,焊另一半焊口。管段下沟前,应用电火花检漏仪对管段防腐层进行全面检查,发现有漏点立即按有关规程认真补伤,补伤后再用电火花检漏仪检查,合格后方可下沟。下班前,用临时堵板将管段两端封堵,防止杂物进入管内。

管道组对焊接后,需要进行焊缝无损探伤,对管道进行强度与严密性试验,合格后再将焊口防腐,用电火花检查合格后方可全部回填土。通常在管子焊接后,留出焊接工作坑,先将管身部分填土,将管身覆盖,以免石块等硬物坠落在管上,损坏防腐层,同时可以减少由于气温变化而产生的管道的热胀冷缩使防腐层与土壤摩擦而损伤。

5.2 球墨铸铁管敷设

球墨铸铁管的运输、布管、管子下沟方法等与钢管基本相同,但球墨铸铁管管件质脆易裂,在运输、吊装与下管时应防止碰撞。

一般规定:

(1)球墨铸铁管的安装应配备合适的工具、器械和设备。

(2)应使用起重机或其他合适的工具和设备将管道放入沟渠中,不得损坏管材和保护性涂层。当起吊或放下管子的时候,应使用钢丝绳或尼龙吊具,当使用钢丝绳的时候,必须使用衬垫或橡胶套。

(3)安装前应对球墨铸铁管及管件进行检查,并应符合下列要求:

1)管道及管件表面不得有裂纹及影响使用的凹凸不平的缺陷。

2)使用橡胶密封圈密封时,其性能必须符合燃气输送介质的使用要求,橡胶圈应光滑、轮廓清晰,不得有影响接口密封的缺陷。

3)管道及管件的尺寸公差应符合现行国家标准《水及燃气用球墨铸铁管、管件和附件》GB/T 13295 的要求。

5.2.1 运输与布管

运输前,用小锤逐根轻击铸铁管,如发出清脆的声音,说明管子完好。将合格的铸铁管运至工地,装车前应将管子绑稳,运输中不得相互碰撞,运至现场,沿沟边布管,承口方向应按照施工顺序排列,防止吊装下沟时再调换方向而重复吊运。管段上所需的铸铁弯管、三通等管件,按所需的位置运至沟边,承插口方向应与铸铁管相同。

管道下沟前,应将管内泥土、杂物清除干净。

5.2.2 管道连接

铸铁管的连接主要是采用承插连接。承插式铸铁管与管件的一端为承口,另一端为插口,在承口与插口之间的环形间隙中填入麻丝或胶圈,再用水泥或铅密封,以保证接口的严密。见图 5-12。铸铁管曾经是燃气管道的主要管材之一，近年来已逐渐减少。

1. 连接的材料

承插连接可以分为水泥接口和青铅接口。水泥接口为刚性接口，其连接主要填料为橡胶圈和水泥或油麻和水泥。青铅接口为柔性接口，连接主要填料为橡胶圈和青铅或者油麻和青铅。因此承插连接主要连接材料有以下四种。

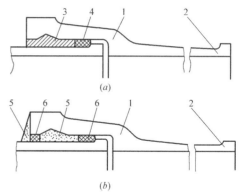

图 5-12 铸铁管承插连接接口
(a) 柔性接口；(b) 刚性接口
1—承口；2—插口；3—精铅；4—胶圈；
5—水泥；6—浸油麻丝

(1) 油麻 用不含杂质、纤维长、韧性好、老皮少的大麻或亚麻放在 5% 的 5 号石油沥青和 95% 的 2 号汽油混合液里浸泡晾干，再将油麻丝搓成小股，再把它拧成大股麻辫。使用时可根据承插口间隙的大小，抽若干小股绞紧后使用。油麻的作用是防止管内燃气渗漏，并防止外层填料（水泥、铅等）进入管内。

(2) 青铅 青铅的纯度不小于 99.9%，铅的纯度愈高，质地就愈柔软，青铅应加热熔化后再用。

(3) 水泥 应用 500 或 500 以上硅酸盐水泥，使用前应用 0.5mm 孔眼的筛子过筛，不得使用受潮或失效水泥，并没有结块和杂物，水灰比一般取 1：(3~4)（质量比）。

(4) 橡胶圈 人工燃气中含有多种芳香烃、苯、酚等，对天然橡胶和一般的合成橡胶有腐蚀作用，故应选用耐燃气腐蚀的丁腈橡胶，橡胶圈外观应粗细均匀，质地柔软，无气泡、裂纹、重皮。

2. 接口的连接

(1) 铸铁管、管件检验 铸铁管应有制造厂的名称或商标、制造日期及工作压力符号等标记。内外表面应整洁，不得有裂缝、瘪陷和错位等缺陷；承插部分不得有粘砂及凸起，承口根部不得有凹陷；其他部分的局部凹陷不得大于 5mm；间断沟陷、局部重皮及疤痕的深度不大于 5% 壁厚加 2mm，环状重皮及划伤深度不大于 5% 壁厚加 1mm。内外表面的漆层应完整光洁，附着牢固。施工前应逐根管子用手锤轻轻敲击管端，如发出清脆的声音，说明管子完好；如发出破裂之音，说明管子有裂纹，应找出破裂之处，截去再用。

检查管内有无土、石等污物，如有时可用中间挂有棉丝或破布的铁丝，在管内拖拉几次予以清除。

(2) 管口清理 用棉丝或破布将承插部分擦干净。当用水泥作填料时，为了增加填料与管壁间的附着力，应将承插口的沥青除掉。一般是先用喷灯烧烤，再用钢丝刷清除，最后用破布擦净。

(3) 对口要求 将管道的插口端插入到承口内，并紧密、均匀的将密封胶圈按进填密槽内，橡胶圈安装就位后不得扭曲。在连接过程中，承插接口环形间隙应均匀，其值及允许偏差应符合表 5-11 的规定。将压兰推向承口端，压兰的唇缘靠在密封胶圈上，插入螺栓，应使用扭力扳手拧紧螺栓。拧紧螺栓顺序：底部的螺栓→顶部的螺栓→两边的螺栓→其他对角线的螺栓。拧紧螺栓时应重复上述步骤分几次逐渐拧紧至其规定的扭矩。螺栓宜采用可锻铸铁,当采用钢制螺栓时,必须采取防腐措施。应使用扭力扳手来检查螺栓和螺母的紧固力矩。螺栓和螺母的紧固扭矩应符合表 5-12 的规定。

承插口环形间隙及允许偏差 表 5-11

管道公称直径(mm)	环形间隙(mm)	允许偏差(mm)
80~200	10	+3 −2
250~450	11	+4 −2
500~900	12	
1000~1200	13	

螺栓和螺母的紧固扭矩 表 5-12

管道公称直径(mm)	螺栓规格	扭矩(kgf·m)
80	M16	6
100~600	M20	10

(4)接口工作坑 事先在沟槽内管子接口处挖好接口工作坑,其尺寸以向接口内加填料与打口、质量检验方便为准,工作坑的尺寸可参考表 5-13,机械接口按实际况而定。

接口工作坑尺寸(mm) 表 5-13

管径	宽度	长度		深度
		承口前	承口后	
75~200	管外径+600	800	200	300
250~700	管外径+1200	1000	300	400

(5)青铅接口

1)填油麻 把油麻搓成直径大于接口环形间隙 1/3 的麻辫,麻辫有用整根的,整根麻辫至少可在插口管上绕 3 周;也可用 3 根,每根比管子外周长长 100~150mm。填油麻时先用枕凿插入接口下侧间隙,并锤击枕凿使插口部分抬起,将油麻绞紧填入缝隙,由接口下方逐渐向上塞进口内,先将底部打实,然后自下而上逐步锤击填实,再绕填第二圈及第三圈油麻,用同样方法填实,四周力求平整,深度为离承口端面 50~60mm 左右,油麻辫头尾两端搭接长度为 50~70mm,搭接处油麻辫两端要适当减细,其位置应放在接口一侧。

2)填入橡胶圈 用橡胶圈代替油麻,可以减轻体力劳动,胶圈的弹性更能保证接口的严密性。填入橡胶圈时,先将胶圈套在插口管上,用两把枕凿插入接口下侧缝隙,使插口管底托起,两把枕凿的间距应小于接口圆周长的 1/3,把管子上侧橡胶圈拉紧,捻凿应贴插口填打,先打入底部胶圈,然后下面在两侧交替填打,管上侧最后打入,使胶圈依次均匀滚入环形间隙中,胶圈四周应平整,深度均为 70mm 左右。

3)熔铅 铅的纯度为 99.9%,使用前应检查有无杂质,把铅切成小块,放入铅锅内加热熔化,当铅水加热呈紫红色时即可使用。颜色发白表示欠火,如发红表示过火。可用铁棒测试,当铁棒插入铅水中取出时,铅水不粘在铁棒时方可使用。当铅锅中需要加铅时,应把铅锅从火上抬下来,并把铅块放在火上烧热后慢慢放在铅锅内,防止将冷铅块

（特别是表面有水）扔在锅内，以免发生液铅飞溅伤人。

4）灌铅 先将石棉绳浸水湿透，涂上黏土，沿接口缝隙绕接口一周，相交于接口最高点。石棉绳内外及搭接处用黏土涂抹并修出一个浇铅口，其余部分均用黏土涂封，不使铅水外流。灌铅操作人员要戴防护面罩、长帆布手套、脚盖布等防护用具。浇灌时应清除表面铅灰，浇灌速度由铅温而定。铅热慢浇，铅冷快浇。灌铅应连续进行，一次灌满，中间不得停顿。小口径管灌铅从正中浇入，两面流入，一次浇足，不得补铅。大口径管应从侧面浇入，使接口缝隙内的空气从另一侧排出，避免缝隙内空气受热膨胀发生爆铅现象。接口缝隙如有水，应阻塞水源，擦干水后再灌。如受潮，可先加入少量机油，然后再从一侧灌铅，速度不宜过快。铅凝固后，取下石棉绳，将泥土擦净。

5）打铅 先用小扁凿紧贴插口锤击一周，小扁凿与管轴线成30°角，不可将浇铅口处的积铅凿下，因在灌铅过程中，由于铅水的重力作用，使接口底部密实，而上部较疏松。依次用敲铅凿由下而上锤击青铅，每敲击2～3次移动半凿，依次进行，不得跳越敲击。敲击时，敲击凿与插管轴线应保持20°左右的角度。青铅与管壁接触处敲击后易产生薄的铅箔，应用小扁凿将铅箔铲除，再修整铅表面。

（6）水泥接口 用42.5号或42.5号以上硅酸盐水泥加水制成。水灰比一般取1：（3～4）（质量比），水由天气冷热、干湿而略有增减。拌合水泥的容器要干净，拌合时水逐渐加入，拌均匀后用湿布盖上，如在30min内仍未使用，就不能再用。清洗接口缝隙，用布擦干，填油麻或橡胶圈，操作与青铅接口相同。填塞水泥，把水泥捏紧，由下而上用手塞入接口缝隙，并多次捣实至平承口，然后抹严。水泥接口完成，随即填土养护，亦可覆盖草袋浇水养护，当气温低于0℃时，为防止冻裂，一般不宜做水泥接口

（7）机械接口 机械接口比承插式接口具有接口严密可靠及抵抗外界振动、挠动等能力的优越性，是输送中压和低压燃气的主要管材之一。接口形式有 N_1（图5-13）型和S型（图5-14）。N_1 型接口操作时，先将承插口工作面清理干净，再将压兰、胶圈与塑料支撑圈先后套入插口端部。

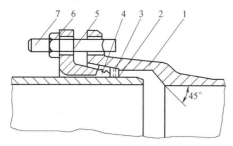

图5-13 N_1 机械接口铸铁管接口连接

1—承口；2—插口；3—塑料支撑圈铅；4—密
封胶圈；5—压兰；6—螺母；7—螺栓

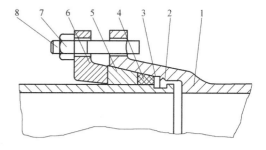

图5-14 S 机械接口铸铁管接口连接

1—承口；2—插口；3—钢制支撑圈铅；4—隔离胶圈；
5—密封胶圈；6—压兰；7—螺母；8—螺栓

5.2.3 管道下沟

铸铁管下沟的方法与钢管基本相同，应尽量采用起重机下管。人工下管时，多采用压绳下管法。铸铁管以单根管子放到沟内，不可碰撞或突然坠入沟内，以免将铸铁管碰裂。

根据铸铁管承口深度 L1，在管子下沟前，在其插口上标出环向走位线 L2，见图

5-15。在连接过程中，承插接口环形间隙应均匀，其值及允许偏差应符合表5-14的规定。

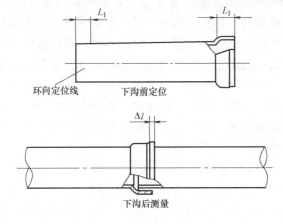

图 5-15　承插口连接深度检查

承插口环形间隙及允许偏差　　　　　　　　　　　表 5-14

管道公称直径（mm）	环形间隙（mm）	允许偏差（mm）
80～200	10	+3 −2
250～450	11	+4 −2
500～900	12	
1000～1200	13	

　　吊装下沟就位后，检查插口上环向定位线是否与连接的承口端面相重叠，以确定承插口配合是否达到规定要求，误差 Δ1 不得大于 10mm。接口工作坑应根据铸铁管与管件尺寸，在沟内丈量，确定其位置，在下管前挖好，下管后如有偏差，可适当修正。

5.2.4　管道连接

1. 管基坡度

　　地下铸铁燃气管道的坐标与标高应按设计要求施工，当遇到障碍时，与地下钢管燃气管道同法处理。管道安装就位前，应采用测量工具检查管段的坡度，并应符合设计要求。球墨铸铁管一般用来输送人工燃气，人工燃气管道运行中，会产生大量冷凝水，因此，敷设的管道必须保持一定的坡度，以使管内的水能汇集于排水器排放。地下人工燃气管道坡度规定为：中压管不小于 3‰；低压管不小于 4‰。按此规定和待敷设的管长进行计算，可选定排水器的安装位置与数量，见图 5-16。但在市区地下管线密集地带施工时，如果取统一的坡度值，将会因地下障碍而增设排水器，故在市区施工时，应根据设计与地下障碍的实际情况，然后对各段管道的实际敷设坡度综合布置，保持坡度均匀变化并不小于规定坡度要求。为使管道符合坡度规定，必须事先对管道基础（沟底土层）进行测量，常用水平仪测量、木制平尺板和水平尺测量两种方法。

　　采用平尺板和水平尺测量方法如下：根据每根管子长度，选择与管长相等的平尺板，再按照平尺板的长度计算出规定坡度下的坡高值 h。见图 5-16、图 5-17，计算方法如下：

$$h=LK \tag{5-2}$$

式中　h——相当于每根管长的坡高（mm）；

　　　L——平尺板的长度（mm）；

　　　K——规定坡度。

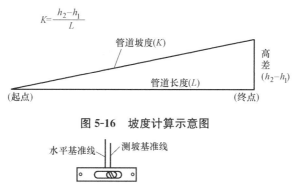

图 5-16　坡度计算示意图

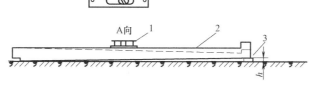

图 5-17　水平尺测坡度基准线定位方法图

1—水平尺；2—水平板；3—垫块

2. 连接

管道连接前，应将管道中的异物清理干净，清除管道承口和插口端工作面的团块状物、铸瘤和多余的涂料，并整修光滑擦干净。在承口密封面、插口端和密封圈上涂一层润滑剂，将压兰套在管子的插口端，使其延长部分唇缘面向插口端方向，然后将密封圈套在管子的插口端，使胶圈的密封斜面也面向管子的插口方向，将管道的插口端插入到承口内，并紧密、均匀的将密封胶圈按进填料槽内，橡胶圈安装就位后不得扭曲。

3. 敷设

（1）铸铁承插式接口管道在某些位置要求采用柔性接口，施工中必须按设计要求使用柔性接口。一般铸铁管道每隔 10 个水泥接口，应有 1 个青铅接口。

（2）铸铁管穿过铁路、公路、城市道路或与电缆交叉处应设套管，置于套管内的燃气铸铁管应采用柔性接口，以增强抗震能力。

（3）铸铁异径管不宜直接与管件连接，其间必须先装一段铸铁直管，其长度不得小于 1m。

（4）机械接口应符合下列要求：

管道连接时，两管中心线应保持成一直线；应使用扭力扳手拧紧螺栓，压轮上的螺栓应以圆心为准对称地逐渐拧紧，直至其规定的扭矩，并要求螺栓受力均匀；宜采用锻铸铁螺栓，当采用钢螺栓时，应采取防腐措施。

（5）两个方向相反的承口相互连接时，需装一段直管，其长度不得小于 0.5m。

（6）不同管径的管道相互连接时，应使用异径管，不得将小管插口直接接在大管径管道的承口内。

（7）两个承插口接头之间必须保持 0.4m 的净距。

（8）地下燃气铸铁管穿越铁路、公路时，应尽量减少接口，非不得已不应采用短管。

（9）敷设在严寒地区的地下燃气铸铁管道，埋设深度必须在当地的冰冻线以下。当管道位于非冰冻地区时，一般埋设深度不小于 0.8m。

（10）管道连接支管后需改小管径时，应采用异径三通，如有困难时可用异径管。

（11）在铸铁管上钻孔时，孔径应小于该管内径的 1/3；如孔径等于或大于管内径的 1/3 时，应加装马鞍法兰或双承丁字管等配件，不得利用小径孔连接较大口径的支管，钻孔最大允许孔径见表 5-15。铸铁管上钻孔后如需堵塞，应采用铸铁实芯管堵，不得使用马口铸铁或白铁管堵，以防锈蚀后漏气。

钻孔最大允许孔径（mm）　　　　　　　　表 5-15

公称直径 连接方法	100	150	200	250	300	350	400	450	500
直接连接	25	32	40	50	63	75	75	75	75
管卡连接	32 40	50	—	—	—	—	—	—	—

注：管卡即马鞍法兰，用此件连接可以按新设的管径规格之钻孔不套丝。

管道或管件安装就位时，生产厂的标记宜朝上。安装新管道时，已安装的管道暂停施工时应临时封口。管道最大允许借转角度及距离不应大于表 5-16 的规定。采用 2 根相同角度的弯管相接时，借转距离应符合表 5-17 的规定。管道敷设时，弯头、三通和固定盲板处均应砌筑永久性支墩，临时盲板应采用足够的支撑，除设置端墙外，应采用两倍于盲板承压的千金顶支撑。

管道最大允许借转角度及距离　　　　　　　表 5-16

管道公称管径(mm)	80～100	150～200	250～300	350～600
平面借转角度(°)	3	2.5	2	1.5
竖直借转角度(°)	1.5	1.25	1	0.75
平面借转距离(mm)	310	260	210	160
竖向借转距离(mm)	150	130	100	80

注：上表适用于 6m 长规格的球墨铸铁管，采用其他规格的球墨铸铁管时，可按产品说明书的要求执行。

弯管借转距离　　　　　　　表 5-17

管道公称直径 （mm）	借高(mm)				
	90°	45°	22°30′	11°15′	1 根乙字管
80	592	405	195	124	200
100	592	405	195	124	200
150	742	465	226	124	250
200	943	524	258	162	250
250	995	525	259	162	300
300	1297	585	311	162	300
400	1400	704	343	202	400
500	1604	822	418	242	400
600	1855	941	478	242	—
700	2057	1060	539	243	—

5.3 聚乙烯燃气管道敷设

聚乙烯管道只能作为中低压埋地管道使用，聚乙烯燃气管敷设应符合国家现行标准《聚乙烯燃气管道工程技术规程》CJJ 63 的规定。

5.3.1 运输与储存

聚乙烯管材、管件在搬运时，不得抛、摔、滚、拖；在冬季搬运时应小心轻放。直管采用机械设备吊装搬运时，必须用非金属绳（带）吊装。运输时，应放置在带挡板的平底车上或平坦的船舱内，堆放处不得有可能损伤管材的尖凸物，并应采用非金属绳（带）捆扎、固定，以及应有防晒措施；应按箱逐层叠放整齐，固定牢靠，并应有防止雨淋措施。

聚乙烯管材、管件应存放在通风良好的库房或棚内，堆放场所应采取防止阳光暴晒、雨淋措施，并应远离热源，严禁与油类或化学品混合存放，场地应有防火措施。管道应水平堆放在平整的支撑物或地面上，当直管采用三角形堆放和两侧加支撑保护的矩形堆放时，堆放高度不宜超过 1.5m；当直管采用分层货架存放时，每层货架高度不宜超过 1m，堆放总高度不宜超过 3m。管件贮存应成箱存放在货架上或成箱叠放在平整地面上，成箱叠放时，堆放高度不宜超过 1.5m。管材、管件存放时，应按不同规格尺寸和不同类型分别存放，并应遵守先进先出原则。管材、管件在户外临时存放时，应有遮盖物。

5.3.2 管道连接

聚乙烯管材、管件的连接应采用热熔对接连接或电熔连接（电熔承插连接、电熔鞍型连接）。直径在 90mm 以上的聚乙烯燃气管材、管件连接可采用热熔对接连接或电熔连接，直径小于 90mm 的管材及管件宜使用电熔连接。聚乙烯燃气管道和其他材质的管道、阀门、管路附件等连接应采用法兰或钢塑过渡接头连接。对不同级别、不同熔体流动速率的聚乙烯原料制造的管材或管件，不同标准尺寸比（SDR 值）的聚乙烯燃气管道连接时，必须采用电熔连接。施工前应进行试验，判定试验连接质量合格后，方可进行电熔连接。

1. 热熔连接

热熔连接包括热熔承插连接和热熔对接，但是对于 PE 管来说一般指热熔对接，是将与管轴线垂直的两对应管子端面与加热板接触，加热至熔化然后撤去加热板，将熔化端压紧、保压、冷却，直至冷却至环境温度。

管材或管件连接面上的污物应用洁净棉布擦净，应铣削连接面，使其与管轴线垂直，并使其与对应的待接断面吻合，连续切削平均厚度不宜超过 0.2mm，切削后的熔接面要注意保护，以免污染。在对接后、连接前，两管段应各伸出夹具一定自由度，并应校直两对应的连接件，使其在同一轴线上，管口错边不宜大于管壁厚度的 10%。热熔管件对接连接均是用机械设备来进行，因此，对接连接件要留有夹具工作宽度，热熔连接见图 5-18。

待连接的端面应用专用对接连接工具加热，其加热时间与加热温度应符合对接连接工具生产厂和管材、管件生产厂的规定，热熔对接连接的焊接工艺参数应符合图 5-19 规定。

热熔对接连接步骤可以分为以下几个方面：

图 5-18 热熔连接示意图

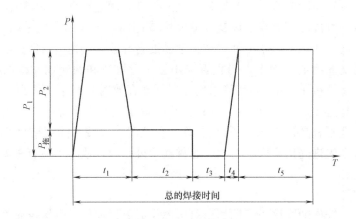

图 5-19 热熔对接连接工艺

P_1—总的焊接压力（表压，MPa）$P_1＝P_2＋P_拖$；

P_2—焊接规定的压力（表压，MPa）；$P_拖$—拖动压力（表压，MPa）

t_1—卷边达到规定高度的时间；t_2—焊接所需要的吸热时间，$t_2＝$管材壁厚×10（s）；

t_3—切换所规定的时间（s）；t_4—调整压力到 P_1 所规定的时间（s）；t_5—冷却时间（min）

（1）预热：即卷边过程，该过程中管材截面将根据控制设定产生一个卷边，卷边高度因管材的规格不同而不同，卷边的高度将决定最终焊环的环形。

（2）吸热：在这个阶段中，热量在所要连接的管材内扩散，这个阶段需要施加一个较小的压力。

（3）切换：抽出加热板，取出加热板和使连接管材相接触的时间越短越好，以避免热量损失或熔融端面被污染（灰尘、沙子）氧化等。

（4）熔接阶段：即纯粹的熔接，将要连接的管材熔化端面相互接触，夹具闭合后升压时应均匀升压，不能太快，或太慢，应在规定的时间内完成，以免形成虚焊、假焊，此压力要保持到焊口完全冷却。

（5）冷却阶段：冷却过程按标准施以特定压力，注意不能有张力和机械应力，否则会影响熔接质量。冷却阶段所施加的压力有时与熔接压力相同，但主要依据使用标准而定。保压冷却期间不得移动连接件或在连接件上施加任何外力。

根据《聚乙烯燃气管道工程技术规程》CJJ 63 规定热熔对接连接接头质量检验应符

合下列规定：

（1）连接完成后，应对接头进行100%的翻边对称性、接头对正性检验和不少于10%翻边切除检验；

（2）翻边对称性检验。接头应具有沿管材整个圆周平滑对称的翻边（图5-20），翻边最低处的深度（A）不应低于管材表面；

（3）接头对正性检验。焊缝两侧紧邻翻边的外圆周的任何一处错边量（V）不应超过管材壁厚的10%（图5-21）；

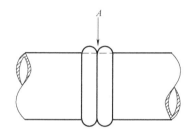

图5-20 翻边对称性

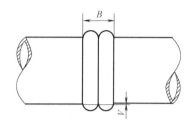

图5-21 接头对正性

（4）翻边切除检验。使用专用工具，在不损伤管材和接头的情况下，切除外部的焊接翻边（图5-22），翻边切除检验应符合下列要求：

1）翻边应是实心圆滑的，根部较宽（图5-23）；

2）翻边下侧不应有杂质、小孔、扭曲和损坏；

3）每隔几厘米进行180°的背弯试验（图5-24），不应有开裂、裂缝，接缝处肉眼看不见熔合线。

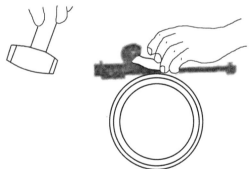

图5-22 翻边切除示意图

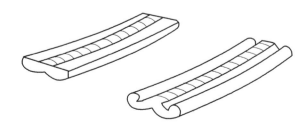

图5-23 合格实心翻边

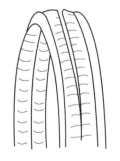

图5-24 翻边背弯试

107

（5）当抽样检验的焊缝全部合格时，则此次抽样所代表的该批焊缝应认为全部合格；若出现与上述条款要求不符合的情况，则判定本焊口不合格，并应按下列规定加倍抽样检验：

1）每出现一道不合格焊缝，则应加倍抽检该焊工所焊的同一批焊缝，按本规程进行检验；

图 5-25　电熔对接连接

2）如第二次抽检仍出现不合格焊缝，则对该焊工所焊的同批全部焊缝进行检验。

2. 电熔连接　预埋在电熔管件内表面的电阻丝通电后发热，使电熔管件内表面和承插管材的外表面达到融化温度，升温膨胀产生焊接压力，冷却后融为一体，达到焊接目的。见图 5-25。

电熔连接分为电熔承插连接（用于管道对接）、电熔鞍形连接（用来接支线、管道修补）。电熔连接适用于所有规格尺寸的管材、管件连接；不易受环境、人为因素影响；设备投资低，维修费用低；连接操作简单易掌握；保持管道内壁光滑，不影响流通量；焊口可靠性高。缺点是需专用电熔管件，费用高，加大工程成本；各种品牌管件专用条码不同，如果焊机不能兼容不同品牌的管件，将降低焊机的使用效率。

（1）电熔承插连接（如图 5-26）

电熔承插连接的程序（过程）：检查→切管→清洁接头部位→管件套入管子→校正→通电熔接→冷却。

1）切管：管材的连接端要求切割垂直，以保证有足够的熔融区。常用的切割工具有旋转切刀、锯弓、塑料管剪刀等；切割时不允许产生高温，以免引起管端变形。

2）清洁接头部位并标出插入深度线：用细砂纸、刮刀等刮除管材表面的氧化层，用干净棉布擦除管材和管件连接面上的污物；测量管件承口长度，并在管材插入端或插口管件插入端标出插入长度和刮除插入长度＋10mm 的插入段表皮，刮削氧化皮厚度宜为 0.1~0.2mm。

图 5-26　电熔承插连接

D_1—熔融区域平均内径；D_2—承口最小内径；D_3—管件最小内径；L_1—插入深度；L_2—加热长度；L_3—不加热长度

3）管件套入管子：管材或管件插入端插入电熔承插管件承口内，至插入长度标记位置，并检查配合尺寸，将焊机与管件连好。

4）校正：通电前，应校直两对应的待连接件，使其在同一轴线上，并用专用夹具固定管材、管件。

5）通电熔接：通电加热的时间、电压应符合电熔焊机和电熔管件生产厂的规定，以保证在最佳供给电压、最佳加热时间下、获得最佳的熔接接头。

6）冷却：由于 PE 管接头只有在全部冷却到常温后才能达到其最大耐压强度，冷却期间其他外力会使管材、管件不能保持同一轴线，从而影响熔接质量，因此，冷却期间不得移动被连接件或在连接处施加外力。

（2）电熔鞍形

电熔鞍形连接：这种连接方式适用于在干管上连接支管或维修因管子小面积破裂造成漏水等场合。连接流程为：清洁连接部位→固定管件→通电熔接→冷却。

1）用细砂纸、刮刀等刮除连接部位管材表面的氧化层，用干净棉布擦除管材和管件连接面上的污物；

2）固定管件：采用机械装置（如专用托架支撑）固定干管连接部位的管段，使其保持直线度和圆度。

通电熔接和冷却过程与承插熔接相同。

电熔鞍型连接应采用机械装置（如专用托架支撑）固定干管连接部位的管段，使其保持直线度和圆度；管连接部位上的污物应使用洁净棉布擦净，并用刮刀刮除干管连接部位表皮；通电前，应将电熔鞍型连接管件用机械装置固定在干管连接部位。

根据《聚乙烯燃气管道工程技术规程》CJJ 63 电熔连接接头质量检验应符合下列规定：

1）电熔承插连接：

① 电熔管件端口处的管材（或插口管件）上，周边均应有明显刮皮痕迹和明显的插入长度标记；

② 对于聚乙烯管道系统，接缝处不应有熔融料溢出；

③ 电熔管件内电阻丝不应挤出（特殊结构设计的电熔管件除外）；

④ 电熔管件上观察孔中应能看到有少量熔融料溢出，但溢料不得呈流淌状；

⑤ 凡出现与上述要求条款不符合的情况，判为不合格。

2）电熔鞍型连接

① 电熔鞍型管件周边的管材上均应有明显刮皮痕迹；

② 鞍型分支或鞍型三通的出口应垂直于管材的中心线；

③ 管材壁不应塌陷；

④ 熔融材料不应从鞍型管件周边溢出；

⑤ 鞍型管件上观察孔中应能看到有少量熔融料溢出，但溢料不得呈流淌状。

⑥ 凡出现与上述要求条款不符合的情况，判为不合格。

3. 法兰连接

聚乙烯管道与阀门和设备连接采用法兰连接，连接方法同钢管法兰连接，其他连接符合以下要求：

（1）聚乙烯管端法兰盘连接应符合下列规定：

1）应将法兰盘套入待连接的聚乙烯法兰连接件的端部；

2）应按前述热熔连接或电熔连接的要求，将法兰连接件平口端与聚乙烯复合管道进行连接。

（2）两法兰盘上螺孔应对中，法兰面相互平行，螺栓孔与螺栓直径应配套，螺栓规格应一致，螺母应在同一侧；紧固法兰盘上的螺栓应按对称顺序分次均匀紧固，不应强力组装；螺栓拧紧后宜伸出螺母1~3丝扣。

（3）法兰密封面、密封件不得有影响密封性能的划痕、凹坑等缺陷，材质应符合输送城镇燃气的要求。

（4）法兰盘、紧固件应经过防腐处理，并符合设计压力要求。

图 5-27　钢塑转换接头

4. 钢塑转换接头连接

（1）钢塑转换接头的聚乙烯管端与聚乙烯管道或钢骨架聚乙烯复合管道的连接应符合前述热熔连接或电熔连接的规定，接头见图 5-27。

（2）钢塑转换接头钢管端与金属管道连接应符合相应的钢管焊接或法兰连接的规定。

（3）钢塑转换接头钢管端与钢管焊接时，在钢塑过渡段应采取降温措施。

（4）钢塑转换接头连接后应对接头进行防腐处理，防腐等级应符合设计要求，并检验合格。

5.3.3 管道敷设

1. 基本规定

聚乙烯管道不得从建筑物和大型构筑物的下面穿越（不包括架空的建筑物和立交桥等大型构筑物），不得在堆积易燃、易爆材料和具有腐蚀性液体的场地下面穿越；不得与非燃气管道或电缆同沟敷设。

聚乙烯管道与建筑物、构筑物或相邻管道之间的水平净距（m）　　　　表 5-18

项　目		燃气管道			
		低压	中压		次高压
			B	A	B
B	基础	0.7	1.0	1.5	—
	外墙面（出地面处）	—	—	—	—
给水管		0.5	0.5	0.5	1.0
污水、雨水排水管		1.0	1.2	1.2	1.5
电力电缆（含电车电缆）	直埋	0.5	0.5	0.5	1.0
	在导管内	1.0	1.0	1.0	1.0
通信电缆	直埋	0.5	0.5	0.5	1.0
	在导管内	1.0	1.0	1.0	1.0
其他燃气管道	≤DN300	0.4	0.4	0.4	0.4
	>DN300	0.5	0.5	0.5	0.5
热力管	直埋	应按保证聚乙烯管道或钢骨架聚乙烯复合管表面温度不超过40℃的条件下计算确定，且中、低压管道不得小于1.0m，次高压管道不得小于1.5m			
	在管沟内（至外壁）	应按保证聚乙烯管道或钢骨架聚乙烯复合管表面温度不超过40℃的条件下计算确定，且低压管道不得小于1.0m，中压管道不得小于1.5m，次高压管道不得小于2.0m			

续表

项　目		燃气管道			
		低压	中压		次高压
			B	A	B
电杆(塔)的基础	≤35kV	1.0	1.0	1.0	1.0
	>35kV	2.0	2.0	2.0	5.0
通信照明电杆(至电杆中心)		1.0	1.0	1.0	1.0
铁路路堤坡脚		5.0	5.0	5.0	5.0
有轨电车钢轨		2.0	2.0	2.0	2.0
街树(至树中心)		0.75	0.75	0.75	1.20

聚乙烯管道与构筑物或相邻管道之间的垂直净距（m）　　　　　表 5-19

项　目		燃气管道(当有套管时,以套管计)
给水管		0.15
燃气管		0.15
污水、雨水排水管		0.20
电缆	直埋	0.30
	在导管内	0.15
热力管的管沟底(或顶)		0.5 加套管,并保证聚乙烯管道或钢骨架聚乙烯复合管表面温度不超过 40℃
铁路轨底		1.20 加套管
有轨电车轨底		1.00 加套管

如受地形限制无法满足表 5-18 和表 5-19 时，经与业主协商，采取行之有效的防护措施后，净距均可适当缩小。

聚乙烯管道与热力管道之间的水平净距和垂直净距，不应小于表 5-20 和表 5-21 的规定，并应确保燃气管道周围土壤温度不大于 40℃；与建筑物、构筑物或其他相邻管道之间的水平净距和垂直净距，应符合现行国家标准《城镇燃气设计规范》GB 50028 的规定。当直埋蒸汽热力保温层外壁厚度不大于 60℃时，水平净距可减半。

2. 土方工程

(1) 聚乙烯燃气管道的土方工程包括开槽和回填，基本上与钢管相同。由于聚乙烯燃气管道质量轻（仅为金属管的 1/8），每根管的长度比金属管长，而且柔软，搬运及向管

聚乙烯管道与热力管道之间的水平净距　　　　　表 5-20

项　目			地下燃气管道(m)			
			低压	中压		次高压
				B	A	B
热力管	直埋	热水	1.0	1.0	1.0	1.5
		蒸汽	2.0	2.0	2.0	3.0
	在管沟内(至外壁)		1.0	1.5	1.5	2.0

聚乙烯管道与热力管道之间的垂直净距 表 5-21

项　目		燃气管道(当有套管时，从套管外径计)(m)
热力管	燃气管在直埋管上方	0.5(加套管)
	燃气管在直埋管下方	1.0(加套管)
	燃气管在管沟上方	0.2(加套管)或 0.4
	燃气管在管沟下方	0.3(加套管)

沟中下管方便，宜在沟上进行连接，故沟底宽度按钢管沟上焊接要求设定。当单管沟边组装敷设时，沟底宽度为管道公称外径加 0.3m。

（2）由于聚乙烯燃气管道柔软，当管道拐弯时，可使管道本身弯曲而不需另加弯管，聚乙烯燃气管通敷设时，管道允许弯曲半径应符合下列规定：

1）管段上无承插接头时，应符合表 5-22 的规定；

管道允许弯曲半径（mm） 表 5-22

管道工程外径	允许弯曲半径 R	管道工程外径	允许弯曲半径 R
$D \leqslant 50$	30D	$160 < D \leqslant 250$	75D
$50 < D \leqslant 160$	50D		

2）管段上有承插接头时，不应小于 125D。当聚乙烯燃气管道改变走向而用管道本身弯曲时，开挖管沟应按照管道的弯曲半径尺寸。当地环境不许可时，应用聚乙烯燃气管件中的弯管。

3）接口工作坑，应根据聚乙烯燃气管材每根的长度，在下管前挖好接口工作坑，以作沟内焊接、强度与严密性试验检查时使用，接口工作坑比金属管道接口工作坑略小。下管后工作坑有误差时，应修整，防止损伤管道。

4）沟底坡度，当聚乙烯燃气管道输送含有冷凝水的燃气时，沟底坡度必须严格检查，合格后方准敷设，防止由于聚乙烯燃气管道柔软而造成的倒坡或集水。

3. 布管敷设

（1）聚乙烯燃气管道应在沟底标高和管基质量检查合格后，方可敷设。

（2）下管方法：

1）拖管法施工。用机动车带动犁沟刀，车上装有掘进机，犁出沟槽，盘卷的聚乙烯管道或已焊接好的聚乙烯管道在掘进机后部被拖带进入沟中。采用拖管施工时，拉力不得大于管材屈服拉伸强度的 50%，拉力过大会拉坏聚乙烯管道。拖管法一般用于支管或较短管段的聚乙烯燃气管道敷设。

2）撖管法施工。将固定在掘进机上的盘卷的聚乙烯管道，通过装在掘进机上的犁刀后部的滑槽撖入管沟。

3）人工法。常用压绳法、人工抬放等。

（3）聚乙烯燃气管道热胀冷缩比钢管大得多，其线膨胀系数为钢管的 10 倍以上，为减少管道的热应力，可利用聚乙烯管道的柔性，横向蜿蜒状敷设和随地形弯曲敷设。

（4）聚乙烯燃气管道硬度较金属管道小，因此在搬运、下管时要防止划伤。划伤的聚乙烯管道在运行中，受外力作用再遇表面活性剂（如洗涤剂），会加速伤痕的扩展最终导致管道破坏。此外，还应防止对聚乙烯管道的扭曲或过大的拉伸与弯曲。

（5）聚乙烯燃气管道敷设时，宜随管道走向埋设金属示踪线、警示带。埋设示踪线是为了管道测位方便，精确地描绘出聚乙烯燃气管道的走线，目前常用的示踪线有两种，一种是裸露金属线，另一种是带有塑料绝缘层的金属导线。它们的工作原理都是通过电流脉冲感应探测系统进行检测。警示带是为了提醒以后施工时，下面有聚乙烯燃气管道，小心开挖，避免损坏燃气管道（第四章有介绍）。

（6）管道敷设后，留出待检查（强度与严密性试验）的接口，将管身部分回填土，避免外界损伤管道。

5.4 钢骨架聚乙烯燃气管道敷设

钢骨架聚乙烯燃气管道适用于允许最大工作压力大于 0.8MPa，工作温度在－20～40℃的埋地燃气管道工程的新建、改建、扩建工程。钢骨架聚乙烯管只用于埋地管道，严禁用于室内地上管道与室外架空管道。

钢骨架聚乙烯燃气管道敷设与聚乙烯燃气管道类似，本节主要列出不同之处。

5.4.1 钢骨架聚乙烯燃气管道的连接

钢骨架聚乙烯燃气管道连接应采用电熔连接或法兰连接。当采用法兰连接时，宜设置检查井（电熔连接整体性好，安全、可靠，连接部位可实现与管材同寿命。法兰连接施工简单，便于与其他管材、管件连接，但由于法兰组件比复合管寿命短，密封面存在泄漏可能，所以在埋地管道法兰连接处最好设置检查井，便于检查、维护、更换）。

（1）电熔连接后应进行外观检查，溢出电熔管件边缘的溢料量（轴向尺寸）不得超过表 5-23 规定值。

电熔连接熔焊溢边量（轴向尺寸）　　　　　　　　　　　　　　　　表 5-23

管道公称直径(mm)	50～300	350～500
溢出电熔管件边缘量(mm)	10	15

电熔连接内部质量应符合国家现行标准《燃气用钢骨架聚乙烯塑料复合管及管件》CJ/T 125 的规定，可采用现场抽检试验件的方式检查，试验件的接头应采用与实际施工相同的条件焊接制备。

（2）法兰连接应符合下列要求：

1）法兰密封面、密封件（垫圈、垫片）不得有影响密封性能的划痕、凹坑等缺陷。

2）管材应在自然状态下连接，严禁强行扭曲组装。

5.4.2 管道敷设

（1）钢骨架聚乙烯复合管切割应采用专用切管工具，切割后，端面应平整、垂直于管轴线，并应采用聚乙烯材料封焊端面，严禁使用端面未封焊的管材，下班时管口应采取临时封堵措施。

（2）钢骨架聚乙烯复合管敷设时，钢丝网骨架聚乙烯复合管允许弯曲半径应符合表

5-24的规定，孔网钢带聚乙烯复合管允许弯曲半径应符合表 5-25 的规定。

钢丝网骨架聚乙烯复合管允许弯曲半径（mm） 表 5-24

管道公称直径 DN	允许弯曲半径	管道公称直径 DN	允许弯曲半径
50＜DN≤150	80DN	300＜DN≤500	110DN
150＜DN≤300	100DN		

孔网钢带聚乙烯复合管允许弯曲半径（mm） 表 5-25

管道公称直径 DN	允许弯曲半径	管道公称直径 DN	允许弯曲半径
50≤DN≤110	150DN	DN≥315	350DN
140＜DN≤250	250DN		

5.5 城市燃气管道入综合管廊施工

随着我国经济水平的提高，城镇化的大力推进，城市基础设施的供应压力日益增大，地下管线不断改建增容，造成许多城市出现"拉链路"。开展城市基础设施更新、升级，以适度超前、高效先进、弹性控制的原则，构建综合管廊系统，有利于节约土地资源，保证基础设施的可持续发展，保障市政供给系统的安全，提高城市管网的供给能力。

2016 年 6 月 17 日，住房城乡建设部召开推进地下综合管廊建设电视电话会议，时任部长陈政高强调"坚决落实管线全部入廊的要求，绝不能一边建设地下综合管廊，一边在管廊外埋设管线。排水、天然气管线要求入廊。"这使一直争议的排水管道、天然气管道是否入廊的问题尘埃落定。

天然气管道进入综合管廊在防止第三方破坏、方便管道外观检查及管道维护保养、降低杂散电流的腐蚀影响、避免道路开挖等方面都有好处。但综合管廊属密闭空间，天然气管道入廊后一旦泄漏后果严重，天然气管道安全、经济地入廊及入廊后的安全运行管理是目前天然气企业急需解决的问题。目前国内天然气管道入廊主要执行的规范是《城市综合管廊工程技术规范》GB 50838—2015。

5.5.1 概述

据统计，当天然气管线采用传统的直埋方式时，全国每年因邻近地区施工等各种因素引起的天然气管爆裂事故多达数百例，据了解都不是天然气管自身爆管发生的事故，基本都是邻近地区施工等各种因素引起的天然气管爆裂事故，这些事故往往引起城市火灾或人员伤亡，后果十分严重。因此从城市防灾的角度考虑，把天然气管线纳入综合管廊十分有利。

从总体而言，将天然气管线纳入综合管廊，具有以下的优点：

（1）不易受到外界因素的干扰而破坏，如各种管线的叠加引起的爆裂，砂土液化引起的管线开裂和天然气泄漏，外界施工引起的管线开裂等，提高了城市的安全性。

（2）纳入综合管廊后，依靠监控设备可随时掌握管线状况，发生天然气泄漏时，可立即采取相应的救援措施，避免了天然气外泄情形的扩大，最大限度地降低了灾害的发生和引起的损失。避免了管线维护引起的对城市道路的反复开挖和相应的交通阻塞和交通延滞。

天然气管线纳入综合管廊时，也存在不利因素，主要是平时使用过程中的安全管理与安全维护成本高于传统直埋方式的维护和管理成本，但其安全性得到了极大的提高，所造成的总损失也得到了显著降低。因此综合考虑城市安全性和综合管廊安全性，建议天然气管可单独设舱进入综合管廊，应采取有效的防护措施，如采用优质管材、加强综合管廊内部对天然气的监测等，以保证纳入天然气管线的综合管廊的安全性。

综合管廊根据其所容纳的管线不同，其性质及结构亦有所不同，大致可分为干线综合管廊、支线综合管廊、缆线管廊等三种。

（1）干线综合管廊：一般设置于机动车道或绿化带下方，主要输送原站管道（如自来水厂、发电厂、燃气制造厂等）到支线管廊，一般不直接服务沿线地区。干线管廊主要纳入的管道为电力、通信、给水、燃气、热力等管道，有时根据需要也将排水管道（大都是污水压力管）纳入在内，如图 5-28。干线管廊的断面通常为圆形或多格箱形，管廊内一般要求设置工作通道及照明、通风等设备。

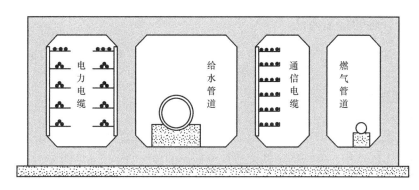

图 5-28　干线综合管廊

（2）支线综合管廊：主要用于将各种供给从干线综合管廊分配、输送至各直接用户。其一般设置在道路绿化带、人行道或非机动车道下，容纳直接服务于沿线地区的各种管线，如图5-29。支线综合管廊的截面以矩形较为常见，一般为单舱或双舱箱形结构，管廊内一般要求设置工作通道及照明、通风等设备。

（3）缆线管廊：主要负责将市区架空的电力、通信、有线电视、道路照明等电缆容纳至埋地的管道，如图 5-30。一般设置在道路的人行道下面，其埋深较浅，一般在 1.5m 左右，截面以矩形较为常见，一般不要求设置工作通道及照明、通风等设备，仅设置供维修时用的工作手孔即可。

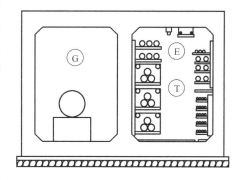

图 5-29　支线综合管廊

在交通运输繁忙或地下管线较多的城市主干路以及配合轨道交通、地下通道、城市地下综合体等建设工程地段，城市核心区、中央商务区、地下空间高强度成片集中开发区、

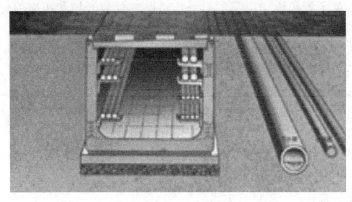

图 5-30　缆线管廊

重要广场、主要道路的交叉口、道路与铁路或河流的交叉处、过江隧道等，道路宽度难以满足直埋敷设多种管线的路段建设，重要公共空间，不易开挖路面的路段，均宜采用综合管廊。

5.5.2　综合管廊的施工方法

地下综合管廊的本体工程施工方法，包括明挖现浇法、预制拼装法、浅埋暗挖法、盾构法和顶管法。

1. 明挖现浇法

（1）明挖法概述

明挖法是指挖开地面，由上向下开挖土石方至设计标高后，自基底由下而上顺着施工，完成隧道主体结构，最后回填基坑或恢复地面的施工方法。（见图 5-31）明挖法具有便于设计、施工简单、快捷、经济、安全的优点，因此，在地面交通和环境条件允许的地方，应尽可能采用。

图 5-31　明挖现浇施工方法

（2）明挖现浇法基本工序

明挖施工方法，首先要确定必要的开挖范围并打入钢板桩等挡土设施。施工标准顺序主要包括：在钢板桩上面架设钢桁架，铺设面板；在路面板下进行开挖、挡土、浇筑地下综合管廊，分段进行地下综合管廊与路面板之间覆土回填、钢桁架及路面板拆除、钢板桩拔出、路面临时恢复原状、恢复交通，经过一定的时间等路面下沉稳定以后将路面恢复原状。

在整个施工过程中尽可能少占用路面宽度，避免交通中断现象。护壁挡土方法要根据地下埋设物、道路的各种附属设施、路面交通、沿线建筑、地下水和地质条件等综合确定。经常采用的方法有：工字形或 H 形钢桩；当地基软弱、地下水位高时采用钢板桩挡土；浇筑连续砂浆桩等。

（3）明挖法的主要施工技术

1）降低地下水位

修建降水井的目的是通过及时疏干基坑开挖范围内土层的地下水，使其得以压缩团结，以提高土层的水平抗力，防止开挖面的土体隆起。在基坑开挖施工时做到及时降低连续墙内基坑中的地下水位，保证基坑的开挖施工顺利进行。

2）基坑开挖

工程前期先进行维护结构、井点降水、冠梁和第一道混凝土支撑的施工，待完成上述项目施工，并达到预降水 15～20 天或者降水深度达到设计要求后（冠梁强度达到设计要求），即开始基坑开挖施工。

基坑开挖按时空效应原理分为若干个单元开挖，"纵向分段（块）、竖向分层、对称、平衡、限时开挖、限时支撑"，必要时留土护壁，层与层之间放坡设台阶的方式进行，上下、前后形成一个连续的开挖作业面。通过严格控制每个单元的挖土时间和支撑时间，以减少基坑暴露时间，控制维护变形。

3）基坑支护

常见的基坑支护形式主要有：排桩支护、桩撑、桩锚、排桩悬臂；地下连续墙支护；地下连续墙＋支撑；型钢桩横挡板支护，钢板桩支护；土钉墙（喷锚支护）；原状土放坡；简单水平支撑；钢筋混凝土排桩；上述两种或者两种以上方式的合理组合等。

根据场地条件和基坑开挖深度，结合地质情况综合选择支护形式，基坑开挖较浅时可采用木板支撑或工字钢支撑，场地条件允许情况下一般选择放坡开挖（见图 5-32），场地受限不能放坡时采用排桩＋内支撑形式（见图 5-33），排桩可采用型钢桩或钢筋混凝土桩；如果是淤泥地质或砂层，且地下水丰富，可采用地下连续墙＋内支撑形式（见图 5-34）。

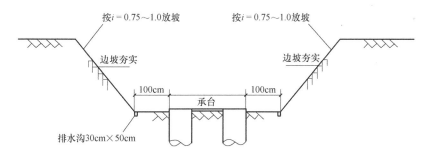

图 5-32　放坡开挖

图 5-33　排桩＋内支撑

图 5-34　连续墙＋内支撑

4）基坑施工安全监测

针对一般工程的设计要求和施工要求，总体设置以下监测内容：

① 维护结构位移（测斜）监测；

② 维护墙顶沉降与位移监测；

③ 支撑轴力监测；

④ 土体侧向变形；

⑤ 坑底土体隆沉监测（选测）；

⑥ 坑外地下水位（潜水）变化监测；

⑦ 地表沉降监测；

⑧ 建（构）筑物沉降、倾斜监测；

⑨ 围护结构内力监测；

⑩ 管线沉降及位移。

为确保监测结果的质量，加快信息反馈速度，全部监测数据均由计算机管理，每次监测必须有检测结果，及时上报监测日报、周报表，并按期向有关单位提交监测月报，同时附上相应的测点位移时态曲线图，对当月的施工情况进行评价并提出施工建议。

2. 预制拼装法

明挖预制拼装法是一种较为先进的施工法，在发达国家较为常用。《国务院办公厅关于推进城市地下综合管廊建设的指导意见》（国办发〔2015〕61 号）明确要求："根据地下综合管廊结构类型、受力条件、使用要求和所处环境等因素，考虑耐久性、可靠性和经济性，科学选择工程材料，主要材料宜采用高性能混凝土和高强钢筋。推进地下综合管廊主体结构构件标准化，积极推广应用预制拼装技术，提高工程质量和安全水平，同时有效带动工业构件生产、施工设备制造等相关产业发展。"总体而言，对比明挖现浇综合管廊，预制拼装综合管廊在建设周期、施工质量（防水及防沉降）和环境保护方面有着明显的优势，有着较为广阔的应用前景。见图 5-35。

3. 浅埋暗挖法

浅埋暗挖法的技术核心是依据新奥法（New Austrian Tunneling Method-NATM）的基本原理，施工中采用多种辅助措施加固围岩，充分调动围岩的自承能力，开挖后及时支护、封闭成环，使其与围岩共同作用形成联合支护体系，是一种抑制围岩过大变形的综合

图 5-35 预制拼装施工方法

配套施工技术。

(1) 浅埋暗挖法特点

浅埋暗挖法是隧道工程和城市地下工程施工的主要方法之一。浅埋暗挖法具有不影响城市交通,无污染,无噪声,无需专用设备,适用于不同跨度,多种断面等优势。具有埋深浅,施工过程中由于地层损失而引起地面移动明显,地质条件差,开挖方法多,辅助工法多,风险管理难度大等特点。

(2) 浅埋暗挖法的关键施工技术

浅埋暗挖法的关键施工技术可以总结成"十八字方针":

1) 管超前:采用超前预加固支护的各种手段,提高工作面的稳定性,缓解开挖引起的工作面前方和正上方土柱的压力,缓解围岩松弛和预防坍塌;

2) 严注浆:在超前预支护后,立即进行压注水泥沙浆或其他化学浆液填充围岩空隙,使隧道周围形成一个具有一定强度的结构体,以增强围岩的自稳能力;

3) 短开挖:即限制 1 次进尺的长度,减少对围岩的松弛;

4) 强支护:在浅埋的松弛地层中施工,初期支护必须十分牢固,具有较大的刚度,以控制开挖初期的变形;

5) 快封闭:为及时控制围岩松弛,必须采用临时仰拱封闭,开挖一环,封闭一环,提高初期支护的承载能力;

6) 勤测量:进行经常性测量,掌握施工动态,及时反馈,是浅埋暗挖法施工成败的关键。

4. 盾构法

暗挖施工中的一种全机械化施工方法。盾构机械在地中推进,通过盾构外壳和管片支承周围岩石防止发生隧道内的坍塌,同时在开挖面前方用切削装置进行土体开挖,通过出土机械运出洞外,靠千斤顶在后部加压顶进,并拼装预制混凝土管片,形成隧道结构的一种机械化施工方法,见图 5-36。

5. 顶管法施工在本书第 8 章介绍。

综合管廊的五种施工方法我们根据工程水文地质条件、施工工艺、经济性等因素来确定。

图 5-36　盾构施工方法

5.5.3　燃气入管廊的技术要求

压力管道在纳入综合管廊的处理上，要比雨、污水管道相对简单，但是考虑到天然气管道输送介质的危险性，所以天然气管道在入廊处理上要比雨、污水重力流管道更为复杂。

根据规范规定，天然气管道应在独立舱室内敷设，如图 5-37 所示。独立舱室的断面需满足安装检修、维护作业所需空间；天然气舱室逃生口（1m×1m）间距不宜大于200m；天然气舱室应每隔 200m 采用耐火极限不低于 3.0h 的不燃性墙体进行防火分隔；防火分隔门应采用甲级防火门，管线穿越部位采用阻火包等措施密封；采用不发火花地坪等，舱室地面应采用撞击时不产生火花的材料，且含天然气管道舱室的综合管廊不应与其他建（构）筑物合建。天然气管道舱室与周边建（构）筑物间距应符合表 5-26 的有关规定。

综合管廊与相邻地下构筑物的最小净距　　　　　　　表 5-26

施工方法 相邻情况	明挖施工	顶管、盾构施工
综合管廊与地下构筑物水平净距	1.0m	综合管廊外径
综合管廊与地下管线水平净距	1.0m	综合管廊外径
综合管廊与地下管线交叉垂直净距	0.5m	1.0m

燃气管道入廊施工在综合管廊主体工程完成后进行。管线安装基本在一个超长的半密闭受限空间内进行，总体安装顺序是先照明、排水、通风，然后再开始管线安装，管线安装的顺序是按照直径先大后小，按材质先硬后软，按部位先底部后上部。施工前和普通地下管道施工一样，需要编制施工计划。包括：临时工程设备准备、施工协调、工程概要、施工图集、管线迁移、施工机械的种类、数量、施工人力组织及分配、施工材料规格、来源、试验、施工管理、工地安全维护措施、施工车辆运载路线、维护保养计划、交通维持计划以及环境保护、紧急应变措施等。下面就燃气管道入廊的技术要点进行说明：

1. 管道敷设

根据《城市综合管廊工程技术规范》GB 50838 对于综合管廊断面设计的要求，按照

(a)　　　　　　　　　　　(b)

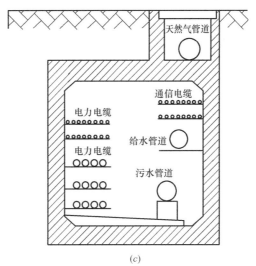

(c)

图 5-37　综合管廊

(a) 综合舱；(b) 燃气舱；(c) 燃气入管廊

$DN500$ 天然气舱室的尺寸不应小于 $1.9m \times 1.8m$。在管廊内敷设综合管线比直埋管道要麻烦，一般来说燃气管线一般采用支墩敷设的方式固定在管廊内，支墩在管廊外提前预制好，燃气管用镀锌扁钢抱箍与支墩固定，在支墩接触部位采用橡胶垫板保护，如图 5-38 所示

2. 管道焊接

目前市面上仅小口径管道（$DN100$ 及以下规格）采用无缝钢管，中次高压（设计压力 0.8MPa 时）气源管道口径为 $DN500$，直埋敷设中通常采用 $D529 \times 10$ 螺旋缝埋弧焊钢管。若建设天然气独立舱室，则需选用《石油天然气工业管线输送系统用钢管》GB/T9711 中推荐的 $D530 \times 10$ 无缝钢管（L245 材质），根据无缝钢管连接方式应选择焊接。

天然气工程现场宜选用碱性焊条，氩弧焊打底、手工电弧焊盖面焊的方法焊接。所有焊缝应进行 100% 全周长超声波探伤及 100% 全周长 X 射线检验。超声波检验符合《焊缝

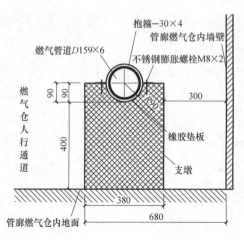

图 5-38 燃气管道安装图

无损检测超声检测技术、检测等级和评定》GB/T 11345 中的 1 级质量要求；射线照相检验符合《无损检测金属管道熔化焊环向对接接头射线照相检测方法》GB/T 12605 中的 Ⅱ 级质量要求，无法进行射线照相的部位应采用酸粉法或渗透法进行检验，焊缝检测要求根据表 5-27。

焊缝检测要求 表 5-27

压力级别（MPa）	环焊缝无损检测比例	
0.8<P≤1.6	100％射线检验	100％超声波检验
0.4<P≤0.8	100％射线检验	100％超声波检验
0.01<P≤0.4	100％超声波检验或 100％超声波检验	—
P≤0.01	100％超声波检验或 100％超声波检验	—

注：1. 射线检验符合现行行业标准《承压设备无损检测 第 2 部分：射线检测》JB/T 4730.2 规定的 Ⅱ 级（AB 级）为合格；
2. 超声波检验符合现行行业标准《承压设备无损检测 第 3 部分：超声检测》JB/T 4730.3 规定的 I 级为合格。

3. 管道防腐处理

综合管廊虽建造在地下，但管道架设于管廊空间内，防腐处理需经过甄选。目前通用的埋地管道外防腐涂层有熔结环氧粉末外防腐层和挤压聚乙烯防腐层。熔结环氧粉末外涂层具有优异的防腐性能，但耐磨性不好，表面处理要求极高，且要求施工各环节都十分小心，否则施工过程中造成的补伤工作量太大，其透水率高，不太适合地下水较高的地区。挤压聚乙烯防腐层三层结构又称复合涂层、是熔结环氧粉末、共聚物胶和聚乙烯组成，粘接力强，耐水阻氧性好，使用寿命可达 50 年；优异的机械性能，使其抗施工损伤能力强；极高的绝缘电阻，使其抗相互干扰能力强。基于综合管廊属于地下空间，从防潮及经济性考虑，建议采用挤压聚乙烯防腐三层结构，防腐层施工见本书第 6 章。

4. 阀门设置

天然气管道分支处应设置阀门，阀门设置在综合管廊外部，施工时需考虑阀门井的防沉降措施，阀门安装见本书第 7 章。《城市综合管廊工程技术规范》GB 50838 6.4.8 条：天然气管道进出综合管廊时应设置具有远程关闭功能的紧急切断阀，另外需在地面上合适位置同步安装控制柜，将紧急切断阀的信号汇集后远传至燃气公司调度中心；同时上传一路监视信号到管廊监控中心，如图 5-39 所示。

天然气舱室应每隔 20m 采用耐火极限不低于 3.0h 的不燃性墙体进行防火分隔如图 5-40 所示，每隔 200m 设置一组紧急切断阀，这样当一个防火分区内发生天然气泄漏时可迅速切断其相邻两侧防火分隔内的紧急切断阀，尽可能减少天然气泄漏量及影响范围。

图 5-39　管廊监控室

5. 天然气独立舱室泄漏探测

根据相关文献对综合管廊内天然气扩散规律的数值模拟分析，由于天然气的主要成分为甲烷，较空气轻，在扩散过程中甲烷首先向最高空间扩散，同时舱室的横截面宽度尺寸不大，使得

图 5-40　天然气舱防火分区

图 5-41　天然气的泄漏报警
探测器安装示意图

甲烷在同一竖向高度的摩尔组分浓度几乎相同。因此天然气的泄漏报警探测器布置在舱室的顶壁即可，如图 5-41 所示。根据《城镇燃气报警控制系统技术规程》CJ/T 146，应每隔 15m 设置一个探测器，且探测器距任一释放源的距离不应大于 4m。据此测算，每个防火分隔内至少需布置 14 个探测器。此外，燃气泄漏探测器使用年限一般为 3～5 年，而天然气管道的设计年限一般为 30 年，故在管道使用年限内燃气泄漏探测器需多次更新，更换成本较大。

6. 天然气独立舱室通风

天然气舱室中采用机械排风方式，正常工况下 6 次/h，事故工况下 12 次/h。由于天然气钢管需进行现场焊接，建议设置独立的送排风系统，送风及排风口位于各焊点附近。由于天然气现场多采用氩弧焊打底，对独立送排风系统的风速也有一定的要求，既要避免保护气体被大风带走，又要保证有害气体及烟尘的及时排出，通风设置如图5-42、图5-43所示。

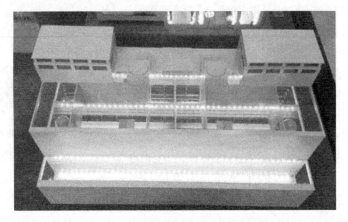

图5-42　管廊内通风口和防火墙设置

图5-43　通风口和逃生口外景图

7. 不同管道交叉及支管接出

根据《城市综合管廊工程技术规范》GB 50838规定：天然气管道舱室的各类孔口不得与其他舱室连通，并应设置明显的安全警示标识。然而实际中各类管道的支管接出在所难免，如何避免其他管道不穿天然气舱室或者天然气管道穿其他舱室，应在舱体设计施工中着重考虑。在支管接出处，综合管廊局部需进行加高加宽处理，控制接出支管埋深在1~2m；管廊拓宽1.3m，便于管线从侧面上升引出舱室（见图5-44）。

城市综合管廊设计标准高、施工体量大，周期长。我们在施工的过程中可以把BIM（Building Information Modeling建筑信息模型）全面应用于综合管

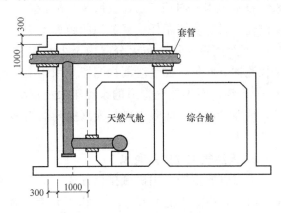

图5-44　天然气支管引出示意图

廊的设计施工全过程，通过方案模拟、深化设计、管线综合、资源配置、进度优化等应用，避免设计错误及施工返工，这样能取得更好的经济、工期效应。

5.6 非开挖燃气管道修复更新施工

目前，城市地下基础设施错综复杂，受城市道路交通难以长时间中断的限制以及日益重视的城市环保、严禁开挖道路等因素制约，随着城市燃气向天然气转换和部分老旧燃气管网超服务年限，只能采用非开挖工艺进行更新。

我国应用较成熟的非开挖燃气管道修复主要包括：插入法、折叠内衬法、裂管法、缩径内衬法和翻转内衬法等五种工艺。

5.6.1 非开挖修复施工示意图

1. 插入法施工示意图（见图5-45）

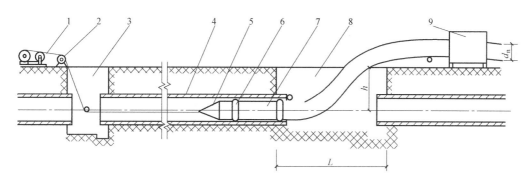

图5-45 插入法施工示意图

1—卷扬牵引机组；2—定滑轮；3—接收坑；4—在役管道；5—牵引头；6—聚乙烯管道保护环；

7—聚乙烯管；8—工作坑；9—聚乙烯管焊接操作箱

2. 工厂预制成型折叠管内衬法施工示意图（见图5-46）

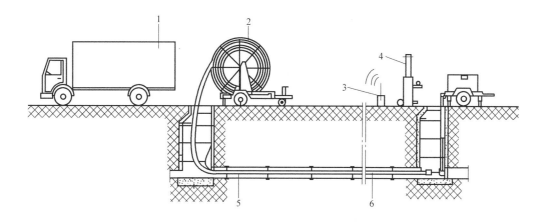

图5-46 工厂预制成型折叠管内衬法施工示意图

1—载热水（汽）车；2—折叠管；3—传送器；4—水汽分离器；5—在役管道；6—折叠管

3. 翻转内衬施工示意图（见图 5-47）

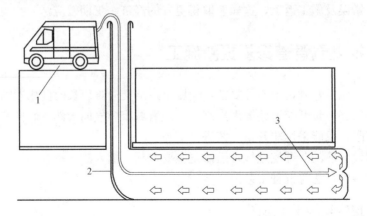

图 5-47 翻转内衬施工示意图
1—载热水（汽）车；2—导管；3—热水（汽）循环

4. 裂管施工示意图（见图 5-48）

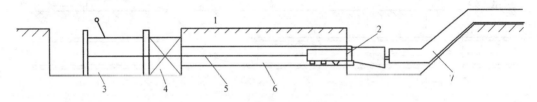

图 5-48 裂管施工示意图
1—路面；2—裂管器；3—液压拉杆机；4—支撑架；5—拉杆；6—旧管；7—聚乙烯管

5. 缩径内衬多段模套管修复施工示意图（见图 5-49）

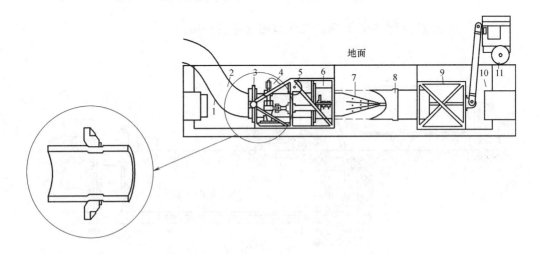

图 5-49 缩径内衬多段模套管修复施工示意图
1—入口；2—新管；3—锻模；4—推管器；5—滑轮；6—管钳；
7—推管帽；8—旧管；9—支架；10—出口；11—绞车

5.6.2 各种修复工艺优势和劣势对比（见表5-28）

各种修复工艺的优势和劣势对比 表5-28

工艺	优势	劣势
插入法	(1)除现场插入外,要求的设备最少; (2)现场插入减少了输送破坏; (3)插入管不考虑原有管道的密封性	(1)检查和清理引导管是必要的; (2)如果MOP不增加,可能会减少容量; (3)定位燃气泄漏点比较困难; (4)分支需要通过切开口再连接
缩径内衬法	(1)流通量减少程度最低; (2)内衬管不依赖于原有管道的密封性	(1)检查和清理引导管是必要的; (2)使用特殊设备和专业人员; (3)外部焊接卷边需要去除; (4)可能有必要去除弯头; (5)分支需要通过切开口再连接; (6)定位燃气泄漏点比较困难
折叠管内衬法	(1)可以不开口修复原有管线; (2)维持管网的容量; (3)可以更新较大半径弯曲的管线	(1)使用特殊设备和专业人员; (2)在衬管和原有管之间的燃气密封性可能存在问题; (3)检查和清理原有管线是必要的; (4)其预期寿命比插入管要短; (5)此工艺可能依赖原有管道的力学性能
裂管法	允许同时用另一根更大直径的管线替换原有管道	(1)有必要安装护套以避免对新管道产生不可接受的破坏; (2)在役管道中的弯头可能造成问题; (3)分支需要通过开孔后进行再连接; (4)由于转移原有管道的碎片,存在的土壤转移和振动对其他设施和建筑物存在风险
翻转内衬法	(1)保持管线的容量; (2)可以更新较大弯曲半径的管线	(1)可能比插入管的预期寿命短; (2)有必要检测和清洁旧管线; (3)分支需要通过开口后再连接; (4)产品易受应用期间的温度的影响,并受到操作中最高温度的影响; (5)此技术依赖于在役管道的力学性能

5.6.3 施工工艺技术要求

1. 施工工序流程图（见图5-50）

2. 主要工序技术要求

（1）停气置换

在管道通过非开挖修复更新前,应根据包括用户信息、管道压力、管材材质、管网分布等待修复管道实际运行情况编制停气施工方案,同时根据方案依次进行停气、放散、吹扫作业,满足工序技术要求有:

确定待修复更新管道长度、供气压力、停气影响范围,做好用户告知工作,确定工作坑的开挖位置,提前设置护栏、挡板及警示标示;

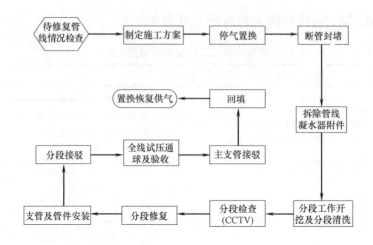

图5-50　施工工序流程图

确定管道放散位置。利用就近调压箱、放散口进行放散，燃气设施停气降压、动火必须具备良好的通风条件，并配备防爆式通信设备、防护用户、消防器材、检测仪器；

利用惰性气体（常用高压氮气或液氮气化）对待修复管道进行置换、吹扫，置换合格标准主要是可燃气体浓度，一般控制在其爆炸下限的 20%；置换合格后保持管道内正压，压力控制宜在 300~800Pa 之间。

（2）断管封堵

根据待修复更新的管段位置，确定起始工作坑的位置，并根据地质情况和开挖深度确定作业坑的放坡系数和支撑方式，设专人监护。通过机械断管方式进行断管，并完成封堵，可采用封堵剂、夹管器、气囊等进行有效封堵。

（3）分段及工作坑开挖

为体现非开挖管道修复技术的优越性，应尽量减少断管和工作坑的数量，但是一般情况下，管道特殊部位如三通、凝水缸、拐点、阀门等处根据实际情况需要进行断管并设置工作坑，管道修复采用分段处理，同时当待修复更新管道弯头的角度满足一定的要求时，且曲率半径能够保障施工时修复更新用的管道顺利通过，并确保变形管道完全恢复的时候，可以不进行断管。其中，进行非开挖修复更新时，施工可不断管的弯头角度经验值如表 5-29。

弯头角度经验值　　　　　　　　　　　　　表 5-29

非开挖管道修复工艺	弯头角度
插入法	≤22.5°
折叠内衬法	≤22.5°； 弯曲半径>5d 的 45°弯头 弯曲半径>8d 的 90°弯头
裂管法	≤22.5°
缩径内衬法	≤112.5°
翻转内衬法	一个 90°弯头；两个 45°弯头

开挖起始工作坑的尺寸，特别是针对插入法和在折叠内衬法进行修复的工艺，工作坑尺寸满足表5-30。

工作坑尺寸　　　　　　　　　　　　　　　　表 5-30

非开挖管道修复工艺	弯头角度
插入法	$L=(H\times(4R-H))^{\frac{1}{2}}$
折叠内衬法	$L=10\times D+h$

另外，开挖边坡坡度大小也与土层自稳性有关，在黏性土层为 $1:0.35\sim1:0.5$，在沙性土层中为 $1:0.75\sim1:1$。

（4）管道清洗技术

管道清洗是进行非开挖管道修复更新的常见预处理措施，目前适用于天然气管道清洗技术主要是绞车清洗和清管器清洗。

1）绞车清洗是我国普遍采用的一种方式，首先是将钢丝绳穿过管道，然后在待清通管段的两端工作坑处各设置一台绞车，将带清通工具的钢丝绳系在两端的轿车上，利用绞车来回往复绞动钢丝绳，带动清通工具将旧管道中的污垢、焦油、灰尘等刮至工作坑内，从而使管道得到清通。

2）清管器清洗技术是国际上近几十年来崛起的一项新兴管道清洗技术。该技术的基本原理是依靠被清洗管道内流体的自身压力或通过其他设备提供的水压或气压作为动力，推动清管器在管道内向前移动，刮削关闭污垢，将堆积在管道内的污垢及杂物推出管外。

（5）管道检测技术

目前，地下燃气管线检查广泛使用的是闭路电视（CCTV）摄像法，该方法可以对管道破损、龟裂、堵塞、树根入侵等症状进行检测和记录。CCTV 法使用的管道直径在 $50\sim2000\mathrm{mm}$ 之间。由于电子技术的发展和电荷耦合器件摄像机技术的应用，现代 CCTV 技术具有体积小、质量轻、数据可靠、价格低廉的特点。

摄像机的摄像头可以是前视式，也可以是旋转式的以便直接观察管道的侧壁和分支管道，对大直径的管道还可使用变焦距镜头。摄像机一般固定在自行式拖车上，也可以通过电缆线由绞车拉入，有些小型摄像机通常与半刚性的缆绳一起使用。对大直径的管道，拖车还带有升降架，以便快速调整摄像机的高度。拖车一般为电动，摄像机和拖车的动力由地面的主控制台通过改装的多股电缆提供，电缆也勇于传递摄像和控制信号。

（6）分段修复

对待修复更新的管道进行修复时，根据不同情况选择工艺方式。

（1）直接插入法：直接将聚乙烯管采用机械的方式，拉入或推入在役管道内的修复更新工艺。

穿插过程中应对内衬管采取保护措施，利用拖管头把绞车的拉力传递给管道，在绞车和拖管头之间安装一个保护接头，可保证在托管拉力达到允许拉力前脱落。

聚乙烯管插入在役管道后，因自身重量会下沉，与在役管道的内壁接触，在聚乙烯管外壁上安装保护环可以降低拖拉过程中的阻力，保护环间距满足表5-31。

回拉管道可能导致管道拉伸，对于聚乙烯管内衬管拉伸量不能超过 1.5%，回拉速度不能超过 $300\mathrm{mm/s}$，在复杂地层中应相对减慢，整个过程不能中断。

保护环间距									表 5-31
聚乙烯管外径(mm)	90	110	160	200	250	315	400	450	500	630
保护环间距(m)	0.8	0.8	1.0	1.7	1.9	3.5	3.9	4.2	4.5	4.5

（2）折叠管内衬法：将折叠成"U"形或"C"形的聚乙烯管拉入在役管道内后，利用新的材料的记忆功能，通过加热与加压使折叠管恢复原有形状和大小的修复更新工艺。也称变形内衬法，分为工厂预制折叠内衬法和现场折叠内衬法。

现场折叠内衬法：开挖工作坑需设置一个约 20°导向坡槽，宽视 U 形衬管直径大小而定，确保 U 形衬管平滑插入旧管道。内衬管采用 HDPE 材料，在现场经液压牵引机拖动、U 形压制机冷压成型，但压制成型的管材不得出现死角或皱褶现象，最后用缠绕带将 U 形管固定，通过牵引机进入待修复更新管道，牵引速度保持在 5～8m/min。现场折叠管的复原一般通过注水加压的方式完成，通过注水速度控制恢复速度。

工厂预制折叠内衬法：将绕有折叠管的卷轴放在插入点附近，用一根钢丝绳穿过原有管道，一端与变形管道连接，使用动力卷扬机将变形管道直接从插入点拉至终点。工厂预制折叠内衬管的复原一般采用通入蒸汽进行热恢复，通入压缩空气使恢复管内保持一定压力，保持管内温度分布均匀。其中，蒸汽温度一般宜控制在 112～126℃之间，加压最大值 100kPa，当管外周温度达到 85℃左右，增加蒸汽压力，最大至 180kPa；折叠管复原后，将管内温度降至 38℃，再慢慢加压至 228kPa，最后通过空气和水冷却管内温度至环境温度。冷却后，至少保留 80mm 内衬管伸出原有管道，防止管道收缩。

（3）缩径内衬法：采用模压或辊筒使聚乙烯内衬管外径缩小后置入在役管道内，再通过加压或自然复原的方法，使聚乙烯内衬管恢复原来直径的修复更新工艺。

缩径法修复管径范围一般是 100～600mm，最大可达 1100mm，单次修复管线最长可达 1000m，适用于重力流和压力流圆形管道，使用管材包括 HDPE 和 MDPE 等。

（4）裂管法：以待更换的在役管道为导向，用裂管器将在役管道内切开或胀裂，使其扩张，同时将聚乙烯管拉入在役管道的修复更新工艺。

裂管法可分为静拉碎管法和气动碎管法，地下燃气管道一般采用静拉碎管法的方式。而静拉碎管法也包括静拉碎管系统、液压碎管系统、顶推管插入法、劈管法以及内碎管法。其中，静拉碎管系统比较常见，只通过施加在爆管头上的经拉力来破碎旧管道，使用钢索或钻杆穿过旧管道连接在爆管头的前端来施加经拉力，而作用在爆管头上的静拉力应该足够大。锥形的爆管头将水平的静拉力转变为垂直轴向发散的张力来破碎旧管道，为安装新管道提供空间。

（5）翻转内衬法：用压缩空气或水为动力将复合筒状衬材浸渍胶粘剂后，翻转推入在役管道，经固化后形成内衬层的管道内修复工艺，又称原位固化法（CCIP）。

通过 CCIP 进行管道修复更新，按照软管进入原有管道的方式可分为翻转式和拉入式，软管的固化工艺目前包括：热水固化法、蒸汽固化法和紫外光固化法，CCIP 工艺作用于燃气压力管道中常见的方式见表 5-32。

CCIP 的主要材料是软管和树脂，其中树脂是系统的主要结构素。树脂材料通常可以分为不饱和聚酯树脂、乙烯树脂和环氧树脂三类。

CCIP工艺作用于燃气压力管道中常见方式 表5-32

内衬管材料	固化方式	树脂类型	备注
玻璃增强聚酯树脂油毡	加热固化法	乙烯树脂、环氧树脂	应用于半或全结构修复
圆形编织聚酯树脂纤维软管	加热固化法	环氧树脂	根据结合情况可形成半结构修复
编织软管＋油毡	加热固化法	环氧树脂	半结构修复
编织软管＋油毡＋玻璃纤维结构布	加热固化法	环氧树脂	全结构修复

利用翻转工艺将软管置入原有管道：翻转工工艺是将浸有树脂的软衬管一端翻转并用夹具固定在待修复管道入口处，然后利用水或者气压使软衬管浸有树脂的内层翻转到外面，并与旧管道的内壁黏结，翻转法包括水力翻转和压缩气体翻转两种方式。翻转施工前，在管道内铺设防护袋，减少摩擦阻力，保护树脂浸渍软管在翻转过程中不会发生磨损现象。翻转压力和速度也是重要工艺指标，据《城镇燃气管道非开挖修复更新工程技术规程》CJJ/T 147中翻转所需的压力控制在0.1MPa以下，而翻转速度应控制在2～3m/min。

利用牵拉工艺：使用卷扬机或者其他牵拉设备进行，浸渍树脂的软管经过适当折叠后进入工作坑，然后沿管底的垫膜平稳、缓慢地拉入原有管道，速度一般不大于5m/min。当软管拉过管道另一端0.3～0.6m时停止，测量内衬软管本身拉伸量不超过总长度的2%。

软管的固化和冷却一般通过热水或者蒸汽实现。使用热水固化，软管通过水力翻转，将热水锅炉产生的热水注入内衬管，将原有管内冷水抽回锅炉，这样循环管内的水温保持一定进行养护；使用蒸汽固化，软管通过气动翻转，从内衬管一端将蒸汽注入，另一端放散蒸汽，这样管内温度开始不断升高，以使树脂固化，蒸汽宜从标高高的端口浸，标高低的端口处处理冷凝水。

（6）主支管接驳

对已完成修复更新的管道与原主管道进行接驳，应注意：

1）对已修复更新的各管段进行试压、通球工作，确保管道满足重新投用条件；

2）检测接驳点工作坑内的可燃气体浓度，在其爆炸下限的20%以下进行焊接或热熔作业；

3）修复更新后的燃气管道宜在设计预留的位置接支管。当预留位置不能满足要求时，开孔接支管应采用机械断管方式割除修复管道外的旧管，不得使用气割或加热方法；

4）连接时使用的管材应保持和主管道相同材料级别的聚乙烯管；

5）当在采用翻转内衬法修复的燃气管道上接驳时，应选在连接短管处开孔，严禁在其他部门开孔接支管；

6）主支管接驳后，对修复后的全线进行气密性试验，做好通气准备。

（7）工作坑回填

关于工作坑的回填应注意：

1）不得采用冻土、垃圾、木材及软性物质回填。管道或管件两侧及顶面以上0.5m内的回填土，不得含有碎石、砖块等杂物，且不得采用灰土回填。距管道或管件顶面0.5m以上的回填土中的石块不得多于10%、直径不得大于0.1m，且均匀分布。

2）工作坑的支撑应在工作坑四周及管顶以上0.5m回填完毕并压实后，在保证安全的情况下进行拆除，并应采取细砂填实缝隙。

3）工作坑回填时，应先回填管底或管件底部悬空部位，再回填两侧。

4）回填土应分层压实，每层虚铺厚度宜为0.2～0.3m，管道或管件两侧及管顶以上0.5m内的回填土必须采用人工压实，管顶0.5m以上的回填土可采用小型机械压实，每层虚铺厚度宜为0.25～0.4m。

5）回填土压实后，应分层检查密实度，并做好回填记录；

6）按照原有管道设计在指定位置重新安装凝水缸、弯头、阀门等管件，对多余的管材、管件进行合理处置。

（8）置换及恢复送气

工作坑回填完毕后，对已修复更新的管道利用惰性气体进行置换，降低氧气含量至安全范围。置换完成后，恢复管道供气。

5.6.4 施工安全管控

1. 非开挖修复更新工程专项方案

（1）停送气专项方案。

进行修复更新工程前，应编制待处理管段的停气及送气专项方案，方案内容有且包括以下内容：

1）明确停送气指挥单位及各单位、各岗位职责；

2）辨识停送气、非开挖修复更新过程中存在的危险源，逐一制定管控措施；

3）明确停气范围，管段截断的阀门位置及位号，规定停气时间并履行告知义务；

4）待修复更新管段的放散及检测，明确放散点、检测点及检测标准，可燃气体检测浓度一般控制在其爆炸下限的20%以下；

5）修复完成后，指定专人现场排查阀门开关情况及通气置换情况，确认无误后实施恢复供气。

（2）临时供气方案。

为确保下游用户的正常用气，通过周边环状管网或临时连接临时管道进行供气，应注意：

1）临时管线的连接必须有警示标示及保护措施；

2）采用热熔对接法连接临时供气PE管时，注意操作中存在的危险危害因素，要求配备劳保用品，制定控制措施；

3）临时供气管必须进行泄漏检查，发现漏点立即停气放散，及时整改。

（3）交通疏导方案。

提前分析施工打围对周边交通管制的影响，与交管部门形成有效衔接，编制交通疏导方案。

1）说明施工期间周边交通道路需要封闭的车道数量，绿化带、非机动车道、人行道的占用情况以及占用时间；

2）施工期间作业坑周围安全岛的设置范围，并提供明显的施工信息、警示标示、危险行为；

2. 带气断管、带气碰头

（1）使用带压开孔、封堵设备在燃气管道上接支管或对燃气管道进行维修更换等作业时，应根据管道材质、输送介质、敷设工艺状况、运行参数等选择合适的开孔、封堵设备及不停输开孔、封堵施工工艺，并制定作业方案。

（2）作业前应对施工用管材、管件、密封材料等做复核检查，对施工用机械设备进行调试。

（3）在不同管材、不同管径、不同运行压力的燃气管道上首次进行开孔、封堵作业时应进行模拟试验。

（4）带压开孔、封堵作业的区域应设置护栏和警示标志，开孔作业时作业区内不得有火种。

（5）钢管管件的安装与焊接应符合下列要求：

1）钢制管道允许带压施焊的压力不宜超过1.0MPa；

2）用于管道开孔、封堵作业的特制三通或四通管件宜采用机制管件；

3）在大管径和较高压力管道上作业时，应做管道开孔补强，可采用等面积补强法；

4）开孔法兰、封堵管件必须保证与被切削管道垂直，应按合格的焊接工艺施焊。其焊接工艺、焊接质量、焊缝检测均应符合国家现行标准《钢制管道封堵技术规程第1部分：塞式、筒式封堵》SY/T6150.1的要求；

5）开孔、封堵、下堵设备组装时应将各结合面擦拭干净，螺栓应均匀紧固；大型设备吊装时，吊装件下严禁站人。

（6）带压开孔、封堵作业必须按照操作规程进行，并应遵守下列规定：

1）开孔前应对焊接到管线上的管件和组装到管线上的阀门、开孔机等部件进行整体试压，试验压力不得超过作业时管内的压力；

2）拆卸夹板阀上部设备前，必须泄放掉其容腔内的气体压力；

3）夹板阀开启前，闸板两侧压力应平衡；

4）撤除封堵头前，封堵头两侧压力应平衡；

5）完成上述操作并确认管件无渗漏后，再对管件和管道做绝缘防腐，其防腐层等级不应低于原管道防腐层等级；

6）将组装好刀具的开孔机安装到机架上时，当开孔机与机架接口达到同心后方可旋入；开孔机与机架连接后应进行气密性试验，检查开孔机及其连杆部件的密封性；

7）封堵作业下堵塞时应试操作1次；

8）装机架、开孔机、下堵塞等过程中，不得使用油类润滑剂，对需要润滑部位可涂抹凡士林；

9）应将堵塞安装到位卡紧，确认严密不漏气后，方可拆除机架；

10）安装管件防护套时操作者的头部不得正对管件的上方；

11）每台封堵机操作人员不得少于2人。

参 考 文 献

[1] 董重成. 建筑设备施工技术与组织［M］. 第2版. 哈尔滨：哈尔滨工业大学出版社，2011

[2] 黄国洪. 燃气工程施工［M］. 北京：中国建筑工业出版社，1994

[3] 花景新. 燃气工程施工 [M]. 北京：化学工业出版社，2009

[4] 李帆，管延文. 燃气工程施工技术 [M]. 武汉：华中科技大学出版社，2007

[5] 顾纪清，阳代军. 管道焊接技术 [M]. 北京：化学工业出版社，2005

[6] 马保松. 非开挖管道修复更新技术 [M]. 北京：人民交通出版社，2014

[7] 刘应明等. 城市地下综合管廊工程规划与管理 [M]. 北京：中国建筑工业出版社，2016

[8] 中华人民共和国建设部. 城镇燃气设计规范 [S] GB 50028—2006. 北京：中国建筑工业出版社，2006

[9] 中华人民共和国建设部. 城镇燃气输配工程施工及验收规范 [S] CJJ 33—2005. 北京：中国建筑工业出版社，2005

[10] 中华人民共和国建设部. 聚乙烯燃气管道工程技术规程 [S] CJJ 63—2008. 北京：中国建筑工业出版社，2008

[11] 中华人民共和国住房和城乡建设部. 城市综合管廊工程技术规范 [S] GB 50838—2015. 北京：中国计划出版社，2015

[12] 中华人民共和国住房和城乡建设部. 城镇燃气管道非开挖修复更新工程技术规程 [S] CJJ/T 147—2010. 北京：中国计划出版社，2010

[13] 中华人民共和国住房和城乡建设部. 现场设备、工业管道焊接工程施工规范 [S] GB 50236—2011. 北京：中国计划出版社，2011

[14] 中华人民共和国住房和城乡建设部. 工业安装工程施工质量验收统一标准 [S] GB 50252—2010. 北京：中国计划出版社，2010

6 管道的防腐和保温

城市燃气输配工程中常使用埋地敷设的钢质管道，其防腐处理是确保燃气输配工程整体质量的重要环节，防腐工程质量直接影响了输配管线的安全运行和使用寿命，因此，做好城市燃气输配工程中管道防腐工程至关重要。在工程现场施工时，特别是防腐补口施工，施工受环境因素影响大，经常出现操作不规范的情况，而各品牌材料的施工性能又各有不同，给施工造成一定的难度，施工质量无法得到有效保证，因此应加强对防腐施工的重视及操作规程的制定和现场管理，提高防腐施工的技术水平和管理水平以确保防腐工程的施工质量。

6.1 管道腐蚀的类型及原因

6.1.1 埋地钢管的腐蚀类型

1. 管道内腐蚀

管道内腐蚀影响因素主要受所输送介质和其中杂质的物理化学特性的影响，发生的腐蚀主要以电化学腐蚀为主。对于这类腐蚀的机理研究比较成熟，处理方法也规范。随着整体行业对管道运行安全管理的加强以及对输送介质的严格要求，管道内腐蚀在很大程度上得到了控制。

2. 管道外腐蚀

管道外腐蚀的原因包括外防腐层的外力破损，外防腐层的质量缺陷，钢管的质量缺陷，管道埋设的土壤环境腐蚀等。

3. 管道的应力腐蚀破裂

管道在拉应力和特定的腐蚀环境下产生的低应力脆性破裂现象称为应力腐蚀破裂，它不仅能影响到管道内腐蚀，也能影响到管道外腐蚀。

目前钢制燃气输配管道腐蚀控制主要发展方向是在外防腐方面，因而管道防腐施工也重点针对外腐蚀造成的涂层缺陷及管道缺陷。

6.1.2 燃气管道腐蚀的原因

埋地钢质管道发生腐蚀有四大影响因素：即所处环境、腐蚀防护效果、钢管材质及制造工艺、应力水平。管道的腐蚀通常是上述诸因素共同作用的结果。

1. 环境影响

埋地管道所处的环境是引起腐蚀的外因，这些因素包括管道所承受的压力、环境温度、介质类型、介质流速、土壤类型、土壤电阻率、土壤含水量（湿度）、pH 值、硫化物含量、氧化还原电位、杂散电流及干扰电流、微生物、植物根系等。主要发生的腐蚀类型有化学腐蚀、电化学腐蚀、细菌腐蚀等。因此，在选择防腐覆盖层时，必须综合考虑。

（1）化学腐蚀。指金属表面与周围介质发生化学作用而引起的破坏。化学腐蚀又可分为气体腐蚀和在非电解质溶液中的腐蚀。

（2）电化学腐蚀。是指金属表面与离子导电的介质因发生电化学作用而产生的破坏。管道主要腐蚀是电化学腐蚀。可分为原电池腐蚀和电解腐蚀。原电池腐蚀可分为新旧管线连接、不同金属成分连接、产生微电池、金属物理状态不均匀、由金属表面差异和氧浓度差等引起的，电化学腐蚀原理如图 6-1 所示。

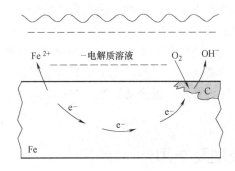

图 6-1　电化学腐蚀原理图

（3）细菌腐蚀。细菌本身并不侵蚀钢管，但随着它们的生长繁殖，消耗了有机质，最终构成管道严重腐蚀的化学环境而腐蚀管道。细菌腐蚀受土壤含水量、土壤呈中性或酸性、有机质的类型和丰富程度、不可缺少的化学盐类及管道周围的土壤温度等许多因素的影响。其中，当土壤 pH 值在 $5\sim9$，温度在 $25\sim30℃$ 时最有利于细菌的繁殖。在 pH 值为 $6.2\sim7.8$ 的沼泽地带和洼地中，细菌活动最激烈，当 pH 值在 9 以上时，硫酸盐还原菌的活动受到抑制，细菌腐蚀原理如图 6-2 所示。

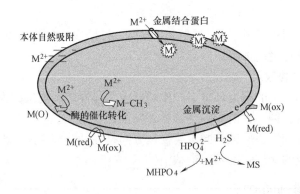

图 6-2　细菌腐蚀原理示意图

2. 腐蚀防护效果影响

腐蚀防护是控制管道是否会发生腐蚀破坏的关键因素。目前管道的腐蚀防护采用了双重措施，即外防腐绝缘层和阴极保护。防腐绝缘覆盖层能抵御现场环境腐蚀，保证与钢管牢固粘结，尽可能不出现阴极剥离。外防腐绝缘层是第一道屏障，对埋地钢管腐蚀起到约 95% 以上的防护作用，一旦发生局部破损或剥离，就必须保证阴极保护（Cathodic Protection，CP）电流的畅通，达到防护效果。随着防腐绝缘层性能的降低，CP 的作用会逐渐增加，但是无论如何发挥 CP 的作用，它都不可能替代防腐绝缘层对管道的保护作用。而且使用 CP 应注意它的负作用，CP 仅在极化电位－(0.85～1.17)V 这样一个很窄的电位带上起作用，一旦电位超出这个范围，就会造成阳极溶解或引起应力腐蚀破裂。

3. 钢管的材质与制造因素影响

钢管的材质与制造因素是管道腐蚀的内因，特别是钢材的化学组分与微晶结构，非金属组分含量高，如 S、P 易发生腐蚀，C、Si 易造成脆性开裂。微晶细度等级低，裂纹沿晶粒扩展，易发生开裂，加入微量镍、铜、铬可提高抗腐蚀性。在钢管制造过程中，表面存在缺陷如划痕、凹坑、微裂等，也易造成腐蚀开裂。

4. 使用应力影响

管道操作运行时，输送压力与压力波动是应力腐蚀开裂的重要因素之一。过高的压力使管壁产生过大的使用应力，易使腐蚀裂纹扩展；压力循环波动也易使裂纹扩展。当裂纹扩展达到临界状态时，管道就会发生断裂破坏，甚至引起爆炸。

钢制燃气管道的防腐施工通常指的是提升钢制管道的腐蚀防护效果，即外防腐绝缘层施工以及阴极保护施工。

6.2 防腐前钢管表面处理与外防腐绝缘层分类

6.2.1 外防腐施工的概况

随着防腐工程技术的日益成熟，批量钢制管道绝缘层的主体防腐均在专业的外防腐厂完成，工艺相对可靠，施工速度快且质量有保证，在施工现场的防腐工程一般包括管道接口、管件的防腐、破损点的防腐以及附属设备防腐和牺牲阳极防腐。

绝缘防腐层的施工应能满足下列基本要求：

（1）具有良好的耐化学腐蚀性能；

（2）良好的绝缘性能和致密性，防止电化学和杂散电流的腐蚀；

（3）耐细菌腐蚀；

（4）有一定的机械强度，防止搬运和埋地过程中受到机械破坏；

（5）施工简便、安全，满足现场施工要求等。

另外，在特殊地区还有一些特殊要求，如耐寒性等。

6.2.2 防腐前钢管表面处理

钢管表面如有较多的油脂和积垢，应按照国家现行标准《涂装前钢材表面处理规范》SY/T0407 进行清洗处理。

管道除锈一般分为手工除锈和机械除锈，手动除锈一般使用手工和动力工具除锈是人工手持钢丝刷、钢铲刀、砂布、废旧砂轮或使用各种电动工具等打磨钢铁表面，除去铁锈、氧化皮、污物和旧涂层、电焊熔渣、焊疤、焊瘤和飞溅、最后用毛刷或压缩空气清除表面的灰尘和污物。手动除锈操作方便、应用灵活，受场地、环境的限制较少，可广泛应

图 6-3 手工除锈现场图

用于正在使用的设备、设施的除锈防腐处理，对于机械除锈后工件因运输、焊接、安装而破坏的局部表面清理，以及现场管道连接部位，常应用手工除锈作为项目防腐施工的重要补充，手工除锈现场如图 6-3 所示。

管道一般采用机械除锈。抛射除锈方法和磨料要求应符合国家现行标准《涂装前钢材表面处理规范》SY/T 0407 的规定，除锈质量等级应符合表6-1的规定。

（抛）射除锈质量等级及其质量要求 表 6-1

质量等级	质量要求
Sa1 轻度的喷射或抛射除锈	钢材表面应无可见的油脂和污垢，并且没有附着不牢的氧化皮、铁锈和油漆涂层等附着物
Sa2 彻底的喷射或抛射除锈	钢材表面应无可见的油脂和污垢，并且氧化皮、铁锈和油漆涂层等附着物已基本清除，其残留物应是牢固附着的
Sa2.5 非常彻底的喷射或抛射除锈	钢材表面应无可见的油脂、污垢、氧化皮、铁锈和油漆涂层等附着物，任何残留的痕迹应仅是点状或条纹的轻微色斑
Sa3 使钢材表观洁净的喷射或抛射除锈	钢材表面应无可见的油脂、污垢、氧化皮、铁锈和油漆涂层等附着物，该表面应显示均匀的金属光泽

钢管除锈后，其表面的浮尘必须清除干净，焊缝应处理至无焊瘤、无棱角、无毛刺。

除锈后的钢管应尽快进行防腐，如防腐前钢管出现二次锈蚀，必须重新除锈，机械抛射除锈如图 6-4 所示。

图 6-4 机械抛射除锈示意图

6.2.3 绝缘层防腐分类

（1）常用的绝缘层防腐的分类

防腐层具有良好的介电性能、物理性能、稳定的化学性能和较宽的温度适应性能等，满足防腐、绝缘、保温、增加强度等多种功能要求。常用绝缘防腐蚀层类型如下：

1）石油沥青防腐蚀层：石油沥青用作管道防腐材料已有很长历史。由于这种材料具有来源丰富、成本低、安全可靠、施工适应性强等优点，在我国应用时间长、使用经验丰富、设备定型，不过和其他材料相比，已比较落后。其主要缺点是吸水率大，耐老化性能差，不耐细菌腐蚀等。

2）煤焦油瓷漆防腐蚀层：煤焦油瓷漆（煤沥青）具有吸水率低、电绝缘性能好。抗细菌腐蚀等优点，即使在新型塑料防腐蚀层迅猛发展的近 40 年，美国油、气管道使用煤焦油瓷漆仍占约半数。目前我国只在小范围内使用，主要原因是热敷过程毒性较大，操作时须采取劳动保护措施。

3）熔结环氧煤沥青防腐蚀层：由环氧树脂、煤沥青、固化剂及防锈颜料所组成的环氧煤沥青所组成的环氧煤沥青涂料，具有强度高、绝缘好、耐水、耐热、耐腐蚀介质、抗菌等性能，适用于水下管道及金属结构防腐。同时具有施工简单（冷涂工艺）、操作安全、施工机具少等优点，目前已在国内油气管道推广应用。不过这种防腐蚀层属于薄型涂层，总厚度小于 1mm，对钢管表面处理、环境温度、湿度等要求很严，稍有疏忽就会产生针孔，因此施工中应特别注意。

4）聚乙烯粘带防腐蚀层：在制成的塑料带基材上（一般为聚乙烯或聚氯乙烯，厚 0.3mm 左右），涂上压敏型胶粘剂（厚 0.1mm 左右）即成压敏型胶粘带，是目前使用较为普遍的类型。它是在掺有各种防老化剂的塑料带材上，挂涂特殊胶粘剂制成的防腐蚀材料，在常温下有压敏粘结性能，温度升高后能固化，与金属有很好的粘结力，可在管道表面形成完整的密封防腐蚀层。

胶粘带的另一种类型为自融型带，它的塑料基布薄（0.1mm 左右），胶粘剂厚（约 0.3mm），塑料布主要起挂胶作用，胶粘剂则具有防腐性能。由于粘合层厚，可有效地关闭带层之间的间隙，防止水分从间隙侵入。

5）三层结构聚乙烯防腐层：通过专用机具将聚乙烯塑料热塑在管道表面，形成紧密粘接在管壁上的连续硬质塑料外壳，俗称"夹克"。其应用性能、机械强度、适用温度范围等指标均较好，是性能优良的防腐涂层之一，我国自 1978 年以来，陆续在各油田试用。夹克防腐层的补口，一般可采用聚乙烯热收缩套（带、片）。

6）环氧粉末涂层：环氧粉末涂层是将严格处理过的管子预热至一定温度，再把环氧粉末喷在管子上，利用管壁热量将粉末融化，冷却后形成均匀、连续、坚固的防腐薄膜。热固性环氧粉末涂层由于其性能优越，特别适用于严酷苛刻环境，如高盐高碱的土壤，高含盐分的海水和酷热的沙漠地带的管道防腐。环氧粉末涂层喷涂方法自 20 世纪 60 年代静电喷涂研究成功到现在，已形成了完整的喷涂工艺，正向高度自动化方向发展。

聚乙烯包覆层、环氧粉末涂层、塑料胶粘带防腐层是目前燃气管道常用的绝缘防腐材料。

（2）各种外壁防腐蚀层的技术性能和使用条件如表 6-2 所示。

（3）管道防腐层宜采用聚乙烯防腐层、熔结环氧粉末防腐层、双层环氧防腐层，防腐层的普通级和加强级基本结构应符合表 6-3 的规定。

（4）下列情况应使用表 6-3 中加强级防腐层结构

1）高压、次高压、中压管道和工称直径大于或等于 200mm 的低压管道；

2）穿越河流、公路、铁路的管道；

外壁防腐蚀层的技术性能和使用条件　　　　　　　　　　　　　　　　表 6-2

分　项	涂层类别					
	石油沥青	煤焦油瓷漆	环氧煤沥青	聚乙烯胶粘带	三层结构聚乙烯防腐层	熔结环氧粉末涂层
底漆材料	沥青底漆	焦油底漆	煤沥青、601 号环氧树脂混合剂等	压敏型胶粘剂或丁基橡胶	丁基橡胶和乙烯共聚物	无
涂层材料	石油沥青,中间材料为玻璃网布或玻璃毡等	煤焦油沥青,中间材料为玻璃网布或玻璃毡等	煤沥青、634 号环氧树脂混合剂、玻璃布等	聚乙烯、聚氯乙烯(带材)	高(低)密度聚乙烯(粒料)	聚乙烯、环氧树脂、酚醛树脂(粉末)
涂层结构	采用薄涂多层结构	采用薄涂多层结构	采用薄涂多层结构	普通:1层内带1层外带加强:2层内带1层外带特强:2层内带2层外带	涂料连续紧密粘结在管壁上,形成硬质外壳	涂层熔化在管壁上,形成连续坚固的薄膜
厚度(mm)	普通≥4.5加强≥5.5特强≥7	普通≥3加强≥4.5特强≥5.5	普通≥0.2加强≥0.4特强≥0.6	0.7～4	1～3.5	0.2～0.3
适用温度(℃)	−20～70	−20～70		一般:−30～60特殊:−60～100	−40～80	−40～107
施工及补口方法	工厂分段预制或现场机械连续作业,补口多用石油沥青现场补涂	多采用工厂预制,补口多用热烤带	工厂分段预制或现场机械连续作业,补口用相同材料涂刷	主要采用现场机械连续作业	采用模具挤出或挤出缠绕法,工厂预制,补口用热收缩套	采用静电喷涂等离子喷涂工厂分段预制,用热收缩套或喷涂后固化补口
优、缺点	技术成熟,防腐可靠,物理性能差,且受细菌腐蚀	吸水率低,防腐可靠,物理性能差,抗细菌腐蚀,现场施工时略有毒性	机械强度高,耐热、耐水、耐介质腐蚀能力强、常温固化时间长,要求除锈严格,表面干燥	绝缘电阻高,易于施工,物理性能差	很好的通用防腐层,物理性能和低温性能好,技术复杂,成本高	防腐性能好,粘结力强,强度高,抗阴极剥离好,技术复杂,成本高
适用范围	材料来源丰富地区	材料来源丰富地区	适用于普通地形及海底管道	干燥地区	各类地区	大口径、大型工程、沙漠热带地区

防腐层基本结构　　　　　　　　　　　　　　　　　　　　　　表 6-3

防腐层	基　本　结　构	
	普　通　级	加　强　级
聚乙烯防腐层	≥120μm 环氧粉末＋≥170μm胶粘剂＋1.8～3.0mm聚乙烯	≥120μm 环氧粉末＋≥170μm胶粘剂＋2.5～3.7mm聚乙烯
熔结环氧粉末防腐层	≥300μm 环氧粉末	≥400μm 环氧粉末
双层环氧防腐层	≥250μm 环氧粉末＋≥370μm 改性环氧	≥300μm 环氧粉末＋≥500μm 改性环氧

3）有杂散电流干扰及存在细菌腐蚀较强的管道；

4）需要特殊防护的管道。

6.3 绝缘层防腐施工

6.3.1 石油沥青防腐施工及检验

防腐层施工前，必须对钢管表面进行表面预处理。表面预处理的质量宜达到《涂覆涂料前钢材表面处理 表面清洁度的目视评定》GB/T 8923.1～GB/T 8923.4 规定的 Sa2.5 级。经设计选定，也可用电动工具除锈处理至 St3 级。焊缝处的焊渣、毛刺等应消除干净。

1. 防腐层涂敷

（1）熬制沥青应符合下列要求：

1）熬制前，宜将沥青破碎成粒径为 100～200mm 的块状，并清除纸屑、泥土及其他杂物。

2）石油沥青的熬制可采用沥青锅熔化沥青或采用导热油间接熔化沥青两种方法。熬制开始时应缓慢加温，熬制温度宜控制在 230℃左右，最高加热温度不得超过 250℃，熬制中应经常搅拌，并清除石油沥青表面上的漂浮物。石油沥青的熬制时间宜控制在 4～5h，以确保脱水完全。

3）熬制好的石油沥青应逐锅（连续熬制石油沥青应按班次）检验针入度、延度、软化点三项指标，检验结果应符合相关规范的规定。

（2）涂刷底漆应符合下列要求：

1）涂刷底漆前钢管表面应干燥无尘。

2）底漆应涂刷均匀，无漏涂、凝块和流痕等缺陷，厚度应为 0.1～0.2mm。

（3）浇涂石油沥青和包覆玻璃布应符合下列要求：

1）常温下，涂刷底漆与浇涂石油沥青的时间间隔不应超过 24h；

2）浇涂石油沥青温度以 200～230℃为宜；

3）浇涂石油沥青后，应立即缠绕玻璃布，玻璃布必须干燥、清洁，缠绕时应紧密无褶皱，压边应均匀，压边宽度应为 20～30mm，玻璃布接头的搭接长度应为 100～150mm，玻璃布的石油沥青浸透率应达 95%以上，严禁出现大于 50mm×50mm 的空白。管子两端应按管径大小预留出一段不涂石油沥青，管端预留段的长度应为 150～200mm。钢管两端防腐层，应做成缓坡型接茬。

（4）所选用的聚氯乙烯工业膜应适应缠绕时的管体温度，并经现场试包扎合格后方可使用。外保护层包扎应松紧适宜，无破损、无皱褶、无脱壳。压边应均匀，压边宽度应为 20～30mm，搭接长度应为 100～150mm。

（5）除采取特别措施外，严禁在雨、雪、雾及大风天气进行露天防腐作业。

（6）在施工环境温度低于－15℃或相对湿度大于 85%时，在未采取可靠措施的情况下，不得进行钢管的防腐作业。

（7）在环境温度低于 5℃时，应按《石油沥青脆点测定法 弗拉斯法》GB/T 4510 测定石油沥青的脆化温度。当环境温度接近脆化温度时，不得进行防腐管的吊装、搬运作业。

2. 钢管防腐的质量检验

(1) 生产过程质量检验由防腐厂（站）负责，并做好记录。

1）外观检查：用目测法逐根检查防腐层的外观质量，表面应平整，无明显气泡、麻面、皱纹、凸痕等缺陷。外包保护层应压边均匀，无皱褶。

2）厚度检查：防腐等级、防腐层的总厚度应符合《埋地钢制管道石油沥青防腐层技术标准》SY/T 0420 的规定，采用涂层测厚仪进行检测。按每班当日生产的防腐管产品根数的 10%，且不少于 1 根的数量抽测，每根防腐管测任意三个截面，每个截面测上、下、左、右四点，以最薄点为准。若不合格时，按抽查根数加倍抽查，其中仍有一根不合格时，该班生产的防腐管为不合格。

3）粘结力检查：在管道防腐层上，切一夹角为 $45°\sim60°$ 的切口，切口边长约 $40\sim50mm$，从角尖端撕开防腐层，撕开面积应大于 $30\sim50cm^2$，且防腐层应不易撕开，撕开后仍粘附在钢管表面上的第一层石油沥青或底漆占撕开面积的 100% 为合格。其抽查比例为每班当日生产的防腐管产品根数的 1%，且不少于 1 根。每根测一处，若有一根不合格时，应加倍检查。其中仍有 1 根不合格时，该班生产的防腐管为不合格。

4）防腐涂层的连续完整性检查：防腐涂层的连续完整性检查应按现行行业标准《管道防腐层检漏试验方法》SY/T 0063 中的规定进行，采用高压电火花检漏仪对防腐管逐根进行检查。其检漏电压应符合表 6-4 的规定。

检漏电压

表 6-4

防腐等级	普通级	加强级	特加强级
检漏电压(kV)	16	18	20

(2) 钢管防腐产品的出厂检验应在生产过程质量检验基础上进行，每批产品出厂前均应进行出厂检验。不合格产品严禁出厂。

1）重复对防腐层的外观进行检查检验。

2）防腐层的厚度检查：按每批 50 根防腐管抽检 1 根，不足 50 根按 50 根计算，不合格时，应加倍抽查，若仍不合格，该批产品为不合格。

3）防腐层的连续完整性检查：按每批 20 根防腐管抽检一根，不足 20 根防腐管，按 20 根计算，若抽查的防腐管不合格时，该批防腐管应逐根检查，合格后方可出厂。

3. 补口与补伤

(1) 管道对接焊缝经外观检查，无损检测合格后，应进行补口。

(2) 补口前应将补口处的泥土、油污、冰霜以及焊缝处的焊渣、毛刺等清除干净，除锈质量应达到现行行业标准《涂装前钢材表面处理规范》SY/T 0407 规定的 Sa2 级。

(3) 采用石油沥青补口时，应使用与管本体相同的防腐等级及结构进行补口，当相邻两管为不同防腐等级时，以最高防腐等级为准。但设计对补口有特殊要求者按设计要求执行。

(4) 补口后，应做记录，并抽查。如有 1 个口不合格，应加倍抽查，其中仍有 1 个口不合格时，应逐口进行检查。

(5) 当损伤处表面积大于 $100mm^2$，补伤处的防腐等级及结构应与管本体的防腐等级及结构相同。补伤时，应先将补伤处的泥土、污物、冰霜等对补伤质量有影响的附着物清除干净，用喷灯将伤口周围加热，使沥青熔化，分层涂石油沥青和贴玻璃布，最后贴外保护层，玻璃布之间、外包保护层之间的搭接宽度应大于 50mm。当损伤面积小于 100mm²，可直接用石油沥青修补。

（6）回填土前，应对已安装完毕的石油沥青防腐管道，用防腐层检漏仪进行一次涂层检查，对损伤处必须修补合格。

6.3.2　环氧煤沥青防腐施工及检验

防腐层施工前，必须对钢管表面进行表面预处理。表面预处理的质量宜达到《涂覆涂料前钢材表面处理 表面清洁度的目视评定》GB/T 8923.1～GB/T 8923.4 规定的 Sa2.5 级。经设计选定，也可用电动工具除锈处理至 St3 级。焊缝处的焊渣、毛刺等应消除干净。

1. 防腐层涂敷

（1）施工环境应符合下列要求：

1）施工环境温度在 15℃以上时，宜选用常温固化型环氧煤沥青涂料；施工环境温度 -8～15℃时，宜选用低温固化型环氧煤沥青涂料。

2）施工时，钢管表面温度应高于露点 3℃以上，空气相对湿度应低于 80%。雨、雪、雾、风沙等气候条件下，应停止防腐层的露天施工。

3）玻璃布的包装应有防潮措施，存放时注意防潮，受潮的玻璃布应烘干后使用。

（2）漆料配制应符合下列要求：

1）底漆和面漆在使用前应搅拌均匀。不均匀的漆料不得使用。

2）由专人按产品使用说明书所规定的比例往漆料中加入固化剂，并搅拌均匀。使用前，应静置熟化 15～30min，熟化时间视温度的高低而缩短或延长。

3）刚开桶的底漆和面漆，不应加稀释剂。配好的漆料，在必要时可加入少于 5% 的稀释剂，超过使用期的漆料严禁使用。

（3）底漆涂敷应符合下列要求：

1）钢管表面预处理合格后，应尽快涂底漆。当空气湿度过大时，必须立即涂底漆。

2）钢管两端各留 100～150mm 不涂底漆，或在涂底漆之前，在该部位涂刷防锈可焊涂料或硅酸锌涂料，干膜厚度不应小于 25μm。

3）底漆要求涂敷均匀，无漏涂、无气泡、无凝块，干膜厚度不应小于 25μm。

（4）打腻子应符合下列要求：

1）钢管外防腐层采用玻璃布作加强基布时，在底漆表干后，对高于钢管表面 2mm 的焊缝两侧，应抹腻子使其形成平滑过渡面。

2）腻子由配好固化剂的面漆加入滑石粉调匀制成，调制时不应加入稀释剂，调好的腻子宜在 4h 内用完。

（5）涂面漆和缠玻璃布符合下列要求：

1）底漆或腻子表干后、固化前涂第一道面漆。要求涂刷均匀，不得漏涂。

2）对普通级防腐层，每道面漆实干后、固化前涂下一道面漆，直至达到规定层数。

3）对加强级防腐层，第一道面漆实干后、固化前涂第二道面漆，随即缠绕玻璃布。玻璃布要拉紧、表面平整、无皱褶和鼓包，压边宽度为 20～25mm，布头搭接长度为

100～150mm。玻璃布缠绕后即涂第三道面漆，要求漆量饱满，玻璃布所有网眼应浸满涂料。第三道面漆实干后，涂第四道面漆。也可用浸满面漆的玻璃布进行缠绕，代替第二道面漆、玻璃布和第三道面漆，待其实干后，涂第四道面漆。

4）对特加强级防腐层，待第三道面漆实干后，涂第四道面漆、并立即缠第二层玻璃布、涂第五道面漆，或缠第二层浸满面漆的玻璃布，待其实干后，涂最后一道面漆；

5）涂敷好的防腐层，宜静置自然固化。当需要加温固化时，防腐层加热温度不宜超过80℃，并应缓慢平稳升温，避免稀释剂急剧蒸发产生针孔。

（6）防腐层的干性检查要求。

1）表干：手指轻触防腐层不粘手或虽发粘，但无漆粘在手指上。

2）实干：手指用力推防腐层不移动。

3）固化：手指甲用力刻防腐层不留痕迹。

2. 防腐层质量检验及修补

（1）应对防腐层进行外观、厚度、漏点和粘结力检验。外观、厚度、漏点检验应在防腐层实干后、固化前进行，粘结力检验应在实干或固化后进行。

（2）外观检查

1）防腐管应逐根目测检查。

2）无玻璃布的普通级防腐层，表面呈现平整、光滑的漆膜状。对缺陷处应在固化前补涂面漆至符合要求。

3）有玻璃布的加强级和特加强级防腐层，要求表面平整，无空鼓和皱褶，压边和搭边粘结紧密，玻璃布网眼应灌满面漆。对防腐层的空鼓和皱褶应铲除，并按相应防腐层结构的要求，补涂面漆和缠玻璃布至符合要求。

（3）厚度检查

1）用磁性测厚仪抽查。防腐管每20根为1组，每组抽查1根（不足20根也抽查1根）。测管两端和中间任意3个截面，每个截面测上、下、左、右共4点。若不合格，再在该组内随机抽查2根，如其中仍有不合格者，则全部为不合格。

2）对厚度不合格防腐管，应在涂层未固化前修补至合格。

（4）漏点检查

1）应采用电火花检漏仪对防腐管逐根进行漏点检查，以无漏点为合格。在连续检测时，检漏电压或火花长度应每4h校正一次。检查时，探头应接触防腐层表面，以约0.2m/s的速度移动。

2）检漏电压：普通级为2000V；加强级为2500V；特加强级为3000V。也可设定检漏探头发生的火花长度，其值应大于防腐层设计厚度的2倍。

3）不合格处应及时补涂。补涂时，将漏点周围约50mm范围内的防腐层用砂轮或砂纸打毛，然后涂刷面漆至符合要求。固化后应再次进行漏点检查。

（5）粘结力检查

1）普通级防腐层检查时，用锋利刀刃垂直划透防腐层，形成边长约40mm、夹角约45°的V形切口，用刀尖从切割线交点挑剥切口内的防腐层，符合下列条件之一认为防腐层粘结力合格。

① 刀尖作用处被局部挑起，其他部位的防腐层仍和钢管粘结良好，不出现成片挑起

或层间剥离的情况；

②固化后很难将防腐层挑起，挑起处的防腐层呈脆性点状断裂，不出现成片挑起或层间剥离的情况。

2）加强级和特加强级防腐层检查时，用锋利刀刃垂直划透防腐层，形成边长约100mm、夹角 45°~60° 的切口，从切割线交点撕开玻璃布。符合下列条件之一认为防腐层粘结力合格。

①撕开面积约 50cm²，底漆与面漆普遍粘结；

②只能撕裂，且破坏处不露铁，底漆与面漆普遍粘结。

3）防腐管每 20 根为一组，每组抽查 1 根（不足 20 根按 20 根计），每根随机抽查 1点。如不合格，则在该组内随机抽查 2 根，如其中仍有不合格者，则该组全部为不合格。

4）粘结力不合格的防腐管，不允许补涂处理，应铲掉全部防腐层重新施工。

3. 补口及补伤

（1）补口

1）防腐管线焊接前应用宽度不小于 450mm 的厚石棉布或其他遮盖物遮盖焊口两边的防腐层，防止焊渣飞溅烫坏防腐层。

2）防腐管线补口使用的环氧煤沥青涂料和防腐结构应与管体防腐层相同或材料性能相似。

3）补口部位的表面预处理如不具备喷（抛）射除锈条件，手工除锈达到《涂装前钢材表面处理规范》SY/T 0407 标准的规定的 Sa2 级。

4）补口时应对管端阶梯形接荏处的防腐层表面进行清理，去除油污、泥土等杂物，用砂纸打毛。补口防腐层与管体防腐层的搭接宽度应大于 100mm。

5）补口处防腐层固化后进行质量检验和缺陷处理，其中厚度只测一个截面的 4 个点；

6）经建设方同意，可以使用辐射交联热收缩套（带）进行补口，并执行相应的施工及验收规范。

（2）补伤

1）防腐管线补伤使用的材料及防腐层结构，应与管体防腐层相同。

2）对补伤部位的表面预处理。

3）将表面灰尘清扫干净，按规定的顺序和方法涂漆和缠玻璃布，搭接宽度应不小于50mm，当防腐层破损面积较大时，应按补口方法处理。

4）补伤处防腐层固化后，按规定进行质量检验，其中厚度只测 1 个点。

6.3.3 聚乙烯胶粘带防腐施工及检验

防腐层施工前，必须对钢管表面进行表面预处理。表面预处理的质量宜达到《涂覆涂料前钢材表面处理 表面清洁度的目视评定》GB/T 8923.1~GB/T 8923.4 规定的 Sa2.5级。经设计选定 也可用电动工具除锈处理至 St3 级。焊缝处的焊渣、毛刺等应消除干净。

1. 聚乙烯胶粘带防腐

（1）一般规定

1）聚乙烯胶粘带防腐层施工应在高于露点温度 3℃ 以上进行。

2）在风沙较大时，没有可靠的防护措施不宜涂刷底漆和缠绕胶粘带。

（2）涂底漆。

1）钢管表面预处理后至涂刷底漆前的时间间隔宜控制在 6h 之内，钢管表面必须干燥、无尘。

2）底漆应在容器中充分搅拌均匀。

3）当底漆较稠时，应加入与底漆配套的稀释剂，稀释到合适的粘度时才能施工。

4）底漆应涂刷均匀，无凝块、气泡和流挂等缺陷，弯角或焊接处应仔细涂刷不得漏涂，厚度应不小于 $30\mu m$。

（3）胶粘带缠绕

1）应待底漆表干后再缠绕胶粘带。

2）胶粘带解卷时的温度宜在 5℃ 以上。

3）在胶粘带缠绕时，如焊缝两侧产生空隙，可采用与底漆及胶粘带相容性较好的填料带或腻子填充焊缝两侧。

4）缠绕操作时应将胶带拉直，使之具有一定张力，粘结紧密，不得将水、油、空气和皱褶的胶带缠绕于层间。

5）按搭接要求作螺旋缠胶粘带，缠绕时胶粘带边缝应平行，不得扭曲皱褶。换带时，将新带卷端压入剩余带下，重叠量不少于 100mm。内带缠毕，应及时缠外带，外带的螺旋方向与已缠绕的内带螺旋方向应交叉。

6）胶粘带始端与末端搭接长度应不少于 1/4 管子周长，且不少于 100mm。

7）缠绕时，管端应有 150±10mm 的焊接预留段。

8）缠绕异型管件时，应选用补口带，也可使用性能优于补口带的其他专用胶粘带。缠绕异型管件时的表面预处理和涂底漆要求与管本体相同。

2. 防腐层质量检验

（1）外观检查。目测检查防腐完毕的管道，防腐层表面应平整，搭接均匀、无气泡、皱褶和破损。

（2）厚度检验。按《钢管防腐层厚度的无损测量方法（磁性法）》SY/T 0066 进行测量。每 20 根抽查 1 根，随机测量一处，每处按圆周方向均匀分布测量四点，厚度不合格时，应加倍抽查，仍有不合格时，该批防腐管道应全部检查。

（3）剥离强度。用刀环向划开 10mm 宽，长度大于 100mm 的胶带层，直至管体。然后用弹簧秤与管壁成 90°角拉开，拉开速度应不大于 300mm/min。该项测试应在缠好胶粘带 4h 以后进行。每千米防腐管线应测试三处，工厂预制时，每日抽查生产总量的 3%，且不少于 3 根，每根测一处。若有不合格，应加倍抽查，仍不合格，该批防腐管道全部返修。

（4）电火花检漏。在预制厂应逐根检查，在现场对管线进行全线检查，补口、补伤处应逐个检查。检漏探头移动速度不大于 0.3m/s，以不打火花为合格。

3. 补口与补伤

（1）补口

1）补口时，应除去管端防腐层的松散部分，除去焊缝区的焊瘤、毛刺和其他污物，补口处应保持干燥。表面处理质量应达到 Sa2 级。

2）连接部位和焊缝处应使用补口带，补口层与原防腐层搭接宽度应不小于 100mm。

3）补口胶粘带的宽度宜采用表 6-5 的规定规格。

公称管径 DN	补口胶粘带宽度（mm）	公称管径 DN	补口胶粘带宽度（mm）
20～40	50	250～950	200
50～100	100	1000～1500	230
150～200	150		

4）补口处的防腐层性能应不低于管体。

（2）补伤

1）修补时应除去防腐层的松散部分，清理干净，涂上底漆。

2）使用与管体相同的胶粘带或补口带时，应采用缠绕法修补；也可以使用专用胶粘带，采用贴补法修补。缠绕和贴补宽度应超出损伤边缘 50mm 以上。

3）使用与管体相同胶粘带进行补伤时，补伤处的防腐层等级、结构与管体相同，使用补口带或专用胶粘带补伤时，补伤处的防腐层性能应不低于管体。

6.3.4 煤焦油瓷漆防腐施工及检验

防腐层施工前，必须对钢管表面进行表面预处理。表面预处理的质量宜达到《涂覆涂料前钢材表面处理 表面清洁度的目测评定》GB/T 8923.1～GB/T 8923.4 规定的 Sa2.5 级。经设计选定，也可用电动工具除锈处理至 St3 级。焊缝处的焊渣、毛刺等应消除干净。

1. 瓷漆准备及供应

（1）加热釜及过滤网

熔化和浇涂煤焦油瓷漆的加热釜应具有搅拌装置和密闭的盖子，并应配置经过校验，可记录生产过程温度曲线的温度计。在瓷漆浇涂之前，釜的出口处应装设过滤网（孔径以 4.00mm 为宜），用以除掉杂物和颗粒状物质。

（2）瓷漆投料

瓷漆投料前，应认真核对其型号、严禁混入沥青及其他杂物。应将瓷漆破碎成等效直径不大于 20cm 的料块后，再加入釜中。

（3）瓷漆熔化和保温

将加入的固体瓷漆加热熔化并升温到浇涂温度。加热时应避免瓷漆过热而变质。在瓷漆熔化后，无论是在涂敷时或是在保温时，均应对瓷漆经常搅拌，每次搅拌不应少于 5min，停止搅拌时间不得大于 15min。除加料外，釜盖应保持密闭状态。

各种瓷漆的浇涂温度、禁止超过的最高加热温度以及在浇涂温度下允许的最长加热时间见表 6-6。但应以瓷漆生产厂的使用说明书为准。

（4）瓷漆的使用

1）超过最高加热温度或在浇涂温度下超过允许的最长加热时间的瓷漆应废弃，不应掺和使用。

2）浇涂到管子上的瓷漆所保留的针入度（25℃）应不小于瓷漆原有针入度的 50%，否则禁止使用。

浇涂瓷漆加热条件表 表6-6

项 目	瓷漆型号		
	A	B	C
浇涂温度(℃)	230～250	230～250	240～260
最高加热温度(℃)	260	260	270
在浇涂温度下的最长加热时间(h)	6	6	5

3）熔化新瓷漆时，允许保留部分上次已加热熔化而未使用完的瓷漆，但数量应少于瓷漆总量的10%；釜应定期放空、清理，清理出的釜内残渣应废弃。

2. 涂敷施工

（1）钢管表面除锈质量应达到 Sa2 级，钢管表面处理之后，应在 8h 内尽快涂底漆。如果涂底漆前钢管表面已返锈，则必须重新进行表面处理。

（2）涂底漆

1）钢管表面预处理及涂底漆以连续性作业为宜，钢管表面温度低于7℃或有水汽凝结时，应采用适当方式将钢管加热至 30～40℃，保证在涂底漆时钢管表面干燥、洁净。

2）底漆在使用前应搅拌均匀，底漆可采用高压无气喷涂、刷涂或其他适当方法施工。

3）底漆层应均匀连续，无漏涂、流痕等缺陷，厚度不小于 50μm，对底漆缺陷应进行补涂。

4）应防止底漆层与雨雪、水、灰尘接触，底漆干燥期间应避免与管壁外的其他物体接触。

5）如果涂底漆与涂瓷漆间隔时间超过 5 天或超过厂家的规定，应除掉底漆层，进行表面预处理并重涂，或按厂家说明书规定薄薄地加涂一道。

（3）涂敷煤焦油瓷漆和缠绕缠带

1）底漆应实干并保持洁净，应在涂底漆 1h 后 5 天内尽快涂瓷漆。表面温度低于 7℃或有潮气时，应采用适当方式将管体加热，以保证管表面干燥，加热时不得破坏底漆层，最高温度不得超过 70℃。

2）将过滤后的瓷漆均匀地浇涂于螺旋送进的管体外壁的底漆层上，应保证瓷漆涂敷的每一螺旋轨迹和前一轨迹接合，以形成无漏涂、厚度均匀的瓷漆层；如果焊缝高出管表面，应增加瓷漆量，使焊缝处瓷漆厚度满足要求。

在瓷漆浇涂后，应随即将内缠带螺旋缠绕到钢管上，缠绕应无皱褶、空鼓，压边15～25mm，且应均匀；接头搭接应采用压接的方法，即在上一卷缠带快用完时，将后一卷缠带的接头伸入上一卷缠带与管表面的夹角中，使后一卷缠带从端头起就紧紧地螺旋缠绕到管子上；瓷漆应从内缠带的孔隙中渗出，使内缠带整齐地嵌入瓷漆层内；第一层内缠带嵌入的深度应不大于第一层瓷漆厚度的 1/3。

浇涂瓷漆层数和缠绕内缠带层数应符合防腐层结构的规定。

3）最后一道瓷漆浇涂完后，应立即趁热缠绕外缠带，瓷漆应从内缠带的孔隙中渗出，但渗出量要少，应使外缠带和瓷漆紧密粘结为一体，但外缠带不能嵌入瓷漆层。

4）缠绕外缠带后立即水冷定型。

5）应将管端要求不防腐的钢管表面清理出来，管端预留段宽度应符合表 6-7 规定，防腐层端面应处理规整的坡面。

管端预留段长度表 表 6-7

管径(mm)	<159	159~457	>457
预留段宽度(mm)	150	150~200	200~250

6）需要时，在防腐管质量检验合格后，在防腐层上刷涂一道防晒漆或附加其他保护材料。

3. 防腐层质量检查

（1）用目视逐根对管道防腐层进行外观检查，表面应均匀、平整、无气泡，无皱褶、凸瘤及压边不均匀等防腐层缺陷。防腐层端面为阶梯形接茬，管端预留段符合要求。

（2）防腐层厚度检查。

1）用无损测厚仪检查防腐等级要求的覆盖层总厚度。

2）每 20 根抽查 1 根，每根测 3 个截面，截面沿管长均布。每个截面测上、下、左、右四个点。以最薄点为准。若不合格，再抽查 2 根，如仍有不合格，应逐根检查。

（3）针入度检查。应在浇涂口取样检查瓷漆的针入度（25℃），测定值不得低于原煤焦油瓷漆针入度的 50%。

（4）用电火花针孔检漏仪对全部防腐管进行漏点检查。以无火花为合格。不合格处应补涂并再次检测至合格。检漏电压应符合表 6-8 的规定。

检漏电压 表 6-8

防腐等级	普通级	加强级	特加强级
检漏电压(kV)	14	16	18

（5）粘结力和结构检查

1）在涂装后，防腐层温度处于 10~27℃时检查。

2）用薄且锋利的刀具将覆盖层切出 50mm×50mm 的方形小块，应完全切透覆盖层直抵金属表面。应小心操作，避免方块中覆盖层破损，将刀具插入第一层内缠带和管体之间的瓷漆中，轻轻地将覆盖层撬起。观察撬起覆盖层后的管面，以瓷漆与底漆、底漆与管体没有明显的分离，任何连续分离界面的面积小于 80mm^2 为粘结力合格。同时观察撬起的断面有完整的覆盖层，其结构应符合规范规定。

一根管子测 1 个点。若该测试点的检查不合格，则应在同一管子（或管件）上，距检测处 0.9m 以上的两个不同部位再做两次检测。若两次检测均合格，则该管子可视为合格；有一次不合格，该管子为不合格。

3）每 20 根为一批，每批抽查 1 根，若不合格，再抽查 2 根，仍有 1 根不合格，全部为不合格。

4）粘结力及结构检查不合格的防腐管应重新防腐。

4. 补口和补伤

（1）补口和补伤处应清理干净，去除破损的覆盖层，钢管表面除锈质量应达到的 Sa2 级，除锈后应立即涂底漆。

（2）补口

1）采用热烤缠带补口，热烤缠带施工应采用配套厚型底漆，底漆层厚度应大于

149

$100\mu m$，底漆实干后，用喷灯或类似加热器烘烤热烤缠带内表面至瓷漆熔融，同时将补口处加热，随即将热烤缠带缠绕粘结在补口表面，从一端缠起、边烤边缠，缠绕时，施加压力，使缠带与补口处紧密粘结，不留空鼓。补口防腐层与管体防腐层搭接长度不小于150mm。

2）采用瓷漆浇涂补口，可采用手工浇涂瓷漆、缠绕内外缠带的施工方法，当浇涂不便时，可采用涂抹工具进行瓷漆涂敷，瓷漆浇涂的温度不得低于厂家的规定。防腐层的总厚度应不小于管体防腐层的设计厚度，其结构应与管体防腐层相同。

（3）补伤。直径小于100mm的损伤，修补时最外一层热烤缠带的尺寸应比损伤尺寸稍大，直径大于100mm的损伤，修补时外层用热烤缠带将管体缠绕一圈。

（4）补口和补伤防腐层检查。

1）对补口和补伤处进行外观、层厚、针孔、粘结力检查。其检查标准不得得低于管体防腐层的标准。

2）对不合格者必须修补或返工至检查合格。

3）补口和补伤采用其他材料，需经设计部门同意，并执行相应的施工验收规范。

6.3.5 熔结环氧粉末防腐施工及检验

防腐层施工前，必须对钢管表面进行表面预处理。表面预处理的质量宜达到《涂覆涂料前钢材表面处理 表面清洁度的目测评定》GB/T 8923.1～GB/T 8923.4规定的Sa2.5级。经设计选定，也可用电动工具除锈处理至St3级。焊缝处的焊渣、毛刺等应消除干净。

1. 熔结环氧粉末防腐涂敷试验

（1）施工涂敷前或当环氧粉末生产厂、涂料配方和环氧粉末生产地点中三项之一或者多项发生变化时，应通过涂敷试件对涂层进行24h阴极剥离、抗3°弯曲、抗1.5J冲击及附着力等性能进行测试。

（2）实验室涂敷试件的制备及测试应符合下列规定：

1）试件基板应为低碳钢，其尺寸应符合各项试验的要求。

2）试件表面应进行喷射清理，其除锈质量应达到Sa2.5级。表面的锚纹深度应在$40～100\mu m$范围内，并符合粉末生产厂推荐的要求。

3）涂层涂敷的固化温度应按照环氧粉末生产厂的推荐值，且不得超过275℃。

4）试件上涂层厚度应为$350\pm50\mu m$。

5）实验室试件的涂层质量应符合表6-9的规定。

2. 防腐施工

（1）表面预处理应符合下列要求：

1）钢管表面除锈质量应达到Sa2.5级，钢管表面的锚纹深度应在$40～100\mu m$范围内，并符合粉末生产厂的推荐要求；

2）喷（抛）射除锈后，应将钢管外表面残留的锈粉微尘清除干净，钢管表面预处理后8h内应进行喷涂，当出现返锈或表面污染时，必须重新进行表面预处理。

（2）涂敷和固化温度及涂层厚度应符合下列规定：

1）钢管外表面的涂敷温度，必须符合环氧粉末涂料所要求的温度范围，但最高不得超过275℃。

实验室试件的涂层质量要求　　　　表 6-9

试验项目	质量指标	试验方法
外观	平整、色泽均匀、无气泡、开裂及缩孔，允许有轻度桔皮状花纹	目测
24 h 或 48h 阴极剥离(mm)	≤8	SY/T 0315 附录 C
28 d 阴极剥离(mm)	≤10	SY/T 0315 附录 C
耐化学腐蚀(90d)	合格	SY/T 0315 附录 D
断面孔隙率(级)	1~4	SY/T 0315 附录 E
粘结面孔隙率(级)	1~4	SY/T 0315 附录 E
抗 3°弯曲	无裂纹	SY/T 0315 附录 F
抗 1.5J 冲击	无针孔	SY/T 0315 附录 G
热特性	符合环氧粉末生产厂给定特性	SY/T 0315 附录 B
电气强度(MV/m)	≤30	GB/T 1408
体积电阻率(Ω·m)	≥1×10^{13}	GB/T 1410
附着力(级)	1~3	SY/T 0315 附录 H
耐磨性(落砂法)(L/μm)	≥3	SY/T 0315 附录 J

2）涂覆外涂层时，固化温度和固化时间应符合环氧粉末涂料的要求。

3）涂层的最大厚度应由买方确定。

（3）钢管两端预留段的长度宜为 50±5mm，预留段表面不得有涂层，若买方有要求，可自行规定。

3. 防腐管质量检验

（1）外涂层的外观质量应逐根进行检查。外观要求平整、色泽均匀，无气泡、开裂及缩孔，允许有轻度桔皮状花纹。

（2）使用涂层测厚仪，沿每根钢管长度随机取三个位置；在每个位置测量绕圆周方向均匀分布的四点的防腐层厚度，符合涂层厚度要求的，应按规定复涂。

（3）应利用电火花检漏仪在涂层温度低于 100℃ 的状态下，对每根钢管的全部涂层做漏点检测，检漏电压为 5V/μm。漏点数量在下述范围内时，可按规定进行修补。

1）当钢管外径小于 325mm 时，平均每米管长漏点数不超过 1.0 个；当钢管外径等于或大于 325mm 时，平均每平方米外表面积漏点数不超过 0.7 个。

2）当漏点超过上述数量时，或个别漏点的面积大于或等于 250cm^2 时，应重涂。

（4）其他检验

1）每批环氧粉末外涂层钢管应截取长度为 500mm 左右的管段试件，做表 6-10 中的各项指标测试。

2）如试验结果不合格，在其他管道上追加两管段试件，重新测试。当两个重做试验的试件均合格时，则该批钢管的此项检验合格。若重做的两个试件中有一个不合格，则该批钢管的此项检验不合格，按规范要求重涂。

4. 补口、补伤与复涂、重涂

（1）补口

钢管的型式检验项目及验收指标 表6-10

试验项目	验收指标	试验方法
24h 或 48h 阴极剥离(mm)	≤13	SY/T 0315 附录 C
抗2.5°弯曲	无裂纹	SY/T 0315 附录 F
抗1.5 J冲击	无针孔	SY/T 0315 附录 G
附着力(级)	1～3	SY/T 0315 附录 H

1）现场补口宜采用与管体相同的环氧粉末涂料进行热喷涂。喷涂必须在水压试验前进行，以免因钢管内存水而无法加热到环氧粉末要求的固化温度。

2）钢管表面的补口区域在喷涂之前必须进行喷射除锈处理，其表面质量，应达到Sa2.5级。处理后的表面不应有油污。

3）喷射除锈后必须清除补口处的灰尘和水分，同时将焊接时飞溅形成的尖点修平；并将管端补口搭接处15mm宽度范围内的涂层打毛。

4）补口喷涂的工艺参数应按以下要求确定：在补口施工开始前，应以拟定的喷涂工艺，在试验管段上进行补口试喷，直至涂层质量符合规范规定。对直径273mm及以上管径的补口施工，应以与施工管径同规格的短管作为喷涂试验管段。加工出的试件尺寸应符合表6-11的规定；对直径219mm及以下管线的补口施工，用直径273mm的短管作为喷涂试验管段，并加工出上述规格的试件，厚度应与施工管线相同。

试验管段试件规格 表6-11

序号	项目	试件尺寸
1	附着力	100 mm(轴向)×100(周向)×钢管壁厚
2	抗弯曲	300 mm(轴向)×30(周向)×钢管壁厚
3	抗冲击	350mm(轴向)×170(周向)×钢管壁厚
4	阴极剥离	150 mm(轴向)×150(周向)×钢管壁厚

5）对每天补口施工的头一道口，喷涂后应进行现场附着力检验。方法是：喷涂后待管体温度降至环境温度，用刀尖沿钢管轴线方向在涂层上刻划两条相距10mm的平行线，再刻划两条相距10mm并与前两条线相交成30°角的平行线，形成一个平行四边形。要求各条刻线必须划透涂层。然后，把刀尖插入平行四边形各内角的涂层下，施加水平推力。如果涂层呈片状剥离，应调整喷涂参数，直至呈碎末状剥离为止。

6）采用感应式加热器将补口处管体，加热到规定温度，允许偏差为±5℃，然后进行喷涂。要求喷涂厚度与管体涂层平均厚度相同，并与管体涂层搭边不小于25mm。

7）补口后，应对每道口的外观、厚度及漏点进行检测，并作出记录。

① 目测，涂层表面应平整光滑，不得有明显流淌。

② 用涂层测厚仪绕焊口两侧补口区上、下、左、右位置共8点进行厚度测量。其最小厚度不得小于管体涂层的最小厚度。若有小面积厚度不够，可打毛后用涂料进行修补；若厚度不够处的面积超过钢管补口区表面积的1/3，则应重新喷涂。

③ 用电火花检漏仪，以5V/μm的直流电压对补口区涂层进行检测，如有漏点，应重新补口。

（2）补伤

采用局部修补的方法来修补涂层缺陷时，应符合下列要求：

1）缺陷部位的所有锈斑、鳞屑、污垢和其他杂质及松脱的涂层必须清除掉；

2）将缺陷部位打磨成粗糙面；

3）用干燥的布和刷子将灰尘清除干净；

4）直径小于或等于25mm的缺陷部位，应用环氧粉末生产厂推荐的热熔修补棒、双组分环氧树脂涂料或买方同意使用的同等物料进行局部修补；

5）直径大于25mm且面积小于250cm^{2}的缺陷部位，可用环氧粉末生产厂推荐的双组分环氧树脂涂料或买方同意使用的同等材料进行局部修补；

6）修补材料应按照生产厂家推荐的方法使用；

7）所修补涂层的厚度值应满足规范的规定。

（3）复涂时（在第一次涂层上再涂敷另一层），必须避免起泡、爆皮和损伤原有的涂层。复涂后应达到质量检验要求。

（4）重涂时必须将全部涂层清除干净，重涂后应按规范规定的质量要求进行质量检验。

6.3.6　三层结构聚乙烯防腐施工及检验

1. 三层结构聚乙烯防腐材料应符合下列要求

（1）一般规定

1）防腐层各种原材料均应有出厂质量证明书及检验报告、使用说明书、出厂合格证、生产日期及有效期。

2）防腐层各种原材料均应包装完好，存放在阴凉、干燥处，严防受潮，防止日光直接照射，并隔绝火源，远离热源。

3）同一牌（型）号的每一批涂料和胶粘剂以及每种牌（型号）的聚乙烯混合料，在使用前均应由通过国家计量认证的检验机构，按本条规定的性能项目进行检测。性能达不到规定要求的，不能使用；性能达到规定要求的，应进行适用性试验。

（2）环氧涂料

1）采用液体环氧涂料作三层结构底层时，必须使用无溶剂型环氧涂料。经选定的涂料，应进行适用性试验，满足各项要求后方可使用。

2）采用环氧粉末涂料作三层结构底层时，环氧粉末涂料的质量应符合表6-12的规定，熔结环氧涂层的性能应符合表6-13的规定。

环氧粉末的性能指标　　　　　　　　　　　表6-12

项　目	性能指标	试验方法
粒径(μm)	60～150	GB/T 6554
挥发份(%)	≤0.6	GB/T 6554
胶化时间(200℃)(s)	15～50	GB/T 6554
固化时间(200℃)(min)	≤3	SY/T 0413

熔结环氧粉末涂层的性能指标　表 6-13

项　　目	性能指标	测验方法
附着力(级)	≤2	GB/T 9286
阴极剥离(65℃,48h)(mm)	剥离距离≤10	SY/T 0413

（3）胶粘剂

1）防腐层为二层结构时，胶粘剂的性能应符合表 6-14 的规定。

二层结构用胶粘剂的性能指标　表 6-14

项　　目	性能指标	试验方法
软化点(℃)	≥90	GB/T 4507
蒸发损失(160℃)(%)	≤1.0	GB/T 11962
剪切强度(PE/钢)(MPa)	≥1.0	GB/T 7124
剥离强度(PE/钢;20±5℃)(N/cm)	≥35	GB/T 2792

2）防腐层为三层结构时，胶粘剂的性能应符合表 6-15 规定。

三层结构用胶粘剂的性能指标　表 6-15

项　　目	性能指标	试验方法
密度(g/cm³)	0.920～0.950	GB/T 4472
流动速率(190℃,2.16 kg)(g/10 min)	5～10	GB/T 3682
维卡软化点(℃)	≥80	GB/T 1633
脆化湿度(℃)	≤-50	GB/T 5470

3）用聚乙烯混合料压制的片材其性能应符合表 6-16 的规定。对每一批聚乙烯混合料，应对表 6-16 的第 1、2、3 项性能进行复验，对其他性能指标有怀疑时亦应进行复验。

聚乙烯混合料的压制片材性能指标　表 6-16

项　　目		性能标准	试验方法
拉伸强度(MPa)		≥20	GB/T 1040
断裂伸长率(%)		≥600	GB/T 1040
维卡软化点(℃)		≥90	GB/T 1633
脆化湿度(℃)		≤-65	GB/T 5470
电气强度(MV/m)		≥25	GB/T 1480
体积电阻率(Ω·m)		≥1×10^{13}	GB/T 1410
耐环境应力开裂(F 50)(h)		≥1000	GB/T 1842
耐化学介质腐蚀(浸泡 7d)(%)	10% HCL	≥85	SY/T 0413
	10% NaOH		
	10% NaCl		
耐热老化(%) (100,1400h) (100,4800h)		≤35	GB/T 3682
耐紫外光老化(336h)(%)		≥80	SY/T 0413

注：1. 耐化学介质腐蚀及耐紫外光老化指标为试验后的拉伸强度和断裂伸长率的保持率。

2. 耐热老化指标为试验前与试验后的熔融流动速率偏差；最高设计温度为 50℃时，试验条件为 100℃、2400 h；最高设计温度为 70℃时，试验条件为 100℃、4800h。

2. 防腐层材料适用性试验应符合下列规定

（1）涂敷厂家应对所选定的防腐层材料在涂敷生产线上作防腐层材料适用性试验，并对防腐层性能进行检测。当防腐层材料生产厂家或牌（型）号改变时，应重新进行适用性试验。

（2）聚乙烯层及防腐层性能检测应分别按表 6-17 和表 6-18 规定的项目进行，各项性能满足要求后，方可投入正式生产。

1）从防腐管上割取聚乙烯层进行性能检测，结果应符合表 6-17 的规定。

聚乙烯层的性能指标　　　　　　　　　　　　表 6-17

项　　目		性能标准	试验方法
拉伸强度	轴向（MPa）	≥20	GB/T 1040
	周向（MPa）	≥20	GB/T 1040
	偏差（%）①	≤15	—
断裂伸长率（%）		≥600	GB/T 1040
耐环境应力开裂（F 50）（h）		≥1000	GB/T 1842
压痕硬度（mm）	23±2℃	≤0.2	SY/T 0413
	50±2℃或 70±2℃②	≤0.3	

① 偏差为轴向和周向拉伸强度的差值与两者中较低者之比。
② 常温型：试验条件为 50±2℃；高温型：试验条件为 70±2℃。

2）从防腐管上截取试件或在防腐管上对防腐层整体性能进行检测，结果应符合表 6-18 的规定。

防腐层的性能指标　　　　　　　　　　　　表 6-18

项　　目		性能标准		试验方法
		二层	三层	
剥离强度（N/cm）	20±5℃	≥35	≥60	SY/T 0413
	50±5℃	≥25	≥40	SY/T 0413
阴极剥离（mm）（65℃，48h）		≤15	≤10	SY/T 0413
冲击强度（J/mm）		≥5		SY/T 0413
抗弯曲（2.5°）		聚乙烯无开裂		SY/T 0413

3. 三层结构聚乙烯层结构应符合下列规定

（1）挤压聚乙烯防腐管道的防腐层分二层结构和三层结构两种。二层结构的底层为胶粘剂。外层为聚乙烯；三层结构的底层为环氧涂料，中间层为胶粘剂，面层为聚乙烯。三层结构中的环氧涂料可以是液体环氧涂料，也可以是环氧粉末涂料。

（2）防腐层厚度应符合表 6-19 的规定，焊缝部位的防腐层厚度不宜小于规定值的 90%。

4. 钢管表面预处理

（1）钢管表面除锈质量应达到规范中的 Sa2.5 级，钢管表面的锚纹深度应在 50～75μm 范围内，并符合粉末生产厂的推荐要求；

（2）喷（抛）射除锈后，应将钢管外表面残留的锈粉微尘清除干净，钢管表面预处理后 8h 内应进行喷涂，当出现返锈或表面污染时，必须重新进行表面预处理。

防腐层厚度

表 6-19

钢管公称直径 DN	环氧粉末 (μm)	胶粘剂 (μm)	防腐层最小总厚度(mm)	
			普通型	加强型
DN≤100	60 以上	170 以上	1.8	2.5
100<DN≤250	60 以上	170 以上	2.0	2.7
250<DN<500	60 以上	170 以上	2.2	2.9
DN≥500	60 以上	170 以上	2.5	3.2

5. 涂敷和包覆

(1) 开始生产时，先用试验管段在生产线上分别依次调节预热温度及防腐层各层厚度；在各项参数达到要求后方可开始生产。

(2) 应用无污染的热源对钢管加热至合适限敷温度。

(3) 三层结构防腐层涂敷环氧涂料时，环氧涂料应均匀地涂敷在钢管表面。

(4) 底层采用环氧粉末涂料时，涂敷必须在环氧粉末胶化过程中进行；底层采用液体环氧涂料时，涂敷应在环氧涂料胶化前进行。

(5) 聚乙烯层的包覆可采用纵向挤出工艺或侧向缠绕工艺。公称直径大于 500mm 的钢管，宜采用侧向缠绕工艺。

(6) 采用侧向缠绕工艺时。应确保搭接部分的聚乙烯及焊缝两侧的聚乙烯完全辊压密实，并防止压伤聚乙烯层表面。

(7) 聚乙烯层包覆后，应用水冷却至钢管温度不高于 60℃。三层结构防腐层采用环氧粉末涂料作底层时，涂敷环氧粉末至防腐层开始冷却的间隔时间应确保熔结环氧粉末涂层固化完全。

(8) 防腐层涂敷完成后，应除去管端部位的聚乙烯层。管端预留长度应为 100～150mm，且聚乙烯层端面应形成小于或等于 45°的倒角。

(9) 管端处理后，根据用户要求，可对裸露的钢管表面涂刷防锈可焊涂料，防锈可焊涂料应按产品说明书的规定涂敷。

6. 质量检验

(1) 生产过程质量检验

1) 防腐层涂敷厂家应负责生产质量检验，并做好记录。

2) 表面预处理质量检验：表面预处理后的钢管应逐根进行表面预处理质量检验，用《涂装前钢材表面锈蚀等级和除锈等级》中相应的照片或标准样板进行目视比较，表面预处理质量应达到规定的要求。涂敷三层结构防腐层时，表面粗糙度应每班至少测量两次，每次测两根钢管表面的锚纹深度。宜采用粗糙度测量仪测定，锚纹深度应达到50～75μm。

3) 防腐层外观采用目测法逐根检查。聚乙烯层表面应平滑，无暗泡、麻点、皱褶及裂纹，色泽应均匀。

4) 防腐层的漏点采用在线电火花检漏仪检查，检漏电压为 25kV，无漏点为合格。单管有两个或两个以下漏点时。可按规范的规定进行修补；单管有两个以上漏点时，该管为不合格。

5）采用磁性测厚仪测量钢管圆周方向均匀分布的四点防腐层厚度，结果应符合规范的相关规定，每连续生产批至少应检查第1、5、10根钢管的防腐层厚度，之后每10根至少测一根。

6）防腐层的粘结力按《埋地钢质管道聚乙烯防腐层技术标准》SY/T 0413规定通过测定剥离强度进行检验。每班至少在两个温度下各抽测一次。

（2）产品的出厂检验

1）产品的出厂检验是在生产过程质量检验基础上进行的，每批产品出厂前均应进行出厂检验；

2）产品的出厂检验项目应包括：防腐层外观、厚度、漏点、粘结力、阴极剥离性能及聚乙烯层的拉伸强度和断裂伸长率。

3）出厂检验查出的不合格品，应重新进行防腐层涂敷，并经检验合格后再出厂。若经设计认定，也可降级使用。

（3）产品的型式检验

1）每连续生产100km防腐管或1～2年应进行一次产品的型式检验。

2）产品的型式检验项目包括：防腐层的厚度、剥离强度、阴极剥离、冲击强度和抗弯曲性能，聚乙烯层的拉伸强度、断裂伸长率、压痕硬度和耐环境应力开裂。

3）防腐层厚度的检验，防腐层的剥离强度、阴极剥离、冲击强度和抗弯曲性能的检验，聚乙烯层的压痕硬度和耐环境应力开裂的检验参照相关规范的规定进行。

7. 补口及补伤

（1）补口

1）补口宜采用具有感温颜色显示功能的辐射交联聚乙烯热收缩套（带）；

2）辐射交联聚乙烯热收缩套的性能应符合规范规定的要求；

3）补口的施工和检验按规范相关规定执行。

（2）补伤

1）对小于或等于30mm的损伤，用聚乙烯补伤片进行修补。先除去损伤部位的污物，并将该处的聚乙烯层打毛。然后在损伤处用直径30mm的空心冲头冲缓冲孔，冲透缓冲聚乙烯层，边缘应倒成钝角，在孔内填满与补伤片配套的胶粘剂，然后贴上补伤片，补伤片的大小应保证其边缘距聚乙烯层的孔洞边缘不小于100mm。贴补时应边加热边用辊子辊压或戴耐热手套用手挤压，排出空气，直至补伤片四周胶粘剂均匀溢出。

2）对大于30mm的损伤，应先除去损伤部位的污物，将该处的聚乙烯层打毛，并将损伤处的聚乙烯层修切成圆形，边缘应倒成钝角。在孔洞部位填满与补伤片配套的胶粘剂，再按规定贴补补伤片。最后在修补处包覆一条热收缩带。包覆宽度应比补伤片的两边至少各大于50mm。

3）补伤质量应检验外观、漏点及粘结力等三项内容：

① 补伤后的外观应逐个检盔，表面应平整，无皱褶、气泡及烧焦碳化等现象；补伤片四周应有胶粘剂均匀溢出。不合格的应重补。

② 每一个补伤处均应用电火花检漏仪进行漏点检查，检漏电压为15kV。若不合格，应重新修补并检漏直至合格。

③ 补伤后的粘结力按规范规定的方法进行检验。常温下的剥离强度应不低于 35N/cm。每 100 个补伤处抽查一处,如不合格,应加倍抽查。若加倍抽测时仍有一处不合格,则该段管线的补伤应全部返工。

6.3.7 热收缩套防腐补口施工及检验

1. 补口

(1) 补口前,必须对补口部位进行表面预处理。表面预处理的质量宜达到《涂覆涂料前钢材表面处理 表面清洁度的目测评定》GB/T 8923.1~GB/T 8923.4 规定的 Sa2.5 级。经设计选定,也可用电动工具除锈处理至 St3 级。焊缝处的焊渣、毛刺等应消除干净。

(2) 补口搭接部位的聚乙烯层应打磨至表面粗糙;然后用火焰加热器对补口部位进行预热。按热收缩套产品说明书的要求控制预热温度,并进行补口施工。

(3) 热收缩套与聚乙烯层搭接宽度不应小于 100mm;采用热收缩带时。应用固定片固定,周向搭接宽度应不小于 80mm。

2. 补口质量检验

(1) 同一牌号的热收缩套,首批使用时,应按规范规定的项目进行一次全面检验。

(2) 补口质量应检验外观、厚度、漏点及粘结力等 4 项内容。

1) 补口的外观应逐个检查,热收缩套(带)表面应平整,无皱褶、气泡及烧焦碳化等现象;热收缩套(带)周向及固定片四周应有胶粘剂均匀溢出。

2) 每一个补口均应用涂层测厚仪测量圆周方向均匀分布的任意 4 点的厚度。非搭接部位每一点的厚度应符合规范的规定。任何一点的厚度不符合规定,均应再包覆一层热收缩带,使厚度达到要求。

3) 每一个补口均应用电火花检漏仪进行漏点检查。检漏电压为 15kV。若有漏点,应重新补口并检漏,直至合格。

4) 补口后热收缩套(带)的粘结力按《埋地钢质管道聚乙烯防腐层技术标准》SY/T 0413 规定的方法进行检验,常温下的剥离强度不应小于 35N/cm。每 500 个补口至少抽测一个口,如不合格,应加倍抽测。若加倍抽测时仍有一个口不合格,则该段管线的补口应全部返修。

6.4 阴极保护的施工

单独的外防腐层在使用过程中往往存在不可预见的破坏,造成管道的局部腐蚀,采用阴极保护不仅能更有效地提高防腐能力,而且可以在地面上监控管道的腐蚀和运行状况、准确设计和预测管道的寿命,高压长输管道上应用很多,而且效果良好。实施阴极保护时,在铁路和电气设施附近的管段增加牺牲阳极的数量等。

6.4.1 外加电流保护

外加电流保护是根据腐蚀过程的电化学原理对金属管外加负电流进入阳极地床输入到

土壤中，电流在土壤中流动到我们想要保护的建筑结构或工业机械中，并从顺延这电流的移动路线回到电源设备。这样被保护设备的电流一直处于电流移动的状态，从而因电子不会流失而得到保护。又因为电流是被强制加入的，所以这种阴极保护的方式又被称为强制电流阴极保护，外加电流保护原理如图 6-5 所示。

其优点是能灵活控制阳极，适合恶劣的腐蚀条件和高电阻环境，保护范围广。但它存在一次性投资较高，对邻近的金属设施有电磁干扰，在管道裸露较大的区域电流容易流失等缺点。通过在管道进、出口设置电绝缘装置可减少保护电流的损失。

辅助阳极是外加电流阴极保护系统的重要组成部分。

在外加电流阴极保护系统中与直流电源正极连接的外加电极称为辅助阳极，作用是使电流从阳极经介质到达被保护结构的表面。辅助阳极用做阴极保护系统中的辅助电极，通过其本身的溶解，与介质（如土壤、水）、电源、管道形成电回路。辅助阳极在不同的环境中使用不同的材料，有高硅铸铁阳极，铂钛阳极，铂铌阳

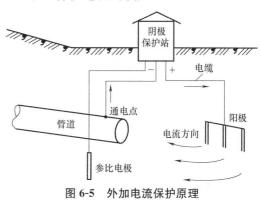

图 6-5　外加电流保护原理

极，钛基金属氧化物阳极，石墨阳极，埋地金属氧化物阳极等。

辅助阳极的电化学性能、机械性能、工艺性能以及阳极的形状，布置方法等均对阴极保护的效果有重要的影响，因此，必须合理地选用阳极材料，常用辅助阳极型号规格如表6-20 所示。辅助阳极应满足以下要求：

1）具有良好的导电性和较小的表面输出电阻；

2）在高电流密度下阳极极化小，而排流量大。即在一定的电压下，阳极单位面积上能通过较大的电流；

3）具有较低的溶解速度，耐蚀性好，使用寿命长；

4）具有一定的机械强度、耐磨、耐冲击振动；

5）材料带源方便，价格便宜，容易制作。

土壤中常用的辅助阳极材料有碳素钢，铸铁，高硅铸铁，石墨，磁性氧化铁，钛基贵金属氧化物，柔性阳极，铂及镀铂材料。其中中间使用最多的是高硅铸铁，钛基贵金属氧化物阳极，在含有氯离子的环境中，宜采用含铬的高硅铸铁阳极。

通常高硅铸铁阳极的引出线和阳极的接触电阻应当小于 0.01Ω，接头密封可靠，阳极表面应无明显缺陷。一般阳极铸铁阳极的消耗率为 $0.5\mathrm{kg/(A \cdot a)}$ 左右。

6.4.2 牺牲阳极保护

牺牲阳极保护腐蚀工艺是采用比被保护金属电位更负的金属材料与之相连，使管道电位为均一的阴极来防止腐蚀。其优点为不需要加直流电源，对邻近的金属设施没有影响，施工技术简单，维修费用低，接地、保护兼顾，适用于无电源地区和规模小、分散的对象，牺牲阳极保护原理如图 6-6 所示。

常用辅助阳极型号规格　　　　表 6-20

型号	名称	形状	规格:长×宽×高(直径×高)(mm)	工作电流范围(A)	寿命(a)
CYB-3	铂铌复合阳极	长条	800×180×25	≤70	
CYB-4		长条	600×180×25	≤50	20
CYB-2	铂钛复合阳极	长条	920×180×40	≤50	
CYY-1	钛基金属氧化物阳极	圆盘	φ340×33	≤50	15
CYY-2		长条	1200×253×33	≤100	
CYQ-5	铅银微铂阳极	长条	920×180×40	1.5~30	
CYQ-6		长条	1340×180×40	2.5~50	10
CYQ-7		长条	540×180×40	1.0~20	
DYY-1	埋地金属氧化物阳极	管状	φ25×1000	8~12	30
DYY-2			φ25×700	5~8	
DYY-3			φ50×650	10	
DYY-4			φ50×800	12.5	
DYY-5			φ50×1000	15	
DYY-6			6.35×0.635	2.3	10
DYY-7			12.7×0.635	4.6	
DYY 1/n		串状	φ25×1000×n	(8-12)×n	
DYY-2/n			φ25×700×n	(5-8)×n	
YGT-1	高硅铸铁阳极	圆柱	φ50×1500	1.2~18.8	20
YGT-2			φ75×1200	1.5~22.6	
YGT-3			φ75×1500	1.8~28.3	
YGT-4			φ100×1500	2.4~37.7	

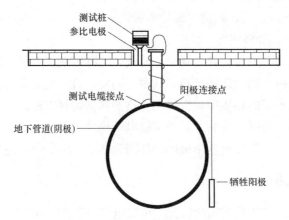

图 6-6　牺牲阳极保护原理示意图

牺牲阳极施工时有如下要求:

1. 必须严格按设计的要求施工,阴极保护采用镁合金或锌合金应按设计要求。

2. 填包料应采用棉质布袋预包装及现场包封，包装袋严禁使用人造纤维织品。填包料的厚度不宜小于50mm，应保证阳极四周填包料厚度一致、密实。

3. 镁阳极使用之前，应对表面进行脱氧化层处理，清除表面的氧化膜及油污，使其呈现金属光泽。

4. 填包料应搅拌均匀，不得混入石块、泥土、杂草等。

5. 连接电缆应满足地下敷设的要求，其耐压500V并带有绝缘护套，铜芯电缆宜采用VV29−500/1×10 或 XV29−500/1×10 。

6. 根据施工条件，选择经济合理的阳极施工方法。立式阳极宜采用钻孔法施工，卧式阳极应采用开槽施工。

7. 阳极连接电缆的埋设深度不应小于0.7m，四周应包覆50～100mm厚度的细砂，砂的上部宜覆盖水泥板或红砖。

8. 阳极电缆与管道应采用加强板（材质与管材一致）上焊铜鼻子的方法连接，加强板与管道应采用四周角焊，焊缝长度不小于100mm，电缆与管道通过铜鼻子锡焊或铜焊连接。焊后必须将连接处进行防腐绝缘处理，其等级应和管道的防腐一致。

9. 电缆和阳极钢芯采用铜焊或锡焊连接，双边焊缝长度不得小于50mm。电缆与阳极钢芯焊接后，应采取必要的保护措施，以防接头损坏。

10. 电缆之间的连接及露出阳极端面的钢芯均应防腐绝缘，绝缘材料应采用环氧树脂或相同性能的其他涂料。

11. 电缆敷设时，长度应留有一定裕量，以适应土壤下沉。

12. 阴极保护（牺牲阳极法）施工完成后，应由质检部门进行检测，合格方可回填。

6.4.3 牺牲阳极阴极保护施工工艺

1. 施工准备

（1）主要材料及机具：

1）牺牲阳极：种类、规格、化学成分及电化学性能等必须符合设计要求。常用于埋地管线的牺牲阳极有锌合金阳极、镁合金阳极和铝合金阳极。阳极应有产品质量保证书，并应标明：厂名、型号规格、批号、化学成分分析结果、制造日期，牺牲阳极实物如图6-7、图6-8所示。

图6-7 牺牲阳极块实物图

图6-8 牺牲阳极带实物图

2）化学填包料：应符合有关技术标准。三类阳极采用的填包料材料不同，一般情况下：锌合金阳极采用硫酸钠、石膏、膨润土；镁合金采用硫酸镁、硫酸钙、硫酸钠、膨润土；铝合金采用粗食盐、熟石灰、膨润土。其配比与土壤电阻率及干燥程度有关。其中的膨润土不得用黏土代替。

3）主要施工机具：挖土机、500V兆欧表、铁锹、电焊机等。

（2）作业条件：

1）应有专业技术人员负责技术、质量管理和安全管理，作业前应对施工人员进行技术交底，并强调技术措施、原材料要求及施工注意事项。

2）牺牲阳极阴极保护常采用与涂层防腐相结合的方法进行，所以埋设阳极前应按要求对管道进行涂层防腐。

3）阴极保护施工前，必须按设计要求做好管道及其设施的涂层防腐绝缘处理。绝缘法兰应预先组装，并经检验合格后再整体焊接在管道上。若有套管，则其绝缘电阻值以大于或等于2兆欧为合格。不合格者必须重新更换绝缘垫片、垫圈和套管。绝缘法兰不得安装在张力弯处，并不得埋地和浸入水中。法兰两侧应做特加强级防腐，且不少于10m。

2. 施工工艺

（1）连接电缆与阳极钢芯：

1）阳极连接电缆与阳极钢芯应采用锡焊或铜焊的方式进行连接，双边焊缝长度应大于50mm。焊接后电缆塑料护管与钢芯应采用尼龙绳或其他线绳捆扎，接头处至少50mm长，以防电缆在搬运中折断。在焊接处和阳级端面必须打磨并用酒精刷洗；干净后再用环氧树脂或相同功效的涂料和玻璃布防腐绝缘，其厚度不应小于3mm。不得有任何金属裸露。见图6-9所示：

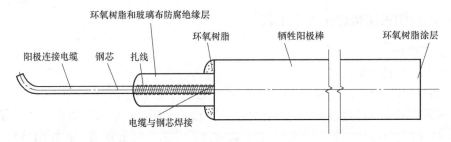

图6-9　阳极连接电缆与阳极钢芯连接示意图

2）带有焊接导线的牺牲阳极在包装前，应进行氧化皮打磨，埋设前，必须将其表面清除干净，表面不得有氧化薄膜和其他污物。

（2）填装化学填包料：

1）填包料的配制应符合设计要求。

2）填包料的包装袋宜采用棉质袋预包装，不得使用人造纤维织品做包装袋。

3）填包料的称重、混合包装宜在室内进行，填包料的厚度不宜小于50mm。

4）填包料以干调振荡为宜，以确保阳极在填包料中间部位。

5）包装好的填包料必须结实，使其在搬运过程中不产生位移。

6）阳极孔内填包料宜在现场装填。但必须保证处于填包料中间位置，填包料中不得混入泥土等杂物。必须保证填包料与周围土壤密实。通常采用在填包料周围回填200～300mm厚细土的方法以保证填包料与周围土壤密实。

（3）阳极埋设

1）牺牲阳极的埋设深度、位置、间距应符合设计要求，当设计无规定时，牺牲阳级埋设深度应在冰冻线之下，且不应小于1m，埋设位置距管外壁3~5m，埋设间距为2~3m，牺牲阳极现场埋设如图6-10所示。

2）牺牲阳极可采用钻孔和大开挖方式施工，埋设呈立式或卧式皆可，通常以立式为宜。

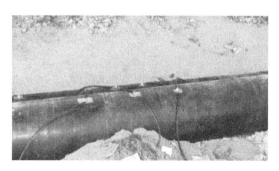

图 6-10 牺牲阳极现场埋设图

（4）管道与阳极的连接

1）阳极引线与管道的连接应在管道下沟后和土方回填前进行。

2）阳极引线与管道焊接时，应避免在管道上应力集中的管段焊接引线。

3）阳极引线与管道焊接时，应先将该管道的局部防腐层清除干净，焊接必须牢固。焊后必须将连接处重新用与原防腐层相同的材料进行防腐绝缘处理。

（5）安装测试桩

1）为有效地监测牺牲阳极的防腐效果，应设置测试桩，测试桩的数量及位置应符合设计要求。测试桩地下阳极埋设时应遵守以上要求，牺牲阳极测试桩现场埋设图及原理图如6-11、图6-12所示。

图 6-11 牺牲阳极测试桩现场埋设图

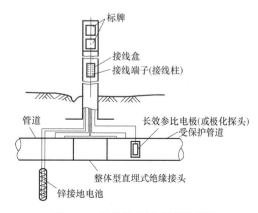

图 6-12 牺牲阳极测试桩原理图

2）测试装置包括测试桩、参比电极及辅助试片。

3）测试桩高出地面不应小于0.4m。

4）测试桩可用混凝土或钢管制作，测试盒放入测试桩内。测试桩应油漆标色醒目，编有号码，布置整齐安全。测试盒要有防水密封，对盖板要做防锈处理。测试盒内连接要便于测试，其接线柱应注明管道和阳极编号。测试桩的位置应符合设计要求。

5）辅助试片采用与管道相同的材料。采用焊锡法引出电缆，焊接处应采取防腐绝缘处理。辅助试片的材质必须完全同于被保护管道，其尺寸应符合设计要求。

6）参比电极的选用也应符合设计要求。一般采用$Cu/CuSO_4$电极或饱和甘汞电极。

（6）回填

回填时，应用松软土壤回填。

3. 测试

需测试的电化学性能参数一般有：保护电流密度、钢管保护电位、管地电位差、电位梯度、管道泄漏电流密度、辅助阳极接地电阻和绝缘层电阻。

4. 施工注意事项及要求

（1）焊接电缆与阳极电缆、电缆与钢管道，要求焊接必须牢固。

（2）电缆敷设应符合相关规范的要求，电缆应加标牌，敷设时应留有一定的裕量，以适应回填土的沉降。

（3）按施工程序安装阳极的实际位置应在竣工资料中反映，每道工序必须由施工单位签字。

5. 交工时应提供资料

（1）阳极产品质量保证书；

（2）安装技术记录；

（3）调试试验记录、保护电位参数；

（4）隐蔽工程记录（电缆敷设、汇流点，阳极装置、检查片等）；

（5）投产时的保护参数测试。

6.5 腐蚀评价

6.5.1 土壤腐蚀评价

土壤腐蚀性的评价是定性判断，其评价方法有多种，本节中所介绍的主要是国内通用且易行的方法。

1. 土壤腐蚀性应采用检测管道钢在土壤中的腐蚀电流密度和平均腐蚀速率判定，一般情况下，所提腐蚀电流密度采用原位极化法检测，平均腐蚀速率采用试片失重法检测。土壤腐蚀性评价应符合表 6-21 的规定，

土壤腐蚀性评价   表 6-21

指标	级别				
	强	中	轻	较轻	极轻
腐蚀电流密度（$\mu A/cm^2$）	>9	6～9	3～6	0.1～3	<0.1
平均腐蚀速率（$g/dm^2 \cdot a$）	>7	5～7	3～5	1～3	<1

2. 在一般地区，可采用土壤电阻率指标判定土壤腐蚀性。一般地区土壤腐蚀性评价应符合表 6-22 的规定。

一般地区土壤腐蚀性评价   表 6-22

指标	级别		
	强	中	轻
土壤电阻率（$\Omega \cdot m$）	<20	20～50	>50

3. 当存在细菌腐蚀时，应采用土壤氧化还原电位指标判定土壤腐蚀性。土壤细菌腐

蚀性评价应符合表 6-23 的规定。

土壤细菌腐蚀性评价　　表 6-23

指标	级别			
	强	较强	中	轻
氧化-还原电位(mV)	<100	$100\sim200$	$200\sim400$	>400

6.5.2 干扰腐蚀评价

各国对直流干扰腐蚀的评价标准不尽相同，本条中所介绍的主要是国内目前通用的方法。

1. 直流干扰腐蚀评价应符合下列规定：

（1）管道受到直流干扰程度应采用管地电位正向偏移指标或土壤电位梯度指标判定；

（2）当管道任意点的管地电位较自然电位正向偏移大于 20mV 或管道附近土壤电位梯度大于 0.5mV/m 时，可确认管道受到直流干扰；

（3）直流干扰程度评价，应符合表 6-24 的规定；当管地电位偏移值难以测取时，可采用土壤电位梯度指标评价，并应符合表 6-25 的规定；

直流干扰程度评价　　表 6-24

直流干扰程度	强	中	弱
管地电位正向偏移值 （mV）	>200	$20\sim200$	<20

杂散电流强弱程度的评价　　表 6-25

杂散电流强弱程度	强	中	弱
土壤电位梯度 （mV/m）	>5.0	$0.5\sim5.0$	<0.5

（4）当管道任意点的管地电位较自然电位正向偏移大于 100mV 或管道附近土壤的地电位梯度大于 2.5mV/m 时，应采取防护措施。

2. 当管道上的交流干扰电压高于 4V 时，应采用交流电流密度进行评估，并应符合下列规定：

（1）石油沥青防腐层埋地管道受到交流干扰程度应采用管道交流干扰电压指标判定，交流干扰腐蚀评价应符合表 6-26 的规定；

交流干扰腐蚀评价　　表 6-26

土壤类型	严重程度（级别）		
	强	中	弱
	判断指标（V）		
碱性土壤	>20	$10\sim20$	<10
中性土壤	>15	$8\sim15$	<8
酸性土壤	>10	$6\sim10$	<6

（2）交流电对环氧类、聚乙烯等高性能防腐层埋地管道的干扰可按 15V 交流开路电压进行判定，在保证操作人员有安全防护措施时，判断指标可适当放宽。

6.5.3 防腐层评价

1. 管道防腐层缺陷评价应符合国家现行标准《钢制管道及储罐腐蚀评价标准 埋地钢质管道外腐蚀直接评价》SY/T 0087.1 的规定，按照表 6-27 的检测方法对防腐层缺陷进行评价。

（1）交流电位梯度法（alternating current voltage gradient survey，ACVG），是一种通过测量沿着管道或管道两侧的由防腐层破损点泄漏的交流电流在地表所产生的地电位梯度变化，来确定防腐层缺陷位置的地表测量方法。城镇环境广泛使用的 Pearson 法是交流电位梯度法的一种，主要用于探测和定位埋地管道防腐层上的缺陷，该方法的特点是接收机轻便，检测速度较快，自带信号发射机、能对防腐层破损点进行精确定位，不受阴极保护系统的影响。

（2）直流电位梯度法（direct current voltage gradient survey，DCVG），是一种通过测量沿着管道或管道两侧的由防腐层破损点泄漏的直流电流在地表所产生的地电位梯度变化，来确定防腐层缺陷位置、大小、形态以及表征腐蚀活性的地表测量方法，该方法的特点是不受交流电干扰，不需拖拉电缆，受地貌影响最小，准确度高，但不能判断剥离。

（3）交流电流衰减法（alternating current attenuation survey），一种在现场应用电磁感应原理，采用专用仪器（如管道电流测绘系统，简称 PCM）测量管内信号电流产生的电磁辐射，通过测量出的信号电流衰减变化，来评价管道防腐层总体情况的地表测量方法。收集到的数据可能包括管道位置、埋深、异常位置和异常类型，该方法的特点是破损点定位精度和精测效率取决于检测间隔距离的大小，不能判断破损程度和剥离，易受外界电流的干扰。

（4）密间隔电位测量（close-interval potential survey，CIPS），一种沿着管顶地表，以密间隔（一般 1～3m）移动参比电极测量管地电位的方法，该方法的特点是可给出缺陷位置、大小和严重程度，同时给出阴极保护效果和前保护部位（此部位管道本体可能已发生腐蚀）。

防腐层缺陷评价　　　　　　　　　　　　　　　　　表 6-27

级别 检测方法	轻	中	严重
交流电位梯度法 （ACVG）	低电压降	中等电压降	高电压降
直流电位梯度法 （DCVG）	电位梯度 IR% 较小，CP 在通/断电时处于阴极状态	电位梯度 IR% 中等，CP 在断电时处于中性状态	电位梯度 IR% 较大，CP 在通/断电时处于阳极状态
交流电流衰减法 （PCM）	单位长度衰减量小	单位长度衰减量中等	单位长度衰减量较大
密间隔电位法 （CIPS）	通/断电电位轻微负于阴极保护电位准则	通/断电电位中等偏离并正于阴极保护电位准则	通/断电电位大幅偏离并正于阴极保护电位准则

2. 防腐层绝缘性能评价应符合下列规定：

（1）石油沥青防腐层绝缘性能检测评价应符合国家现行标准《埋地钢质管道外防腐层修复技术规范》SY/T 5918 的规定，按照表 6-28 的检测方法对防腐层绝缘性能进行评价。

电流-电位法，即外加电流法，测得的外防腐层绝缘电阻实质上是三部分电阻的总和，即防腐层本身的电阻、阴极极化电阻、土壤过渡电阻。

变频-选频法的理论基础是利用高频信号传输的经典理论，确定高频信号沿管道-大地回路传输的数学模型。通常对管道施加一个激励电信号，根据由此在管道中引起的某种电参数的相应变化或沿管道纵向传输过程中的衰减变化，可求得管道防腐层绝缘电阻。

防腐层绝缘性能评价 表 6-28

检测方法及表现 ＼ 防腐层等级	一级（优）	二级（良）	三级（可）	四级（差）	五级（劣）
电流-电位法测电阻率（Ω·m²）	≥5000	2500≤Rg<5000	1500≤Rg<2500	500≤Rg<1500	<500
选频-变频法测电阻率（Ω·m²）	≥10000	6000≤Rg<10000	3000≤Rg<6000	1000≤Rg<3000	<1000
老化程度及表现	基本无老化	老化轻微，无剥离和损伤	老化较轻，基本完整，沥青发脆	老化较严重，有剥离和较严重的吸水现象	老化和剥离严重，轻剥即掉

（2）对环氧类、聚乙烯等高性能防腐层的绝缘性能可采用电流-电位法或交流电流衰减法进行定性评价。

6.5.4 阴极保护效果评价

阴极保护状况可采用管道极化电位进行评价。

1. 阴极保护系统的保护效果应达到下列指标之一：

（1）施加阴极保护后，使用铜-饱和硫酸铜参比电极（以下简称 CSE）测得的管/地界面极化电位至少应达到−850mV 或更负；

（2）断电法测得管道相对于 CSE 的极化电位应达到−850mV 或更负；

（3）在阴极保护极化形成或衰减时，测得被保护管道表面与接触土壤的、稳定的 CSE 极之间的阴极极化电位值不应小于 100mV。

2. 存在细菌腐蚀时，管道极化电位值应达到−950mV 或更负（相对于 CSE）。

3. 在土壤电阻率为 100Ω·m 至 1000Ω·m 环境中，管道极化电位值应达到−750mV 或更负（相对于 CSE）；当土壤电阻率大于 1000Ω·m 时，管道极化电位值应达到−650mV 或更负（相对于 CSE）。

4. 阴极保护的管/地界面极化电位不应过负，以避免被保护管道防腐层产生阴极剥离；对于高强度钢，阴极保护的管/地界面极化电位不应负于其析氢电位。

6.5.5 管体腐蚀损伤评价

1. 管体腐蚀损伤评价应符合国家现行标准《钢制管道及储罐腐蚀评价标准 埋地钢质管道外腐蚀直接评价》SY/T 0087.1 的规定。

2. 金属腐蚀性评价的指标应符合表 6-29 的规定。

金属腐蚀性的评价指标 表 6-29

指标	级别			
	严重	重	中	轻
最大点蚀速率(mm/a)	>2.438	0.611~2.438	0.305~0.611	<0.305

3. 金属腐蚀损伤的评价指标应符合表 6-30 的规定。

金属腐蚀损伤的评价指标 表 6-30

评价方法		评价等级					
		I	II A	II B	III	IV A	IV B	V
1	剩余壁厚评价	$T_{mm}>0.9T_0$	$T_{mm}/T_0=0.9\sim0.2$					$T_{mm}\leq0.2T_0$ 或 $T_{mm}\leq2mm$
2	危险截面评价	—	$T_{mm}>T_{min}$			$T_{mm}\leq0.5T_{min}$ 或 危险截面超标		
3	剩余强度评价	—	—	RSF≥0.9	RSF=05~<0.9	RSF<0.5		
处理建议		继续使用	监控		降压使用	计划维修		立即维修

6.6 干扰防护

6.6.1 一般规定

1. 当燃气管道与电力输配系统、电气化轨道交通系统、其他阴极保护系统或其他干扰源接近时,应进行实地调查,判断干扰的主要类型和影响程度。

2. 干扰防护应按以排流保护为主,综合治理、共同防护的原则进行。排流保护是交、直流干扰防护的主要措施,但对于干扰严重或干扰状况复杂的场合,应以排流保护为主并采取其他相应措施进行综合治理。共同防护是指处于同一干扰区域的不同产权归属的埋地管道、通信等构筑物,宜由被干扰方、干扰源方及其他有关的代表组成防干扰协调机构,联合设防、仲裁、处理并协调防干扰问题,以避免在独立进行干扰保护中形成相互间的再生干扰。干扰防护的目标主要有两方面,一是在施工、运行过程中与管道密切接触的人员安全防护;二是管道施工、运行过程中的腐蚀控制防护。

6.6.2 直流干扰的防护

1. 管道直流干扰的调查、测试、防护、效果评定、运行及管理应符合现行行业标准《埋地钢制管道直流排流保护技术标准》SY/T 0017 的有关规定。

2. 直流干扰防护工程实施前,应对直流干扰的方向、强度及直流干扰源与管道位置的关系进行实测,并根据测试结果采取直流排流、极性排流、强制排流、接地排流等一种或多种排流保护方式。

3. 排流保护效果应符合下列规定：

（1）受干扰影响的管道上任意点的管地电位应达到或接近未受干扰前的状态或达到阴极保护电位标准；

（2）受干扰影响的管道的管地电位的负向偏移不宜超过管道防腐层的阴极剥离电位；

（3）对排流保护系统以外的埋地管道或地下金属构筑物的干扰影响小；

（4）当排流效果达不到上列 3 款的要求时，可采用正电位平均值比指标进行评定。排流保护效果评定结果应满足表 6-31 指标要求。

排流保护效果评定　　　　　　　　　　　表 6-31

排流类型	干扰时管地电位(V)	正电位平均值比(%)
直接向干扰源排流（直接排流、极性排流、强制排流方式）	>10	>95
	10～5	>90
	<5	>85
间接向干扰源排流（接地排流方式）	>10	>90
	10～5	>85
	<5	>80

4. 管道采取排流保护措施后，效果经评定未达标的，应进行排流保护的调整。对于经调整仍达不到相关要求或不宜采取常规排流方式的局部管段可采取其他辅助措施。如：加装电绝缘装置，将局部管道从排流系统中分割出来，单独采取措施；也可进行局部管段的防腐层维修、更换，提高防腐等级；除此之外，还可综合在杂散电流路径或相互干扰的构筑物之间实施绝缘或导体屏蔽或设置有源电场屏蔽等。

6.6.3　交流干扰的防护

1. 管道交流干扰的调查、测试、防护、效果评定、运行及管理应符合现行行业标准《埋地钢制管道直流排流保护技术标准》SY/T 0017 的有关规定。

2. 交流干扰防护工程实施前，应进行干扰状况调查测试，测试数据不得少于 1 个干扰周期。除突发性事故外，城市地上、地下轨道交通形成的干扰源具有周期性变化的规律，周期一般不小于 24h。要求干扰腐蚀数据测试至少包括一个周期，目的是使数据全面、真实反应干扰情况。

3. 对同一条或同一系统中的管道，可根据实际情况采用直接接地、负电位接地、固态去耦合器接地等一种或多种防护措施。但所有干扰防护措施均不得对管道阴极保护的有效性造成不利影响。

4. 管道实施干扰防护应达到下列规定：

（1）在土壤电阻率不大于 $25\Omega \cdot m$ 的地方，管道交流干扰电压应小于 4V；在土壤电阻率大于 $25\Omega \cdot m$ 的地方，交流电流密度应小于 $60A/m^2$；

（2）在安装阴极保护电源设备、电位远传设备及测试桩位置处，管道上的持续干扰电压和瞬间干扰电压应小于相应设备所能承受的抗工频干扰电压和抗电强度指标，并应满足安全接触电压的要求。

6.7 燃气管道保温处理

为满足输气工艺的需要，部分燃气工程需减少工艺设备、管道及其附件的能量损失，需用对管道采取保温处理以实现燃气管道系统的安全、平稳运行。燃气工程中常见的保温处理主要是 LNG 低温供气系统的保温工程和部分寒冷地区局部管道及附属设施的保温工程，LNG 工程保温施工现场效果如图 6-13 所示。

图 6-13　LNG 工程保温施工现场效果图

下面以 LNG 保温施工为例，介绍燃气管道保温施工要点。

1. 保温施工的准备条件

（1）在施工前，应在设备及管道的强度试验、气密性试验合格及防腐工程完工后进行；

（2）在有防腐、衬里的工业设备及管道上焊接绝热层的固定件时，焊接及焊后热处理必须在防腐、衬里和试压之前进行；

（3）在雨雪天、寒冷季节施工室外绝热工程时，应采取防雨雪和防冻措施；

（4）绝热层施工前，必须具备下列条件：

1）支承件及固定件就位齐备；

2）设备、管道的支、吊架及结构附件、仪表接管部件等均已安装完毕；

3）电伴热或热介质伴热管均已安装就绪，并经过通电或试压合格；

4）清除被绝热设备及管道表面的油污、铁锈；

5）对设备、管道的安装及焊接、防腐等工序办妥交接手续。

2. 钢管表面预处理

（1）首先用洗涤剂清除钢管表面的油脂和污垢等附着物；

（2）待钢管表面干燥后彻底清除钢管表面的灰尘。

3. 涂低温胶

待钢管表面处理完后，对所有系统低温管道涂上低温胶进行粘接包封，厚度小于 2mm，人工手工涂刷一遍即可。

4. 一次成型工艺

（1）按设计要求，在放好线后，将加工后的模板安装并固定好；

（2）按照比例配制好聚氨酯后，对管道进行浇筑；

（3）30～40min 后，将模板拆除，橡胶模板保证脱模后成型度、密实性良好；

（4）待保温层充分静置 24h 后，再在保温层表面包好厚度为 0.6mm 的铝薄板。

5. 注意事项

（1）由于聚氨酯硬泡保温层浇筑法施工过程为隐蔽施工，其技术、质量、安全应遵循完善手段、强化验收的原则；

（2）浇注法施工作业应满足下列规定：

1）模板规格配套，板面平整；模板易于安装、可拆模板易于拆卸；可拆模板与浇筑聚氨酯硬泡不粘连；

2）应保证模板安装后稳定、牢靠；

3）现场浇注聚氨酯硬泡时，环境气温宜为 15～25℃，高温暴晒下严禁作业；

4）浇筑作业时，风力不宜大于 4 级，作业高度大于 15m 时风力不宜大于 3 级；相对湿度应小于 80%；雨天不得施工。

（3）聚氨酯硬泡原材料及配比应适合于浇筑施工；浇筑施工后聚氨酯发泡对模板产生的鼓胀作用力应尽可能小；为了抵抗浇筑施工时聚氨酯发泡对模板可能产生的较大鼓胀作用力，可在模板外安装加强筋，保证脱模后外层规格；

（4）浇筑结束 30～40min 后，方可拆模。浇筑后的聚氨酯硬泡保温层应充分静置 24h 后，再进行下道工序的施工。

6. 质量控制要点

（1）管道保温所用材料，应按设计要求选用，并应有检测报告和出厂合格证；

（2）管道保温施工前，应按设计要求做好防腐处理；

（3）管道保温工程应在管道的质量检验合格后，方可施工；

（4）聚氨酯的配合比、原材料计量必须符合相关规范和材料生产厂家的要求；

（5）聚氨酯的配制应使用手工搅拌，超过凝结时间的不准使用。

参 考 文 献

[1] 胡士信等. 阴极保护工程手册 [M]. 北京：化学工业出版社，1999

[2] 姜正侯. 燃气工程技术手册 [M]. 上海：同济大学出版社，1993

[3] 米琪等. 管道防腐蚀手册 [M]. 北京：中国建筑工业出版社，1994

[4] 中华人民共和国国家质量监督检验检疫总局. 埋地钢质管道聚乙烯防腐层 [S] GB/T 23257—2017. 北京：中国标准出版社，2009

[5] 中华人民共和国住房和城乡建设部. 城镇燃气输配工程施工及验收规范 [S] CJJ 33—2005. 北京：中国建筑工业出版社，2005

[6] 中华人民共和国住房和城乡建设部. 城镇燃气埋地钢质管道腐蚀控制技术规程 [S] CJJ 95—2013. 北京：中国建筑工业出版社，2014

[7] 中华人民共和国国家质量监督检验检疫总局. 埋地钢质管道阴极保护技术规范 [S] GB/T 21448—2008. 北京：中国标准出版社，2008

[8] 中华人民共和国住房和城乡建设部. 城镇燃气设计规范 [S] GB 50028—2006. 北京：中国建筑工业出版社，2006

7 管道附属设备安装

为了保证管网安全运行，满足检修和接管的需要，必须在管道适当的位置设置阀门、补偿器、排水器等。行业标准《城镇燃气输配工程施工及验收规范》CJJ 33 中，对管道附件与设备安装作出了如下规定：安装前应将管道附件及设备的内部清理干净，不得存有杂物；阀门、凝水缸及补偿器等在正式安装前，应按其产品标准要求单独进行强度和严密性试验，经试验合格的设备、附件应做好标记，并应填写试验记录；试验使用的压力表必须经校验合格，且在有效期内，量程宜为试验压力的 1.5～2.0 倍，阀门试验用压力表的精度等级不得低于 1.5 级；每处安装宜一次完成，安装时不得有再次污染已吹扫完毕管道的操作；管道附件、设备应抬入或吊入安装处，不得采用抛、扔、滚的方式；管道附件、设备安装完毕后，应及时对连接部位进行防腐；阀门、补偿器及调压器等设施严禁参与管道的清扫；凝水缸盖和阀门井盖面与路面的高度差应控制在 0～＋5mm 范围内；管道附件、设备安装完成后，应与管线一起进行严密性试验。

7.1 阀门安装

作为燃气管道中的重要控制设备，阀门用以切断和接通管线，对管道内燃气的压力和流量进行调节。

（1）阀门检查。由于燃气管道的阀门常用于管道的维修，大部分时间处于备而不用的状态，又不便于检修，因此，安装之前应对它的外观质量和严密性进行检查，严密性检查包括强度试验和严密性试验，应对阀门进行逐个检查。

1）外观检查　阀门安装前，应认真核对阀门的规格、型号是否符合设计要求，复核产品的合格证、试验记录等。阀门各部件及密封表面不得有砂眼、裂纹、浇铸不足、气孔等缺陷。

2）强度试验　用水作阀门的强度试验时，将清洁水灌入阀腔内，由放气孔将阀腔内的空气排净，再将阀门法兰垫压紧，使其密封。试验球阀、截止阀、闸阀时，应将阀瓣打开，封闭阀门一端，从另一端进水，逐步升高压力。对于燃气管道阀门，其强度试验的压力为工作压力的 1.5 倍。试验时间不应少于 5min，壳体和填料均无渗漏方合格。

3）严密性试验　使用清洁水对阀门的严密性进行试验。当管道介质为轻质石油产品或温度高于 120℃ 的石油蒸馏产品的阀门，应用煤油进行试验。

阀门试验合格后，将内部积水及时排尽，并在其密封面涂防锈油（需脱脂的阀门除外），关闭阀门，封闭进出口。

阀门的强度试验压力应为公称压力的 1.5 倍；严密性试验压力为公称压力的 1.1 倍；试验压力在试验时间内应保持不变，且壳体填料及阀瓣密封面无渗漏。

（2）阀门井砌筑。为保证管网的安全与操作方便，地下燃气管道上的阀门一般设置在阀门井中。阀门井应坚固耐久，有良好的防水性能，并保证检修时的空间。考虑到人员的安全，井筒不宜过深。阀门井有方形和圆形，采用砖砌或钢筋混凝土筑墙，底板为钢筋混凝土，顶板为预制钢筋混凝土板，构造如图 7-1 所示。阀门井的中心线应与管道平行，尺寸符合设计要求，底板坡向集水坑。防水层应合格，当场地限制无法在阀门井外壁做防水层时，应作内防水。人孔盖板应与地面一致，不可高于或低于地面，以免影响交通。

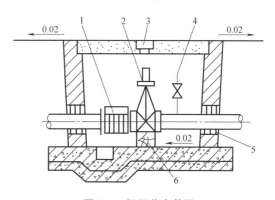

图 7-1　阀门井安装图

1—补偿器；2—阀门；3—阀门井盖；
4—放散阀；5—填料层；6—支墩

（3）阀门安装。阀门的安装需注意以下几点。

1）安装前应检查阀芯的开启度和灵活度，并根据需要对阀体进行清洗、上油。

2）安装有方向性要求的阀门时，阀体上的箭头方向应与燃气流向一致。

3）法兰或螺纹连接的阀门应在关闭状态下安装，法兰阀门应使管端的两片法兰端面平行和同心，螺纹阀门在其下游处应设活接头，以便于检修拆装。焊接阀门应在打开状态下安装。焊接阀门与管道连接焊缝宜采用氩弧焊打底。

4）直径较小的阀门，在运输和使用时不得随手抛掷。安装时，吊装绳索应拴在阀体上，严禁拴在手轮、阀杆或转动机构上。

5）阀门安装时，与阀门连接的法兰应保持平行，其偏差不应大于法兰外径的 1.5‰，且不得大于 2mm。严禁强力组装，安装过程中应保证受力均匀，阀门下部应根据设计要求设置承重支撑。

6）法兰连接时，应使用同一规格的螺栓，并符合设计要求。紧固螺栓时应对称均匀用力，松紧适度，螺栓紧固后螺栓与螺母宜齐平，但不得低于螺母。

7）在阀门井内安装阀门和补偿器时，阀门应与补偿器先组对好，然后与管道上的法兰组对，将螺栓与组对法兰紧固好后方可进行管道与法兰的焊接。

8）阀门的安装位置应保证管道设备及阀门的拆装检修。为了防止阀杆锈蚀，明杆阀门不得埋地。对直埋的阀门，应按设计要求做好阀体、法兰、紧固件及焊口的防腐。

9）安全阀应垂直安装，在安装前必须经法定检验部门检验并铅封。

7.2　附属设备安装

7.2.1　调压器的安装

（1）调压器的合格证上，应有说明，经气压试验、强度和严密性以及进出口压力的调节，均达到质量标准的要求。无以上说明时，不得进行安装。

（2）调压器安装时，应符合下列要求：

1）安装前，应检查调压器外表面不应有粘砂、砂眼、裂纹等缺陷；

2）调压器安装应平正、稳牢，进出口方向不得装错；

3）调压器薄膜的连接管，指挥器的连接管，均应连于调压器出口管道的上方连接管的长度应符合设计要求。

（3）调压器的气密性试验应在管道及其他设备的气密性合格后进行。

1）取下调压板出口处盲板，与进口管道相连。

2）用压缩空气升压至试验压力后稳压。

3）用肥皂水检查调压器各部分，不漏气为合格。

7.2.2　补偿器的安装

为降低管道内输送的燃气温度发生变化所产生的热应力，应设置可调节管段膨胀量的补偿器。主要有填料式补偿器和波形补偿器两种。

1. 填料式补偿器的安装

填料式补偿器安装时应与管道保持同心，不得歪斜，导向支座应保证运行时自由伸缩，不得偏离中心。填料石棉绳应涂石墨粉并应逐圈装入，逐圈压紧，各圈接口应相互错开。应按设计规定的安装长度及温度变化，留有剩余的收缩量，剩余收缩量可按式（7-1）计算，允许偏差应满足产品的安装说明书的要求（图7-2）。

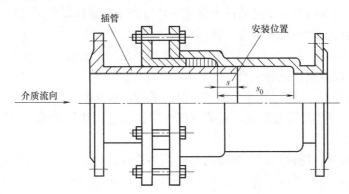

图 7-2　填料式补偿器安装剩余收缩量

$$S=S_0\ \frac{t_1-t_0}{t_2-t_0} \tag{7-1}$$

式中　S——插管与外壳挡圈间的安装剩余收缩量（mm）；

　　　S_0——补偿器的最大行程（mm）；

　　　t_0——室外最低设计温度（℃）；

　　　t_1——补偿器安装时的温度（℃）；

　　　t_2——介质的最高设计温度（℃）。

2. 波形补偿器的安装

在燃气管道系统中，波形补偿器应用最为广泛，其补偿量约为10mm。安装前应按设计规定的补偿量进行预拉伸（压缩），受力应均匀。补偿器应与管道保持同轴，不得偏斜。安装时不得用补偿的变形（轴向、径向、扭转等）来调整管位的安装误差。安装时应设临时约束装置，待管道安装固定后再拆除临时约束装置，并解除限位装置。

为了使波形补偿器的机械性能保持良好，不允许堆放异物在补偿器上。波形补偿器安装于架空管道上时，应将钢支架预先制作好（如图7-3），安装于地下管道上时，应置于设有排水装置和活动井盖的窨井内，以供检修（如图7-4）。

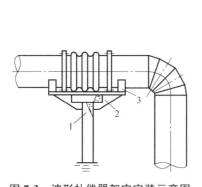

图7-3　波形补偿器架空安装示意图

1—架空水泥桩架；2—钢制支承架；

3—120°托架

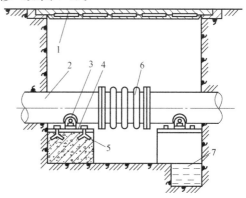

图7-4　波形补偿器地下安装示意图

1—窨井盖；2—地下管道；3—滑轮组（120°）；4—预埋钢；

5—钢筋混凝土基础；6—波形补偿器；7—集水坑

7.2.3　排水器

　　为排除燃气管道中的冷凝水和石油伴生气管道中的轻质油，管道敷设时应有一定坡度，以便在低处设排水器，将汇集的水或油排出。其选型和构造取决于管道所输送的燃气压力和凝水量等。一般在经干燥处理的燃气管道上设置小容量的排水器，用于排除施工时进入管道内的水。在进行管道维修时，排水器上的排水管也可作吹扫管道和置换通气用。

　　设置在低压燃气管道上的排水器（图7-5），应妥善做好防腐措施，使用后定期用泵等抽走凝液。设置在中高压燃气管道上的排水器（图7-6），为了使排水管和燃气管道间

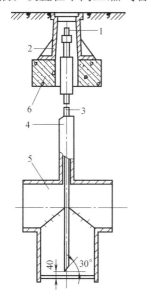

图7-5　低压排水器

1—丝堵；2—防护罩；3—抽水管；

4—套管；5—集水器；6—底座

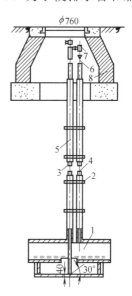

图7-6　高、中压排水器

1—集水器；2—管卡；3—排水管；4—循环管；

5—套管；6—旋塞；7—丝堵；8—井圈

的压力平衡，将排水管设置在套管中，上部开一个直径为 2mm 的小孔，这样，凝结水不会沿着排水管上升，确保管内不会剩余凝液而冻结。

参 考 文 献

［1］ 李公藩. 燃气管道工程施工［M］. 北京：中国计划出版社，2001
［2］ 花景新. 燃气工程施工［M］. 北京：化学工业出版社，2010
［3］ 戴路. 燃气输配工程施工技术［M］. 北京：中国建筑工业出版社，2006
［4］ 丁崇功. 燃气管道工［M］. 北京：化学工业出版社，2008
［5］ 王洁蕾. 市政燃气热力施工员［M］. 北京：中国建材工业出版社，2010

8 穿越、跨越工程施工

燃气管道的路由经常会遇到河流、道路、湖泊等自然障碍物，综合建设及运营维护的投资、管理等因素，管道施工通常会涉及穿越、跨越工程，以实现管道建设方案的最优化。一般在穿跨越施工时考虑的因素有以下几种：

1. 减少对施工地点周边居民生活的影响；

2. 开挖施工无法进行或者开挖难以审批的场合；

3. 通过穿跨越可以有效避让施工地点的其他管线等障碍物，减少施工协调及对其他管线设施的影响；

4. 有较好的经济效益和社会效益。

根据现场的施工条件，穿跨越一般根据施工现场的条件可选择不同的施工方案，穿跨越工程常用的施工方法有围堰法、沉管法、顶管法、水平定向钻法、水上跨越等方法，其中围堰法、沉管法用于水下穿越工程施工；顶管法、水平定向钻法可用于穿越河流、铁路和道路施工；跨越铁路、道路施工可以参考水上跨越施工方法。

8.1 水下穿越施工一般要求

（1）水下穿越施工前的准备工作：

1）江、湖水下管道敷设施工方案及设计文件应报请河道管理或水利管理部门审查批准，施工组织设计应征得上述部门同意；

2）主管部门批准的对江、湖的断流、断航、航管等措施，应预先公告；

3）工程开工时，应在敷设管道位置的两侧水体各50m距离处设警戒标志；

4）施工时应严格遵守国家及行业现行的水上水下作业安全操作规程。管道穿越江湖的长度、位置、埋深、防腐绝缘等级、稳管措施及管道结构形式等均按设计规定执行。

（2）测量放线应符合下列要求：

1）管槽开挖前，应测出管道轴线，并在两岸管道轴线上设置固定醒目的岸标，岸标上设电灯。施工时岸上设专人用测量仪器观测，校正管道施工位置，检测沟槽超挖，欠挖情况；

2）水面管道轴线上每隔50m左右抛设一个浮标标示位置，作为作业平面定位依据；

3）两岸各设置水尺一把，水尺零点标高要经常检测，作为开挖标高的测量依据。

（3）沟槽开挖应符合下列要求：

1）沟槽宽度及边坡坡度应按设计规定执行，在设计无规定时，由施工单位根据水底泥土流动性和挖沟方法在施工组织设计中确定，但最小沟底宽度应大于管子外径1m；

2）两岸没有泥土堆放场地时，应使用驳船装载泥土运走。在水流较大的江中施工，且没有特别环保要求时，开挖泥土可排至河道中，任水流冲走；

3）水下沟槽挖好后，应做沟底标高测量。一般按 3m 间距测量，当标高符合设计要求后即可下管。若挖深不够应补挖；若超挖应用砂或小块卵石补到设计标高。

（4）施工前应对管材及防腐质量进行检验。

1）所使用的管材按相关规范的要求进行检验，合格后方可使用。钢管防腐按设计要求施工，下管前做电火花防腐绝缘检查，不合格要重新处理；

2）对于钢管，根据所用的防腐材料按规范的要求对防腐质量进行检验，合格后方可使用。

（5）管道组装应符合下列要求：

1）在岸上将管道组装成管段，以减少在水面上的施工，管段长度宜控制在50～80m；

2）组装完成后，焊缝须经 100% 射线探伤，焊缝质量达到 Ⅱ 级以上。然后按规范相关要求进行强度试验，合格后按设计要求加焊加强钢箍套；

3）对焊口按规范进行防腐（补口）并进行质量检查。

（6）组装后管段采用下水滑道用拖轮牵引下水，置于浮箱平台，并调整至管道设计轴线水面上，组装整管。对整体组装的焊口经探伤、拍片、防腐等处理合格后，再按设计技术要求进行一次强度试验。

（7）稳管与沉管应符合下列要求：

1）稳管措施按设计要求执行。当使用平衡重块时，重块与钢管之间应加橡胶隔垫，防止损伤钢管防腐层；当采用复壁管时，应在管线过江、湖后，才向复壁管环形空间灌水泥浆；

2）沉管时，应谨慎操作牵引起重设备，松缆与起吊均应逐点分步分别进行；各定位船舶须严格执行统一指令，避免管线下沉速度不均导致倾斜。须经观测仪器检测管道各吊点的位置与管槽设计轴线一致时，管道才能下沉入槽；

3）管道入槽后，应派潜水员下水检查调平。最后做气密试验；

4）按规范的要求对管道进行整体强度试验和气密试验。

（8）管道试验合格后即采用砂卵石回填。回填时先填管道拐弯处使之固定，然后再均匀回填沟槽。

（9）沟槽回填完毕后，按规范的要求对管线进行吹扫。

8.2 围堰法施工

在管道穿越河流施工中，设计有时采用河道截流围堰施工，这种施工方法这对河道的防汛、通航都会产生一定不良影响。特别在防汛期间，由于河道的防汛要求，围堰施工无法实施，影响了工程进度。因此在选用围堰法施工时应注意选择工期，避免汛期施工增加施工难度和施工成本。

8.2.1 土方截流围堰施工原理

土方截流围堰施工是河道围堰施工的常规方法之一。在围堰施工中采取围堰断流的方法，即从河道两边取土，填入河道中将河道断流，并将土方压实，再用打桩机沿管位打设拉伸板桩，两排桩宽度一般为 1.5m 左右，采用路基板向河道中心推进，拉伸板桩具体打设长度根据施工现场河口宽度而定。在管沟开挖过程中，由于开挖深度较深，一般为 4～

5m，板桩受到两侧土压较大，故在开挖过程中需对板桩进行支撑围护，以平衡土压，如图 8-1 所示，当围堰水域面积较小不会引起围堰坍塌时，可不用支撑维护，如图 8-2 所示。

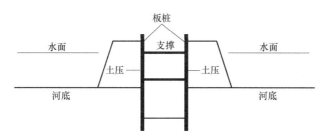

图 8-1 土方节流围堰施工示意图

图 8-2 土方节流围堰施工现场图

8.2.2 围堰法施工流程

1. 依照实际，进行详细周密的施工前期准备工作

（1）做好必要的基础资料测试、收集

查看现场水文地质情况，选择、准备好合适的材料。围堰工程断面及结构设计时一般只考虑压力与水深成线性函数关系，但在具体施工中，必须结合工程的综合环境因素予以考虑。因此，必须加强对施工区域水底土质、环境气候、水深、风力等情况的了解，研究核实工程的图纸设计，为制定切实可行的施工组织设计打好基础，进行现场踏勘；

（2）组织项目团队

因围堰施工的作业经常在船上且水面、风力等变化因素较多，操作不慎不仅影响围堰结构安全同时也容易发生倾覆等危险。故对工程的现场管理及施工操作提出了较高要求，在团队组建时一般要求有丰富施工及管理经验的人员参与；

（3）进行必要的材料、机械设备的准备

湖底土质不同，土方填筑的方式、要求不同，要有相应不同要求的挖掘设备、运输设备及围堰所必须的材料。

2. 因地制宜，制定切实可行的施工方法

受地理条件的限制以及地理条件的不同，相同的工程可能不能采用相同施工方案，只

得因地制宜采用安全性低的方案，围堰工程的主要作用是截流、挡水，为后续工程创造施工条件。围堰的施工一般经过定位放样、打桩、扎竹排、筑入土方、土袋保护、抽水、加固等几个环节。当然，根据具体情况的不同，其中有些工序的施工次序须进行相应的调整。

图 8-3　定位放样现场图

（1）定位放样

根据图纸、基槽（坑）开挖放坡程度及工作面等进行测量放样，确定出围堰位置。受静水总压力及受力中心的影响，结合经济适用的设计原则，其断面一般按水深 1m、坝宽 2～2.5m 推算，而一条围堰的中心部位常采用圆弧形。以减少水的侧压力，该处往往成为整个围堰工程安全的关键，现场定位图如图 8-3 所示。

（2）打桩

围堰桩一般采用毛竹、圆木、钢管、钢板（工字钢、槽钢）等，视土质、水深而定。土质较好，水深在 2.5m 以内，宜采用毛竹或钢管桩较经济、合理。其施工方法是，间隔 50～100cm 打入长 3～4m 双向毛竹或钢管桩，入土 50～100cm 左右，出水 50cm 左右，再用钢丝或线材进行纵向、横向牵制固定，使整个围堰联成一个整体，围堰打桩现场施工图如图 8-4 所示。

图 8-4　围堰打桩现场施工图

土质较差或水较深时，围堰的施工相对而言难度较大。围堰桩材料一般用槽钢或工字钢等，这种方法较为普遍，但一次性成本较高；另外，可采用毛竹及钢管相间打桩的方法，用钢管、扣件进行纵向横向联接，并增加桩的密度及深度。这种方法较经济适用，但对施工细节（如间距的大小、入土的深浅、纵向横向的固定等）必须经过测算和计划。

（3）绑扎竹排

用人工或机械钉好桩后（含纵向横向联接），在筑入土方前必须铺设土工布或绑扎竹排，以防止土方流失及成形围堰的塌陷，同时，对围堰的整体防风浪也起到较好的效果，绑扎竹排现场如图8-5所示。

（4）筑入土方

筑入土方的方法基本有两种，一是沿边挖取筑入黏性土。二是外运土筑入。对土质较好，沿边可取土的，在围堰线5～8m外，用挖泥船筑入，具体施工时，可视断面方量、作业船的宽度及操作半径而定。在沿边取土方量不够时，可先用敞底式运泥船筑入一层土方，再沿边取土。对围堰桩内土基较差、沿边非硬质黏性土时，必须采用外运土，严禁用淤质土、流

图8-5 绑扎竹排现场图

沙土、黑泥等筑入。施工时需注意两点事项，一是围堰底土质较差时，在绑扎竹排前必须先筑入一定土方把表面的淤泥、黑泥等先挤至竹桩外侧，以防淤泥等最后集中夹在坝体内，形成安全隐患。二是筑入土方时，分层进行，以确保坝的稳定。

图8-6 围堰护边现场图

（5）护边

筑入土方一出水面，两边须用土袋加固，以防风浪冲刷，同时，视围堰的质保期限，采用相应的口袋，围堰护边现场如图8-6所示。

（6）抽水

土方筑出水面1～2m后，即可安排水泵进行排水。需根据总水量及出水量安排动力，同时，需特别注意的是，围堰内排水不可一次性到底，必须阶段性地进行，在水位下降30～50cm左右时停顿一下，以逐步使围堰稳定。同时，在抽水过程中，必须加强观察，一发现异常，必须采取相应的补救措施。

（7）加固及保护

抽水结束后，可根据围堰的实际情况进行加高或内、外侧加固，直至成形，同时加强巡查。

3．施工中应注意的有关细节

（1）围堰的合拢点应选在下游；

（2）填筑堰堤的材料采用抗渗性能较好的土，以利阻水、减少漏水、渗水；

（3）当水深无法正常清淤除杂时，土袋的投放速度和筑土速度不宜过快，应尽可能利用土袋和筑土把淤泥挤跑；

（4）为保证围堰的质量和稳定性、有效抵抗河水的压力，堰堤应筑成向迎水面拱的弧形；

（5）对筑成围堰的渗漏情况的处理，特别是采用道渣填筑围堰时，必须加强含泥量及道渣粒径的控制，在出现渗漏时，在临水面筑入黏性土，形成防渗前戗；

（6）对受风浪影响较大的围堰工程，除上述施工防护措施外，可另加一道防浪层，可采用挂柳、挂枕、或竹木排等常用方法，以减缓风浪的破坏；

（7）对施工期间较长（一年以上）的围堰工程，在筑成后，其外侧需用干砌石护坡（下面铺土工布）；

（8）为应对紧急情况，应备足土袋、斗车和木桩等应急物资设备；相关管理人员保证24h内能够联系上并随时到场；组织好应急救助队伍等准备工作。

8.3　沉管法施工

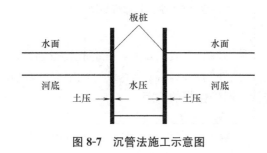

图 8-7　沉管法施工示意图

8.3.1　沉管法施工原理

沉管法施工的原理是利用水压、土压自然平衡，即在打桩开挖过程中，水压、土压自然平衡，使拉伸板桩基本处于不受力的平衡状态，从而减少了取土断流和支撑围护等工序，如图 8-7 所示，现场施工图如图 8-8 所示。

图 8-8　沉管法现场施工图

8.3.2　沉管法施工工艺流程

河道沉管法施工工艺流程主要包括测线放样、管线组焊、打设板桩、水下开挖、吊装沉管、压管回填、拔桩复原等。

1. 测线放样

根据图纸和领桩资料对施工现场的管位进行测线放样工作。

2. 管线组焊

沉管段管线按照设计图纸在岸上进行组对焊接，焊口按设计要求进行无损探伤和焊口防腐蚀处理，管线组焊施工现场如图 8-9 所示。

3. 打设板桩

采用打桩机打设拉伸板桩，两排板桩的宽度一般为 1.5m 左右，用路基箱板从河道边向河道中心推进，采用小支口形式、12m 的拉伸板桩，打桩时确保拉伸板桩之间的咬口完好，确保拉伸板桩有较好的整体连接刚度。

从安全和施工难度上考虑，采用在河道两侧距堤岸 0.2～0.4m 处挖土，以增加桩基在泥土中的深度，提升拉伸板桩整体的稳固性。

图 8-9 管线组焊施工现场图

4. 水下开挖

一般采用 2 台长臂挖机从河道中心向两侧进行管沟开挖，边开挖边对河底管沟标高进行测量，保证一次开挖到位。同时在开挖过程中对不同位置的管位标高进行复测，保证管底标高达到设计要求。

图 8-10 吊装沉管施工现场图

5. 吊装沉管

为确保管位标高，开挖到位后即进行吊装沉管。根据管段的长度和重量用不少于 2 台吊装设备整体吊放入管沟水面上，再用经过滤的河水向管道内注水，使管体缓慢沉入管沟，吊装沉管现场施工如图 8-10 所示。

6. 压管回填

将预制好的钢筋混凝土压块用吊车密布放置于河底管道顶部，河道两岸管道用防浮桩加以固定。再进行回填土至原河道标高，最后用水泵将管道内水抽干压管回填施工，如图 8-11 所示。

图 8-11 压管施工现场图

7. 拔桩复原

用拔桩机从河道中心拔除板桩。施工完成后恢复河道两侧堤坝原貌，并对两岸进行水工保护。

8.3.3 沉管法特点

1. 沉管法最大优势就是能在一年四季任何时候进行施工，它不受季节、汛期的影响，而传统的截流围堰法在汛期施工对河道影响较大，甚至有时因防汛要求而无法施工。

2. 沉管法的施工周期比截流围堰法短。因为沉管法不需取土截流、撤堰、清淤等工序。

3. 河道沉管法施工比截流围堰法更受河道管理部门的肯定。由于不用截流而使河道河水畅通，减少汛期对河道管理部门的压力；由于不用取土截流而对河道影响破坏小，不影响河道河底标高，不用对河道进行清理。

4. 沉管法施工由于不需从河道周边取土用以截流，因而比截流围堰法施工减少了对河道周边的影响，施工作业面也相对缩小。

5. 沉管法施工与截流围堰法相比也有其缺点：一是水下开挖时管底标高不易控制，水下开挖过程中沟底的不平整造成测量沟底标高控制的随机性，施工过程中可能出现沉管结束后发现标高未达到设计要求，造成重复施工。二是注水沉管影响管内清洁度，注水沉管时抽取的水中含有泥沙，以及水对管道内壁的腐蚀都会影响管内清洁度。

8.4 顶管法

8.4.1 顶管法概述

顶管法施工是属于一种暗挖式施工技术，就是在工作坑内借助于顶进设备产生的顶力，克服管道与周围土壤的摩擦力，将管道按设计的坡度顶入土中，并将土方运走。一节管子完成顶入土层之后，再下第二节管子继续顶进。其原理是借助于主顶油缸及管道间、中继间等推力，把工具管或掘进机从工作坑内穿过土层一直推进到接收坑内吊起。管道紧随工具管或掘进机后，埋设在两坑之间。最早于 1896 年美国北太平洋铁路铺设工程中应用，已有百年历史。20 世纪 60 年代在世界各国推广应用；近 20 年，日本开发了土压平衡、水压平衡顶管机等先进顶管机头和工法；中国 20 世纪 50 年代从北京、上海开始试用。在穿过已成建筑物、交通线下面的涵管或河流、湖泊中被广泛使用，燃气工程中顶管施工一般是指对燃气管道外的套管顶管施工。

根据挖掘面是否密闭，将顶管施工方式分为敞开式与封闭式两大类。敞开式顶管有挖掘式（手掘式/机掘式/钻爆式）、挤压式、网格式、水冲式等。封闭式顶管有泥水平衡、土压平衡、气压平衡等。

顶管施工的特点：

（1）适用于软土或富水软土层；

（2）无需明挖土方，对地面影响小；

（3）设备少、工序简单、工期短、造价低、速度快；

（4）适用于中型管道管道施工；

（5）大直径、超长顶进、纠偏困难。可穿越公路、铁路、河流、地面建筑物进行地下管道施工。

（6）可以在很深的地下铺设管道。

8.4.2 顶管施工的设备组成

顶管施工的设备包括顶进设备、掘进机（工具管）、中继环、工程管、排土设备等5部分组成。

1. 顶进设备

主顶进系统包括主油缸、千斤顶、主油泵、顶铁、导轨和中继间。主油缸一般有2～8只，行程1～1.5m，顶力300～1000t/只；千斤顶的顶力不宜过大；主油泵的工作压力为32～45～50MPa，还包括操纵台和高压油管；顶铁是用来弥补油缸行程不足，厚度应小于油缸行程；导轨是作为顶管的导向机构；中继间包括有中继油缸、中继油泵或主油泵。

2. 掘进机

掘进机按挖土方式和平衡土体方式不同分为：手工挖土掘进机、挤压掘进机、气压平衡掘进机、泥水平衡掘进机、土压平衡掘进机。

无刀盘的泥水平衡顶管机又称为工具管，是顶管关键设备，安装在管道最前端，外形与管道相似，结构为三段双铰管。具有破土、定向、纠偏、防止塌方、出泥等功能。包括冲泥仓（前）、操作室（中）、控制室（后）设水平铰链和上下纠偏油缸，调上下方向（即坡度）。设垂直铰链和水平纠偏油缸，调左右方向（水平曲线）、泥浆环、控制室、左右调节油缸、上下调节油缸、操作室、吸泥管、冲泥仓、栅格、工具管结构。

3. 中继环

在中继环成环形布置若干中继油缸，油缸行程200mm。中继环油缸工作时，后面的管段成了后座，将前面相邻管段推向前方，分段克服侧面摩擦力。

4. 工程管

管道主体一般为圆形，直径多为1.5～3m。长度2～4m。燃气管道顶管施工工程管理常用钢管。

5. 排土设备

可以采用人工出土、螺旋输送机、泥水平衡、泥水加气平衡顶管机等排土设备。

8.4.3 技术要求

1. 顶力计算

管道顶进应估算总顶力。顶进总阻力可采用当地经验公式或参考下式确定：

$$F = K\pi D_1 L f_k + N_F \tag{8-1}$$

式中　F——顶管所需总顶力（kN）；

　　　D_1——管道外径（m）；

　　　L——管道顶进长度（m）；

　　　f_k——管外壁单位面积与土体的平均摩阻力（kN/m²），可通过试验确定或按表8-1

选用；

K——润滑泥浆减阻系数，根据润滑泥浆的质量、饱满程度，酌情取值为 $0.3\sim0.8$；

N_F——顶管迎面阻力（kN），不同类型掘进机的迎面阻力宜按表 8-2 选择计算公式

管外壁单位面积平均摩擦阻力 f_k（kN/m²）　　　　　　表 8-1

管材 ＼ 土类	黏性土	粉土	粉、细砂土	中、粗砂土
钢筋混凝土管	3.0～5.0	5.0～8.0	8.0～11.0	11.0～160
钢管	3.0～4.0	4.0～7.0	7.0～10.0	10.0～13.0
玻璃纤维管	2.4～3.2	3.2～5.6	5.6～8.0	8.0～10.4

迎面阻力（N_F）的计算公式　　　　　　表 8-2

顶进方式	迎面阻力 N_p(kN)	式中符号
敞开式	$N_F=\pi(D_g-t)tR$	D_g=顶管机外径(m)；
挤压式	$N_F=\frac{\pi}{4}D_g^2(1-e)R$	t——工具管刃口厚度(m)；
网格挤压式	$N_F=\frac{\pi}{4}D_g^2aR$	R——挤压阻力(kN/m²)，可取300～500kN/m²； e——开口率；
气压平衡式	$N_F=\frac{\pi}{4}D_g^2(aR+P_n)$	a——网格截面参数，可取 $a=0.6\sim1.0$；
土压平衡式 泥水平衡式	$N_F=\frac{\pi}{4}D_g^2P$	P_n——控制气压(kN/m²)； P——土舱控制压力

2. 工作坑的技术要求

顶管工作坑包括顶进坑与接收坑。顶管工作坑须考虑支护结构、支护强度、长度、宽度、深度等。特殊用途的工作坑，应符合城市规划设计的要求。完成所有工作后，须尽快进行工作坑的回填处理。工作坑在制作与使用过程中，须保证稳定。

工作坑选址应考虑以下因素：管道上井室的位置；排水、出土和运输的便利；对周围建（构）筑物的影响最小；避让地上、地下建（构）筑物、障碍物或易于对地上、地下建（构）筑物保护的位置；靠近电源、水源；交通运输方便；避让居民区、高压线、文物保护区；当管线坡度较大时，顶进坑宜设置在顶进管道的较深一端；在有曲线又有直线的顶管中，顶进坑宜设置在直线端。

3. 纠偏措施

（1）在顶进过程中有严格的放样复核制度，并做好原始记录。顶进前必须遵守严格的放样复测制度，坚持三级复测：施工组测量员→项目管理部→监理工程师，确保测量万无一失；

（2）布设在工作井后方的仪座必须避免顶进时移位和变形，必须定时复测并及时调整；

（3）顶进纠偏必须勤测量、多微调，纠偏角度应保持在 $10'\sim20'$ 不得大于 $0.5°$。并设置偏差警戒线；

（4）初始推进阶段，方向主要是主顶油缸控制，因此，一方面要减慢主顶推进速度，另一方面要不断调整油缸编组和机头纠偏；

（5）开始顶进前必须制定坡度计划，对每 1m、每节管的位置、标高需事先计算，确

保顶进时正确，以最终符合设计坡度要求和质量标准为原则；

（6）平面纠偏，采用经纬仪测量检查，高程偏差采用水准仪测量。测量的频率一般每天四次，出洞前更要勤测量（附平面布置图）。

8.4.4 施工工艺流程图

顶管施工工艺流程如图 8-12 所示。

1. 施工准备

保护涵定位，施工征地，场地内管线改移、防护，三通一平完成，顶管中的所有设备在顶管前三天前要全部到场，包括：吊车、空压机、注浆机、油压泵、水泵等，动力和照明电缆线要全部按要求铺设到位，所有顶管施工人员要全部到场，同时监控量测布点，测出初始值。对工作井处筑岛封堵防护抽水，防止河水灌入基坑。

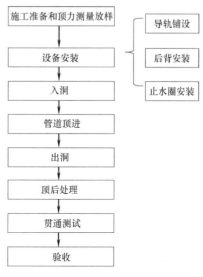

图 8-12 顶管施工工艺流程图

2. 测量放样

顶管管线放线是保证顶管轴线正确的关键。放线准确就能保证顶管机按设计要求顺利进洞，满足施工质量要求；反之，就可能造成顶管轴线偏差，影响工程进度和工程质量，同时也会造成顶进时设备损坏，使顶管停顿。顶管管线放线，就是将工作井出洞口和接收入井进洞口的点正确引入工作井内，指导顶管顶进的方向和距离。从理论上讲，工作井和接收入井的坐标和标高在沉井下沉时都已明确，通过计算很容易确定。然而由于沉井下沉时的误差，这样从理论上计算放出的线就不一定符合。目前，顶管管线放线常常是根据工作井和接收井的实际位置，按设计要求，通过测量实际放出管线位置。

3. 设备安装

顶管设备安装包括导轨铺设、后背安装和止水圈安装，如图 8-13 所示。

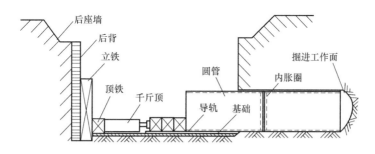

图 8-13 顶管设备安装图

（1）导轨铺设

基坑导轨是安装在工作井内为管子出洞提供一个基准的设备。对管材有支撑和导向两个作用。基坑导轨有普通导轨和复合导轨两种。普通导轨适用于小口径顶管，导轨要求具备坚固、挺直，管子压上去不变形等特征。复合型导轨有两个工作面，分别支撑顶铁与管道，如图 8-14 所示。导轨安放在混凝土基础面上，导轨定位时必须稳固、准确，在顶进

图 8-14 顶管施工现场施工图

过程中承受各种荷载时不移位、不变形、不沉降，两根轨道必须相互平行、等高，导轨面上的中心标高按顶管管内底标高设置。在顶进中经常观测调整，以确保顶进轴线的精度，导轨安放前先校核管道中心位置；

（2）后背安装

主顶千斤顶与后背墙之间应设置后背。后背墙与后背土三者共同承担管道顶进的反作用力。后背面积的大小应能使后背墙后的土体承载能力满足最大顶力要求。后背要有足够的强度能承受主顶千斤顶的最大反作用力而不致破坏。后背定位可采用挂线法；

（3）止水圈安装

顶管应安装洞口止水圈。洞口处应设置止水墙，洞口止水圈应安装在止水墙上。安装时将止水圈装置初步就位，临时固定在进洞孔井壁上，然后推进机头至止水圈，根据掘进机外圆与止水圈内圆的周边等距离来固定止水圈，确保止水圈中心与管道纵轴线一致。

4. 入洞

顶管机入洞步骤：机头被主顶顶入洞口止水钢橡护套内，穿过内衬混凝土墙，旋转切刀切削洞前搅拌水泥土加固土体，主顶回缩，加装混凝土管，主顶顶进送机头出洞进入自然土层。

5. 管道顶进

（1）顶管下井前应作一次安装调试，油管安装先应清洗，防止灰尘等污物进入油管，电路系统应保持干燥，机头运转调试各部分动作正常，液压系统无泄漏。

机头下井后刀盘应离开封门 1m 左右，放置平稳后重测导轨标高，高程误差不超过5mm，即可开始凿除砖封门，砖封门应尽量凿除干净，不要遗留块状物，同时可进行土体取样工作，使用 $\phi100$，$L=500mm$ 的两根钢管在洞口上下部各取长 400mm 的土样，取样工作完成后随即顶机头，使机头刀盘贴住前方土体。

土压力表所显示的土压力为泥仓土压，显示的土压力与实际顶进的土压力存在一个压力差 ΔP，此值一般取 15～30t，由于进泥口是恒定的，机头的土压控制主要通过顶速来调节，顶进过程中的方向控制。

（2）人工掏土必须先上部后下部，挖土坡度不得大于 60°。为防止事故。掏土深度每次为 300mm。制作专用运土斗车，每道管两台交替使用。斗车行进由卷扬机拉动。斗车装土运到工作坑内后由 12t 吊车吊到自然地面，用 1m³ 履带液压挖机装车，4t 自卸车运到8km 以外的存土场地。

（3）中继间千斤顶的数量应根据该段单元长度的计算顶力确定，根据计算，每段顶管拟在机头后部每隔 70m 安放一只中继间。中继间的外壳在伸缩时，滑动部分应具有止水性能；中继间安装前应检查各部件，确认正常后方可安装；安装完毕后，应通过试运转检验后方可使用；中继间的启动和拆除应由前向后依次进行；拆除中继间时，应具有对接接头的措施；中继间外壳若不拆除时，应在安装前进行防腐处理。

6. 出洞

出洞是顶管施工中的一道重要工序，因为出洞后掘进机方向的准确与否将会给以后管道的方向控制和井内管节的拼装工作带来影响。出洞前，应降低顶进速度，减小迎面土压力，减轻对接收坑的不利影响。出洞时，首先要防止井外的泥水大量涌入井内，严防塌方和流沙。其次要使管道不偏离轴线，顶进方向要准确。若土质较软或有流沙，则必须在管子顶进方向距离工作井边一定范围，对整个土体进行改良或加固，视情况一般采用井点降水、注浆、旋喷桩、深层搅拌幕墙等措施，以提高这部分土体的强度，防止掘进机出洞时塌方。

当掘进机准备出洞时，应先破除砖封门，并将杂物清理干净，将掘进机刃脚顶进工作井井壁中。顶管出洞时，掘进机要调零。要防止掘进机穿墙时下跌。下跌的原因一是穿墙初期，因入土较少，掘进机的自重仅由两点支承，其中一点是导轨，另一点是入土较浅的土体。这时作用于支撑面上的应力很可超过允许承载力，使掘进机下跌；二是工作井下沉时扰动洞口土体且掘进机较重。为防止掘进机下跌，可采取土体加固、加延伸导轨、保留洞口下部预留缝隙的砖墙、顶力合力中心低于管中心（约 $R/5 \sim R/4$）或将前部管子（一般 3 节左右）同掘进机用连接件连接成整体，同时掘进机头亦可抬高一些。

由于顶管出洞是制约顶管顶进的关键工序，一旦顶管出洞技术措施采取不当，就有可能造成顶管在顶进过程中停顿。而顶管在顶进途中的停顿将会引起一系列不良后果（如：顶力增大、设备损坏等），严重影响顶管顶进的速度和质量，甚至造成顶管失败。出洞后应立即封闭洞口间隙，防止水土流入坑内。

7. 顶后处理

顶后处理包括管道修补、管缝、注浆孔和管端封闭、管外土体固结、管道清理。

（1）管道修补

1）管道内表面有局部破损，破损总面积不超过管材内表面积的 $1/20$，单块破损面积不超过 $800\mathrm{cm}^2$；2）管道接口处有局部破损，破损总长度不超过管口周长 $1/4$，单块破损长度不超过管口周长的 $1/8$ 可以进行修补。若是损坏更严重则需要更换。

（2）管缝、注浆孔和管端封闭

贯通后，须对管材接缝与注浆孔进行封闭处理；管缝封闭时对于柔性接口应使用柔性材料、对于刚性接口可使用防渗水泥；注浆孔应使用防渗水泥封闭。

（3）管外土体固结

1）顶进贯通后，应填充管外壁与土体之间的空隙，并应被扰动的土体进行胶结固化处理；

2）常用注浆法填充管外壁的空隙及固结土体；

3）注浆材料宜为水泥＋粉煤灰浆液；

4）注浆应编组进行，可将相邻的二组注浆孔编为一个单元，分别作为注浆孔与排浆孔，自注浆孔注入固结浆液，将润滑浆从相邻排浆孔挤出，应保持一定的排浆时间，尽量多地排出润滑浆；

5）固结浆的注入应从管道一端开始，依次顺序推进，直到全线完成；

6）全线注浆完成后，应关闭所有注浆阀门，静态保压至固结浆初凝；

7）浆液初凝后，进行第二次注浆，将原排浆孔作为注浆孔使用，将原注浆孔作为排浆孔使用，交替进行，注浆次数不宜少于 3 次，每两次的间隔时间不宜大于 24h；

8）固结浆的注入压力宜控制在主动土压力与被动土压力；

9）当存在其他地下管线和地下构筑物时，应根据实际情况控制注浆压力。

（4）管道清理

顶管结束后应清理管道内和工作坑内的杂物，并将施工现场清理干净。

8. 贯通测量

（1）测量项目有管道的中线偏差、高程偏差与管间错口；

（2）每节管或每 5m 长度不应少于 1 个测点。

9. 验收

顶管施工的竣工验收应按不同行业的要求执行行业管线验收规范。工程竣工前应完成施工现场清理和复原，以及必要的外观检查和密封试验检测。

在顶管施工完成后，即可进行燃气管道安装，燃气管道在安装前应符合下列要求：

（1）燃气钢管的焊接完成后焊缝应进行 100% 的 X 射线检查。

（2）燃气管道穿入套管前，管道的管体、补口防腐已验收合格。

（3）在燃气管道穿入过程中，应采取措施防止管体防腐层损伤。

8.5 水平定向钻法

8.5.1 概述

水平定向钻法施工是在不开挖地表面的条件下，铺设多种地下公用设施（管道、电缆等）的一种施工方法，它广泛应用于燃气管线铺设施工中，它适用于沙土、黏土、卵石等地况，我国大部分非硬岩地区都可施工。工作环境温度为 $-15 \sim +45℃$。在施工过程中可以将定向钻进技术和传统的管线施工方法结合在一起。水平定向钻穿越法施工作为管道铺设的一种方法早在 20 世纪 70 年代就开始在美国开始应用了，20 世纪 80 年代后期得到迅速发展。其发展的主要原因是：

（1）人们对环境及其潜在的责任义务的认识在不断提高；

（2）人们对工程项目本身的成本费用节省及其特性的考虑。

水平定向钻施工的特点：

（1）水平定向钻穿越施工具有不会阻碍交通，不会破坏绿地，植被，不会影响商店、医院、学校和居民的正常生活和工作秩序，解决了传统开挖施工对居民生活的干扰，对交通，环境，周边建筑物基础的破坏和不良影响。

（2）现代化的穿越设备的穿越精度高，易于调整敷设方向和埋深，管线弧形敷设距离长，完全可以满足设计要求埋深，并且可以使管线绕过地下的障碍物。

（3）城市管网埋深一般达到 3m 以下，穿越河流时，一般埋深在河床下 9～18m，所以采用水平定向钻机穿越，对周围环境没有影响，不破坏地貌和环境，适应环保的各项要求。

（4）采用水平定向钻机穿越施工时，没有水上、水下作业，不影响江河通航，不损坏江河两侧堤坝及河床结构，施工不受季节限制，具有施工周期短、人员少、成功率高、施工安全可靠等特点。

（5）与其他施工方法比较，进出场地速度快，施工场地可以灵活调整，尤其在城市施工时可以充分显示出其优越性，并且施工占地少，工程造价低，施工速度快。

（6）大型河流穿越时，由于管线埋在地层以下 9～18m，地层内部的氧及其他腐蚀性物质很少，所以起到自然防腐蚀和保温的作用，可以保证管线运行时间更长。

8.5.2 水平定向钻钻进方法与工艺

1. 钻进方法类型

按碎岩作用方式分为：顶推钻进、回拉钻进、回转钻进、喷射钻进、冲击钻进等；按碎岩工具分为：硬质合金钻进、牙轮钻头钻进等；按钻进液类型分为：干钻、清水钻进、泥浆钻进、空气钻进等；按钻进液循环方式分为：正循环钻进、反循环钻进等。

2. 钻进工艺类型

水平定向钻进工艺可分为：导向钻进（顶推钻进）、扩孔钻回拖拉进（回拉为主）、回拖铺管（拉管）；

（1）导向钻进：采用导向仪器和导向钻头，按照设计的钻孔层、轨迹进行钻进的施工过程；

（2）扩孔钻进：在完成导向孔钻进后，根据铺设管线的管径及钻机能力，利用扩孔钻头进行由出口坑至起始坑回拉扩孔（或顶推扩孔）的施工过程；

（3）回拖铺管：经扩大的钻孔，利用扩孔钻头进行由出口坑至起始坑回拉、扩孔或清孔，同时铺设生产管的施工过程（亦称拉管/回拖）。

3. 确定钻进方法的基本原则

（1）应满足管线设计要求和任务书（合同）确定的施工目的；

（2）在适应钻进地层特点的基础上，宜优先采用先进的钻进方法；

（3）以高效、低耗、安全、环保为目标，保证铺管质量、降低劳动强度，争取好的经济和社会效益；

（4）适应施工区的自然地理条件。

8.5.3 水平定向钻的施工工艺

1. 一般要求

（1）施工前应按现行国家标准规范相关要求编写施工组织设计；

（2）管道回拖应按照相应的设计要求进行管道检测；

（3）施工过程中应控制钻进速度和孔内泥浆压力，避免造成对上部地层的破坏；

（4）所使用的设备和机具应满足施工要求。

2. 施工准备

（1）施工前应按设计图纸放出拟敷设管线的中心线，确定入土点、出土点，并在中心线上标示穿越障碍和交叉管线的位置；根据入土点、出土点及中心线，确定入土侧、出土侧、施工便道以及管线预制场地等的边界；

（2）应根据施工组织设计中的施工平面布置图确定各功能位置，做好围挡、安全标识和交通疏导工作；

（3）水平定向钻机安装应符合下列规定：

1）钻机应安装在设计轨迹延伸线的起始位置；

2）钻机动力头的中心轴应与设计轨迹延伸线重合；

3）钻机锚固应满足在钻机最大推拉力作用下不发生失效。

（4）导向施工前，应按下列内容对导向仪进行校核：

1）检查导向系统（接收器、发射器、远程同步监视器）电源；

2）检查接收器、远程同步监视器信道是否匹配；

3）每次使用导向系统前，应按操作说明书对导向系统进行校准；

4）更换发射器、接收器、钻头体时应重新进行校准；

5）钻进前，应测试施工区域干扰信号，以确定合适的发射和接收频率。

3. 施工步骤

定向钻穿越施工时，从测量放线到施工完工离场，主要包括以下几个大的工艺步骤，如图 8-15 所示，定向钻施工现场如图 8-16 所示。

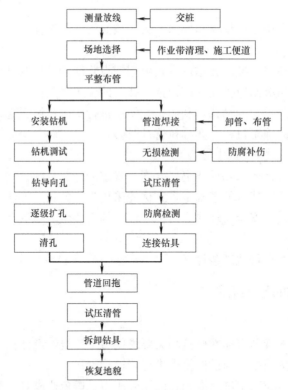

图 8-15 定向钻施工流程示意图

（1）测量放线

测量放线的基准是线路控制桩和各种水准基标。对于交桩后丢失的控制桩和水准基标，应根据资料在施工前采用测量方法给予恢复。测量人员依据水准基标、定测资料对管道控制桩进行测量放线，并在控制桩上注明桩号、里程、高程等。根据测量合格的控制桩测定管线中心线，并按照施工图纸要求设置如下辅助控制桩：

图 8-16 定向钻施工场地布置图

1）标志桩：根据设计图纸，在穿越起止点处设置明显的标志桩。

2）边界桩：在临时占地的两侧边界线上每 50m 设置一个边界桩。

根据轴线桩和临时占地边界桩拉百米绳，撒白灰线。划线完毕及时清点障碍物，并做好记录。

（2）场地选择和布管

场地选择包括钻机场地和布管场地。钻机场地较宽，根据钻机设备进行工艺布置，必须因地制宜综合选择入土点。布管场地较狭长的，除出土点出土场地外，还需比穿越管道长的布管场地，宽度能满足布管施工，布管线路尽量为直线。如图 8-17 所示。

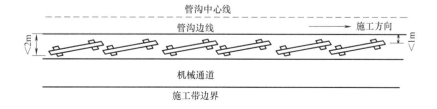

图 8-17 场地布置示意图

布管作业时，管子应首尾衔接，相邻管口成锯齿形分开。布管的间距应与管长基本一致，每 10～20 根管应核对一次距离，发现过疏或过密时应及时调整。管子的两端应垫上沙袋或干草做支撑，支撑的位置应设在距两端管口 1～1.5m 范围的位置上，支撑高度应为 0.3～0.5m。在坡地布管时，要注意管子的稳定性，支撑墩的宽度应适当加大，管子摆放要平整。坡度大于 15°时，应停止布管，组装焊接时随用随布。遇有水渠、道路、堤坝等构筑物时，应将管子布设在位置宽阔的一侧，而不应直接摆放其上。在吊管和放置过程中，应轻起轻落，不允许拖拉钢管，并保持管内清洁。每段管子布完之后，应对每段管子进行核对以保证管子类型、壁厚、防腐层类型等准确无误。

（3）管道焊接

管道焊接前要进行管口清理，管口清理与组对焊接的间隔时间不宜超过 3h 以避免二次清口。焊接前还要用清管器将管内杂物清除干净。清管器只能使用橡胶等柔软物制作，与管内壁接触的清管器部件均须用胶皮等包覆，以保护内涂层。焊接时要严格按照焊接工艺规程焊接。

（4）钻前检验

主要包括焊接检验、防腐检验、试压、清管等，此步骤对穿越管道施工和今后的安全运行至关重要，具体实施要求按相关技术规范执行。

（5）安装钻机

将钻机就位在穿越中心线位置上，钻机就位完成后，进行系统连接、试运转，保证设备正常工作，在此过程中钻机锚固是关键点。钻机施工中锚固以稳、平、实为原则。在钻机锚固前，应对锚固区域用仪器进行地下管线检测，防止将锚杆打在地下管线上。合理的锚固是顺利完成钻进及回拖的前提，钻机锚固能力反映了钻机在钻进和回拖施工时利用本身功率的能力。一台钻机推力再大，如果钻机在定向钻钻进过程中发生移动，仍会导致钻机无法按预定计划完成钻进工作。在回拖时，如果锚固不好而使钻机移动，会导致管道拖不动，如果进一步加大钻机拖力，则会出现钻机的全部功率作用钻机机身，容易发生设备破坏和人员伤亡。

（6）钻机试钻

开钻前做好钻机的安装和调试等一切准备工作，确定系统运转正常。钻杆和钻头吹扫完毕并连接后，放入钻杆定位管内，严格按照设计图纸和施工验收规范进行试钻，当钻进一段长度后应检查各部位运行情况，如各种参数正常即可正常钻进。

（7）钻导向孔

导向孔是检验穿越曲线能否成功的主要环节，若出异常情况，可以及时分析调整穿越曲线，降低工程风险，因此必须保证导向曲线的合理可靠。导向孔施工是成孔的关键，根据已设计轨迹线确定导向孔的入土点和入射点的角度。认真测量和科学选取穿越轴线的方位角，使钻孔接近设计轨迹。导向孔钻进过程中，注意井眼的返浆情况并做好记录。以便准确判断钻进过程中的地质情况，为预扩孔提供可靠的数据，导向孔的施工是否符合设计要求，直接影响工程质量。根据钻进过程中记录的数据仔细分析所钻进的线路中是否存在回填土、岩石，以便及时调整施工工艺和应对措施。另外，在导向孔施工过程中，导向技术员要确保曲线偏移不能超过规定设计范围，每根钻杆间的角度变化也要得到严格控制，确保导向孔高质量完成。

（8）扩孔

扩孔能使钻屑（土壤）和钻进液（泥浆等）充分混合，并形成合适的空间，降低阻力，便于管道回托，因此必须根据穿越管径，穿越地质，回托阻力等情况，合理确定扩孔孔径和扩孔次序，并选用合适的扩孔器。在导向符合质量要求的情况下，取下导向钻头，接上反扩钻头，接上分动器，即可进行回拉扩孔。回拉扩孔一般需逐级进行，每次扩孔增加 100～150mm 为宜，越增加扩孔次数，越能保证成孔的质量，扩孔时应按地质层的不同选择不同类型的反扩钻头。同时根据地质层情况选择泥浆配方，一般情况下，地质黏质成分多，可用清水和刮刀钻头进行扩孔，自然造浆保持孔壁稳定。如果穿越地质层中含砂量高，则必须选择优质泥浆，用膨润土进行泥浆护壁处理，使泥浆达到一定黏度,能抑制地质土体的分化,保持孔壁稳定。扩孔直径一般为管径的1.5～2.0倍。

(9)清孔

扩孔结束后,用清孔器进行清孔。清孔时注意泥浆密度,保证泥浆质量。机械操作人员应注意仪表的变化,以此判断孔内情况并做好记录,技术人员根据记录的数据,分析清孔的效果如何,决定能否敷设管材。

(10)管道回拖

管道回拖前要将发送沟开挖清理完毕,将预制好的管道下到发送沟中,管道下沟前先向沟内注满水并清理沟内石块。回拖前后,准备好补口、补伤材料和器具及电火花检漏仪,安排专人巡视管线。回拖是定向穿越的最后一步,也是最为关键的一步。回拖采用的钻具组合为:钻杆+桶式扩孔器+万向节+穿越管线。管道回拖施工时必须连续作业,根据回拖阻力和导向曲线,合理控制泥浆,精确控向。管道回拖时,钻具中空造成浮力使其上浮,键槽和方位角变化率大的底层易塌陷卡管,可在钻具直径变化率较大处加导向器。导向孔钻进、扩孔、管道回拉如图 8-18 所示。

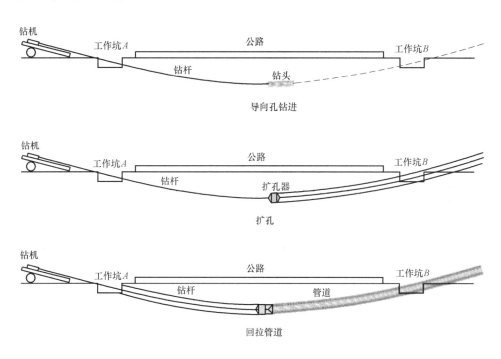

图 8-18 定向钻导向孔钻进、扩孔、管道回拉示意图

(11)施工后复验

为了检验回拖后的管道的强度和密封性,并为穿越单项工程的竣工验收提供依据,复验是目前保证管道安全的最后一道检验措施。主要包括强度试验、严密性试验、清管、干燥等。

(12)设备离场

回拖复检完毕后,对钻机设备进行拆卸,将钻机搬迁并撤离现场。

（13）地貌回复

定向钻穿越施工完毕后都要及时进行场地清理和地貌恢复。由于施工废弃的油污及其他各种废弃物都要装车运走，保证施工后场地干净；对施工现场进行平整，恢复到原地貌状态，对农田的恢复达到耕种条件，特别是施工废弃的泥浆，外运至当地的环保部门指定地点进行填埋，对泥浆坑进行回填。

8.5.4　定向钻施工时可能遇到的紧急情况及处理办法

如果在穿越过程中由于不可预见的原因导致穿越难度十分困难，应及时组织专家论证，积极探讨解决问题的办法和措施，同时积极做好移位再穿的准备工作，一旦确定，应立即进行施工。现就以下几个紧急状况进行阐述。

1. 卡钻

在砾石、粉细砂、钙质层钻进扩孔时较容易出现卡钻现象。出现这种情况时先在出土点后安装一个80t以上的滑轮组，在卡钻时，用滑轮组往后拉一段，以便解卡。另外应及时调整泥浆指标，使用大泥浆排量，与挖掘机、滑轮组配合将钻杆撤出卡钻区，并同时使用膨润土，增加泥浆切力和黏度，并使用扭矩大，推力大的钻机及匹配的钻头，完成导向孔的钻进。

2. 遇见硬岩层

遇见此情况时尽量加大泥浆排量，增加泥浆压力，确保岩屑顺利排出，防止岩屑沉淀堵孔。选用硬岩石的钻具，包括：钻头和岩石扩孔器。

3. 胶结程度较差

遇见岩芯呈散状、碎块状或短柱状的砂岩，这种情况，可先调整泥浆配比。所配的泥浆，动切力要低，静切力要高，添加一些添加剂，如：正电胶、万用王等以提高泥浆的携砂能力。

4. 入土出土段为细沙、砂砾层

有时在穿越河道时，在设计的入土、出土段会经过较短的细沙、砂砾或者回填地段，造成难以成孔或孔道坍塌使得施工无法进行，这种情况下，可以在不良地段预先加装套管成孔。

5. 卡管

拖管过程应连续进行，以防管道被卡，尤其是在胶结程度较差的穿越带，在拖管过程中，如出现管道拖不动情况，应及时将钻机移到管道入土点，与挖掘机及其他机械配合，使拖力达到原拖力的两倍以上，将管道拖出地面。检查并改善相关保障措施，如采用更大的回扩头，使用添加剂，使用具有更大动力的钻机等。

若管道被卡的位置处于河道（穿越段）外侧，埋深较浅，具备开挖施工的条件时可开挖施工以降低损失，在开挖施工切管时应注意防止泥浆倒灌进入管道。

6. 冒浆

如果在施工过程中因埋深或地质原因出现冒浆污染农田等现象，应及时采取措施，如减小泥浆压力，添加堵漏剂等，同时做好冒浆点的清理工作，不让冒浆范围继续扩大。在穿越过程中，安排专人根据钻进情况，在穿越线上方跟踪巡查、监护地面冒浆情况，做到扩孔器到哪里，人就到哪里，并随时和司钻人员保持联系，反映地面冒浆情况。

8.6　水上跨越

8.6.1　跨越结构形式选择

选择跨越的结构形式应利用其管道自身的材料强度。

（1）大型跨越工程，宜选择悬垂管、悬索管、悬链管、悬缆管、斜拉索管桥形式。

（2）中型跨越工程，宜选择拱管、轻型托架与桁架管桥形式。

（3）小型跨越工程，宜选择梁式、拱管、八字刚架式与复壁管形式。

8.6.2　管道跨越工程施工

1. 悬垂管桥

用强大的地锚和一定高度的钢架，利用管线本身的高强度将输油（气）管线象过江高压电线一样绷起来，这种跨越形式与悬索结构相比，结构简单，施工方便，并可节约大量昂贵而易腐蚀的钢丝绳。

2. 悬索式跨越

管道由很多吊索悬吊在两端支承在塔顶的主索上。管道本身兼作桥面体系。这种结构，侧向刚度很小，在管道两侧设置抗风索。

3. 斜拉索管桥

斜拉索形式是一种比较新型的大跨度结构形式，是最近几年用得较多而又比较成功的一种跨越形式。

特点：以斜拉索代替了主索。在相同条件下与悬索结构相比，钢丝绳用量少 30 ％～50 ％。利用了管道自身的平衡，减少了基础混凝土的用量。具有良好的抗风能力，抗振阻尼大，性能好，能跨越较宽的江河。

斜拉索结构有：伞形、扇形、星形和综合形等形式。我国以伞形为最多。

8.6.3　中小型跨越的基本要求

（1）在同一管道工程内，中、小型跨越工程的结构形式不宜多样化。

（2）跨越管段的补偿，应通过工艺钢管的强度、刚度和稳定核算。当自然补偿不能满足要求时，必须设置补偿器，补偿器必须满足清管工作的正常要求。布置跨越工程的支墩时，应注意河床变形。

（3）跨越工程的支墩不应布置在断层、河槽深处和通航河流的主航道上。

8.7　穿越铁路与道路

8.7.1　穿越铁路与道路的一般要求

燃气管道穿越铁路、高速公路、电车轨道和城镇主要干道时应符合下列要求：

（1）穿越铁路和高速公路的燃气管道，采用非定向钻方式施工时应加套管。

（2）燃气管道穿越电车轨道和城镇主要干道时宜敷设在套管或地沟内；穿越高速公路的燃气管道的套管、穿越电轨道和城镇主要干道的燃气管道的套管或地沟，并应符合下列要求：

1）套管内径应比燃气管道外径大 100mm 以上，套管或地沟两端应密封，在重要地段的套管或地沟端部宜安装检漏管；

2）套管端部距电车道边轨不应小于 2.0m；距道路边缘不应小于 1.0m。

（3）燃气管道宜垂直穿越铁路、高速公路、电车轨道和城镇主要干道；应尽可能避免在潮湿或岩石地带以及需要深挖处穿越。

（4）穿越道路或铁路的施工方案应在征得道路或铁路的管理方同意后实施。

（5）穿跨管道应选择质量好的长度较长的钢管，以减少中间焊缝。焊缝应 100% 射线探伤检查，其合格级别应按现行国家标准《金属熔化焊焊接接头射线照相》GB/T 3323 的"Ⅱ级焊缝标准"执行。穿越工程钢制套管的防腐绝缘应与燃气管道防腐绝缘等级相同。

8.7.2 穿越铁路

（1）管道宜下穿铁路，并应选用正交，必须斜交时交角不应小于 45°。

（2）上跨铁路的管道，其支撑结构的耐火等级应为一级。在距两最外侧铁路线路中心外侧各 20m 内的管道壁厚应提高一个级别，在该范围内不应有阀门、法兰等管道的部件。

（3）当管道下穿铁路时，应符合下列规定：

1）燃气管道应铺设在防护涵洞内，涵洞两端各长出路堤坡脚不得小于 2m，长出路堑不得小于 5m，并应用非燃烧材料封堵端墙；

2）燃气管道在防护涵洞的一段应设置内径不小于 50mm 的通气立管，并距最近的铁路线路不得小于 20m，管端应高出所在地面 4m，其 20m 范围内不得有明火或火花散发点；

3）管道防护涵洞两侧各 5m 范围内严禁取土、种植深根植物和修筑其他建筑物、构筑物；

4）在线路两侧的护道坡脚下行方向的上方侧，距防护涵洞外壁 1.5m 处应设置明显的标志桩。

（4）燃气管道与道路、水渠穿越同一铁路桥孔时，应敷设在道路或水面之下，且埋设深度不得小于 1.8m；铁路桥梁的梁底至桥下覆盖油、气管道的自然地面距离不得小于 2.0m。

（5）穿越点应选择在铁路区间直线段路堤下，路堤下应排水良好，土质均匀，地下水位低，有施工场地。穿越点不宜选在铁路站区和道岔段内，穿越电气化铁路不得选在回流电缆与钢轨连接处。

（6）穿越铁路宜采用钢筋混凝土套管顶管施工。当不宜采用顶管施工时，也可采用修建专用桥涵，使管道从专用桥涵中通过。穿越铁路的燃气管道的套管，应符合下列要求：

1）套管埋设的深度：铁路轨底至套管顶不应小于 1.20m，并应符合铁路管理部门的要求，在穿越工厂企业的铁路专用支线时，燃气管道的埋深有时可略小一些；

2）套管宜采用钢筋混凝土管或钢管；

3）套管内径比燃气管道外径大100mm以上；

4）套管两端与燃气管的间隙应采用柔性的防腐、防水材料密封，其一端应装设检漏管；

5）套管端部距路堤坡脚外距离不应小于2.0m。

（7）输气管穿越铁路干线的两侧，需设置截断阀，以备事故时截断管路。

（8）穿越铁路的位置应与铁路部门协商同意后确定。

（9）当条件许可时，也可采用跨越方式交叉。输气管线跨越铁路时，管底至路轨顶的距离，电气化铁路不得小于11.1m，其他铁路不得小于6m。

（10）燃气管道在铁路下穿过时，应敷设在套管或地沟内，如图8-19，管道敷设在钢套管内，套管的两端超出路基底边，置于套管内的燃气管段焊口应该最少，并需经物理方法检查，还应采用特加强绝缘防腐。

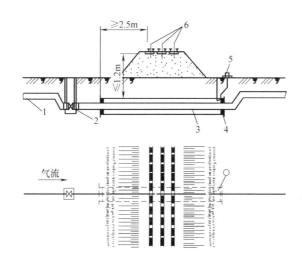

图8-19 燃气管道穿越铁路地下
1—燃气管道；2—阀门；3—套管；4—密封层；5—检漏管；6—铁道

8.7.3 穿越公路

（1）穿越公路的一般要求输气管线穿越公路的一般要求与铁路基本相同。汽车专用公路和二级一般公路由于交通流量很大，不宜明挖施工，应采用顶管施工方法。其余公路一般均可以明沟开挖，埋设套管，将燃气管敷设在套管内。套管长度伸出公路边坡坡角外2m。县乡公路和机耕道，可采用直埋方式。

（2）穿越公路的施工方案应获得道路主管部门的同意，涉及影响道路交通的，还须取得道路交通主管部门的同意，建设单位与施工单位应配合交通主管部门的要求组织好施工地点交通的疏导，减少施工对道路交通的影响。

（3）施工时应注意加强对作业面以及周边道路地面的变化情况的观察，如有异常，应及时对发现的问题进行研究处理。

参 考 文 献

［1］ 严铭卿，宓亢琪等. 燃气工程设计手册［M］. 北京：中国建筑工业出版社，2008

［2］ 马治辉. 长距离天然气管道定向钻穿越岩石层施工工艺［J］. 煤气与热力. 2016，36（7）：34-37

［3］ 姜正侯. 燃气工程技术手册［M］. 上海：同济大学出版社，1993

［4］ 严铭卿，宓亢琪，黎光华等. 天然气输配技术［M］. 北京：化学工业出版社，2006

［5］ 朱文鉴，乌效鸣，李山. 水平定向钻进技术规程［M］. 北京：中国建筑工业出版社，2016

［6］ 武志国，陈勇，王兆铨. 顶管技术规程［T］. 北京：中国建筑工业出版社，2016

［7］ 定向钻. 百度百科.

［8］ 中华人民共和国住房和城乡建设部. 城镇燃气管道穿跨越工程技术规程［S］CJJ/T 250. 北京：中国建筑工业出版社，2016

［9］ 中华人民共和国住房和城乡建设部. 油气输送管道穿越工程施工规范［S］GB 50424—2015. 北京：中国计划出版社，2016

9 场 站 施 工

9.1 调压装置安装

燃气管网系统中的调压站是用来调节和稳定管网燃气压力的设施，调压站的范围通常包括调压室外的进出站阀门、进出站管道和调压室。

调压室外的进出站阀门通常安装在地下闸井内，阀门一侧或两侧安装放散阀和放散管，阀门后连接补偿器。进出站阀门与调压室外墙的距离一般在 6～100m 范围内，若调压室外的进出站燃气管道同沟敷设时，进出站阀门可以安装在同一座地下闸井内，但进出站阀门上应设置醒目的区分标志。

调压室的进出站燃气管道通常是埋地敷设，管道上不设任何配件，坡向室外进出站阀门。管道穿过调压室外墙进入调压室，穿墙处应加套管，套管内不准有接头。

调压室一般为地上的独立建筑物，如受条件限制，也可以是半地下或地下构筑物，但是应便于工作人员出入，能经常通风换气，并应具有防止雨水和地下水流入室内的措施。当自然条件和周围环境许可时，调压设备可以露天布置，但应设围墙或围栏。

调压室内的工艺设备一般由调压器、阀门、过滤器、补偿器、安全阀或安全水封和测量仪表等组成。室内设备和仪表的型号与数量，以及管道布置形式由设计人员根据工艺要求确定。

调压站的安装顺序一般为先室外，后室内；先地下，后地上；先管道，后设备。安装的先后顺序均应以同一安装基准线为标准，以确保安装质量。

9.1.1 一般规定

1. 连接未成环低压管网的区域调压站和供连续生产使用的用户调压装置宜设置备用调压器，其他情况下的调压器可不设备用。调压器的燃气进、出口管道之间应设旁通管，用户调压箱（悬挂式）可不设旁通管。

2. 高压和次高压燃气调压站室外进、出口管道上必须设置阀门；

中压燃气调压站室外进口管道上，应设置阀门。

3. 调压站室外进、出口管道上阀门距调压站的距离：

（1）当为地上单独建筑时，不宜小于 10m，当为毗连建筑物时，不宜小于 5m；

（2）当为调压柜时，不宜小于 5m；

（3）当为露天调压装置时，不宜小于 10m；

（4）当通向调压站的支管阀门距调压站小于 100m 时，室外支管阀门与调压站进口阀门可合为一个。

4. 在燃气入口调压器处应安装过滤器。

5. 在调压器燃气入口（或出口）处，应设防止燃气出口压力过高的安全保护装置（当调压器本身带有安全保护装置时可不设）。

6. 调压器的安全保护装置宜选用人工复位型。安全保护（放散或切断）装置必须设定启动压力值并具有足够的能力。启动压力应根据工艺要求确定，当工艺无特殊要求时应符合下列要求：

（1）当调压器出口为低压时，启动压力应使与低压管道直接相连的燃气用具处于安全工作压力以内；

（2）当调压器出口压力小于 0.08MPa 时，启动压力不应超过出口工作压力上限的 50%；

（3）当调压器出口压力等于或大于 0.08MPa，但不大于 0.4MPa 时，启动压力不应超过出口工作压力上限 0.04MPa；

（4）当调压器出口压力大于 0.4MPa 时，启动压力不应超过出口工作压力上限的 10%。

7. 调压站放散管管口应高出其屋檐 1.0m 以上。

调压柜的安全放散管管口距地面的高度不应小于 4m；设置在建筑物墙上的调压箱的安全放散管管口应高出该建筑物屋檐 1.0m。

地下调压站和地下调压箱的安全放散管管口也应按地上调压柜安全放散管管口的规定设置。清洗管道吹扫用的放散管、指挥器的放散管与安全水封放散管属于同一工作压力时，允许将它们连接在同一放散管上。

8. 调压站内调压器及过滤器前后均应设置指示式压力表，调压器后应设置自动记录式压力仪表。

9. 调压站（含调压柜）与其他建筑物、构筑物的水平净距应符合表 9-1 规定。

调压站（含调压柜）与其他建筑物、构筑物的水平净距（m）　　　表 9-1

设置形式	调压装置入口燃气压力级制	建筑物外墙面	重要公共建筑、一类高层民用建筑	铁路(中心线)	城镇道路	公共电力变配电柜
地上单独建筑	高压(A)	18	30	25	5	6
	高压(B)	13	25	20	4	6
	次高压(A)	9	18	15	3	4
	次高压(B)	6	12	10	3	4
	中压(A)	6	12	10	2	4
	中压(B)	6	12	10	2	4
调压柜	次高压(A)	7	14	12	2	4
	次高压(B)	4	8	8	2	4
	中压(A)	4	8	8	1	4
	中压(B)	4	8	8	1	4
地下单独建筑	中压(A)	3	6	6	—	3
	中压(B)	3	6	6	—	3

续表

设置形式	调压装置入口燃气压力级制	建筑物外墙面	重要公共建筑、一类高层民用建筑	铁路(中心线)	城镇道路	公共电力变配电柜
地下调压箱	中压(A)	3	6	6	—	3
	中压(B)	3	6	6	—	3

注：1. 当调压装置露天设置时，指距离装置的边缘；
　　2. 当建筑物（含重要公共建筑）的某外墙为无门、窗洞口的实体墙且建筑物耐火等级不低于二级时，燃气进口压力级别为中压A或中压B的调压柜一侧或两侧（非平行），可贴靠上述外墙设置；
　　3. 当达不到上表净距要求时，采取有效措施，可适当缩小净距。

9.1.2 准备工作

（1）设备、阀件的检查与清理。

1）调压器、安全阀、阀门、过滤器、检测仪表及其他设备，均应具有产品合格证，安装前应按照设计所要求的型号、规格与数量，逐项逐个检查是否齐全、有无损坏、零部件是否完整，法兰盘、螺栓与法兰垫是否符合要求，与阀件是否匹配，法兰盘应清洗干净；阀门在清洗检查后，应逐个进行强度与严密性试验，应仔细检查调压器上的导压管、指挥器、压力表等是否有损坏和松动。

2）调压站的汇管除有产品合格证外，应按压力容器的要求进行全面检查，特别是两台汇管连接管道的法兰孔与法兰中心距离必须匹配，否则无法安装，在施工时必须将一台汇管上法兰割掉，重新焊接。

（2）调压站管道有许多弯管、异径管、三通、支架等，应提前采购或绘制样板现场预制。

（3）露天调压计量站应在所有的设备基础完成后才能安装，室内调压站应在调压室建筑物竣工后进行。安装前，应根据设计检查汇管、过滤器与阀门等基础的坐标与标高以及管道穿过墙与基础留孔是否符合要求。

（4）根据材料单对现场的施工用料进行核对，对缺少部分尽快解决。

（5）组织技术水平较高的管工、焊工进行技术交底。

9.1.3 管道安装的要求

（1）对于干燃气，站内管道应横平竖直；对于湿燃气，进、出口管道应分别坡向室外，仪表管座全部坡向干管。

（2）焊缝、法兰和螺纹等接口，均不得嵌入墙壁与基础中，管道穿墙或基础时，应设置在套管内，焊缝与套管的一端间距不应小于30mm。

（3）箱式调压器的安装应在进出口管道吹扫、试压合格后进行，并应牢固平正，严禁强力连接。

（4）阀门在安装前应进行清洗和强度与严密性试验。否则，在试运行中发现阀门内漏气，必须停气维修，拖延工期。

（5）调压器的进出口应按箭头指示方向与气流方向一致进行安装。

（6）调压器前后的直管段长度应严格按设计要求施工。

（7）调压器管道采用焊接，管道与设备、阀件、检测仪表之间的连接应根据结构的不同，采用法兰连接或螺纹连接。

（8）地下直埋钢管防腐应与燃气干、支线防腐绝缘要求相同，地沟内或地面上的管道除锈防腐以及用何种颜色油漆按设计要求进行。

（9）放散管安装的位置和高度均应取得城市消防部门的同意。当调压室与周围建筑物之间的净距达到安全距离时，放散管一般高出调压站屋顶 1.5～2m；当达不到安全距离要求时，放散管应高出距调压站最近最高的建筑物屋顶 0.3～0.5m；放散管应安装牢固，不同压力级制的放散管不允许相互连接。

（10）对柜式调压装置应组织业主、设计、施工与监理单位联合进行开箱检验，根据设备清单进行仔细检查。

（11）调压器和调压箱柜的安装，还要符合设备说明书中的有关安装要求。

9.1.4　调压柜安装

调压柜可将高压和中压燃气调到中压和低压。入口压力用压力表测量，出口压力利用带堵的三通阀上连接压力表来测量。调压柜是否设供暖设备，取决于气候条件与燃气的含湿量。安装设置应符合现行国家标准《城镇燃气设计规范》GB 50028 的规定：

（1）调压柜应单独设置在牢固的基础上，柜底距地坪高度宜为 0.30m；

（2）距其他建筑物、构筑物的水平净距应符合表 9-1 的规定；

（3）体积大于 $1.5m^3$ 的调压柜应有爆炸泄压口，爆炸泄压口不应小于上盖或最大柜壁面积的 50%（以较大者为准）；爆炸泄压口宜设在上盖上；通风口面积可包括在计算爆炸泄压口面积内；

（4）调压柜上应有自然通风口，其设置应符合下列要求：

1）当燃气相对密度大于 0.75 时，应在柜体上、下各设 1% 柜底面积通风口；调压柜四周应设护栏；

2）当燃气相对密度不大于 0.75 时，可仅在柜体上部设 4% 柜底面积通风口；调压柜四周宜设护栏。

（5）调压箱（或柜）的安装位置应能满足调压器安全装置的安装要求；

（6）调压箱（或柜）的安装位置应使调压箱（或柜）不被碰撞，在开箱（或柜）作业时不影响交通；

调压柜是整体安装，放置在设备基础上找平；地下燃气管道以及与调压柜进出口连接管道，应先吹扫、试压合格后，方可与调压柜的进出口连接；连接用的法兰盘与垫片的要求，与燃气管道相同。

9.1.5　调压箱安装

当燃气直接由中压管网（或次高压管网）经用户调压器降至燃具正常工作所需的额定压力时，常将用户调压器、安全放散阀、进出口阀门、压力表、过滤器、测压取样口等附件，全部装在铁箱内，称为调压箱。调压箱分为悬挂式和地下式。

调压箱设置应符合现行国家标准《城镇燃气设计规范》GB 50028 的规定：

1. 悬挂式

（1）调压箱的箱底距地坪的高度宜为 $1.0\sim1.2m$，可安装在用气建筑物的外墙壁上或悬挂于专用的支架上；当安装在用气建筑物的外墙上时，调压器进出口管径不宜大于 $DN50$；

（2）调压箱到建筑物的门、窗或其他通向室内的孔槽的水平净距应符合下列规定：

1）当调压器进口燃气压力不大于 $0.4MPa$ 时，不应小于 $1.5m$；

2）当调压器进口燃气压力大于 $0.4MPa$ 时，不应小于 $3.0m$；

3）调压箱不应安装在建筑物的窗下和阳台下的墙上；

4）不应安装在室内通风机进风口墙上。

（3）安装调压箱的墙体应为永久性的实体墙，其建筑物耐火等级不应低于二级；

（4）调压箱上应有自然通风孔。

调压箱安装应在燃气管道以及与调压箱进、出口法兰连接的管道吹扫并进行强度与严密性试验合格后进行，连接用的法兰盘与垫片的要求与燃气管道相同。

安装位置按照设计或与用户协商确定，可以预埋支架，也可用膨胀螺栓将支架固定在墙上。调压箱安装应牢固平正，调压箱进、出口法兰与管道连接时，严禁强力连接。

2. 地下式

（1）地下调压箱不宜设置在城镇道路下，距其他建筑物、构筑物的水平净距应符合表9-1的规定；

（2）地下调压箱上应有自然通风口；

（3）安装地下调压箱的位置应能满足调压器安全装置的安装要求；

（4）地下调压箱设计应方便检修；

（5）地下调压箱应有防腐保护。

9.2 燃气压缩机安装

在城镇燃气输配系统中，压缩机的使用是为了提高燃气压力和进行燃气输送。压缩机的选型和台数应根据储配站供气规模、压力、气质等参数，结合机组备用方式，进行经济技术比较后确定。同一储配站内压缩机组宜采用同一机型。

压缩机的种类很多，按工作原理分为两大类：容积式压缩机和速度式压缩机。容积型压缩机按照活塞活动方式不同有往复式和回转式两种。速度型压缩机主要是离心式压缩机。在城市输配系统中经常使用容积式压缩机。

压缩机及其附属设备应符合现行国家规范《城镇燃气设计规范》GB 50028 的规定：

（1）压缩机宜采取单排布置；

（2）压缩机之间及压缩机与墙壁之间的净距不宜小于 $1.5m$；

（3）重要通道的宽度不宜小于 $2m$；

（4）机组的联轴器及皮带传动装置应采取安全防护措施；

（5）高出地面 $2m$ 以上的检修部位应设置移动或可拆卸式的维修平台或扶梯；

（6）维修平台及地坑周围应设防护栏杆；

（7）压缩机室宜根据设备情况设置检修用起吊设备；

（8）压缩机采用燃气为动力时，其设计应符合现行国家标准《输气管道工程设计规范》GB 50251 和《石油天然气工程设计防火规范》GB 50183 的有关规定；

（9）压缩机组前必须设有紧急停车按钮。

压缩机的安装分为安装和试车两个阶段，只有试车无故障后方能交付验收。压缩机根据出厂情况分解体压缩机和整装压缩机。以下分别对这两种压缩机安装过程进行介绍。

9.2.1 解体压缩机的安装

燃气压送站或储配站常用的 L 形压缩机和对置式压缩机由于机体高大笨重，整体出厂时运输及安装都很困难，因此，通常是分部件制造、运输，在施工现场把各部件组装成压缩机整体。

由部件组装成压缩机整体，基本可按如下步骤进行：

机身→（主）曲轴和轴承→中体→机身二次灌浆→汽缸→十字头和连杆→活塞杆和活塞环→密封填料函→汽缸排气阀。

1. 机身与气缸的找正对中

机身、中体（对置式压缩机）和汽缸的找正对中是指三者的纵横轴线应与设计吻合，三者的中心轴线具有同轴度。

对于中小型压缩机常依靠机身与汽缸的定位止口来保证对中。当活塞装入汽缸后再测量活塞环与汽缸内表面的径向间隙的均匀性来复查对中程度，然后整体吊装到基础上。在汽缸端面或曲颈处测定水平度，以调整机座垫铁来确保纵横方向的水平度达到要求。

对于多列及一列中有多个汽缸的压缩机，常采用拉中心钢丝法进行找正，找正工作可按四个步骤进行。

（1）本列机身找正　例如对置式压缩机可将曲轴箱看作本列机身，汽缸看作另一列机身。曲轴箱找正时，纵向水平在十字头滑道处用水平仪测量，横向水平在主轴承瓦窝处测量，通过调整机座垫铁确保其水平度。

（2）两列机身之间找正　以第一列为基准，在曲轴处拉中心钢丝线进行找正。在找正时应同时使两列机身的标高及前后中心位置相同，并同时用特制样尺测定两列机身的跨距。曲轴安装后还应进行复测。

（3）两列机身之间找平行　可用特制样尺，在机身前后测量，每列的测点均在以十字头滑道为中心的钢丝线处。

（4）机身与汽缸的对中　大型压缩机的机身与汽缸对中就是使汽缸与滑道同轴。若不同轴则需测量同轴度并进行调整，测同轴度（同心度）可采用声光法。

2. 曲轴和轴承的安装

曲轴和轴承在安装前应检查油路是否畅通，瓦座与瓦背和轴颈与轴瓦的贴合接触情况，必要时应进行研刮，然后将主轴承上、下瓦放入主轴承瓦窝内，装上瓦盖拧紧螺栓，装上后，将曲柄置于四个相互垂直的位置上，测量两曲拐臂间距离之差、主轴瓦的间隙、曲轴颈对主轴颈的不平行度和轴向定位间隙，各项测定偏差均应在允许范围内。

3. 机身二次灌浆

机身与中体找平找正后应及时进行灌浆。灌浆前应对垫铁和千斤顶的位置、大小和数量作好隐蔽工程记录，然后将各组垫铁和顶点点焊固定。灌浆前基础表面的油污及一切杂物应清除干净。二次灌浆混凝土，必须连续灌满机身下部所有空间，不允许有缝隙。

4. 十字头和连杆的安装

十字头在安装前应检查铸造质量及油道通畅情况。用着色法检查十字头体与滑板背、滑板与滑道以及十字头销轴与销孔的吻合接触情况。然后组对十字头并放入滑道内，放入后用角尺及塞尺在滑动前后端测量十字头与上、下滑道的垂直度及间隙，用研刮法调整合格后安装连杆。

连杆大头瓦背与瓦座的接触程度，十字头销轴与连杆小头瓦座的接触程度也需要着色法检查。连杆与曲轴及十字头连接后，应检查大头瓦与曲颈轴的间隙，并通过盘车进行十字头上、下滑板的精研，与活塞杆连接后应测量活塞杆的跳动度、同心度及水平度。

5. 活塞杆及活塞环的安装

活塞组合件在安装前应认真检查无缺陷后方可安装。活塞环应无翘曲，内外边缘应有倒角，必须能自由沉入活塞槽内，用塞尺检查轴间隙应符合规定，各锁口位置应相互错开，所有锁口位置应能与阀口错开。

将活塞装入汽缸时，为避免撞断活塞环，可采用斜面导管4～6个拧紧在汽缸螺栓上，然后将活塞推入汽缸。活塞环应在汽缸内作漏光检查，漏光处不得多于两处，每处弧长不超过45mm，且与活塞环锁口的距离应大于30mm。活塞与汽缸镜面的间隙应符合要求。

活塞组合件装入汽缸后应与曲轴、连杆、十字头连接起来，并进行总的检查和调整。调整汽缸余隙容积时，可用4根铅条，分别从汽缸的进排气阀处同时对称放入汽缸（铅条曝度分别为各级汽缸余隙值的1.5倍），手动盘车使活塞位于前后死点，铅条被压扁厚度即为汽缸余隙。汽缸余隙调整可根据具体情况采用增减十字头与活塞杆连接处的垫片厚度、调节连接处的双螺母或在汽缸与缸盖之间加减垫片等方法。

6. 密封填料函的安装

（1）平填料函　填料函在安装前应检查各组填料盒的密封面贴合程度，金属平密封环和闭锁环内圆与活塞杆的接触面积，填料函径向间隙和轴向间隙。检查完毕，将活塞推至汽缸后部，装入密封铝垫，再按顺序成组安装填料盒，安装时应检查活塞杆的同心度。

安装在中体滑槽前部的刮油器由密封环和闭锁环组成，其检查内容及安装要求与平填料函相同。

（2）T形填料函　T形填料函在装入填料箱之前应进行检查和成套预装配。各组密封环之间在装入定位销时，其开口应互相错开。密封环的锥面斜度（压紧角）由填料箱底部向外逐渐减小，将填料盒组合件装入活塞杆上，各部分间隙应满足规范要求。

7. 汽缸进、排气阀的安装

安装前应清洗并检查阀座与阀片接触的严密性，并进行煤油试漏。安装时，防止进、排气阀装错，阀片升起高度按设计要求，锁紧销一定要锁紧，以免运行时失灵或脱落。阀盖拧紧后，用顶丝把阀门压套压紧，然后拧紧气封帽。

9.2.2　整体压缩机的安装

对于中小型活塞式压缩机，已由制造厂组装成整体压缩机，并经试运行合格，在运输和保管期间保证完好的前提下，可进行整体安装，不必进行解体拆卸。整体压缩机的安装可按以下顺序进行：

基础检查验收→机器的清洗检查→垫铁的选用→机器就位、找正找平→二次灌浆→调整→试运行

（1）压缩机的基础检查验收及机器的清洗检查等。

（2）压缩机的找正找平

1）卧式压缩机的列向水平度可在滑道上测量，水平度允许偏差不得大于 0.10mm/m；轴向水平度可在主轴外伸部分上测量，水平度偏差不得大于 0.10mm/m。

2）立式压缩机的纵横向水平度可在气缸止口面上测量，水平度允许偏差 0.10mm/m。

3）L 形及倒 T 形压缩机，水平列水平度测量部位及水平度允许偏差值与卧式压缩机相同，垂直列水平测量部位及水平度允许偏差与立式压缩机相同。

4）V 形、W 形及扇形压缩机的纵横向水平度可在机座地脚螺栓孔旁的水平测量凸台上，或立式汽缸顶平面上测量，水平度偏差不得大于 0.10mm/m。

5）对压缩机与电动机在公用底座上的机器，其水平度可在基座上直接进行测量，水平度偏差不得大于 0.10mm/m。

（3）压缩机零件的清洗和调整 压缩机整体安装并检验合格后，应将进、排气阀拆卸进行清洗检查，并用压铅法测量气缸余隙，余隙值应符合技术资料规定。对于存放时间较长的压缩机整体安装后，应对连杆大小头轴瓦、十字头、气缸镜面、活塞、气阀等进行清洗检查，合格后重新组装。

整体压缩机安装并检验合格后，可进行无负荷试运行和有负荷试运行。

整体压缩机的电动机及附属设备安装应按相关技术要求进行。

9.3 燃气储气罐安装

一般设置规模不等的储气罐以平衡城镇燃气日及小时用气的不均匀性。目前城市燃气储气以高压储气为主。高压储气有圆筒形储气罐、球形储气罐和管束储气。管束储气是采用若干管道构成的管束埋于地下，构成储气设施。与其他高压储存设施相比，这种储气设施压力高，埋地较安全可靠，建设费用低，但占地面积大。圆筒形储气罐由钢板制成圆筒体，两端为蝶形或半球形封头构成的容器，制作简单，但是耗钢量大，一般用作小规模储气。在相同容积下，球形罐的表面积小，与圆筒形储气罐相比，节省钢材 30％左右。因此目前储存高压燃气多采用球形燃气储气罐。

9.3.1 一般规定

高压储气罐工艺设计应符合现行国家规范《城镇燃气设计规范》GB 50028 的规定。

（1）高压储气罐宜分别设置燃气进、出气管，不需要起混气作用的高压储气罐，其进、出气管也可合为一条；燃气进、出气管的设计宜进行柔性计算；

（2）高压储气罐应分别设置安全阀、放散管和排污管；

（3）高压储气罐应设置压力检测装置；

（4）高压储气罐宜减少接管开孔数量；

（5）高压储气罐宜设置检修排空装置；

（6）当高压储气罐罐区设置检修用集中放散装置时，集中放散装置的放散管与站外建、构筑物的防火间距不应小于表9-2的规定；集中放散装置的放散管与站内建、构筑物的防火间距不应小于表9-3的规定；放散管管口高度应高出距其25m内的建构筑物2m以上，且不得大于10m；

（7）集中放散装置宜设置在站内全年最小频率风向的上风侧。

<table>
<tr><td colspan="3" align="center">集中放散装置的放散管与站外建、构筑物的防火间距　　　　　　表 9-2</td></tr>
<tr><td colspan="2" align="center">项　　目</td><td align="center">防火间距（m）</td></tr>
<tr><td colspan="2" align="center">明火、散发火花地点</td><td align="center">30</td></tr>
<tr><td colspan="2" align="center">民用建筑</td><td align="center">25</td></tr>
<tr><td colspan="2" align="center">甲、乙类液体储罐，易燃材料堆场</td><td align="center">25</td></tr>
<tr><td colspan="2" align="center">室外变、配电站</td><td align="center">30</td></tr>
<tr><td colspan="2" align="center">甲、乙类物品库房，甲、乙类生产厂房</td><td align="center">25</td></tr>
<tr><td colspan="2" align="center">其他厂房</td><td align="center">20</td></tr>
<tr><td colspan="2" align="center">铁路（中心线）</td><td align="center">40</td></tr>
<tr><td rowspan="2" align="center">公路、道路（路边）</td><td align="center">高速；Ⅰ、Ⅱ级；城市快速</td><td align="center">15</td></tr>
<tr><td align="center">其他</td><td align="center">10</td></tr>
<tr><td rowspan="2" align="center">架空电力线（中心线）</td><td align="center">>380V</td><td align="center">2.0 倍杆高</td></tr>
<tr><td align="center">≤380V</td><td align="center">1.5 倍杆高</td></tr>
<tr><td rowspan="2" align="center">架空通信线（中心线）</td><td align="center">国家Ⅰ、Ⅱ级</td><td align="center">1.5 倍杆高</td></tr>
<tr><td align="center">其他</td><td align="center">1.5 倍杆高</td></tr>
</table>

<table>
<tr><td colspan="2" align="center">集中放散装置的放散管与站内建、构筑物的防火间距　　　　　　表 9-3</td></tr>
<tr><td align="center">项　　目</td><td align="center">防火间距（m）</td></tr>
<tr><td align="center">明火、散发火花地点</td><td align="center">30</td></tr>
<tr><td align="center">办公、生活建筑</td><td align="center">25</td></tr>
<tr><td align="center">可燃气体储气罐</td><td align="center">20</td></tr>
<tr><td align="center">室外变、配电站</td><td align="center">30</td></tr>
<tr><td align="center">调压室、压缩机室、计量室及工艺装置区</td><td align="center">20</td></tr>
<tr><td align="center">控制室、配电室、汽车库、机修间和其他辅助建筑</td><td align="center">25</td></tr>
<tr><td align="center">燃气锅炉房</td><td align="center">25</td></tr>
<tr><td align="center">消防泵房、消防水池取水口</td><td align="center">20</td></tr>
<tr><td align="center">站内道路（路边）</td><td align="center">2</td></tr>
<tr><td align="center">围墙</td><td align="center">2</td></tr>
</table>

以下介绍球形罐安装过程，圆筒形储罐安装参照球形罐。

球形罐由球罐本体、接管、人孔、支柱、梯子及走廊平台等组成，如图9-1所示。

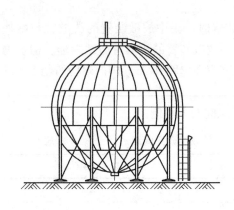

图 9-1　高压球形储气罐

9.3.2　球罐的组装

1. 施工前的准备

（1）球壳板的检查修理

球壳板运到现场后，应按制造厂提供的预制品质量证书，检查球壳板及主要受压元件的材料标记，其制品的机械性能及化学成分是否符合设计要求。无损检测及现场质检员审核板材主要受压件的无损检测结果是否齐全合格，并按表 9-4 要求检查球壳板几何尺寸。若检查发现超差，应与预制厂、设计单位及相关部门协商处理意见，并办理手续经修正合格再组装。

球壳板几何尺寸允许偏差（mm）　　　表 9-4

项目	允许偏差
长度方向弦长	±2.5
任意宽度方向弦长	±2
对角线弦长	±3
两条对角线间的距离	5

注：对刚性差的球壳板，可检查弦长，其允许偏差应符合表中前 3 项的规定。

（2）基础验收

球罐组装前应对基础进行复测验收，复测结果必须符合表 9-4、表 9-5 的规定。

基础各部位尺寸允许偏差　　　表 9-5

项　　目		允许偏差
球壳中心圆直径 D_i	球形储罐容积小于 2000m³	±5mm
	球形储罐容积不小于 2000m³	±D_i/2000mm
基础方位		1°
相邻支柱基础中心距 S		±2mm
支柱基础上的地脚螺栓中心与基础中心圆的间距 S_1		±2mm
支柱基础上的地脚螺栓预留孔中心与基础中心圆的间距 S_2		±8mm
基础标高	采用地脚螺栓固定的基础	
	各支柱基础上表面的标高	−D_i/1000mm，且不低于−15mm
	相邻支柱的基础标高差	4mm
	采用预埋垫板固定的基础	
	各支柱基础垫板上表面标高	−3mm
	相邻支柱基础垫板标高差	3mm
单个支柱基础上表面的水平度	采用地脚螺栓固定的基础	5mm
	采用预埋垫板固定的基础地脚板	2mm

2. 球罐体组装工艺方法

球罐常用组装方法有三种：半球法（适应公称容积 V_g＜400m³），环带组装法（适应公称容积 400m³≤V_g＜1000m³）和拼板散装法（适应公称容积 V_g≥1000m³），本节介绍拼板散装法。

拼板散装法就是直接在球罐基础上，逐块地将球壳板组装成球。也可以在地面将各环带上相邻的两块、三块或四块拼对组装成大块球壳板，然后将大块球壳板逐块组装成球。采用以赤道带为基础的拼板散装法，其组装程序为：球壳板地面拼对→支柱组队安装→搭设内脚手架→赤道带组装→搭设外脚手架→下温带板组装→上温带板组装→下寒带板组装→上寒带板组装→下极板组装→上极板组装→组装质量检查→搭设防护棚→各环带焊接→内旋梯安装→外旋梯安装→附件安装。

(1) 球壳板地面拼对

在地面拼对组装时，注意对口错边及角变形，在点焊前应反复检查，严格控制几何尺寸变化，所有与球壳板焊接的定位块，焊接应按焊接工艺完成，用完拆除时禁止用锤强力击落，以免拉裂母材。

1) 支柱与赤道板地面拼对　首先在支柱、赤道板上划出纵向中心线（板上还须画出赤道线），把赤道板放在规定平台的垫板上，支柱上部弧线与赤道板贴合，应使其自然吻合，否则应进行修整。赤道板与支柱相切线应满足（符合）基础中心直径，同时用等腰三角形原理调整支柱与赤道带板赤道线的垂直度，再用水准仪找平，拼对尺寸符合要求后再点焊。

2) 上下温带板、寒带板及极板地面拼对　按制造厂的编号顺序把相邻的 2～3 块球壳板拼成一大块，拼对须在胎具上进行，在球壳板上按 800mm 左右的间距焊接定位块，连接两块球壳板并调整间隙，错边及角变形应符合以下要求：①间隙 3±2mm；②错边≤3mm（用 1m 样板测量）；③角变形≤7mm，每条焊缝上、中、下各测一点（用 1m 样板测量），并记录最大偏差处。

3) 极板地面拼对工艺　按上述工艺进行，极板上的人孔及焊接管的开口方位，应按施工图的开孔方位进行，在地面组对焊接检测符合要求后预装组对，开孔焊接应符合以下要求：

① 接管中心线平行于球罐主轴线，接管最大倾斜度不得大于 3mm，接管端部打磨光滑，圆角 R 为 3～5mm。

② 法兰面应平整，焊后倾斜度不得大于法兰直径的 1%，且不得大于 3mm。

③ 人孔、接管及其附件的焊接材料，其焊接工艺与球罐本体焊接材料、工艺相同。

④ 极板上组焊完的接管、附件在预装及存放时注意不准撞击损坏。

(2) 吊装组对

球罐组对是以赤道带为基础的，一般用吊机吊装作业。

1) 支柱赤道带吊装组对　支柱对焊后，对焊缝进行着色检查，测量从赤道线到支柱底的长度，并在距支柱底板一定距离处画出标准线，作为组装赤道带时找水平，以及水压试验前后观测基础沉降的标准线，基础复测合格后，摆上垫铁，找平后放上滑板，在滑板上画出支柱安装中心线。

按支柱编好顺序，把焊好的赤道板、支柱吊装就位，找正支柱垂直度后，固定预先捆好的 4 根缆风绳，使其稳定，然后调整预先垫好的平垫铁，使其垂直后，用斜楔卡子使之固定。两根支柱之间插装一块赤道板，用卡具连接相邻的两块板，并调整间隙错边及角变形使其符合要求，再吊下一根支柱直至一圈吊完，并安装柱间拉杆。

赤道带是球罐的基准带，其组装精确度直接影响其他各环带甚至整个球罐的安装质量，所以吊装完的赤道带应校正间隙、错边、角变形等应符合以下要求：

① 间隙：3 ± 2mm；

② 错边：<3mm；

③ 角变形：≤7mm；

④ 支柱垂直度允差：≤12mm；

⑤ 椭圆度：不得大于 80mm；

2）上下温带吊装组对 拼接好的上下温带，在吊装前应将挂架、跳板、卡具带上并捆扎牢固，吊装按以下工艺进行：

先吊装下温带板，吊点布置为大头两个吊点、小头两相近的吊点呈等腰三角形，用钢丝绳和捯链连接吊点，并调整就位角度。就位后用预先带在板块上的卡码连接下温带板与赤道带板的环缝，使其稳固，并用弧度与球罐内弧度相同的龙门板作连接支撑（大头龙门板 9 块，小头龙门板 3 块），再用方楔圆销调整焊缝使其符合要求。

用同样的方法吊装第二块温带板，就位后紧固第一块温带板的竖缝与赤道带板的环缝的连接卡具，并调整各部位的尺寸间隙，后带上五块连接龙门板，依次把该环吊装组对完，再按上述工艺吊装上温带。

上、下温带组装点焊后，对组装的球罐进行一次总体检查，其错边、间隙、角变形、椭圆度等均符合要求后，方可进行主体焊接。

上、下极板吊装组对与上、下温带组对工艺基本相同。

3）上下极板吊装组对 赤道带、温带等所有对接焊缝焊完并经外观和无损检测合格后，吊装组对极板。先吊装放置于基础内的下极板，后吊装上极板。吊装前检测温带径口及极板径口尺寸，尺寸相符再组对焊接。极板就位后应检查接管方位符合图纸要求，并调整环口间隙、错边及角变形均符合要求后，方可进行点焊。

3. 梯子平台及附件制作安装

球罐上梯子、平台及附件的所有连接板在球罐整体热处理前焊完，其焊接工艺、焊接材料应与球罐焊接相同。下面主要介绍弧形盘梯的组对与安装。

（1）球罐盘梯的特点

连接中间平台和顶部平台的盘梯，多用近似球面螺旋线型，或称之为球面盘梯，盘梯由内外侧扶手和栏杆（或侧板）、踏步板及支架组成，球面盘梯具有如下特点：

1）盘梯上端连接顶部平台，下端连接赤道线处的中间平台，中间不需增加平台；

2）盘梯内侧栏杆的下边线与球罐外壁距离始终保持不变，梯子旋转曲率与球面一致，外栏杆下边线与球面的距离自中间平台开始逐渐变小，在盘梯与顶部平台连接处，内外栏杆下边线与球面等距离；

3）踏步板保持水平，并指向盘梯的旋转中心轴，盘梯一般采用右旋式；

4）盘梯与顶部平台正交，且栏杆下边线与顶部平台齐平。

（2）球罐盘梯的计算和放样

球罐盘梯主要由内外侧栏杆、踏步板及盘梯支架所组成。盘梯的几何形状和尺寸一般由设计图纸确定给出。施工时应分别下料，然后进行组装。下料的方法有放样法和计算法两种，施工常用放样法下料，计算法一般用来校核，以保证下料的准确性。

（3）盘梯的组对与安装

盘梯内外侧栏杆放出实样后，应在下边线上画出踏步板的位置线，然后将踏步板对号安装，逐块点焊牢固。

盘梯安装一般采用两种方法。一种方法是先把支架焊在球罐上再整体吊装盘梯。这种方法要求支架在球罐上的安装位置必须准确。另一种方法是把支架焊在盘梯上，连同支架一起将盘梯吊起，在球罐上找正就位。盘梯吊装时，应注意防止变形。

球罐的试验和验收应符合国家现行标准《球形储罐施工规范》GB 50094 规定。

9.4 加臭及过滤装置安装

9.4.1 加臭装置的安装

燃气具有一定毒性且易燃易爆，由于管道及设备本身的缺陷或使用不当，容易造成漏气，引起着火、爆炸、中毒，为了及时发现漏气，必须给燃气加臭。

对加臭剂的一般要求是本身对人体无害，对设施无腐蚀性；有强烈的刺鼻气味，且气味特殊；适当挥发，气味持久；不与燃气中各组分发生化学反应；不溶于水，不易被土壤吸收；能完全燃烧，其产物对人无害、对设施无腐蚀；价格低、来源广。

常用的加臭剂为四氢噻吩。

加臭方式主要有两种：

（1）滴入式　将液体加臭剂以液滴或细液流的状态放入燃气管道中，在管道中蒸发后与燃气流混合。其原理图见图 9-2。

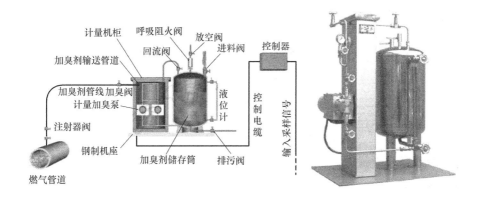

图 9-2　直接滴入式加臭

（2）吸收式　使部分燃气进入加臭器，与蒸发后的加臭剂混合，再一起进入燃气主管道，其原理见图 9-3。

1. 加臭装置的设计和布置

（1）一般规定：

1）对气源进气口较多的燃气输配系统，可从多个地点进行加臭。

2）加臭装置应根据工作环境要求布置。加臭装置宜设置在气源厂、门站等处。

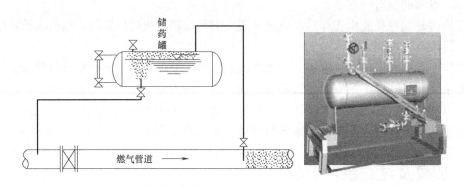

图 9-3 吸收式加臭方式

3）加臭装置的工作环境温度宜为 $-30\sim+50℃$，通风应良好，且不得有强磁场干扰。在特殊环境工作的加臭装置，应采取相应措施确保装置安全稳定工作。

4）加臭装置应符合下列规定：

① 应满足加臭过程连续运行的要求；

② 应能对加臭剂输出量进行检测和标定；

③ 加臭精度应在 $±5\%$ 之间；

④ 与加臭剂直接接触的部分应由不低于含 17% Cr 和 9% Ni 的不锈钢材料制造；

⑤ 密封材料宜用聚四氟乙烯；

⑥ 放散口应配备加臭剂气体吸收器。

5）加臭剂注入喷嘴宜设置在燃气成分分析仪、调压器、流量计后的水平钢质燃气管道上。

6）加臭装置的供电系统设计应符合现行国家标准《供配电系统设计规范》GB 50052 中"二级负荷"的要求。

7）加臭装置的电气防爆设计应符合现行国家标准《城镇燃气设计规范》GB 50028 中对门站、储配站电气防爆设计的要求。防爆标志应明显。

8）加臭剂储罐或外箱体上应标有危险警示标志。

9）加臭剂储罐及管线应符合国家现行有关标准的规定，并应在设备进场时提交相关资料。

10）防爆现场应设置加臭装置的紧急停机开关。

（2）加臭装置设计

1）加臭剂储罐的设计应符合下列规定：

① 城镇燃气工程使用的加臭剂储罐应符合现行国家标准《压力容器（合订本）》GB 150.1～GB 150.4 的相关规定；

② 加臭剂储罐的容积应根据供气规模、加臭剂的运输距离、最大允许充装量等参数确定；

③ 加臭剂充装量不应大于 90%，且储存时间不应超过加臭剂的保质期。

2）加臭装置控制器及电气元件应符合下列规定：

① 控制器宜有加臭剂储罐高低液位、泵工作状态、系统故障等报警信号输出，且报

警信号需手动消除；

② 控制器应具有手动运行模式和自动运行模式，且能够接收燃气流量计提供的数字或模拟信号；对于恒定燃气流量供气，控制器可仅有手动运行模式；

③ 控制器应设置不可逆转的并有可追溯、可打印的记录装置；

④ 加臭装置应具备将运行监控数据向上位机的远程终端（RTU）或监控及数据采集系统（SCADA）进行数据传输的功能，控制器的接口应具有通用性和兼容性；

⑤ 加臭装置中的电气元件应在产品交付时提供合格的检验资料。

3）加臭泵应符合下列规定：

① 加臭泵输出加臭剂的压力应高于被加臭的燃气管道最高工作压力，宜为燃气管道最高工作压力的 1.2～1.5 倍；

② 加臭泵应易于操作、检修和清洗；

③ 加臭泵入口应加装过滤器，出、入口应设置止回阀；

④ 加臭泵的输出应设有标定器。

4）加臭阀门组及管线应符合下列规定：

① 加臭管线阀门组应设置回流管；

② 输送加臭剂的管线、阀门组管束应采用流体输送用不锈钢管道，且应符合现行国家标准《流体输送用不锈钢无缝钢管》GB/T 14976 和《流体输送用不锈钢焊接钢管》GB/T 12771 的规定；最小内径应大于 4mm；

③ 加臭装置的管线连接宜采用机械连接。

5）加臭剂注入喷嘴应符合下列规定：

① 喷嘴上部应安装止回阀；

② 喷嘴的接口尺寸不应小于 $DN15$，压力级别应与燃气管道设计压力相同，且不应小于 $PN1.6MPa$。

6）加臭剂储存量较大的加臭装置，宜采用电动上料泵或使用车用快速上料接口进行储罐上料操作。

（3）加臭装置的布置

1）加臭装置的工作间应符合下列规定：

① 加臭装置宜设置独立工作间；

② 加臭装置工作间的地面应对加臭剂具有耐腐蚀性，且不得渗透；

③ 加臭剂储罐应设置加臭剂意外泄漏集液池，集液池容积应大于加臭剂储罐的容积；

④ 加臭装置工作间的门应向外开，开启后应能保持全敞开状态，关闭后应能从内、外侧手动开启；

⑤ 加臭装置工作间应通风良好，且入口处应设置警示标志。

2）当加臭装置布置在室外时，应符合下列规定：

① 对露天设置的加臭装置应采取遮阳、避雨等保护措施；

② 加臭装置应牢固地设置在基础上；加臭装置的基础应采用钢筋混凝土基础，其高度不应低于地面标高；

③ 加臭装置应与场站的防雷和静电接地系统相连接，且接地电阻应小于 10Ω。

3）加臭装置的控制电缆、信号电缆的敷设应符合燃气厂站的设计要求。

4）加臭装置的控制器应安装在厂站非防爆区的控制室内。

确需安装在防爆区的控制器应按燃气厂站的防爆等级采取相应的防爆措施。

5）加臭管线的铺设应符合燃气厂站的设计要求。埋地敷设时应采取防护措施，架空敷设时应有可靠的支撑。

2. 加臭装置的安装与验收

（1）一般规定

1）城镇燃气工程的加臭装置应选择符合国家现行标准的合格产品，并应有出厂合格文件。加臭泵、加臭剂储罐等应选用经过具相应资质的检测机构检测合格的产品。

2）加臭装置的安装与验收应按设计文件的规定进行；未经设计单位的书面同意，不得擅自修改。

（2）加臭装置的安装

1）当安装加臭剂注入喷嘴时，现场安装应按照国家现行有关标准的规定进行，且注入喷嘴插入燃气管道内的长度应大于燃气管道直径的 60%。

2）加臭装置的仪表及安全装置应可靠有效，各连接处应牢固无泄漏。

3）加臭装置安装完毕后应进行控制器的空载模拟试验，试验合格后方可断电接入负载和数据信号，严禁带电接、拆控制器的任何线路。

3. 加臭装置的检验与验收

（1）加臭装置及管道安装完毕后，应进行外观检查。

（2）焊接连接的管道应按照设计文件和现行国家标准《工业金属管道工程施工规范》GB 50235 的要求进行无损检验。

（3）现场组装加臭装置的管道和整体组撬加臭装置的外部管道应按照设计文件及现行国家标准《工业金属管道工程施工规范》GB 50235 的要求进行压力试验和整体泄漏性试验。

（4）加臭装置各部位的阀门应开启灵活、操作方便。

（5）启动运行加臭装置时，设备实际动作的参数与各项控制参数应一致。

（6）控制器上各开关、参数调整按键应灵敏、可靠、准确，报警器的声、光及显示应符合设计文件或产品说明书的要求。

（7）应对备用加臭泵和控制器进行切换调试，操作控制应准确，数据显示应正确。

9.4.2 过滤装置安装

燃气过滤器是燃气输配系统的重要设备，在燃气输配过程中，为了保证燃气输配设备和仪表，如调压器等阀门和流量计、压力仪表的正常工作和保护其不被损坏，必须去除燃气中的固体杂质，在其前必须安装精度符合要求的过滤器。

燃气过滤器一般为立式结构，进出口在同一水平线上，筒体上端一般设置快开盲板（法兰盖），以便滤芯的清洗及更换。

燃气过滤器工作原理：液体从过滤器的进口一端进入筒体，通过筒体内部的过滤芯将液体中的杂质过滤掉，并通过排污口将杂质排出。

过滤器的安装：

1. 燃气过滤器的安装与使用管理，必须严格执行国家质量技术监督局《固定式压力容器安全技术监察规程》TSG 21 的规定。

2. 安装过滤器前，首先根据设计部门给出的站场工艺平面安装图，并参考本设备竣工图，浇筑混凝土基础，并预留地脚螺栓孔，预留孔的方位与高度必须符合工艺平面安装图和本设备竣工图。

3. 基础混凝土固化后，将过滤器吊装在基础上就位，调整就位时，应在保证各管口方位及标高符合工艺平面安装图要求的同时，还要保证本设备安装垂直度，垂直度偏差建议参照《天然气净化装置设备与管道安装工程施工技术规范》SY/T 0460 标准，然后用垫铁将设备垫稳。

4. 将设备垫稳后，应先配管（配管时注意设备进、出口箭头的方向标记，防止安装错误）。然后再对预留地脚螺栓孔进行二次混凝土浇筑，这样可减少安装过程中在设备及管道内产生较大应力。在浇筑预留孔之前，应对设备的安装垂直度进行第二次调整。二次浇筑的混凝土固化之后，再检查垫铁及地脚螺栓是否坚固稳定、垂直度是否满足要求，否则继续调整直至达到安装标准要求后，再将垫铁与支腿底板点焊固定。

5. 过滤器应参照《油气田防静电接地设计规范》SY/T 0060 标准规定接地，使设备内的静电及时导入大地，防止静电产生火灾或其他意外。接地导体应做防腐处理，防腐处理的结果应不影响其导电性能，导电连接结构宜设计成非焊接结构，防止日后维修或更换导体时动火。

6. 调试设备之前，应首先对整个管道进行：（1）耐压试验；（2）扫线；（3）清管作业。将管道内部彻底清理干净，避免在试运行过程中，因管道内污物、垃圾、积水等杂物过多，在调试过程中使过滤器频繁开启，或因过滤器堵塞、憋压造成其他意外。

7. 调试设备时，应设专人监测、记录设备调试全过程，并随时与总指挥保持联系，若出现异常情况，应立即向总指挥报告，听从总指挥的命令或采取其他预定措施。

参 考 文 献

[1] 黄国洪. 燃气工程施工 [M]. 北京：中国建筑工业出版社，1994
[2] 花景新. 燃气工程施工 [M]. 北京：化学工业出版社，2009
[3] 李帆，管延文. 燃气工程施工技术 [M]. 武汉：华中科技大学出版社，2007
[4] 中华人民共和国建设部. 城镇燃气设计规范 [S] GB 50028—2006. 北京：中国建筑工业出版社，2006
[5] 中华人民共和国建设部. 城镇燃气输配工程施工及验收规范 [S] CJJ 33—2005. 北京：中国建筑工业出版社，2005
[6] 中华人民共和国住房和城乡建设部. 城镇燃气加臭技术规程 [S] CJJ/T 148—2010. 北京：中国建筑工业出版社，2011

10 用户燃气工程施工

燃气管道根据敷设方式不同，可以分为地下燃气管道和架空燃气管道。一般在城镇中采用地下敷设管道，已在第 5 章中详述。在管道过障碍物时，或者在工厂区为了维修管理的方便，采用架空敷设管道。因此，本章用户燃气管道施工主要介绍工业厂区架空燃气管道安装和居民及商业用户引入管、室内支管、用气管及燃气表、燃具安装等内容。

10.1 工业用户燃气管道

燃气从引入管通过厂区管道送到用气车间。厂区燃气管道可以采用埋地敷设，也可以采用架空敷设。具体采用哪种敷设方式，依据拟敷设架空管道的构筑物特点、厂区的车间分布、地下管道和构筑物的密集程度等确定。

当地下水位较高，土质较差，以及过河、过铁道等情况时，常采用架空敷设管道；在工厂区，当地下管道繁多，如给水、排水和热力管道、电缆、其他工业管道时，为避免管道交叉绕道，也常采用架空敷设管道。架空敷设管道，其优点在于可以省去大量土方工程量，不受地下水的影响，没有埋地敷设管道的腐蚀问题，施工中管道交叉问题较易解决，燃气漏气容易察觉且便于消除，危险性小，在运行管理和检查维修上都比较方便。

10.1.1 一般规定

架空敷设的燃气管道通常采用焊接钢管和无缝钢管，连接方式为焊接和法兰连接。其中直管段采用焊接连接，管道转弯及分支等处宜采用法兰连接。

厂区架空燃气管道应尽可能地简单而明显，便于施工安装、操作管理和日常维修。

架空管道可以采用支架敷设，也可以沿建筑物的墙壁、屋顶或者栈桥敷设。在市郊区不影响交通并有安全措施的情况下，还可以沿管底至地面的垂直净距不小于 0.5m 的低支架敷设。管道的支架应采用不燃材料制成。

沿建筑物外墙敷设的燃气管道距住宅或公共建筑物门、窗的净距：中压管道应不小于 0.5m，低压管道应不小于 0.3m。燃气管道距生产厂房建筑物门、窗的净距不限。架空管道与其他建筑物平行时，应从方便施工和安全运行考虑，与公路边线及铁路轨道的最小净距分别为 1.5m 及 3.0m，与架空输电线根据不同电压应保持 2.0～4.0m 的水平净距。

给水、排水、供热及地下电缆等管道或管沟至架空燃气管道支架基础边缘的净距不小于 1.0m。与露天变电站围栅的净距不小于 10.0m。

架空燃气管道与铁路、道路、其他管线交叉时的垂直净距应不小于表 10-1 的规定。

架空燃气管道与铁路、道路其他管线交叉时的垂直净距　　表 10-1

建筑物和管线名称		最小垂直净距(m)	
		燃气管道下	燃气管道上
铁路轨顶		5.5	—
城市道路路面		5.5	—
厂房道路路面		4.5	—
人行道路路面		2.2	—
架空电力线	电压 3kV 以下	—	1.5
	电压 3~10kV	—	3.0
	电压 35~66kV	—	4.0
其他管道	管径≤300mm	同管道直径,但不小于 0.1	同管道直径,但不小于 0.1
	管径>300mm	0.3	0.3

注：1. 电气机车铁路除外。
　　2. 架空电力线与燃气管道的交叉垂直净距还应考虑导线的最大垂度。

燃气管道与给水、热力、压缩空气及氧气等管道共同敷设时，燃气管道与其他管道的水平净距不小于 0.3m。当管径大于 300mm 时，水平净距应不小于管道直径。与其他管道共架敷设时，燃气管道应位于酸、碱等腐蚀性介质管道的上方，与其相邻管线间的水平间距必须满足安装和检修要求。输送湿燃气的管道坡度不小于 0.003，低点设凝水缸，两个凝水缸之间的距离一般不大于 500m，在寒冷地区还应采取保温措施。

架空管道不允许穿越爆炸危险品生产车间、爆炸品和可燃材料仓库、配电间和变电所、通风间、易使管道腐蚀的房间、通风道或烟道等场所。架空敷设的管道应避免被外界损伤，如接触有强烈腐蚀作用的酸、碱等化学药品，受到冲击或机械作用等。架空管道应间隔 300m 左右设接地装置。厂区燃气管道的末端应设放散管。工业企业内燃气管道沿支柱敷设时，应符合现行的国家标准《工业企业煤气安全规程》GB 6222 的规定。

10.1.2 施工工艺流程

管架制作→支吊架安装→管道安装→管道防腐。

1. 管架制作

架空敷设的燃气管道，一般采用单柱式管架，有钢结构或钢筋混凝土结构两类，其高度一般为 5~8m；但如在市郊区，不影响交通并有安全措施时，也可采用离地 0.5m 低管架。管架应根据设计图纸提前预制，按其安装位置编号。

2. 支、吊架安装

架空敷设的燃气管道支架根据高度可分为低支架、中支架和高支架。

低支架一般为钢筋混凝土或砖石结构，高度为 0.5~1.0m。用于不妨碍通行的地段。

中支架和高支架架空敷设不影响车辆通行，支架为钢筋混凝土或焊接钢结构。一般行人交通段用中支架，高度为 2.5~4.0m，重要公路及铁路交叉处采用高支架，高度一般为 4.0~6.0m。

燃气管道常用的支架根据作用可分为活动支架和固定支架。活动支架与固定支架形式、构造各异，施工时应根据设计要求和标准图，按所需数量提前加工制作。

为了分段控制管道的热胀冷缩，分配补偿器之间的伸缩量，保证补偿器均匀工作，在补偿的两端管道上，安装固定支架。固定支架应按设计文件要求安装，并应在补偿器预拉伸之前固定。固定支架处的管道不能发生位移。

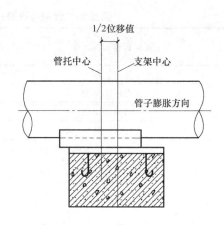

图 10-1 滑动支架安装位置

滑动支架有低位的与高位的两种。低位的滑动支架，可以预埋在混凝土底座上的钢制支承板上前后滑动。高位滑动支架，滑动面低于保温层，保温层不会因管道纵向伸缩时受到损坏。导向支架或滑动支架的滑动面应洁净平整，不得有歪斜和卡涩现象。其安装位置应从支承面中心向位移反方向偏移，偏移量应为位移值的 1/2（图10-1）或符合设计文件规定，绝热层不得妨碍其位移。

无热位移的管道，其吊杆应垂直安装。有热位移的管道，吊点应设在位移的相反方向，按位移值的 1/2 偏位安装（图10-2）。两根热位移方向相反或位移值不等的管道，不得使用同一吊杆。有热位移的管道，在热负荷运行时，应及时对支、吊架进行下列检查与调整：

（1）活动支架的位移方向、位移值及导向性能应符合设计文件的规定。

（2）管托不得脱落。

（3）固定支架应牢固可靠。

（4）弹簧支、吊架的安装标高与弹簧工作荷载应符合设计文件的规定。

（5）可调支架的位置应调整合适。

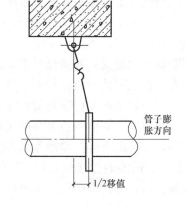

图 10-2 有热位移管吊架安装

管架紧固在槽钢或工字钢翼板斜面上时，其螺栓应有相应的斜垫片。铸铁、铅、铝及大口径管道上的阀门，应设有专用支架，不得用管道承重。支、吊架的焊接应由合格焊工施焊，并不得有漏焊、欠焊或焊接裂纹等缺陷。管道与支架焊接时，管子不得有咬边、烧穿等现象。

弹簧支、吊架的弹簧高度，应按设计文件规定安装，弹簧应调整至冷态值，并做记录。弹簧的临时固定件，应待系统安装、试压、绝热完毕后方可拆除。管道安装时不宜使用临时支、吊架。当使用临时支、吊架时，不得与正式支、吊架位置冲突，并应有明显标记，在管道安装完毕后应予拆除。

支、吊架的加工与安装直接影响管道安装质量。燃气管道安装前，必须对支、吊架的稳固性、中心线和标高进行严格检查，用经纬仪测定各支架的位置和标高，确定是否符合设计图纸要求。管道安装完毕后，应按设计文件规定逐个核对支、吊架的形式和位置。

3. 管道安装

（1）管架检查。管道安装前，应对管架进行检查，内容包括支架是否稳固可靠、位置和标高是否符合设计图样要求。通常要求各支架中心线为一条直线，人工湿燃气管道按设计的要求有符合规定的坡度，不允许因支架标高错误而造成管道的倒坡，或因支架太低，使得个别支架不受力，管道悬空。

（2）管道预制与布管。指将管子运到工地，并按顺序放置在管架旁的地面上。为了减少高空作业，提高焊接质量，通常将2～3根管子在地上组对焊接。

（3）搭设脚手架。为方便施工和确保安全，必须在支架两侧搭设脚手架。脚手架的高度以使用方便为准。脚手架的平台高度以距管道中心线1.0m为宜，平台宽度1.0m左右，以便工人通行、操作和堆放一些材料。脚手架一般是一侧搭设，必要时也可两侧搭设，如图10-3所示。注意必须搭设牢固、安全可靠。

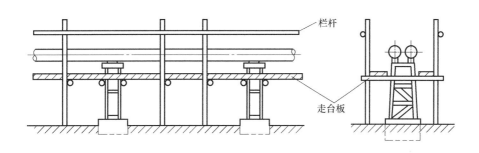

图 10-3　架空支架及安装脚手架

（4）管道吊装。通常用尼龙软带绑扎管段起吊，管段两端绑麻绳，由人调整管段的方向。

（5）管道与支座焊接。管段调整就位后与已安装的管段组对焊接。检查每个支座是否都受力，如果发现支座与支架之间有间隙，应用钢板垫平，并将钢板与钢支架或钢筋混凝土支架顶部预埋的钢支承板焊牢。然后将活动支座调整到安装位置，将活动支座与管道焊接起来，再焊接固定支座。

4. 管道防腐

将管道、支吊架除锈，刷底漆和面漆各两遍。

10.2　居民及商业用户燃气管道

居民及商业用户燃气一般是低压进户，采用如图10-4所示系统，由用户引入管、立管、水平干管、用户支管、燃气计量表、用具连接管和燃气用具组成。在一些城镇也有采用中压进户表前调压的系统。

室内燃气管道常用的管材有镀锌钢管、无缝钢管、焊接钢管、紫铜管、黄铜管与软管等。镀锌钢管采用螺纹连接。无缝钢管与焊接钢管采用焊接与法兰连接。纯铜管与黄铜管，通常使用的管径为6～10mm，其配件用铜管件。软管类有胶管、铠装胶管、带内棱胶管和丝包螺旋管等，采用管卡或锁母固定。

10.2.1　室内燃气管道安装一般规定

1. 基本要求

（1）室内燃气管道施工前应满足下列要求：

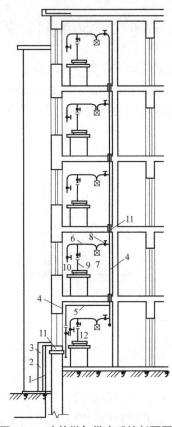

图 10-4 建筑燃气供应系统剖面图

1—用户引入管；2—砖台；3—保温层；
4—立管；5—水平干管；6—用户支管；
7—燃气计量表；8—表前阀门；
9—灶具连接管；10—燃气灶；
11—套管；12—燃气用具接头

1）施工图纸及有关技术文件应齐备；

2）施工方案应经过批准；

3）管道组成件和工具应齐备，且能保证正常施工；

4）燃气管道安装前的土建工程，应能满足管道施工安装的要求；

5）应对施工现场进行清理，清除垃圾、杂物。

（2）承担城镇燃气室内工程和燃气室内配套工程的施工单位，应具有国家相关行政管理部门批准的与承包范围相应的资质。

（3）城镇燃气室内工程施工必须按已审定的设计文件实施。当需要修改设计文件或材料代用时，应经原设计单位同意。

（4）室内燃气管道的最高压力和燃具、用气设备燃烧器采用的额定压力应符合现行国家标准《城镇燃气设计规范》GB 50028 的有关规定。

（5）当采用计数检验时，计数规定宜符合下列规定：

1）直管段：每 20m 为一个计数单位（不足 20m 按 20m 计）；

2）引入管：每一个引入管为一个计数单位；

3）室内安装：每一个用户单元为一个计数单位；

4）管道连接：每个连接口（焊接、螺纹连接、法兰连接等）为一个计数单位。

（6）燃气室内工程所用的管道组成件、设备及有关材料的规格、性能等应符合国家现行有关标准及设计文件的规定，并应有出厂合格文件；燃具、用气设备和计量装置等必须选用经国家主管部门认可的检测机构检测合格的产品，不合格者不得选用。

（7）燃气室内工程采用的材料、设备及管道组成件进场时，施工单位应按国家现行标准及设计文件组织检查验收，并填写相应记录。验收应以外观检查和查验质量合格文件为主。当对产品的质量或产品合格文件有疑义时，应在监理（建设）单位人员的见证下，由相关单位按产品检验标准分类抽样检验。

2. 一般规定

室内燃气管道安装必须满足以下要求：

（1）室内燃气管道系统安装前应对管道组成件进行内外部清扫。

（2）室内燃气工程使用的管道组成件应按设计文件选用；当设计文件无明确规定时，应符合现行国家标准《城镇燃气设计规范》GB 50028 的有关规定，并应符合下列规定：

1）当管子公称尺寸小于或等于 $DN50$，且管道设计压力为低压时，宜采用热镀锌钢管和镀锌管件；

2）当管子公称尺寸大于 $DN50$ 时，宜采用无缝钢管或焊接钢管；

3）铜管宜采用牌号为 TP2 的铜管及铜管件；当采用暗埋形式敷设时，应采用塑覆铜管或包有绝缘保护材料的铜管；

4）当采用薄壁不锈钢管时，其厚度不应小于 0.6mm；

5）不锈钢波纹软管的管材及管件的材质应符合国家现行相关标准的规定；

6）薄壁不锈钢管和不锈钢波纹软管用于暗埋形式敷设或穿墙时，应具有外包覆层；

7）当工作压力小于 10kPa，且环境温度不高于 60℃ 时，可在户内计量装置后使用燃气用铝塑复合管及专用管件。

（3）建筑物内的燃气管道应明设。当建筑或工艺有特殊要求时，可暗设，但必须便于安装和检修。

（4）暗设的燃气管道应符合以下要求：

1）暗设的燃气立管，可设在墙上的管槽或管道井中；暗设的燃气水平管，可设在平吊顶内或管沟内。

2）暗设的燃气管道的管槽应设活动门和通风孔；暗设的燃气管道的管沟应设活动盖板，并填充干砂。

3）暗设的燃气管道可敷设在混凝土地面中，其燃气管道的引入和引出处应设套管。套管应伸出地面 5～10cm，套管两端应采用柔性防水材料密封，管道应有防腐绝缘层。

4）暗设的燃气管道可与空气、惰性气体、上水、热力管道等一起敷设在管道井、管沟或设备层内。此时，燃气管道应采用焊接连接。燃气管道不得敷设在有可能涌入腐蚀性介质的管沟内。

5）当敷设燃气管道的管沟与其他管沟相交时，管沟之间应密封，燃气管道应设在钢套管中。

（5）室内燃气管道的连接应符合下列要求：

1）公称尺寸不大于 $DN50$ 的镀锌钢管应采用螺纹连接；当必须采用其他连接形式时，应采取相应的措施；

2）无缝钢管或焊接钢管应采用焊接或法兰连接；

3）铜管应采用承插式硬钎焊连接，不得采用对接钎焊和软钎焊；

4）薄壁不锈钢管应采用承插氩弧焊式管件连接或卡套式、卡压式、环压式等管件机械连接；

5）不锈钢波纹软管及非金属软管应采用专用管件连接；

6）燃气用铝塑复合管应采用专用的卡套式、卡压式连接方式。

（6）燃气管道敷设高度（从地面到管道底部）应符合下列要求：

1）在有人行走的地方，敷设高度不应小于 2.2m；

2）在有车通行的地方，敷设高度不应小于 4.5m。

（7）沿墙、柱、楼板和加热设备构架上明设的燃气管道，应采用支架、管卡或吊卡固定。燃气钢管的固定件的间距不应大于表 10-2 的规定。

燃气钢管固定件的最大间距 表 10-2

管道公称直径 （mm）	无保温层管道的固定件 的最大间距（m）	管道公称直径（mm）	无保温层管道的固定件 的最大间距（m）
15	2.6	100	7
20	3	125	8
25	3.5	150	10
32	4	200	12
40	4.5	250	14.5
50	5	300	16.5
70	6	350	18.5
80	6.5	400	20.5

（8）燃气管道采用的支撑形式宜按表 10-3 选择，高层建筑室内燃气管道的支撑形式应符合设计文件的规定。

燃气管道采用的支撑形式 表 10-3

工程尺寸	砖砌墙壁	混凝土制墙板	石膏空心墙板	木结构墙	楼板
$DN15\sim DN20$	管卡	管卡	管卡、夹壁管卡	管卡	吊架
$DN25\sim DN40$	管卡、托架	管卡、托架	夹壁管卡	管卡	吊架
$DN50\sim DN65$	管卡、托架	管卡、托架	夹壁托架	管卡、托架	吊架
$>DN65$	托架	托架	不得依敷	托架	吊架

（9）当燃气管道穿越管沟、建筑物基础、墙和楼板时应符合下列要求：

1）燃气管道必须敷设于套管中，且宜与套管同轴；

2）套管内的燃气管道不得设有任何形式的连接接头（不含纵向或螺旋焊缝及经无损检测合格的焊接接头）；

3）套管与燃气管道之间的间隙应采用密封性能良好的柔性防腐、防水材料填实，套管与建筑物之间的间隙应用防水材料填实。

（10）燃气管道穿墙套管的两端应与墙面齐平；穿楼板套管的上端宜高于最终形成的地面 5cm，下端应与楼板底齐平。

（11）室内燃气管道不得穿过易燃易爆品仓库、配电间、变电室、电缆沟、烟道或进风道等地方。

（12）室内燃气管道不得敷设在潮湿或有腐蚀介质的房间内；必须敷设时，应采取防腐蚀措施。

（13）燃气管道严禁引入卧室。当燃气管道水平穿过卧室、浴室或地下室时，必须采取焊接连接，并必须设在套管中。燃气管道的立管不得敷设在卧室、浴室或厕所内。

（14）燃气管道必须考虑在工作环境温度下的极限温度变形。当自然补偿不能满足要求时，应设补偿器，但不宜采用填料式补偿器。

（15）输送干燃气的管道可不设置坡度。输送湿燃气（包括气相液化石油气）的管道，其敷设坡度不应小于 0.003。当输送湿燃气的室内管道敷设在可能冻结的地方时，应采取防冻措施。

（16）室内燃气管道和电气设备、相邻管道间的净距不应小于表10-4的规定。

室内燃气管道和电气设备、相邻管道之间的净距　　　　　　表 10-4

管道和设备		与燃气管道的净距（cm）	
		平行敷设	交叉敷设
电气设备	明装的绝缘电线或电缆	25	10（注）
	暗装的或放在管子中的绝缘电线	5（从暗装槽或管子的边缘算起）	1
	电压小于 1000V 的裸露电线的导电部分	100	100
	配电盘或配电箱	30	不允许
相邻管道		应保证燃气管道的相邻管道的安装、安全维护和修理	2

注：当明装电线与燃气管道交叉净距小于10cm时，电线应加绝缘套管。绝缘套管的两端应伸出燃气管道10cm。

（17）地下室、半地下室、设备层敷设人工燃气和天然气管道时，应符合下列要求：

1）净高不应小于 2.3m。

2）应有良好的通风设施，地下室或地下设备层内应有机械通风和事故排风设施。

3）应有固定的照明设备。

4）当燃气管道与其他管道一起敷设时，应敷设在其他管道的外侧。

5）燃气管道应采用焊接或法兰连接。

6）应用非燃烧体的实体墙与电话室、变电室、修理间和储藏室隔开。

7）地下室内燃气管道末端应设放散管，并应引出地上。放散管的出口位置应保证吹扫放散物时的安全和卫生要求。

（18）当燃气燃烧设备与燃气管道为软管连接时，应符合以下规定：

1）家用燃气灶和试验室用的燃烧器，其连接软管的长度不应超过 2m，并不应有接口。

2）工业生产用的需要移动的燃气燃烧设备，其连接软管的长度不应超过 30m，接口不超过 2 个。

3）燃气用软管应采用耐油橡胶管。

4）软管与燃气管道、接头管、燃烧设备的连接处，应采用压紧螺母或管卡固定。

5）软管不得穿墙、窗和门。

10.2.2　燃气引入管安装

燃气引入管敷设位置应符合下列规定：

（1）燃气引入管不得敷设在卧室、卫生间、易燃或易爆品的仓库、有腐蚀性介质的房间、发电间、配电间、变电室、不使用燃气的空调机房、通风机房、计算机房、电缆沟、暖气沟、烟道和进风道、垃圾道等地方。

（2）住宅燃气引入管宜设在厨房、外走廊、与厨房相连的阳台内（寒冷地区输送湿燃气时阳台应封闭）等便于检修的非居住房间内。当确有困难时，可从楼梯间引入（高层建筑除外），但应采用金属管道且引入管阀门宜设在室外。

225

（3）商业和工业企业的燃气引入管宜设在使用燃气的房间或燃气表间内。

（4）燃气引入管宜沿外墙地面上穿墙引入。室外露明管段的上端弯曲处应加不小于 $DN15$ 清扫用三通和丝堵，并做防腐处理。寒冷地区输送湿燃气时应保温。

引入管可埋地穿过建筑物外墙或基础引入室内。当引入管穿过墙或基础进入建筑物后，应在短距离内出室内地面，不得在室内地面下水平敷设。

引入管进入密闭室时，密闭室必须进行改造，并设置换气口，其通风换气次数每小时不得小于 3 次。

燃气引入管的最小公称直径，应符合下列要求：

（1）当输送人工燃气和矿井气等燃气时，不应小于 25mm；

（2）当输送液化石油气时，不应小于 15mm；

（3）当输送天然气时，不应小于 20mm。

引入管与室外庭院管相连接，有地下式和地上式两类。地下式引入管自地下穿过房屋基础进入室内；地上式引入管在室外伸出地面，穿墙进入室内，在墙外部分砌筑保温台，以保护管道。地上式引入做法只在建筑物内沿外墙墙基设有暖气沟或其他原因无法从地下引入时采用。

输送湿燃气的引入管，埋设深度应在土壤冰冻线以下，并应有不低于 0.01 坡向凝水缸或燃气分配管道的坡度。

1. 套管安装和检查

燃气引入管穿过建筑物基础、墙或管沟时，均应设置在钢制套管中。套管与墙基础、楼板、地板、墙体之间的空隙，用水泥砂浆堵严。套管要求横平竖直，管道与套管之间的环形间隙用油麻填实，再用沥青堵严。如图 10-5 所示为地下式燃气引入管套管。

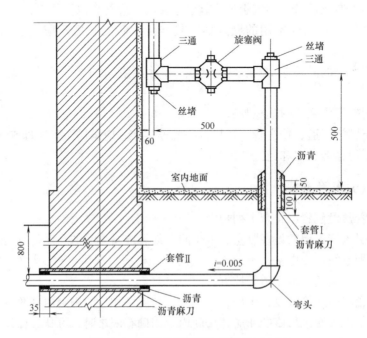

图 10-5 地下式燃气引入管做法（一）

引入套管尺寸见表10-5。

引入管套管尺寸（mm）   表 10-5

燃气管直径	套管 I	套管 II
25	40	50
32	50	50
40	65	75
50	75	75
65	75	100
75	100	100

2. 预制加工

引入管安装前，应按施工草图下料加工。

地下式引入管入户后，伸向地面的立管转角处应采用弯头（见图10-5）或加工成月弯（见图10-6），不得使用三通。

引入管上应设有一个 DN25 的放散丝堵，如图10-7所示，便于通气时空气放散。

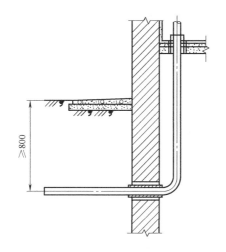

图 10-6　地下式燃气引入管做法（二）

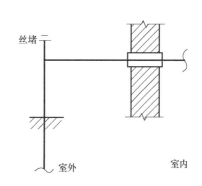

图 10-7　燃气引入管放散丝堵的设置

高层建筑自重较大，沉降量显著，易在引入管处造成破坏。可在引入管处装伸缩补偿接头来消除沉降的影响。伸缩补偿接头有波纹管接头、套筒接头和软管接头等形式。图 10-8 所示为引入管处安装不锈钢波纹管补偿接头的示意图。建筑物沉降时，由波纹管吸收变形，避免引入管及阀门被破坏。在伸缩补偿接头前安装的阀门，设在阀门井内，便于检修。

3. 引入管安装

引入管应与建筑外墙成直角进入，不能斜线进入。输送湿燃气的引入管，埋设深度应在土壤的冻土线以下，并应有不低于 0.01 坡向凝水缸或燃气分配管道的坡度，长度一般不宜超

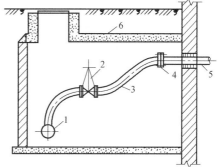

图 10-8　引入管处安装不锈钢波纹管
接头的示意图

1—庭院管道；2—阀门；3—不锈钢波纹管；
4—法兰；5—穿墙管；6—阀门井

过 10m。引入管顶部应装三通，管道升高或回低时，应在低处设丁字管加管塞。

地下式引入管安装按图 10-5 和图 10-6 进行。

地上式引入管安装按图 10-9～图 10-11 进行。图 10-9 为非冻结地区燃气引入管做法。在冻结地区，伸出地面的立管应做发泡保温，保温层外缠绕保护层，然后做保温井（见图 10-10）或保护罩（见图 10-11），砖砌体应与建筑物砌严密，外面的粉饰应与建筑外墙相同。

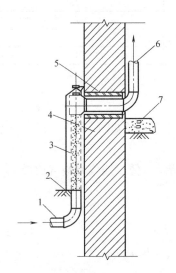

图 10-9　非冻结地区燃气
引入管的做法

1—燃气进口管；2—室外地面；
3—外管保护管；4—墙；
5—套管；6—燃气出口管；
7—室内地面

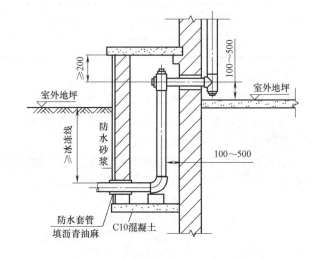

图 10-10　地上式引入采用保温井的做法

4. 庭院管与引入管连接

庭院管上接分支管时，要在其起点连接一个万向节，以防止管道沉降对管道的破坏作用。

管道分支钻孔时，钻孔点应位于管道的上面或侧面。钻孔直径在大管直径 1/4 以下时，允许直接钻孔，大于 1/4 则需安装管卡子，如图 10-12 所示。

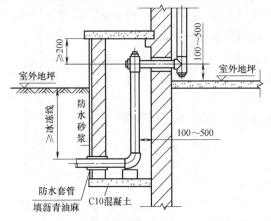

图 10-11　地上式引入采用玻璃钢防护罩的做法

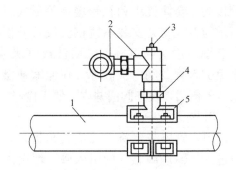

图 10-12　安装管卡子钻孔

1—干管；2—三通；3—丝堵；4—外接头；5—管卡子

引入管安装在铸铁干管时，可钻孔或直接以丁字管连接；引入管为镀锌管以丝扣连接时，可钻孔后再完成攻丝。

5. 引入管试压

引入管安装完毕，经外观检验合格后，进行强度和严密性试验。应注意以下几点：

（1）当引入管暂不和室内管连接时，新安装的引入管应与埋地的支管或干管连在一起进行试验。

（2）当引入管直接和室内管相连通时，引入管和埋地支管或干管全连在一起进行试验。

（3）如地下干、支燃气管已投入使用，引入管应和室内管连在一起试验，合格后方可与埋地干、支管接头。

10.2.3 室内燃气管道敷设

1. 定位

（1）根据埋地敷设燃气管立管甩头坐标，在顶层楼地板上找出立管中心线位置，先打出一个直径 20mm 左右的小孔，用线坠向下层吊线，直至地下燃气管道立管甩头处（或立管阀门处），核对各层楼板孔洞位置并进行修整。若立管设在管道井内，则可用量棒定位。

（2）根据施工图横支管的标高和位置，结合立管测量后横支管的甩头，按土建给定的地面水平线、抹灰层（或装修层）厚度及管道设计坡度，找准支管穿墙孔洞的中心位置，并用"十"字线标记在墙面上。

2. 开孔洞

通常使用空心钻在墙体与楼板上钻孔，其优点是不破坏墙体与楼板，孔洞尺寸一致、光滑美观，劳动强度低，速度快。当用电锤或手锤和钢凿剔凿孔洞时，应注意防止伤人或损坏其他物件，同时，不可将建筑结构内的主钢筋打断。空心楼板孔要堵严，防止杂物进入空心板内。孔洞直径见表10-6。孔洞不宜过大，以防破坏土建结构并给堵塞孔洞带来困难。

穿管孔洞直径（mm）　　　　表 10-6

管道公称直径	孔洞直径	管道公称直径	孔洞直径
15	45	50	90
20、25	50	65	115
32	60	80	140
40	75	100	165

3. 绘制施工草图

在开孔洞完成后，即可绘制施工草图，具体步骤如下：

（1）确定安装长度，在现场实测出管道的建筑长度。管道系统中管件与管件间或管件与设备间的尺寸（如立管上所带横支管甩口中心之间的中心距离、立管上三通与三通中心距离、管件与阀门间的中心距离、管件与设备接口间的中心距离等）称为建筑长度。它与安装长度。关系如图 10-13 所示。

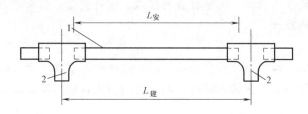

图 10-13 建筑长度与安装长度的关系
1—钢管；2—螺纹三通

具体按式（10-1）计算：

$$L_安 = L_建 - 2a \qquad (10\text{-}1)$$

式中 $L_安$——管道安装长度（mm）；

$L_建$——管道建筑长度（mm）；

a——管道预留量（mm）。

管道的建筑长度是管道安装、管段加工的依据，因此实测时，应使用钢卷尺，读数要准确到 1mm，记录清楚。

（2）确定立管上各层横支管的位置尺寸。根据图纸和有关规定，按土建给定的各层标高线确定各横支管中心线，并将中心线划在临近的墙面上。

（3）逐一量出各层立管上所带各横支管中心线的标高，将其记录在草图上，直到一层阀门甩头处为止。

4. 下料与配管

（1）下料按先立管后横支管的顺序，测得实际长度，绘制成草图，按实测尺寸进行下料。

（2）管子配制前应仔细检查，不符合质量的不能使用，并且需要调直和清堵。管子切割时若用切管器切断管子时，应该用铣刀将缩径部分铣掉，若采用气割割断时，要用手动砂轮磨平切口。管端螺纹由套丝方法加工成型，不大于 $DN20$ 时，一次套成；$DN25 \sim DN40$ 时，分两次套成；大于 $DN50$ 时，分三次套成。如使用球墨铁管时，要先除锈，刷防锈漆后方可使用。

（3）根据施工图纸中的明细表，对管材、配件、气嘴、管件的规格、型号进行选择，其性能符合质量标准中的各项要求。

5. 管道预制

（1）按施工操作方便快捷和尽量减少安装时上管件的原则，预制时尽量将每一层立管所带的管件、配件在操作台上安装。在预制管段时，若一个预制管段带数个需要确定方向的管件，预制中应严格找准朝向，然后将预制好的主立管按层编号，待用。

（2）将主立管的每层管段预制完成后，在预制场地垫好木方。然后将预制管段按立管连接顺序自下而上或自上而下层层连接好。连接时注意各管段间需要确定位置的管件方向，直至将主立管所有管段连接完，然后对全管段调直。因为有的管件螺纹不够标准，有偏丝情况，连接后，有可能出现管段弯曲的现象。注意管道走向，操作时应由两人进行，将管子依正式安装一样连接后，一人持管段一端，掌握方向指挥，一人用锤击管身法进行调直。

（3）调直达到要求后，将各管段连接处相邻两端（管端头与另一管段上的管件）做出连接位置的轴向标记，以便于在室内实际安装时管道找中。再依次把各管段（管段上应带有管件）拆开，将一根立管全部管段和立管上连接的横支管管段集中在一起，这样每根管道就可以在室内安装了。

6. 管道安装

（1）套管安装。管道穿过承重墙基础、地板、楼板、墙体时，要安装套管。套管规格见表10-7，做法见图10-14。

室内燃气管道套管规格（mm） 表10-7

管道公称直径	20	25	32	40	50	70	80	100	125	150
套管公称直径	32	40	50	70	80	100	125	150	150	200

套管在穿过楼板、地板和楼板平台时，套管应高出地面50mm，套管的下端应与楼板相平；套管穿过承重墙时，套管的两端应伸出墙壁两端各50mm。管道与套管之间环形间隙用油麻填实，再用沥青堵严；套管与墙基础、楼板、地板、墙体间的空隙，用水泥砂浆填实。

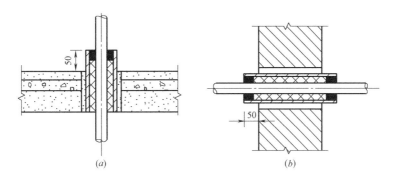

图10-14 套管做法
(a) 穿过地板、楼板、隔墙；(b) 穿过承重墙基础

（2）支架安装。主立管和横支管安装前，须依据立管和横支管位置和支、托架、卡子的形式，以及规范中规定的间距，凿出栽卡子和支托架的孔洞。燃气管的卡子、支架、钩钉均不得设在管件及丝扣接头处，主立管每层距地面2.0m设固定卡子一个，横支管用支架或钩钉固定，按管径大小而定。使用钩钉固定时，除木结构墙壁外，均应先在孔洞塞进木楔，再钉钩钉。

（3）立管安装。拆除主立管甩头位置阀门上的临时封堵，从一层阀门处开始向上逐层安装立管。安装时注意将每段立管端头的划痕与另一端头的划痕记号对准，以保证管件的朝向准确无误，找正立管。若下层与上层因墙壁厚不相同时应撖制灯叉弯使主立管靠墙，不得使用管件使其急转弯，并避免将焊缝安装在靠墙处。主立管安装完后，可以先用铁轩临时固定。在立管的最上端应装放散丝堵，以便于管道通气时空气的放散。

高层建筑燃气立管管道长、自重大，需在立管底端设置支墩支撑。同时，为补偿温差产生的变形，需将管道两端固定，并在中间设置补偿装置，这种补偿装置不仅可以吸收变形，还可以消除地震和大风时，建筑物振动对管道的影响。管道的补偿量可按下式计算：

$$\Delta L = 0.012 L \Delta t \tag{10-2}$$

式中 ΔL——燃气管道所需的补偿量（mm）；

0.012——燃气管道单位长度单位温差的补偿系数（mm/(m·℃)）；

Δt——燃气管道安装时与运行中的最大温差（℃）；

L——两固定端之间的管道长度（m）。

挠性管补偿装置和波纹管补偿装置如图 10-15 所示。

（4）横支管安装。将已预制好的横支管依次安放在已安装好的支架上，接口并调直，找准找正立支管甩头的朝向，然后紧固好水平管。对返身的水平管应在最低点设有丝堵，以便于管道排污，如图 10-16 所示。

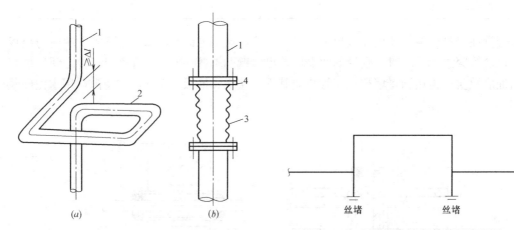

图 10-15 燃气立管补偿装置

（a）挠性管；（b）波纹管

1—燃气立管；2—挠性管；3—波纹管；4—法兰

图 10-16 返身燃气水平管的丝堵设置

（5）立支管安装。从横水平管的甩头管件口中心，吊一线坠，根据双叉气嘴距炉台的高度及离墙弯曲角度，量出支立管加工尺寸，然后根据尺寸下料接管到炉台上。安装时严格控制好标高，然后栽好卡子，安装双叉气嘴。

（6）封堵楼板眼。管道安装好后，对燃气管道穿越楼板的孔隙周围，可用水冲湿孔洞四周，吊模板，再用小于楼板混凝土强度等级的细石混凝土灌严，捣实，待卡具及堵眼混凝土达到强度后拆模。

7. 管道试压

管道安装完毕后，应按有关规范规定进行强度试验和严密性试验，合格后才能交付使用。

8. 当燃气管道敷设在建筑物外时应符合下列规定

（1）沿外墙敷设的中压燃气管道当采用焊接的方法进行连接时，应采用射线检测的方法进行焊缝内部质量检测。当检测比例设计文件无明确要求时，不应少于 5%，其质量不应低于现行国家标准《无损检测 金属管道熔化焊环向对接接头射线照相检测方法》GB/T 12605 中的Ⅲ级。焊缝外观质量不应低于现行国家标准《现场设备、工业管道焊接工程施工规范》GB 50236 中的Ⅲ级。

（2）沿外墙敷设的燃气管道距公共或住宅建筑物门、窗洞口的间距应符合现行国家标准《城镇燃气设计规范》GB 50028 的规定。

（3）管道外表面应采取耐候型防腐措施，必要时应采取保温措施。

（4）在建筑物外敷设燃气管道，当与其他金属管道平行敷设的净距小于 100mm 时，每 30m 之间至少应采用截面积不小于 6mm² 的铜绞线将燃气管道与平行的管道进行跨接。

（5）当屋面管道采用法兰连接时，在连接部位的两端应采用截面积不小于 6mm² 的金属导线进行跨接；当采用螺纹连接时，应使用金属导线跨接。

10.3 表具、灶具安装

10.3.1 燃气表具安装

在装接表具时，如燃气管道与其他管道相遇，水平敷设的净距不小于 100mm，竖向平行敷设的净距不小于 50mm，并应装于其他管道外侧。呈交叉敷设的，净距不小于 5mm，并应装于墙面一侧，或交叉点盘装。

1. 燃气计量表

选择燃气计量表应根据燃气的工作压力、温度、最大流量和最小流量及房间温度等条件进行选取。居民住宅内通常安装皮膜表，还装有 IC 卡式燃气表、智能燃气表等。IC 卡式燃气表具有预付费功能；智能燃气表具有实时抄表、实时监控、实时报警等功能。

燃气用户应单独设置燃气表。用户燃气表的安装位置，应符合下列规定：

（1）宜安装在不燃或难燃结构的室内通风良好和便于查表、检修的地方。

（2）严禁安装在下列场所：

1）卧室、卫生间及更衣室内；

2）有电源、电器开关及其他电器设备的管道井内，或有可能滞留泄漏燃气的隐蔽场所；

3）环境温度高于 45℃的地方；

4）经常潮湿的地方；

5）堆放易燃易爆、易腐蚀或有放射性物质等危险的地方：

6）有变、配电等电器设备的地方；

7）有明显振动影响的地方；

8）高层建筑中的避难层及安全疏散楼梯间内。

（3）燃气表的环境温度，当使用人工燃气和天然气时，应高于 0℃；当使用液化石油气时，应高于其露点 5℃以上。

（4）住宅内燃气表可安装在厨房内，当有条件时也可设置在户门外。住宅内高位安装燃气表时，表底距地面不宜小于 1.4m；当燃气表装在燃气灶具上方时，燃气表与燃气灶的水平净距不得小于 30cm；低位安装时，表底距地面不得小于 10cm。

（5）商业和工业企业的燃气表宜集中布置在单独房间内，当设有专用调压室时可与调压器同室布置。

在室内燃气管道均已固定，管道系统严密性试验合格后，即可进行室内燃气表的安装，同时安装表后支管。

燃气计量表的安装高度应符合下列要求：

（1）流量不大于 $3m^3/h$ 的居民用户，燃气表有高、中、低三种表位，其表底与地面的距离分别为不小于 1.8m，1.4～1.7m 和不少于 0.1m。安装时以高、中位为宜，一般只在表前安装一个旋塞。多表挂在同一墙面时，表与表之间的净距大于 15cm。

（2）$3m^3/h$＜流量＜$57m^3/h$ 时的干式皮膜燃气表，可设置在地面上，也可设置在墙上。表字盘中心距地 1.4m 为宜。

（3）流量不小于 $57m^3/h$ 时的干式皮膜燃气表，应设置在地面的砖墙台上，砖台高 10～20cm。

安装过程中不得碰撞、倒置、敲击，不允许杂物、油污进入表内。

2. 燃气计量表安装前准备

（1）燃气计量表在安装前应按相关规定进行检验，并应符合下列规定。

1）燃气计量表应有出厂合格证、质量保证书；标牌上应有 CMC 标志、最大流量、生产日期、编号和制造单位；

2）燃气计量表应有法定计量检定机构出具的检定合格证书，并应在有效期内；

3）超过检定有效期及倒放、侧放的燃气计量表应全部进行复检；

4）燃气计量表的性能、规格、适用压力应符合设计文件的要求。

（2）核对主立管预留计量表分支接头的口径、标高及计量表的实际环境，是否能满足施工安装尺寸要求。

3. 燃气计量表的安装要求

（1）燃气计量表的安装位置应满足正常使用、抄表和检修的要求。

（2）燃气计量表前的过滤器应按产品说明书或设计文件的要求进行安装。

（3）燃气计量表与燃具、电气设施的最小水平净距应符合表 10-8 的要求。

燃气计量表与燃具、电气设施之间的最小水平净距（cm）　　　　表 10-8

名称	与燃气计量表的最小水平净距
相邻管道、燃气管道	便于安装、检查及维修
家用燃气灶具	30（表高位安装时）
热水器	30
电压小于 1000V 的裸露电线	100
配电盘、配电箱或电表	50
电源插座、电源开关	20
燃气计量表	便于安装、检查及维修

（4）燃气计量表的外观应无损伤，涂层应完好。

（5）膜式燃气计量表钢支架的安装应端正牢固，无倾斜。

（6）支架涂漆种类和漆刷遍数应符合设计文件的要求，并应附着良好，无脱皮、起泡和漏涂。漆膜厚度应均匀，色泽一致，无流淌及污染现象。

（7）当使用加氧的富氧燃烧器或使用鼓风机向燃烧器供给空气时，应检验燃气计量表后设的止回阀或泄压装置是否符合设计文件的要求。

（8）组合式燃气计量表箱应牢固地固定在墙上或平稳地放置在地面上。

（9）室外的燃气计量表宜装在防护箱内，防护箱应具有排水及通风功能；安装在楼梯间内的燃气计量表应具有防火性能或设在防火表箱内。

（10）燃气计量表与管道的法兰或螺纹连接，应符合相关的规定。

4. 家用燃气计量表的安装

（1）家用燃气计量表的安装应符合下列规定：

1）燃气计量表安装后应横平竖直，不得倾斜；

2）燃气计量表的安装应使用专用的表连接件；

3）安装在橱柜内的燃气计量表应满足抄表、检修及更换的要求，并应具有自然通风的功能；

4）燃气计量表与低压电气设备之间的间距应符合有关规定；

5）燃气计量表宜加有效的固定支架。

（2）家用燃气计量表的安装。

家用燃气计量表安装如图 10-17 所示。

1）燃气表只能水平放置在托架上，不得倾斜，表的垂直偏差为 1cm。燃气表的进出口管道必须使用钢管，螺纹连接要严密。

2）表前的水平支管坡向立管，表后的水平支管坡向灶具。低表位水平支管的活接头不得设置在灶板内。燃气表进出口用单管接头与表连接时，应注意连接方向，防止装错。单管接头侧端连进气管，顶端接出气管。下端接表处须装橡胶密封圈，装置的橡胶圈不得扭曲变形，防止漏气。

3）燃气表的进出气管分别在表的两侧时，应注意连接方向。

4）通常人面对表字盘左侧为进气管，右侧为出气管。安装时，应按燃气表的产品说明书安装，以免装错。

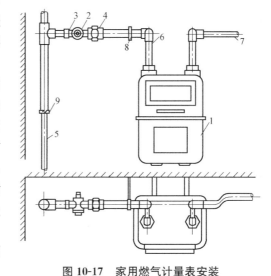

图 10-17　家用燃气计量表安装

1—燃气表；2—旋塞；3—内接头；
4—活接头；5—燃气立管；6—燃气进气管；
7—燃气出气管；8—托钩；9—管卡

5）燃气表安装完毕，应进行严密性试验。试验介质用压缩空气，压力为 300mm 水柱，5min 内压降不大于 20mm 水柱为合格。

5. 商业及工业燃气表的安装

（1）安装要求。

1）燃气表进出气口的管道，连接方向要正确。表底部需设置在支架或砖台上，应垂直平稳，垂直偏差为 1cm。

2）法兰连接完成后，再安装其他管道。防止法兰间隙过大强行组对造成燃气表焊口裂开。燃气表前后立管的上部和下部应装丝堵或法兰堵板，以便清扫和排污。

3）气体腰轮流量计必须垂直安装，高进低出，过滤器与表直接连接。过滤器和流量计在安装时方可将防尘板（帽）取掉，以防杂质进入仪表。安装前，应洗掉流量计计量室内的防锈油。

4）腰轮流量计安装完毕，先检查管道、阀门、仪表等连接部位有无渗漏现象，确认各处密封后，再拧下腰轮流量计上的加油旋塞，加入润滑油油位不能超过指示窗上刻线，拧紧旋塞。使用时，应慢慢开启阀门，使腰轮流量计工作，同时观察流量计指针是否均匀地平稳转动，如无异常现象就可正式工作。

（2）燃气计量表的安装。

1）最大流量小于 65m³/h 的膜式燃气计量表，当采用高位安装时，表后距墙净距不宜小于 30mm，并应加表托固定；采用低位安装时，应平稳地安装在高度不小于 200mm 的砖砌支墩或钢支架上，表后与墙净距不应小于 30mm。

2）最大流量大于或等于 65m³/h 的膜式燃气计量表，应平正地安装在高度不小于 200mm 的砖砌支墩或钢支架上，表后与墙净距不宜小于 150mm；腰轮表、涡轮表和旋进旋涡表的安装场所、位置、前后直管段及标高应符合设计文件的规定，并应按产品标识的指向安装。

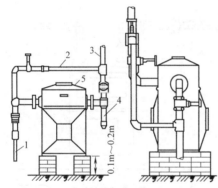

图 10-18 落地式皮膜燃气计量表安装
1—进气管；2—旁通管；3—用气管；
4—积水管；5—燃气计量表

皮膜式燃气表落地式安装分为地上燃气管连接和地下燃气管连接两种，地上燃气管连接应离室内地坪 0.10～0.20（表底），应安装进出口测压管（点）和"积水管"，如图 10-18 所示。

3）燃气计量表与燃具和设备的水平净距应符合下列规定：

① 距金属烟囱不应小于 80cm，距砖砌烟囱不宜小于 60cm；

② 距炒菜灶、大锅灶、蒸箱和烤炉等燃气灶具灶边不宜小于 80cm；

③ 距沸水器及热水锅炉不宜小于 150cm；

④ 当燃气计量表与燃具和设备的水平净距无法满足上述要求时，加隔热板后水平净距可适当缩小。

4）燃气计量表安装后的允许偏差和检验方法应符合表 10-9 的要求。

燃气计量表安装后的允许偏差和检验方法 表 10-9

最大流量	项目	允许偏差(mm)	检验方法
<25m³/h	表底距地面	±15	吊线和尺量
	表后距墙饰面	5	
	中心线垂直度	1	
≥25m³/h	表底距地面	±15	吊线、尺量、水平尺
	中心线垂直度	表高的 0.4%	

5）当采用不锈钢波纹软管连接燃气计量表时，不锈钢波纹软管应弯曲成圆弧状，不得形成直角。

6）用法兰连接燃气计量表时，表后与墙的净距不能小于 30mm，以便于施工工具的使用。

7）燃气表并联安装时，表前后各装一个阀门，阀门类型由设计确定。

10.3.2 燃气灶具安装

1. 一般规定

（1）燃具和用气设备安装前应按相关的规定进行下列检验：

1）应检查燃具和用气设备的产品合格证、产品安装使用说明书和质量保证书；

2）产品外观的显见位置应有产品参数铭牌，并有出厂日期；

3）应核对性能、规格、型号、数量是否符合设计文件的要求。

（2）家用燃具应采用低压燃气设备，商业用气设备宜采用低压燃气设备。

（3）家用、商业用及工业企业用燃具和用气设备的安装场所应符合现行国家标准《城镇燃气设计规范》GB 50028 的有关规定。

（4）烟道的设置及结构应符合燃具和用气设备的要求，并应符合设计文件的规定。对旧有烟道应核实烟道断面及烟道抽力，不满足烟气排放要求的不得使用。

2. 家用燃气灶具安装

（1）一般规定。

1）家用燃具的安装应符合国家现行标准《家用燃气燃烧器具安装及验收规程》CJJ 12 的有关规定。

2）燃气的种类和压力，燃具上的燃气接口、进出水的压力和接口应符合燃具说明书的要求。

3）燃气热水器和供暖炉的安装应符合下列要求：

① 应按照产品说明书的要求进行安装，并应符合设计文件的要求；

② 热水器和供暖炉应安装牢固，无倾斜；

③ 支架的接触应均匀平稳，并便于操作；

④ 与室内燃气管道和冷热水管道连接必须正确，并应连接牢固、不易脱落；燃气管道的阀门、冷热水管道阀门应便于操作和检修；

⑤ 排烟装置应与室外相通，烟道应有 1‰ 坡向燃具的坡度，并应有防倒风装置。

4）当燃具与室内燃气管道采用螺纹连接时，应按相关的规定检验。

5）当燃具与室内燃气管道采用软管连接时，软管应无接头；软管与燃具的连接接头应选用专用接头，并应安装牢固，便于操作。

6）燃具与电气设备、相邻管道之间的最小水平净距应符合表 10-10 的规定。

燃具与电气设备、相邻管道之间的最小水平净距 表 10-10

名称	与燃气灶具的水平净距(cm)	与燃气热水器的水平净距(cm)
明装的绝缘电线或电缆	30	30
暗装和管内绝缘电线	20	20
电插座、电源开关	30	15
电压小于 1000V 的裸露电线	100	100
配电盘、配电箱或电表	100	100

注：燃具与燃气管道之间的最小水平净距应符合《城镇燃气室内工程施工与质量验收规范》CJJ 94—2009 表 4.3.26 的规定。

7）燃具与可燃的墙壁、地板和家具之间应设耐火隔热层，隔热层与可燃的墙壁、地板和家具之间间距宜大于10mm。

8）燃气灶应安装在通风良好的厨房内，利用卧室的套间或用户单独使用的走廊作厨房时，应设门与卧室隔离。

9）安装燃气灶的房间净高不得低于2.3m。

10）燃气灶与可燃或难燃烧墙壁之间应采取有效的防火隔热措施。

11）燃气灶的灶面边缘和烤箱的侧壁距木质家具的净距不应小于20cm，灶具上部应有100cm以上的净高空间；但如果安装抽油烟机，则按抽油烟机安装要求设置此空间。

12）燃气灶与对面墙之间应有不小于1m的通道。

13）燃气灶安装后应平稳居中，所以下垂管的配管加工尺寸应准确。硬镶连接灶具的活接头设置在灶前水平方向。若灶具装于窗口时，灶面应低于窗口20cm。

14）燃气灶具的灶台高度不宜大于80cm；燃气灶具与墙净距不得小于10cm，与侧面墙的净距不得小于15cm，与木质门、窗及木质家具的净距不得小于20cm。

15）嵌入式燃气灶具与灶台连接处应做好防水密封，灶台下面的橱柜应根据气源性质在适当的位置开总面积不小于80cm²的与大气相通的通气孔。

（2）燃气灶具的安装。

1）燃气灶的安装方式有台式和嵌入式两种。按出厂厂家的说明书安装。

2）安装前，应核对灶具铭牌所示的燃气种类的和压力与燃气管道系统是否相符。检查炉体上的各紧固螺钉有无松动，各部件连接是否正确。

3）配管的准备。量好各管段间的尺寸，再将已选好的管件、阀件、配件进行下料、加工、组装、调直。

4）管道的连接。从燃气表引出的管道与横管和支立管的安装多用螺纹连接方式。在用气管末端的弯头上，装灶前管旋塞，手柄朝上，用胶管与灶具连接。

安装进气胶管时，先清理干净进气口，再将胶管套入接头至方槽处（见图10-19），并用管夹夹紧。注意胶管不得触及灶体，不得从灶具底下穿过，不得弯曲。

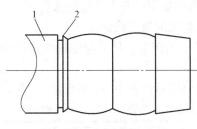

图10-19 进气胶管的连接

1—接头；2—方槽

（3）燃气热水器安装。

1）热水器应安装在通风良好的厨房或单独的房间里。当条件不允许时也可装在通风良好的过道里，但不宜装在室外。

2）热水器不得安装在其他燃具的上方，应错位设置，附近无易燃物及危险品。

3）安装高度以热水器的观火孔与人眼高度相平为宜，一般离地面1.5m左右。

4）热水器应用挂钩靠墙安装，外观水平、垂直，不得歪斜。

5）热水器的冷热水管如敷设暗管时，其配管应比原口径增大一档，且热水管道不宜过长。

6）热水器的进、出水接口，应使用活接头连接，活接头位置应接近进、出水口。进水接口处应设置截水阀一只。

7）安装烟道（半封闭）式热水器的自然排烟装置应符合下列要求。

① 在多层民用建筑中，安装热水器的房间应有单独的烟道，也可使用符合热水器排烟要求的共同烟道。

② 热水器防风排烟罩上部应有长度不小于 250mm 的垂直上升烟气导管，导管在整个烟道中，其直径不得小于热水器排烟口的直径。

③ 烟道应有足够的抽力和排烟能力，热水器防风排烟罩出口处的抽力真空不得小于 3Pa（0.3mm 水柱）。

④ 水平烟道应有 1% 的倾向热水器的坡度，水平烟道总长不得超过 3m，在烟道的总长中，垂直烟道的长度要大于水平烟道的长度。烟道风帽的高度应高出建筑物的正压区或高出屋顶 600mm。

⑤ 在整个烟道中，应有安全防风罩和风帽，风帽应符合下列要求：防止外物进入，防止倒灌风；不影响抽力。

⑥ 烟道材料应采用耐燃防腐材料，在穿越墙壁时，应用阻燃材料充填间隙。

3. 商业燃具的安装

（1）当商业用气设备安装在地下室、半地下室或地上密闭房间内时，应严格按设计文件要求施工。

（2）商业用气设备的安装应符合下列规定：

1）用气设备之间的净距应满足设计文件、操作和检修的要求；

2）用气设备前宜有宽度不小于 1.5m 的通道；

3）用气设备与可燃的墙壁、地板和家具之间应按设计文件要求做耐火隔热层，当设计文件无规定时，其厚度不宜小于 1.5mm，隔热层与可燃的墙壁、地板和家具之间的间距宜大于 50mm。

（3）砖砌燃气灶的燃烧器应水平地安装在炉膛中央，其中心应对准锅中心；应保证外焰有效地接触锅底，燃烧器支架环孔周围应保持足够的空间。

（4）砖砌燃气灶的高度不宜大于 80cm，封闭的炉膛与烟道应安装爆破门，爆破门的加工应符合设计文件的要求。

（5）沸水器的安装应符合下列规定：

1）安装沸水器的房间应按设计文件检查通风系统；

2）沸水器应采用单独烟道；当使用公共烟囱时，应设防止串烟装置，烟囱应高出屋顶 1m 以上，并应安装防止倒风的装置，其结构应合理；

3）沸水器与墙净距不宜小于 0.5m，沸水器顶部距屋顶的净距不应小于 0.6m；

4）当安装 2 台或 2 台以上沸水器时，沸水器之间净距不宜小于 0.5m。

4. 工业企业生产用气设备

（1）工业企业生产用气设备的安装场所应符合现行国家标准《城镇燃气设计规范》GB 50028 的规定；当用气设备安装在地下室、半地下室或地上密闭房间内时，应严格按设计文件要求施工。

（2）当工业企业生产用气设备与燃气供应系统连接时，应按设计文件进行核查，不符合设计文件要求不得连接。

（3）当用气设备为通用产品时，其燃气、自控、鼓风及排烟等系统的检验应符合产品说明书或设计文件的规定。

（4）当用气设备为非通用产品时，其燃气、自控、鼓风及排烟等系统的检验应符合下列规定：

1）燃烧器的供气压力必须符合设计文件的规定；

2）用气设备应符合现行国家标准《城镇燃气设计规范》GB 50028 的相关规定。

（5）用气设备燃烧装置的安全设施除应符合设计文件的要求外，还应符合下列规定：

1）当燃烧装置采用分体式机械鼓风或使用加氧、加压缩空气的燃烧器时，应安装止回阀，并应在空气管道上安装泄爆装置；

2）燃气及空气管道上应安装最低压力和最高压力报警、切断装置；

3）封闭式炉膛及烟道应按设计文件施工，烟道泄爆装置的加工及安装位置应符合设计文件的规定。

10.4 供暖设施

10.4.1 热水器的安装

1. 热水器安装地点的选择

热水器应安装在通风良好的厨房或单独的房间里，当条件不允许时也可装在通风良好的过道里，但不宜装在室外。

直排式热水器严禁安装在浴室里，或安装在厕所兼作浴室的卫生间里。

烟道式和平衡式热水器，可以安装在浴室或卫生间，但浴室和卫生间的容积应不小于额定耗气量的 3.5 倍，在门的下部应有百叶式进气口，接近房顶处应设排气口。

2. 安装热水器房间的具体要求

（1）房间高度应大于 2.5m。

（2）房间应为砖结构，耐火等级不低于二级。当达不到此要求时，应在热水器上、下、左、右垫隔热阻燃板，材料的厚度应不小于 10mm，每边应超出热水器的外壳。

（3）房间有门并与其他房间隔开，应有直通室外的门窗。

3. 热水器安装位置要求

（1）热水器不得安装在其他燃具的上方，应错位设置，附近无易燃物及危险品。

（2）操作维修方便，不易碰撞，热水器前的空间宽度应大于 0.8m。

（3）安装高度以热水器的观火孔与人眼高度相平为宜，一般离地面 1.5m 左右。

（4）热水器与燃气表、燃气灶和电气设备的水平净距不得小于 300mm，热水器上部不得有电力明线、电器设备和易燃物。

（5）热水器的供气、供水管宜采用金属管（包括金属软管）连接，供气管也可采用专用胶管连接，胶管长度不应超过 2m，接头应用金属夹箍固定。

4. 对建筑物的要求

（1）安装烟道式热水器的房间应有排烟道，如图 10-20（a）。

（2）安装平衡式热水器的房间外墙应有供排气用接口，如图 10-20（b）。

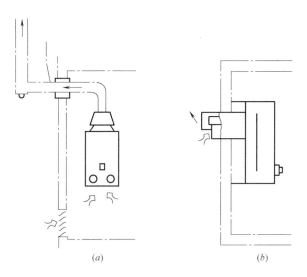

（a）   （b）

图 10-20　安装热水器对建筑物的要求

（a）烟道式热水器；（b）平衡式热水器

安装热水器的房间或墙的下部，都应预留有面积不小于 0.02m² 的百叶窗，或在门与地面之间留有高度不小于 30mm 的间隙。

5. 热水器安装要求

（1）热水器应用挂钩靠墙安装，外观水平、垂直，不得歪斜。

（2）热水器的供水管道在配接管时，应与热水器各接口口径一致，不得任意缩小口径。

（3）热水器的冷热水管如敷设暗管时，其配管应比原口径增大一档，且热水管道不宜过长。

（4）热水器的进、出水接口，应使用活接头连接，活接头位置应接近进、出水口。进水接口处应设置截水阀一只。

（5）热水器燃气供气管应根据设备耗气量选择口径，其接口处应设置旋塞阀或球阀。

（6）安装烟道（半封闭）式热水器的自然排烟装置应符合下列要求：

1）在多层民用建筑中，安装热水器的房间应有单独的烟道，也可使用符合热水器排烟要求的共同烟道；

2）热水器防风排烟罩上部应有长度不小于 250mm 的垂直上升烟气导管，导管在整个烟道中，其直径不得小于热水器排烟口的直径；

3）烟道应有足够的抽力和排烟能力，热水器防风排烟罩出口处的抽力真空不得小于 3Pa（0.3mm 水柱）；

4）水平烟道应有 1% 的倾向热水器的坡度，水平烟道总长不得超过 3m，在烟道的总长中，垂直烟道的长度要大于水平烟道的长度。烟道风帽的高度应高出建筑物的正压区或高出屋顶 600mm；

5）在整个烟道中，应有安全防风罩和风帽，风帽应符合下列要求：防止外物进入；防止倒灌风；不影响抽力；

6）烟道材料应采用耐燃防腐材料，在穿越墙壁时，应用阻燃材料充填间隙。

（7）平衡式热水器的供排气管安装时应符合下列要求：

1）供排气管口应全部裸露在墙外，供气口与外墙面应有 10mm 的间距；

2）供排气口离开上方的窗口或通风口的垂直距离应大于 600mm，左右为 150mm；

3）供排气口离开两侧和上下面障碍物的距离总和应不小于 1500mm；

4）供排气管如设置在走廊，应离卧室门窗大于 1500mm。

10.4.2 户式燃气供暖系统安装

户式燃气供暖系统是以燃气为能源、热水为热媒的供暖系统，有单管供暖和热水地板供暖等形式，如图 10-21 所示。

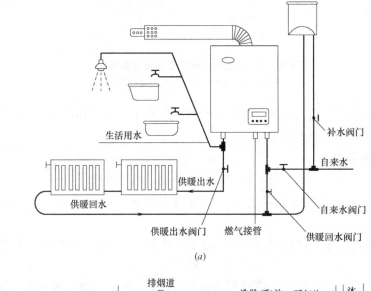

(a)

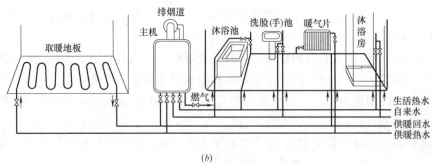

(b)

图 10-21 燃气炉户式供暖系统

（a）单管供暖；（b）热水地板供暖

1. 施工工艺流程

燃气炉安装→管道安装→散热器安装→检验。

2. 施工工艺

（1）燃气炉安装

户式燃气炉按排气方式分为烟道式和平衡式两类，燃烧所需空气分别来源于室内或室外。

1）燃气炉就位　燃气炉一定要分室安装，并安装在通风良好的房间内，平衡式燃气炉应安装在有外墙的房间内。燃气炉的安装高度以排烟口离顶棚距离大于600mm，且观火孔与人眼高度平齐为宜；燃气炉不能安装在灶具上方，应距离可燃物300mm以上。

2）烟道安装　烟道式燃气炉必须安装烟道，并应伸出建筑物一定的高度（一般为1.5～2.0m）。

（2）管道安装

应注意连接燃气供暖炉的燃气管、水管均不宜用软管连接；燃气炉的排气管长度不应超过3m，并支撑固定好，避免扭曲、弯折。

（3）散热器安装

（4）检验

1）水密性试验。将燃气炉通水，水流正常后关闭出水阀，检查水系统是否漏水。

2）气密性试验。水密性试验合格后，关闭进水阀，打开燃气阀，用肥皂液检查所有燃气接头和管路是否漏气。

3）点火系统检验。确保不漏气后，点火，打开进水阀，使燃气炉运行，待一切正常后才能投入使用。

10.5 燃气锅炉

主要针对建筑工程中供暖和生活热水供应的额定工作压力不大于1.3MPa、热水温度不超过130℃、蒸发量不大于10t/h燃气的整装、组装蒸汽、热水锅炉本体安装。

10.5.1 施工准备

1. 材料、设备

（1）锅炉必须符合设计要求，应有产品合格证、焊接检验报告、安装使用说明书、技术监督部门的监检证书。

（2）所有技术资料应与实物相符。锅炉铭牌上的名称、型号、出厂编号、主要技术参数应与质量证明书一致。

（3）锅炉设备外观应完好无损，炉墙、绝热层无空鼓、无脱落，炉拱无裂纹、无松动，受压组件可见部位无变形、无损坏、焊缝无缺陷，人孔、手孔、法兰结合面无凹陷、撞伤、径向沟痕等缺陷，且配件齐全完好。

（4）锅炉配套附件应齐全完好，规格、型号、数量应与图纸相符，阀门、安全阀、压力表有出厂合格证。

（5）根据设备清单对所有设备及零部件进行清点验收，并办理移交手续。对于缺件、损坏件、以及检查出来的设备缺陷，要做好详细记录，并协商好解决办法与解决时间。设备开箱资料应逐份登记，妥善保管。

2. 机具设备

（1）机具：电焊机、卷扬机、捯链、千斤顶、套丝机、弯管机、台钻、电钻、冲击钻、电锤、砂轮机、试压泵等。

（2）工具：各种扳手、管钳、压力钳、手锯、手锤、剪子、划规、滑轮、枕木、滚杠、钢丝绳、卸扣、卡子、麻绳、气焊工具等。

（3）量具：钢板尺、钢卷尺、卡钳、塞尺、百分表、水平仪、水平尺、游标卡尺、焊缝检测器、温度计、压力表、线坠等。

3. 作业条件

（1）施工人员应熟悉锅炉及附属设备图纸、安装使用说明书、锅炉房设计图纸，并核查技术文件中有无当地技术质量监督、环保等部门关于设计、制造、安装等方面的审查批准签章。

（2）施工现场应具备满足施工条件的水源、电源、大型设备运输车进出的道路；材料、设备、机具存放场地和仓库等。

（3）施工现场应有安全消防措施，冬、雨期施工时应有防寒、防雨措施。

（4）设备基础已完工，其强度应达到设计强度的75%以上，否则不得承重。

（5）检验土建施工中的预留孔洞，沟槽及各类预埋铁件的位置、尺寸、数量是否符合设计要求。

（6）锅炉基础尺寸、位置应符合设计图纸要求。

10.5.2 操作工艺

1. 工艺流程

基础验收与放线→锅炉就位与找正→省煤器安装→预热器安装→本体管路、阀门与仪表→本体水压试验→烘炉→煮炉与冲洗→试运行

2. 操作方法

（1）基础验收与放线

1）将锅炉房内清扫干净，清除地脚螺栓孔内及灰坑内的杂物。

2）基础尺寸、位置及混凝土外观、强度符合设计要求时，方可进行安装，基础允许偏差应符合表10-11规定。

锅炉基础的允许偏差和检验方法　　　　　表 10-11

项　目	允许偏差(mm)	检验方法
基础坐标位置	±20	经纬仪、拉线和尺量
基础各不同平面的标高	0 −20	水准仪、拉线尺量
基础平面外形尺寸	±20	尺量检查
凸台上平面外形尺寸	0 −20	
凹穴尺寸	+20 0	

项 目		允许偏差(mm)	检 验 方 法
基础上平面水平度	每米	5	水平仪(水平尺)和楔形塞尺检查
	全长	10	
竖向偏差	每米	5	经纬仪或吊线和尺量
	全长	10	
预埋地脚螺栓	标高(顶端)	+20 0	水准仪、拉线和尺量
	中心距(根部)	±2	
预留地脚螺栓孔	中心位置	10	尺量
	深度	0 −20	
	孔壁垂直度	10	吊线和尺量
预埋活动地脚螺栓锚板	中心位置	5	拉线和尺量
	标高	+20 0	
	水平度(带槽锚板)	5	水平尺和楔形塞尺检查
	水平度(带螺纹孔锚板)	2	

3）根据锅炉房平面图和基础图放出锅炉纵向中心线和炉排前轴中心线、锅炉基础标高基准点，在锅炉基础上或基础四周选有关的若干点分别做出标记，各标记间与基准点的偏差不应超过 3mm。

4）基础放线验收应有记录，并作为竣工资料归档。

（2）锅炉就位与找正

1）锅炉水平运输

① 运输前应先选好路线，确定锚点位置稳好卷扬机，铺好枕木。如牵引力大于卷扬机的额定负载时要加设滑轮组。

② 用千斤顶将锅炉的前端顶起，放进滚杠，用卷扬机或捯链牵引前进；在前进过程中，随时拨正滚杠，防止拉偏，并随时向前倒滚杠和枕木。枕木应稍高于锅炉基础，保障基础不受损坏。

2）当锅炉运到基础上以后，先进行找正后撤滚杠，找正应达到下列要求：

① 锅炉炉排前轴中心线应与基础中心基准线相吻合，允许偏差±2mm。

② 锅炉纵向中心线与基础纵向中心基准线相吻合，允许偏差±10mm。

③ 锅炉标高允许偏差±5mm，可根据基础放线验收时，基础上平面标高的差值，预先制作垫铁，把标高调整到允许范围。

3）撤出滚杠使锅炉就位

① 撤滚杠时用枕木或木方将锅炉一端垫好，防止炉体滑动。用两个千斤顶将锅炉的另一端顶起，撤出滚杠，落下千斤顶，使锅炉一端落在基础上。再用千斤顶将另一端顶起，撤出其余的滚杠和木方，落下千斤顶使锅炉全部落到基础上。

② 锅炉就位后应进行校正，因锅炉就位过程中可能产生位移，如有位移时，可用千斤顶校正，达到允许偏差以内。

4）锅炉找平

① 锅炉纵向找平。

a. 用水平尺（长度不小于 600mm）放在炉排的纵向排面上，检查炉排面的纵向水平度。检查点最少为炉排前后两处。要求炉排纵向应水平或略坡向炉膛后部，但最大倾斜度不大于 10mm。

b. 调整锅炉纵向水平，可用千斤顶将过低的一端顶起，在锅炉的支座下垫以适当厚度的钢板，使之达到水平度的要求。垫铁间距一般为 500～1000mm，垫铁长度等于支架宽度，垫铁宽度为 100～120mm。

② 锅炉横向找平

a. 打开前烟箱，在平封头上找出或核定原制造时的水平中心线，用玻璃管水平测定水平线的两端点，其水平度全长应小于 2mm。

b. 用水平尺放在炉排的横向排面上检查炉排的横向水平度，检查点最少为炉排前后两处，炉排的横向倾斜度应不大于 5mm，且前后倾斜方向应一致，即在允许范围内有倾斜时不能是扭斜。

c. 当锅炉横向不平时，用千斤顶将锅炉低的一侧支座顶起，在支座下垫以适当厚度的钢板，垫铁间距一般为 500～1000mm，垫铁长度为支座宽度，垫铁宽度为 100～120mm。

d. 用玻璃管水平校核两侧锅炉水位计的高度，两侧水位计的可见水位最低点高度应一致，偏差不应超过 2mm。当两侧水位计高低不一致时，应查明原因，如水位计引出管没有问题，则应在偏差允许范围内重调锅炉横向水平，互相照顾，使之均达到合格范围。

③ 复测前后轴水平度，其偏差应不超过其长度的 1‰，如超差，应予调整。

④ 锅炉支座下垫铁应接触严密，用手锤轻敲不松动，而后将垫铁与支座进行点焊。

5）组装式锅炉就位

组装式锅炉重量大，安装时需要上下体合拢，如果主厂房结构完成后，在厂房内合拢，困难较大，吊装设施也较复杂，因此推荐下述两种合拢就位方案：

① 与土建配合交叉作业：土建先施工锅炉基础和主厂房±0.000m 以下，利用汽车吊就位并合拢（一般需用 45t 汽车吊）。在不妨碍吊车作业的情况下，也可砌一部分墙体。

a. 将锅炉下体吊放在锅炉基础安装位置，而后将上体吊装在下体上，其结合位置要符合图纸要求。

b. 按技术文件或图纸给定的方式进行上下体焊接。

c. 找正、找平与整装炉相同。

d. 用苫布封闭进行成品保护，待锅炉房主体完工后继续施工。

② 厂房建起并封顶后，在厂房外利用汽车吊合拢，而后水平滚运至基础上。要求运进设备的厂房结构墙体安装口应正对锅炉就位位置。如同时安装两台以上锅炉，宜正对每台锅炉均留安装口。安装口的高度和宽度应能满足设备运输的要求。

a. 平整运输场地，铺设枕木。

b. 在枕木上铺设钢轨。

c. 在钢轨上摆设滚杠。

d. 利用汽车吊将下体吊放在滚杠上，并将下体暂时用方木和木楔与钢轨固定，防止与上体合拢时下体滑动。

e. 利用吊车将上体吊装到下体上，按图纸要求合拢并焊接。

f. 撤去临时固定方木，用卷扬机或捯链牵引就位，牵引时绳索要绑在厂家指定的位置（支架两端各设有牵引点），应从支架左右两点牵引以便前进时找正。

g. 找正、找平与整装炉相同。

10.6　楼宇燃气冷热电联供

燃气为冷热电联供系统提供一次能源，采用的燃气参数，包括成分、流量、压力等要保证满足所有用气设备的要求。在多气源地区，设备选择时要预先进行气源适应性分析，必要时增加相应的技术措施。

10.6.1　燃气供应系统

（1）在引入锅炉房的室外燃气母管上，安全和便于操作的地点，应装设与锅炉房燃气浓度报警装置联动的总切断阀，阀后应装设气体压力表。商业用气设备设置在地下室、半地下室（液化石油气除外）或地上密闭房间内时，应符合下列要求：

1）燃气引入管应设手动快速切断阀和紧急自动切断阀；紧急自动切断阀停电时必须处于关闭状态（常开型）；

2）用气设备应有熄火保护装置；

3）用气房间应设置燃气浓度检测报警器，并由管理室集中监视和控制；

4）宜设烟气一氧化碳浓度检测报警器；

5）应设置独立的机械送排风系统。

（2）每台锅炉燃气干管上，应配套性能可靠的燃气阀组，阀组前燃气供气压力和阀组规格应满足燃烧器最大负荷需要。阀组基本组成和顺序应为：切断阀、压力表、过滤器、稳压阀、波纹接管、2 级或组合式检漏电磁阀、阀前后压力开关和流量调节蝶阀。点火用的燃气管道，宜从燃烧器前燃气干管上的 2 级或组合式检漏电磁阀前引出，且应在其上装设切断阀和 2 级电磁阀。

（3）考虑到原动机和其他设备（如补燃锅炉）的燃气工作压力不同，为保证安全，要分别设置调压装置。

（4）每台蒸汽锅炉应按表 10-12 的规定装设监测经济运行参数的仪表。

蒸汽锅炉装设监测经济运行参数的仪表　　　　　　　表 10-12

监测项目	单台锅炉额定蒸发量(t/h)						
	≤4		>4～<20		≥20		
	指示	积算	指示	积算	指示	积算	记录
燃料量(煤、油、燃气)	—	√	—	√	—	√	—
蒸汽流量	√	√	√	√	√	√	√
给水流量	—	√	—	√	√	√	—
排烟温度	√	—	√	—	√	√	—

续表

监测项目	单台锅炉额定蒸发量(t/h)						
	≤4		>4～<20		≥20		
	指示	积算	指示	积算	指示	积算	记录
排烟含 O₂ 量或含 CO₂ 量	—	—	√	—	√	—	√
排烟烟气流速	—	—	—	—	√	—	√
排烟烟尘浓度	—	—	—	—	√	—	√
排烟 SO₂ 浓度	—	—	—	—	—	—	√
炉膛出口烟气温度	—	—	√	—	√	—	—
对流受热面进、出口烟气温度	—	—	√	—	√	—	—
省煤器出口烟气温度	—	—	√	—	√	—	—
湿式除尘器出口烟气温度	—	—	√	—	√	—	—
空气预热器出口热风温度	—	—	√	—	√	—	—
炉膛烟气压力	—	—	√	—	√	—	—
对流受热面进、出口烟气压力	—	—	√	—	√	—	—
省煤器出口烟气压力	—	—	√	—	√	—	—
空气预热器出口烟气压力	—	—	√	—	√	—	—
除尘器出口烟气压力	—	—	√	—	√	—	—
一次风压及风室风压	—	—	√	—	√	—	—
二次风压	—	—	√	—	√	—	—
给水调节阀开度	—	—	√	—	√	—	—
鼓、引风机进口挡板开度或调速风机转速	—	—	√	—	√	—	—
鼓、引风机负荷电流	—	—	√	—	√	—	—

注：1. 表中符号："√"为需装设，"—"为可不装设。

2. 大于 4t/h 至小于 20t/h 火管锅炉或水火管组合锅炉，当不便装设烟风系统 参数测点时，可不装设。

3. 带空气预热器时，排烟温度是指空气预热器出口烟气温度。

4. 大于 4t/h 至小于 20t/h 锅炉无条件时，可不装设检测排烟含氧量的仪表。

热水锅炉应装设指示仪表监测下列安全及经济运行参数：锅炉进、出口水温和水压；锅炉循环水流量；风、烟系统各段压力、温度和排烟污染物浓度；应装设煤量、油量或燃气量积算仪表；单台额定热功率大于或等于 14MW 的热水锅炉，出口水温和循环水流量仪表应选用记录式仪表；风、烟系统的压力和温度仪表，可按表 10-12 的规定设置。

（5）燃气冷热电联供系统使用的原动机种类很多，如采用燃气轮机，需要燃气有较高的供气压力，属于《城镇燃气设计规范》GB 50028 规定的特殊用户。独立设置的能源站燃气压力 2.5MPa、建筑物内的能源站燃气压力 1.6MPa，基本上能满足小型燃气轮机的用气要求。能源站一般由专业人员管理，采取必要的技术措施后，安全是有保障的。超过《城镇燃气设计规范》GB 50028 供气压力的燃气供应系统有如下强制性规定：

1）压力超过现行规范的燃气管道采用无缝钢管，钢管材质可以选 10 号或 20 号钢，钢管标准为《输送流体用无缝钢管》GB/T 8163，管件标准为《钢制对焊管件　类型与参数》GB/T 12459、《钢制法兰管件》GB/T 17185；

2）燃气管道及设备、阀门的连接均应采用法兰连接或焊接连接；

3）燃气管道与附件严禁使用铸铁件；

4）对压力超过现行规范的燃气管道提高了检验标准，要求所有焊接接头进行100%射线照相检验加100%超声波检验，Ⅱ级合格；

5）加强通风是降低燃气爆炸危险的有效手段，燃气压力超过现行规范的主机间正常通风换气次数12次/h，事故通风换气次数20次/h，并要求其他有燃气设备和管道的房间通风换气次数与主机间相同。

（6）燃气管道垂直穿越建筑物楼层时，应设置在独立的管道井内，并应靠外墙敷设；穿越建筑物楼层的管道井每隔2层或3层，应设置相当于楼板耐火极限的防火隔断；相邻2个防火隔断的下部，应设置丙级防火检修门；建筑物底层管道井防火检修门的下部，应设置带有电动防火阀的进风百叶；管道井顶部应设置通大的百叶窗；管道井应采用自然通风。

（7）燃气引入管敷设位置详见10.2.2。锅炉房内燃气管道不应穿越易燃或易爆品仓库、值班室、配变电室、电缆沟（井）、通风沟、风道、烟道和具有腐蚀性质的场所；当必需穿越防火墙时，其穿孔间隙应采用非燃烧物填实。

（8）室内燃气管道穿过承重墙、地板或楼板时必须加钢套管，套管内管道不得有接头，套管与承重墙、地板或楼板之间的间隙应填实，套管与燃气管道之间的间隙应采用柔性防腐、防水材料密封。

燃油管道穿越楼板、隔墙时应敷设在套管内，套管的内径与油管的外径四周间隙不应小于20mm。套管内管段不得有接头，管道与套管之间的空隙应用麻丝填实，并应用不燃材料封口。管道穿越楼板的套管，上端应高出楼板60~80mm，套管下端与楼板底面（吊顶底面）平齐。

10.6.2 燃气设备

（1）商业用户中燃气锅炉和燃气直燃型吸收式冷（温）水机组的设置应符合下列要求：

1）宜设置在独立的专用房间内；

2）设置在建筑物内时，燃气锅炉房宜布置在建筑物的首层，不应布置在地下二层及二层以下；燃气常压锅炉和燃气直燃机可设置在地下二层；

3）燃气锅炉房和燃气直燃机不应设置在人员密集场所的上一层、下一层或贴邻的房间内及主要疏散口的两旁；不应与锅炉和燃气直燃机无关的甲、乙类及使用可燃液体的丙类危险建筑贴邻；

4）燃气相对密度（空气等于1）大于或等于0.75的燃气锅炉和燃气直燃机，不得设置在建筑物地下室和半地下室；

5）宜设置专用调压站或调压装置，燃气经调压后供应机组使用。

（2）商业用户中燃气锅炉和燃气直燃型吸收式冷（温）水机组的安全技术措施应符合下列要求：

1）燃烧器应是具有多种安全保护自动控制功能的机电一体化的燃具；

2）应有可靠的排烟设施和通风设施；

3) 应设置火灾自动报警系统和自动灭火系统；

4) 设置在地下室、半地下室或地上密闭房间时，应符合 10.6.1 的要求。地下室、半地下室、设备层和地上密闭房间敷设燃气管道时，应符合：净高不宜小于 2.2m；应有良好的通风设施。房间换气次数不得小于 3 次/h；并应有独立的事故机械通风设施，其换气次数不应小于 6 次/h；应有固定的防爆照明设备；应采用非燃烧体实体墙与电话间、变配电室、修理间、储藏室、卧室、休息室隔开；当燃气管道与其他管道平行敷设时，应敷设在其他管道的外侧。地下室内燃气管道末端应设放散管，并应引出地上。放散管的出口位置应保证吹扫放散时的安全和卫生要求。

注：地上密闭房间包括地上无窗或窗仅用作采光的密闭房间等。

(3) 当需要将燃气应用设备设置在靠近车辆的通道处时，应设置护栏或车挡。

(4) 屋顶上设置燃气设备时应符合下列要求：

1) 燃气设备应能适用当地气候条件。设备连接件、螺栓、螺母等应耐腐蚀；

2) 屋顶应能承受设备荷载；

3) 操作面应有 1.8m 宽的操作距离和 1.1m 高的护栏；

4) 应有防雷和静电接地措施。

(5) 在压力小于或等于 0.2MPa 的供气管道上严禁直接安装加压设备，间接安装加压设备时，加压设备前必须设低压储气罐，保证加压时不影响地区管网的压力工况。为减少对供气管道的影响，本条规定增压机前后均设置缓冲装置。

1) 增压机前设置缓冲装置，使增压机前燃气压力得到缓冲和稳定，可保证增压机工作平稳，特别对增压机启动时作用更大。对于活塞式增压机，其出口燃气压力会因增压机产生脉动，故增压机后设置缓冲装置，以消除脉动。

2) 如 1 台燃气增压机供应多台原动机的用气，燃气压力可能会相互影响，宜一一对应。

3) 本款的目的是为了避免因增压机引起的进出口管道振动对设备和管道造成的损害。

(6) 当城镇供气管道压力不能满足用气设备要求，需要安装加压设备时，应符合下列要求：

1) 在城镇低压和中压 B 供气管道上严禁直接安装加压设备。

2) 城镇低压和中压 B 供气管道上间接安装加压设备时应符合下列规定：

① 加压设备前必须设低压储气罐。其容积应保证加压时不影响地区管网的压力工况；储气罐容积应按生产量较大者确定；

② 储气罐的起升压力应小于城镇供气管道的最低压力；

③ 储气罐进出口管道上应设切断阀。加压设备应设旁通阀和出口止回阀；由城镇低压管道供气时，储罐进口处的管道上应设止回阀；

④ 储气罐应设上、下限位的报警装置和储量下限位与加压设备停机和自动切断阀连锁。

3) 城镇供气管道压力为中压 A 时，应有进口压力过低保护装置。

10.6.3 辅助设施

工业企业用气车间、锅炉房以及大中型用气设备的燃气管道上应设放散管，放散管管口应高出屋脊（或平屋顶）1m以上或设置在地面上安全处，并应采取防止雨雪进入管道和放散物进入房间的措施。

当建筑物位于防雷区之外时，放散管的引线应接地，接地电阻应小于10Ω。

参 考 文 献

［1］ 李公藩. 燃气管道工程施工［M］. 北京：中国计划出版社，2001

［2］ 花景新. 燃气工程施工［M］. 北京：化学工业出版社，2010

［3］ 戴路. 燃气输配工程施工技术［M］. 北京：中国建筑工业出版社，2006

［4］ 中华人民共和国住房和城乡建设部. 城镇燃气室内工程施工与质量验收规范［S］CJJ 94—2009. 北京：中国建筑工业出版社，2009

［5］ 李公藩. 燃气工程便携手册［M］. 北京：机械工业出版社，2003

［6］ 丁崇功. 燃气管道工［M］. 北京：化学工业出版社，2008

［7］ 王洁蕾. 市政燃气热力施工员［M］. 北京：中国建材工业出版社，2010

［8］ 中华人民共和国建设部. 城镇燃气输配工程施工及验收规范［S］CJJ 33—2005. 北京：中国建筑工业出版社，2005

［9］ 中华人民共和国建设部. 城镇燃气设计规范［S］GB 50028—2006. 北京：中国建筑工业出版社，2006

［10］ 中华人民共和国住房和城乡建设部. 锅炉房设计规范［S］GB 50041—2008. 中国计划出版社，2008

［11］ 中华人民共和国住房和城乡建设部. 燃气冷热电三联供工程技术规程［S］CJJ 145—2010. 北京：中国建筑工业出版社，2010

11 信息化工程

11.1 SCADA 系统

11.1.1 概述

为了保证燃气管网输配系统安全稳定运行，实现城市燃气管网合理有效地管理调度，提高管理水平，降低企业运营成本，很多燃气企业通过建设一个燃气输配管网数据采集与监控系统（Supervisory Control And Data Acquisition 以下简称 SCADA），帮助管理人员进行管网的调度管理。SCADA 系统是燃气公司一项重要的综合自动化系统，目前燃气管网输配 SCADA 系统在技术上日趋成熟，一般来说，燃气管网输配 SCADA 系统应达到以下几方面要求：技术设备先进，数据准确可靠，系统运行稳定，扩充扩容便利，系统造价合理，使用维护方便。

燃气管网输配 SCADA 系统建设按三级分布式控制系统，SCADA 调度中心为第一级，作为系统控制管理级，负责企业下辖各场站工艺生产过程的远程监控、调度控制和运行管理，并预留未来 GIS 管网地理信息管理系统、客户服务系统和 OA 办公系统等的接口。有人值守站（SCS）为第二级；分布于管网无人值守站的 RTU 系统过程控制级，负责现场数据采集和设备控制为第三级。三级系统通过有线网络和无线网络有机地结合在一起构成一个完整的数据采集和监控（SCADA）系统。

11.1.2 SCADA 系统构架

SCADA 系统架构示意图如图 11-1。

天然气管网的运行和管理通过建立以调度及监控中心为核心的远程监控系统，用于遥控、遥测、遥调、遥讯天然气管网和各远程站点的运行，调度及监控中心通过适当的通信系统，利用安装在各远程站点的远程终端装置 RTU/PLC 采集各类不同的工艺数据，及时分析、处理，并对管网进行远程的控制，保证天然气安全、稳定、连续的输送。同时向管网与运行相关的管理部门传递和交换信息。

管网输配监控系统主要由 5 部分组成，实现管网的实时中央监控和管理操作的功能：

（1）现场仪表。主要是变送器、流量计、燃气泄漏报警器、阀门开关状态指示等。负责提供天然

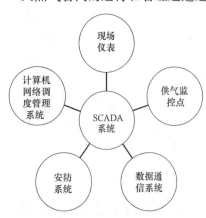

图 11-1 SCADA 系统构架示意图

252

气管网现场站点的各种实时运行参数。该装置还包括一些执行结构，允许操作人员遥控、修改工作流程条件或工艺参数。

（2）远程监测子站（用户，管网监控点，供气监控点的远程站系统）数据监控系统（RTU）。RTU/PLC 与现场的传感器、变送器、智能仪表和执行器相连，检测、测量现场站点的运行参数并控制现场设备。无人值守的调压箱及主要用户，也安装远程终端装置 RTU/PLC，通过通信系统向主控中心传输数据，并接受主控中心或紧急控制中心的操作指令。

（3）计算机网络调度管理系统。计算机网络调度管理系统在调度及监控中心经 RTU/PLC 接受从各个远程站点传来的数据，通过系统实现对数据的分析和管理等应用。

（4）通信系统。它为 SCADA 系统的远程监控功能提供必需的数据通道。这些数据通道连接着各种不同的控制中心和远程站点。在场站以光纤及无线 GPRS/CDMA 通信系统作为主系统。

（5）安防系统。主要是指视频监控和红外监控等安防设施，通常场站的安防系统会与 SCADA 系统的建设同步考虑。

SCADA 系统的组成示意图见图 11-2。

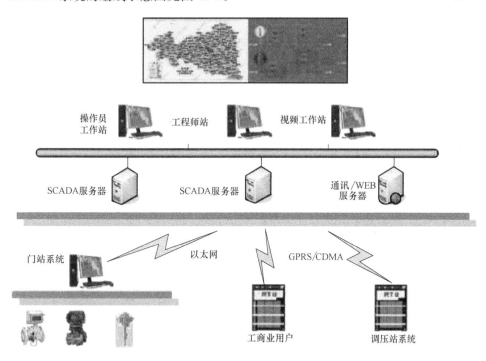

图 11-2　SCADA 系统组成示意图

11.1.3　规范要求

1. 一般规定

（1）SCADA 系统的施工与调试应符合设计文件的要求。

（2）调试工作应按项目、分项目、子项目进行，并应以系统详细设计文件为依据，制定调试大纲，确定调试内容和程序。

（3）调试中采用的检定、测试仪器仪表的标定应符合有关计量、测量的规定。

（4）施工与调试应保存文字记录，关键部位宜保存影像资料的记录。

（5）施工与调试应符合系统建设单位相关管理要求或管理流程的要求。

2. 施工

（1）中心站机房施工应符合现行国家标准《数据中心基础设施施工及验收规范》GB 50462、《建筑电气工程施工质量验收规范》GB 50303、《建筑物电子信息系统防雷技术规范》GB 50343、《综合布线系统工程验收规范》GB/T 50312、《综合布线系统工程设计规范》GB 50311 的规定。

（2）中心站和本地站的防雷接地施工应符合国家现行标准《建筑物电子信息系统防雷技术规范》GB 50343、《建筑物防雷工程施工与质量验收规范》GB 50601、《石油化工装置防雷设计规范》GB 50650、《仪表系统接地设计规范》HG/T 20513 的规定。中心站和本地站的可燃气体泄漏报警施工应符合国家现行标准《火灾自动报警系统施工及验收规范》GB 50166、《石油化工可燃气体和有毒气体检测报警设计规范》GB 50493、《城镇燃气防雷技术规范》QX/T 109、《城镇燃气报警控制系统技术规程》CJJ/T 146 的规定。

（3）在有限空间或通风条件差的环境中施工作业，应提前进行可燃气体泄漏检查，确认符合燃气安全环境条件方可施工。

（4）本地站机柜的安装应符合下列规定：

1）机柜内设备、线缆、指示灯、端子等应设置标识；

2）爆炸危险区域内的机柜施工，应符合现行国家标准《爆炸危险环境电力装置设计规范》GB50058 的规定。

（5）连接燃气设施的仪表和执行机构的施工，应在燃气系统工艺施工完成且气密性和强度检验合格后进行。

（6）仪表及执行机构安装施工应符合下列规定：

1）应符合设计文件要求；

2）施工标识应齐全、牢固、清晰；

3）应按设计文件和设备说明书核对仪表位号。

（7）电缆施工应符合下列规定：

1）在爆炸危险区的电缆与仪表和执行机构的连接处应采取防爆连接措施；

2）电缆施工中穿过非爆炸危险区和爆炸危险区之间的孔洞，应采用非可燃性材料严密堵塞。

3. 调试

（1）施工安装结束后，应对外观和数量进行检查并逐级调试。

（2）调试应以单回路调试为基础，单回路调试应执行：现场仪表及执行机构-RTU/PLC-通信网络-本地站-中心站的顺序。

（3）调试主要内容应包括所有设备、回路、所有设备的数据功能和性能。分项调试按照系统层级和分布场所可以划分为：中心站、本地站、通信网络、仪表及执行机构及系统联合调试。

（4）现场仪表及执行机构调试内容应包括量程范围内线性情况的测试，采样值与现场检测或指示值一致性的测试。

（5）本地站调试内容应包括采集、控制、通信的调试，以及有人值守本地站的显示、记录、软件组态、报警、安全、接口和报表的调试，设备数据、功能和性能的测试。

（6）中心站调试内容应包括采集、显示、报警、打印、数据处理、操作、控制、通信、冗余、安全、诊断等功能的调试，中心站所有设备的数据、功能和性能的测试，中心站、本地站、通信网络、仪表及执行机构的联合调试，与其他应用系统的接口调试。

（7）调试结果应有调试记录，调试记录宜按规范格式填写。

（8）系统应进行出厂调试，并应符合现行国家标准《自动化仪表程施工及质量验收规范》GB 50093、《过程工业自动化系统出厂验收测试（FAT）、现场验收测试（SAT）、现场综合测试（SIT）规范》GB/T 25928 的规定。

11. 1. 4 工程实施要点

1. SCADA 系统施工前准备工作

（1）组建 SCADA 工程项目部

为确保 SCADA 系统保质、按时完工，通常针对项目的规模等特点组建项目部，以统筹组织项目的实施过程。

（2）技术消化及二次设计

项目部召集、组织项目专题技术会审，编写出材料分析单，提出关键部位的质量控制要求和安装调试的注意事项，明确施工工艺、安装标准及检查标准。

（3）制定计划

制订工程项目实施计划，如施工进度计划、施工设备计划、劳务计划、资金需用计划、主辅材供应计划等。

（4）现场勘察

勘察现场，检查与确认相关预留、预埋工作，确定施工用水、电及现场加工场地、仪表调校室等生活、生产设施，办理进场前相关手续。

（5）准备进场

接进场通知后，项目部根据施工进度计划的安排，组织施工人员及物资分期分批进入现场，安装工作由点到面逐步展开。

2. SCADA 系统施工要点

（1）电缆敷设施工

1）电缆敷设前必须进行绝缘电阻测试，并将测试结果记录保存。应将动力和信号电缆分开敷设，保持安全距离，防止电磁干扰。屏蔽电缆的敷设要保证屏蔽层不受损坏，屏蔽层单端接地且接地良好。电缆敷设中的隐蔽工程，必须有完整的记录。电缆两端必须挂标志牌。电缆敷设及接线时应留有余量，接线时芯线上应套有号码管。

2）仪表、设备信号电缆穿管敷设在墙内采用钢管，地下预埋采用镀锌钢管，与介质有接触的采用不锈钢管。

3）电缆与就地仪表连接时，采用金属软管或挠性连接管做保护管。

4）在电缆桥架上敷设时，尽量远离高压动力电缆。不同种类信号电缆同层敷设时，按信号种类用金属隔板及盖板隔离。

5）电缆的多余芯线在控制室一侧统一并联接地（防止干扰）。

6）所有穿管出口距地面 0.3m，户外加防水弯。

7）电缆在户外穿管埋设时，埋深距地面应保证 700～1000mm 深，应与工艺管线保持大于 500mm 距离，与热力管线保持大于 1000mm 距离，应做隐蔽记录。

8）电缆在户外穿管埋设距离大于 30m 时应考虑加电缆手井。

9）电缆进出构筑物时应做防水处理并用耐腐耐火软填料密封空隙，同时符合有关规定。

（2）仪表配线及接线施工

1）配线所采用的导线型号、规格应按设计要求，其相线的颜色应易于区分，相线与零线的颜色应不同，保护地线应采用黄绿相间的绝缘导线，零线宜采用淡蓝色绝缘导线，在接线前应先校对线号，防止错接、漏接，线号标记应清晰、排列整齐。

2）每根电缆应制作电缆头，电缆头制作应一致，排列应整齐，电缆标志牌应注明电缆位号，电缆型号，电缆起、止点。

3）在剖开导线绝缘层时，不应损坏芯线。多股软线应加接头压接，接线应牢固。

（3）自控设备安装施工

1）设备运抵现场开箱检查时，严格按照施工图纸及有关合同核对产品的型号、规格、铭牌参数、厂家、数量及产品合格证书，作好检查记录，发现问题及时解决。

2）安装前根据施工图和仪表设备的技术资料，对每台仪表设备进行单体校验和性能检查，如耐压、绝缘、尺寸偏差等。

3）严格按照施工图、产品说明书及有关的技术标准进行仪表设备的安装调试。

4）隐蔽工程、接地工程均应认真做好施工及测试记录，接地体埋设深度和接地电阻值必须严格遵从设计要求，接地线连接紧密、焊缝平整、防腐良好。隐蔽工程隐蔽前，应及时进行验收检查，验收合格后方可进行隐蔽。

（4）系统调试

1）自控系统调试步骤（见图 11-3）

设备单体静态测试 ＞ 模拟调试 ＞ 单位工程调试 ＞ 系统联调 ＞ 试运行 ＞ 验收 ＞ 优化调试

图 11-3　自动系统调试步骤

2）系统调试前要制定详细的联调大纲，应充分地了解控制方案和须实现的控制功能要求，使控制软件合理、适用，满足生产工艺需要。

3）调试前进一步认真阅读有关产品说明书，依据设计图纸及有关规范，精心组织调试。并仔细检查安装接线是否正确，电源是否符合要求。对所有检测参数和控制回路要以图纸为依据，结合生产工艺实际要求，现场一一查对，认真调试，特别是对有关的控制逻辑关系、连锁保护等将给予特别重视，注重检测信号或对象是否与其控制命令相对应。调试时要充分应用中断控制技术，当对某一设备发出控制指令时，及时检测其反馈信号，如等待数秒钟后仍收不到反馈信号，则立即发出报警信号，且使控制指令复位，保护设备，确保生产过程按预定方式正常运行。

4）联调成功是全系统投入正常运行的重要标志。

5）通过上位机监控系统，观察其各种动态画面和报警是否正确，报表打印功能是否正常，各工艺参数、设备状况等数据是否正确显示、控制命令、修改参数命令及各种工况的报警和连锁保护是否正常，能否按生产实际要求打印各种管理报表。检查模拟屏所显示内容是否与现场工况相一致，确定模拟屏工作是否稳定可靠。

6）检查是否实现了所有的设计软件功能，如趋势图、报警一览表、生产工艺流程图（包括全厂和各工段工艺流程图）、棒（柱）状图，自动键控切换等方面是否正常。

7）通过系统联调，发现问题，修正程序。

8）调试期间将完整的调试记录移交，有利于系统的日常维护。

11.2　地理信息系统（GIS）

11.2.1　GIS 概述

随着城市供气业务的迅猛发展，管网基础资料的不断增多，现有完全依赖人工管理的办法无论从管理角度还是从业务角度上均无法跟上时代步伐，更不能满足使用需求。伴随国内外燃气企业信息化应用的不断发展，将地理信息系统（Geographic Information System，简称 GIS）技术作为工具应用至营业、抄表、报装、巡检、检漏、抢（维）修等业务中，辅助各部分工作与管网数据进行紧密结合，从而实现更加精细化的管理已经成为行业共识；以管网地图为载体，实现各类业务流程、分析结果、运营信息基于地图的可视化展现，辅助燃气企业进行宏观决策、综合运营亦成为燃气企业实现"智慧燃气"的发展方向。

因此，为增强企业对燃气管网的运营和监管的能力，提高燃气管网管理与服务的水平，通过利用新一代的 GIS 技术，构建高效、合理、实用的燃气管网信息系统，为燃气公司各项工作开展及后续信息化系统建设提供数据支撑。

11.2.2　GIS 的组成和功能

1. GIS 的组成

GIS 一般要支持对空间管线数据的采集、管理、处理、分析及显示等基础功能，其组成一般包括五个部分：硬件、软件、空间数据（库）、应用人员和应用模型。

（1）GIS 硬件

由于 GIS 需要实现数据输入、数据处理和数据输出等基本功能，GIS 硬件一般由主机、外部设备、网络设备三部分构成。

（2）GIS 软件

GIS 软件是系统的核心，GIS 系统中数据输入、处理、数据库管理、空间分析、数据输出等各种功能的实现均需要通过 GIS 软件来进行操作。一般的 GIS 软件按照功能可划分为 GIS 专业软件、数据库软件和系统管理软件。

（3）空间数据（库）

GIS 的操作对象是空间数据，它描述地理实体的空间特征、属性特征和时间特征。空间数据按照表示形式，可抽象为点、线、面三类元素，其数据表达可以采用矢量和栅格两种组织形式，分别称为矢量数据和栅格数据。地理信息系统相较于常规信息系统，最显著的差别就是数据的空间特性，建立地理信息系统最大的工作量，也在于空间数据的采集和处理。空间数据以结构化的形式存储在计算机中，称为数据库，数据库通常由数据实体和数据库管理系统（DBMS）组成。关于 GIS 数据库的建立，后面会专列章节详细地叙述。

（4）应用人员

GIS 的应用人员包括系统开发人员和系统用户两类人员，这两类人员都需要具有对应的专业知识。研发人员需要具备程序开发的能力，同时又要特别注重用户需求，切忌仅注重于技术环节。针对不同用户的实际需求，考虑到用户的使用目的、使用方式、使用习惯，包括用户群的专业技能水平，构建适合于系统用户的系统模型是开发者必须注重考虑的问题。系统用户在使用 GIS 时，不仅需要对整个系统及相关 GIS 技术及功能有足够了解，更需要具备有效、全面的管理及组织能力，涉及硬件设备的更新、软件功能的升级、数据的及时维护、备份及共享等各个方面。

（5）应用模型

所谓应用模型，就是客观世界中相应系统经由观念世界到信息世界的映射，GIS 为解决各种现实问题提供了有效的基本工具，但对于专项问题的解决，必须构建专门的应用模型，例如管网适应性模型、事故影响模型、用户增量模型、最优化处理模型等。它反应了人类对客观世界利用和改造的能动作用，是 GIS 技术产生社会经济效益的关键所在，也是 GIS 生命力的重要保证。应用模型是 GIS 与相关专业连接的纽带，它的建立必须以广泛的专业知识和大量实践经验为基础，对问题的原理和过程进行深入探索，从而得知其因果关系和内在规律，而绝非纯编程或技术性的问题。

2. GIS 的功能

根据管网 GIS 的建立原则，系统的建设规模和功能要求与系统开发目标紧密相关，系统的具体目标应是在科学合理的用户需求分析基础上确定的，因此，不同城市和不同部门在系统的建设规模和功能上具有一定的差别，一般而言，燃气管网 GIS 应具备如下基本功能：

（1）数据采集功能

系统具备高效的数据采集、记录、输入功能。针对不同的信息源，采用不同的数据获取方法和处理手段：数字化输入及扫描矢量化输入；机助测量技术直接获取外业数据；格式转换和键盘输入等。

（2）编辑修改功能

城市面貌不断改变，基础数据的更新维护工作每天都在进行，系统应具有高效的图形信息的增改功能，提供方便实用的图形工具和用户界面，完成管网和地形信息的修改。

（3）存储管理功能

建立科学、合理的地形图要素分类和编码标准。这是数据采集、组织、转换输出的依据。城市管网地理信息系统具有较广的服务面，因此，基础管网数据库内容应该是全要素的，建立科学的存放结构，具有较细的信息分层，以满足城市信息系统的各应用子系统对管网应用的需要。

（4）数据处理和变换

管网 GIS 涉及数据种类多种多样，即使同类数据，因不同的作业习惯和设计要求，也会存在很大的差异。数据处理和变换的任务，就是保证管网空间数据规范和统一。

（5）查询统计功能

数据库的内容可按用户要求方便地以多种方式（包括图名、图号、坐标、城区名、地名、道路名等）对管网信息进行查询，可完成分层、分要素提取、转换和输出，并可对管网信息进行计算与统计（如计算管线的长度，统计指定范围内的阀门数量等）。

（6）管网信息输出功能

可对基本数据内容及满足一定条件的查询结果完成屏幕显示、存盘、绘图仪/打印机输出和数据转换工作，并满足现行图例标准。可对地形图进行任意分幅、裁剪与切割。

（7）管网空间分析和统计功能

燃气管网 GIS 的开发是一个复杂的软件工程，它包含的主要功能如图 11-4 所示：

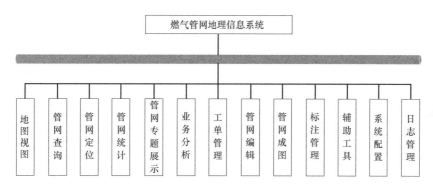

图 11-4 GIS 主要功能

（8）二次开发和编程

随着互联网及云技术的发展，GIS 技术广泛应用于各种领域，为满足各专业不同的要求，GIS 必须留有二次开发的接口，系统用户可凭借此接口，调用系统中的命令及函数，亦可使用自己的开发语言，编制适合自己的界面或菜单，甚至完成新系统、新功能的开发。

11.2.3 GIS 的建设目标和原则

1. 建设目标

GIS 的建设可以有效提升企业运营管理效率，GIS 的建设应能实现以下目标：

（1）全面管理燃气公司天然气管网相关的各种基础数据，建立管网地理信息数据库，把管网的图形信息、属性资料，以及管网日常维护数据、燃气用户信息等都接口到数据库中，实现统一的属性数据和空间数据平台，充分发挥图文一体化系统的强大管理功能，能够在 GIS 平台上对燃气管网的信息进行数据管理、分析、统计。

（2）实现各种图档资料存储的集中统一管理。提供对管网的检修、维护记录的管理；对管网防腐情况检测及安全评估的管理；对突发事件做出快速响应，快速找到故障点，确定影响范围等。

（3）燃气管网地理信息数据的操作、维护、管理和发布。

（4）燃气管网地理信息数据完整地与其他不同地理信息平台数据进行转换和交换；实

现图域管理、管网拓扑分析；实现管线资料的可视化查询、统计以及各种输出。

（5）为管网扩建和新铺提供规划和辅助设计。

（6）完善管网分析功能，实现辅助决策功能，形成一个集燃气管网设计、运行、管理、维护、管网资源分析以及辅助决策为一体的综合管理信息系统。

（7）建立管网信息发布系统，与企业办公自动化系统联网，形成企业整体信息化平台体系。

（8）结合 GPS 和其他测绘数据，实现管网设备的定位、管线数据的动态更新；为企业使用各种手持设备（手持 GPS 接收机、PDA、手机等）及调度系统提供地图数据。

2. GIS 的建设原则

以计算机网络为基础，遵照国家有关标准以及规范对地下燃气管线数据科学地存储与管理，实现快速地数据采集、校验、查询、检索、更新、统计、空间分析、空间辅助决策以及资源共享等，实现将大规模的、动态变化的燃气管线基础资料转换为数字化的、可操作的、可共享的信息资源，为管线工程的实施提供高精度的燃气管线数据，为城市发展提供决策支持信息，为相关部门和社会各界提供不涉密的数据共享，为燃气管线管理形成一个良性的循环，如图 11-5 所示。

图 11-5　GIS 管理循环示意图

燃气管网 GIS 的建设将遵循下列原则：

（1）可靠性原则

燃气管线 GIS 是地下燃气管线日常管理的重要工具，建设时应充分考虑系统和技术的可靠性。

（2）先进性原则

GIS 在设计思想、系统架构、采用技术上尽可能采用当前较为先进的技术、方法、软件平台等，确保系统有一定的先进性、前瞻性、扩展性，符合技术发展方向，延长系统的生命周期，确保建成的系统具有良好的稳定性、可扩展性和安全性。

（3）高安全性原则

GIS 管理的数据是城市基础性的关键数据，信息管理系统的建设必须同步实施安全工程，使安全措施成为保障信息资源系统正常运行的重要手段。

（4）可扩展性原则

考虑到系统数据量的增长、数据类型的拓展以及系统的管理需求和应用范围的进一步扩展，将会对系统的性能和功能提出新的要求。因此，随着信息技术的发展，系统中的硬件设备和软件系统必须具有良好的扩充性。在系统的设计和建设中，保证系统的结构模块化。系统应是可成长的，应能适应业务的增长和扩充，同时，将按一定的比例预留冗余节点，以保证系统的扩充及容错能力，容错也是保证系统稳定性与可靠性的重要措施。

（5）开放性原则

开放式系统为开发者提供了一种可以按照开放式系统的标准和技术进行设计和开发的思想。

（6）标准性原则

系统开发使用的技术标准应符合国家、行业及当地的有关技术规定。

（7）实用性原则

GIS系统不仅面向专业技术人员，还面向企业以及当地各种需求层次应用的其他专业管线公司，所以系统应具有良好的实用性，操作简单快捷，界面友好，系统和数据要易于维护、更新和管理，提供各种满足不同层次用户需求的功能和工具。

（8）合理的数据库架构

GIS是城市地理信息系统的典型应用，数据库设计是否合理，是系统开发是否成功的关键。GIS数据类型多、数据量大，管线与管点之间又有复杂的拓扑关系，因此数据结构的合理性非常重要，在系统分析和数据库设计时应该给予充分地重视，特别是系统元数据的设计，以保证系统高效稳定地运行。

11.2.4　GIS数据库的建立

1. 管网数据库要素

燃气管网要素集主要用于存储具有图形特征的燃气管线数据和管点数据，GIS管网数据库要素构成如图11-6所示。

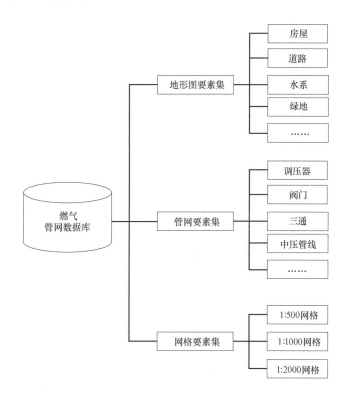

图11-6　GIS管网数据要素构成

2. 数据库的建立

（1）外业管网物探成果数据的检查及入库

外业成果数据包括首次以测区为单位提交的外业探测管线成果数据和后期竣工测量的管线成果数据。

外业成果数据的批量处理功能是将质检合格的管线数据批量、快速地导入系统的地下燃气管线空间数据库中，检索并替换陈旧的数据，被替换的数据需要添加至管线历史数据中，不遗漏任何实体，并能够根据管线线段和管线点数据结构及其连接关系，自动生成管线图形，能够将管线的文本标注信息存入系统数据库中。

（2）地形图数据的批量处理与要求

1）数据格式要求

地形图数据要求是 GIS 支持的格式，如 MapInfo 的 MIF、TAB 及 ArcInfo 的 Shape Coverge、E00 等。

2）分层要求

按国标要求具有 14 个分层，如道路、建筑物、水系、注记、建筑物附属设施、路灯、下水井、电力线、等高线、高程点、控制点、绿地、隔离带、铁路等。

3）图形数据要求

面状地物要求够面，提供相应的地形图符号库保证图形显示的正确性。

4）属性数据要求

每个地物要求有分类代码、地物标识码，每个图层上的要素有其必要的名称、类别等属性。

5）比例尺要求

采购的地形图的比例尺应为 1∶500、1∶1000 等大比例尺。

（3）输出地理信息数据

建立 GIS 的一个重要目标就是为企业提供燃气管线信息的资料，因此数据转换的功能就是能够从系统的管网空间数据库中提取相应的专题信息，并进行格式转换，以满足不同数据格式的应用要求。

数据转换导出功能主要包括不同格式管线符号库的开发及数据格式的转换，系统还应提供下列数据格式的转换：DWG、DXF（AutoCAD），Shape，MIF（MapInfo），DGN（InterGraph 和 MacroStation）等。

11.2.5 管网物探数据的检查、处理及入库

在管网普查过程中由探测单位提交的成果数据主要包括：技术报告、各类原始记录手簿、管线成果表、管线图和成果数据库 MDB 文件等。

1. 外业成果数据的检查

对普查获得的地下管线成果资料，还不能直接进入 GIS 的数据库中，需进行必要的检查处理，其主要的技术流程如图 11-7 所示：

（1）地下管线成果数据的基本构成

普查提交的地下管线成果数据一般为 Access 的 MDB 数据库（或者规范的 EXCEL 表格）。该数据库包含的主要数据表有：基本信息（元数据）数据表、管线点数据表、管线数据表、辅助图形数据表和燃气专业标注数据表。

（2）地下管线成果数据的规范性检查

尽管在提交以前成果数据已经过有关方面（如监理）的检查，但实践证明在数据入库以前还是有必要对其进行严格的检查。

（3）MDB 数据库的结构检查

检查的主要内容有：

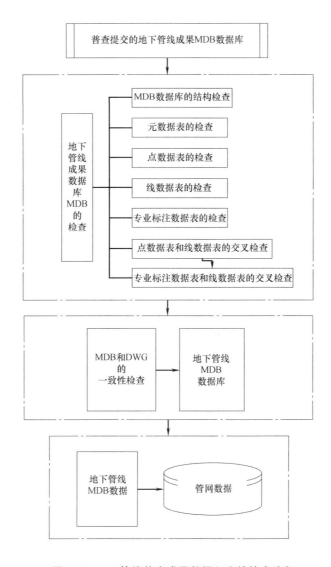

图 11-7　GIS 管线普查成果数据入库的技术流程

1）有无元数据表，元数据表的数据结构、数据项的完整性、规范性和值的合理性；

2）各类管线的点数据表、线数据表、辅助图形数据表、专业标注数据表等有无缺失；

3）各类管线、各数据表的数据结构。

（4）元数据表的检查

元数据检查的主要内容有：

1）元数据表的数据结构；

2）数据项的完整性、规范性和值的合理性；

3）元数据中保存的若干数据要作为后续检查的约束条件。

（5）点数据表的检查

点数据检查的主要内容有：

1）点数据表的数据结构；

2）数据项的完整性、规范性和值的合理性；

3）重复管线点。

（6）线数据表的检查

线数据检查的主要内容有：

1）线数据表的数据结构；

2）数据项的完整性、规范性和值的合理性；

3）重复管线；

4）微短线。

（7）辅助图形数据表的检查

辅助图形数据检查的主要内容有：

1）辅助图形数据表的数据结构；

2）数据项的完整性、规范性和值的合理性；

3）辅助图形线的闭合性；

4）微小辅助面。

（8）燃气专业标注数据表的检查

专业标注数据检查的主要内容有：

1）燃气专业标注数据表的数据结构（如中低压调压器两端连接的管线是否为中压和低压等）；

2）数据项的完整性、规范性和值的合理性。

（9）点数据表和线数据表的交叉检查

点数据表和线数据表的交叉检查的主要内容有：

1）有无冗余的管线点；

2）有无缺失的管线点；

3）管线点特征项的数值的正确性。

（10）专业标注数据表和线数据表的交叉检查

专业标注数据表和线数据表的交叉检查的主要内容有：

1）有无冗余的专业标注记录；

2）标注内容与管线属性的一致性。

只有通过严格的检查，才能保证入库数据的完整和在逻辑上的正确性，为创建系统数据库打下基础。

2. 地下管线数据的批量处理

一般情况下，地下管线普查是分测区进行的，所以最终提交的普查成果 MDB 数据库也是分测区提交的。因此，对普查成果可以采取分批次检查、分批次格式转换、分批次载入系统数据库的方式进行。

对分批次入库数据之间，要进行严格的数据接边检查。检查的主要内容有：

（1）测区和测区的边界线两侧，各类管线是否一一对应；

（2）两侧对应的管线之间的接边点的三维空间位置误差，是否在规程规定的范围之内；

（3）两侧对应的管线的三维方向角之间的误差，是否在规程规定的范围之内；

（4）两侧对应的管线的属性数据，是否一一对应、完全一致。

通过严格的测区接边检查，保证后续数据能顺利加载到系统数据库中，并与原有数据无缝衔接起来，构成新的系统数据库。

11.2.6 GIS 通常的功能模块设置

1. GIS 界面及菜单

GIS 主要包括查询定位、管网编辑、管网统计、业务分析、系统工具、用户权限等功能模块。

2. 地图展示模块

地图展示模块主要是结合电子地图，通过图形化的方式展现燃气管网的构成，通过系统提供的各种快捷工具，可以实现管网数据的快速浏览。具体的功能包括放大、缩小、平移、复位、前一视图、后一视图、刷新、设置比例尺、书签管理、距离量算、面积量算、图层设置、截图输出、局部图纸、爆管分析、部门管理、标注工具箱、联通性分析、范围查询、缓冲区查询、旋转设备、属性拷贝等功能。

3. 管网查询模块

查询定位模块，主要是提供对各类燃气管网设施的快速查询功能。查询的主要功能包括综合查询、属性查询、自定义 SQL 查询、范围查询、缓冲区查询等。目的是方便用户根据不同的查询条件，快速查找到目标信息。同时提供查询结果定位跳转功能，并能通过闪烁方式标注查询结果图斑。系统能够查询的实体包括但不限于：低压管、高压管、阀门、凝水缸、放散管、管帽末、转接换头、四通、极性保护、立管、弯头、门站、调压站、调压器、流量计、压力计、引入管端、水井、节点、护沟、套管等。

4. 管网定位模块

系统能对燃气管网数据支持定位操作，包括坐标定位、设备实体定位、辅助数据定位等功能。通过定位模块，方便用户快速进行管网数据查询与定位，并通过点高亮、线高亮的模式进行突出强调显示。

5. 管网统计模块

统计分析模块主要是提供按照不同的维度对燃气管网数据进行统计分析，形成各类报表数据。主要包括：管段统计、设备统计、空间统计、汇总统计以及统计输出等。

6. 管网分析模块

（1）横断面分析

系统支持根据管网的埋深进行横断面分析，自动生成管网的横断面图，方便用户快速进行成图。

（2）纵剖面分析

系统支持根据管网的埋深进行纵剖面分析，自动生成管网的横断面图，方便用户快速进行成图。

（3）爆管分析

系统提供了方便的爆管分析功能，可以迅速对燃气管网进行爆管分析。如果某些阀门失灵，还可以继续扩大范围搜索，并且同时显示关闭阀门后受影响的用户。

（4）连通分析

系统提供根据用户指定的起点和终点，查询连接两点间所有管段和管点设备，并以列表的形式进行展示。

（5）预警分析

为了让用户动态了解管网中设备的使用情况，系统提供该功能自动检查管网中超过使用年限和维修次数的设备，为用户动态掌握管网现状提供直接依据。

（6）水力分析

支持单气源、单环状、多用气点压力流量分析。

（7）供用储气分析

7. 工单管理模块

系统提供按照工单的模式进行数据的录入，工单录入完毕以后由管理进行审核，审核通过后，数据方能正式入库。工单管理包括：工单录入、工单查询、我的待办、我的已办，工单明细、工单审核等功能。

8. 管网编辑模块

管网编辑模块主要是在 B/S 架构下实现对燃气管网数据的编辑功能，包括：管网录入、管网修改、管网属性管理、管网检查、管网数据成图等。同时，对于已入库的数据，提供地图打印、地图裁剪输出、地图导出为栅格图等功能。

9. 管网数据成图

系统提供对管网数据进行出图管理，包括标准成图、局部成图、屏幕成图、栓点图纸等，同时支持对出图的数据进行地图整饰，地图打印、地图裁剪输出、地图导出、地图导出为栅格图等功能。

10. 标注管理模块

系统提供强大的标注管理功能，能够对燃气管网数据进行各类标注管理功能，包括坐标标注、埋深标注、管网标注、扯旗标注、物资标注、杂项标注、流向标注、自定义标注等。

11. 辅助工具模块

辅助工具模块主要是提供一些快捷功能的入口，方便用户快速的对管网数据进行量算、查询、浏览和标注，主要功能包括：量算工具、标注工具、书签工具、专题图工具、辅助绘图工具等。

12. 系统配置模块

系统配置模块主要是对系统的用户权限、日志、标注等进行配置和管理的模块。主要功能包括：用户权限管理、标注配置管理、数据字典管理、系统日志管理等。

13. 数据字典维护管理

系统提供对数据字典维护功能，方便用户对燃气管网实体属性字段的添加、修改等工作。

14. 数据备份管理

系统提供对空间数据的备份及恢复功能，方便用户定期对系统配置、空间数据进行备份，在系统或数据库异常或遭遇紧急情况时能够迅速、准确地通过备份数据进行恢复。

15. 系统日志管理

（1）系统登录日志

系统提供全面的操作日志记录管理，记录并查询用户事件，包括用户名、用户登录时间、用户登录次数等信息。

（2）数据操作日志

系统提供对设备数据的操作，包括新增、删除、修改等操作进行日志记录，方便管理员对数据维护的情况进行追溯。

（3）日志查询

系统支持按照使用者、操作类型等方式对系统操作日志进行查询管理，系统能严格管理变更运行状态的任何操作。在系统运行过程中实时记录用户名、所属单位、查询主机IP地址、查询条件、查询时间、操作模块，保存系统详细的日志记录。

16. 与其他系统的接口

公司 GIS 不是一个孤立的系统，它要服务于公司的其他部门、各管线权属单位、各政府部门和广大公众，所以公司 GIS 建设项目必须要具有开放性的接口，实现信息的共享。

随着网络互联互操作标准和技术的发展，采用开放的标准和面向服务的架构（SOA）来推进应用基础结构的兼容性已经成为 IT 行业实现系统接口的规则。公司管网 GIS 建设项目也将遵循这一规则，采用面向服务的架构（SOA）和采用 WebService 来实现与其他部门、其他系统的接口。

这种技术架构的最大难度在于通信接口的设计和契约的定制，因为这类系统往往要和各种各样的、跨职能部门的"软件使用者"、"开发者"进行沟通，所以在开发前必须确保相关业务流程、通信接口及契约标准的制定。

11.2.7 GIS 通常的实施计划

在确保各种数据内容及各种技术之间能够进行正确衔接的前提下，根据燃气企业的总体规划，遵照急用先行的原则分阶段、分步骤的实施 GIS 的建设工作，总体上将系统的建设分为四个阶段实施。

第一阶段：主要完成前期准备工作（包括：内业资料整理、提交 GIS 数据的格式及成果表格式、物探坐标系统的建立）及 GIS 的调研、需求分析、制定系统质量规范、获取系统需求、放置接口、功能接口、校验接口的开发以及二次开发构架设计等工作。

第二阶段：在第一阶段的基础上，完成燃气管网地理数据库的建立、建立背景地形图的整饰以及功能开发工作。

第三阶段：该阶段主要完成地球物理勘探数据入库工作及进行 GIS 功能的测试、文档整理、部署实施、人员培训、交付运行以及系统的移交和验收。

第四阶段：系统提供使用维护，该阶段主要对系统进行定期的检查维护并根据系统运行工作中出现的问题，进行修正，根据企业使用需求，动态进行系统维护。

参 考 文 献

[1]　王华忠. 监控与数据采集（SCADA）系统及其应用［M］. 第 2 版. 北京：电子工业出版社，2012

[2]　黄泽俊，虞献正，尹旭东. 石油天然气管道 SCADA 系统技术［M］. 北京：石油工业出版社，2013

[3]　中华人民共和国建设部. 城镇燃气设计规范［S］. GB 50028—2006. 北京：中国建筑工业出版社，2006

[4]　中华人民共和国建设部. 城镇燃气自动化系统技术规范［S］. CJJ/T 259—2016. 北京：中国建筑工业出版社，2017.

[5]　中华人民共和国国家质量监督检验检疫总局 中国国家标准化管理委员会. 城市地理信息系统设计规范［S］. GB/T 18578—2008. 北京：中国质检出版社，2008.

12　工程竣工验收

工程竣工验收指建设工程项目竣工后开发建设单位会同设计、施工、设备供应单位及工程质量监督部门，对该项目是否符合规划设计要求以及建筑施工和设备安装质量进行全面检验，取得竣工合格资料、数据和凭证。应该指出的是，竣工验收是建立在分阶段验收的基础之上，前面已经完成验收的工程项目一般在工程竣工验收时就不再重新验收。

燃气管道工程竣工验收应符合《城镇燃气输配工程施工及验收规范》CJJ 33—2005和《城镇燃气室内工程施工与质量验收规范》CJJ 94—2009。

12.1　工程竣工验收资料

（1）工程竣工验收应以批准的设计文件、国家现行有关标准、施工承包合同、工程施工许可文件和相关规范为依据。

（2）工程竣工验收的基本条件应符合下列要求：

1）完成工程设计和合同约定的各项内容。

2）施工单位在工程完工后对工程质量自检合格，并提出《工程竣工报告》。

3）工程资料齐全（见附表）。

4）有施工单位签署的工程质量保修书。

5）监理单位对施工单位的工程质量自检测结果给以确认并提出《工程质量评估报告》。

6）工程施工中，工程质量检验合格，检验记录完整。

（3）竣工资料的收集、整理工作应与工程建设过程同步，工程完工后应及时做好整理和移交工作。整体工程竣工资料宜包括下列内容：

1）工程依据文件

① 工程项目建议书、申请报告及审批文件、批准的设计任务书、初步设计、技术设计文件、施工图和其他建设文件；

② 工程项目建设合同文件、招投标文件、设计变更通知单、工程量清单等；

③ 建设工程规划许可证、施工许可证、质量监督注册文件、报建审核书、报建图、竣工测量验收合格证、工程质量评估报告。

2）交工技术文件

① 施工资质证书；

② 图纸会审记录、技术交底记录、工程变更单（图）、施工组织设计等；

③ 开工报告、工程竣工报告、工程保修书等；

④ 重大质量事故分析、处理报告；

⑤ 材料、设备、仪表等的出厂合格证明，材质书或检验报告；

⑥ 施工记录：隐蔽工程记录、焊接记录、管道吹扫记录、强度和严密性试验记录、阀门试验记录、电气仪表工程的安装调试记录等；

⑦ 竣工图纸：竣工图应反映隐蔽工程、实际安装定位、设计中未包含的项目、燃气管道与其他市政设施特殊处理的位置等。

3）检验合格记录

① 测量记录；

② 隐蔽工程验收记录；

③ 沟槽及回填合格记录；

④ 防腐绝缘合格记录；

⑤ 焊接外观检查记录和无损探伤检查记录；

⑥ 管道吹扫合格记录；

⑦ 强度和严密性试验合格记录；

⑧ 设备安装合格记录；

⑨ 储配与调压各项工程的程序验收及整体验收合格记录；

⑩ 电气、仪表安装测试合格记录；

⑪ 在施工中受检的其他合格记录。

（4）工程竣工验收应由建设单位主持，可按下列程序进行：

1）工程完工后，施工单位按规范的要求完成验收准备工作后，向监理部门提出验收申请。

2）监理部门对施工单位提交的《工程竣工报告》、竣工资料及其他材料进行初审，合格后提出《工程质量评估报告》，并向建设单位提出验收申请。

3）建设单位组织勘察、设计、监理及施工单位对工程进行验收。

4）验收合格后，各部门签署验收纪要，建设单位及时将竣工资料、文件归档，然后办理工程移交手续。

5）验收不合格应提出书面意见和整改内容，签发整改通知，限期完成，整改完成后重新验收。整改书面意见、整改内容和整改通知编入竣工资料文件中。

（5）工程验收应符合下列要求：

1）审阅验收材料内容，应完整、准确、有效。

2）按照设计、竣工图纸对工程进行现场检查。竣工图应真实、准确，路面标志符合要求。

3）工程量符合合同的规定。

4）设施和设备的安装符合设计的要求，无明显的外观质量缺陷，操作可靠，保养完善。

5）对工程质量有争议、投诉和检验多次才合格的项目，应重点验收，必要时可开挖检验、复查。

12.2　燃气管道系统吹扫与严密性试验

城镇燃气管道分布很广，通常是很多管段同时施工，并分段吹扫，进行强度试验和严密性试验。往往要过相当长的时间才能安装阀门、附件和配件，并将各管道连接成燃气系统。经过较长时间，燃气管道可能被外界污染。后装的阀门、配件和附件为法兰连接或者螺纹连接，连接处易渗漏。

12.2.1 一般规定

（1）管道安装完毕后应依次进行管道吹扫、强度试验和严密性试验。

（2）燃气管道穿（跨）越大中型河流、铁路、二级以上公路、高速公路时，应单独进行试压。

（3）管道吹扫、强度试验及中高压管道严密性试验前应编制施工方案，制定安全措施，确保施工人员及附近民众与设施的安全。

（4）试验时应设巡视人员，无关人员不得进入。在试验的连续升压过程中和强度试验的稳压结束前，所有人员不得靠近试验区。人员离试验管道的安全距离可按表 12-1 确定。

安全间距

表 12-1

管道设计压力（MPa）	安全间距（m）
≤0.4	6
0.4～1.6	10
2.5～4.0	20

（5）管道上的所有堵头必须加固牢靠，试验时堵头端严禁站人。

（6）吹扫和待试验管道应与无关系统采取隔离措施，与已运行的燃气系统之间必须加装盲板且有明显标志。

（7）试验前应按设计图检查管道的所有阀门，试验段必须全部开启。

（8）在对聚乙烯管道或钢骨架聚乙烯复合管道吹扫及试验时，进气口应采取油水分离及冷却等措施，确保管道进气口气体干燥，且其温度不得高于 40℃；排气口应采取防静电措施。

（9）试验时所发现的缺陷，必须待试验压力降至大气压后进行处理，处理合格后应重新试验。

12.2.2 燃气管道系统吹扫

（1）管道吹扫按下列要求选择气体吹扫或清管球清扫；

1）球墨铸铁管道、聚乙烯管道、钢骨架聚乙烯复合管道和公称直径小于 100mm 或长度小于 100m 的钢质管道，可采用气体吹扫。

2）公称直径大于或等 100mm 的钢质管道，宜采用清管球进行清扫。

（2）管道吹扫应符合下列要求：

1）吹扫范围内的管道安装工程除补口、涂漆外，已按设计图纸全部完成。

2）管道安装检验合格后，应由施工单位负责组织吹扫工作，并应在吹扫前编制吹扫方案。

3）应按主管、支管、庭院管的顺序进行吹扫，吹扫出的脏物不得进入已合格的管道。

4）吹扫管段内的调压器、阀门、孔板、过滤网、燃气表等设备不应参与吹扫，待吹扫合格后再安装复位。

5）吹扫口应设在开阔地段并加固，吹扫时应设安全区域，吹扫出口前严禁站人。

6）吹扫压力不得大于管道的设计压力，且不应大于 0.3MPa。

7）吹扫介质宜采用压缩空气，严禁采用氧气和可燃性气体。

8）吹扫合格设备复位后，不得再进行影响管内清洁的其他作业。

（3）气体吹扫应符合下列要求：

1）吹扫气体流速不宜小于 20m/s。

2）吹扫口与地面的角度应在 30°～40°之间，吹扫口管段与被吹扫管段必须采取平缓过渡对焊，吹扫口直径应符合表 12-2 的规定。

吹扫口直径（mm） 表 12-2

末端管道公称直径	$DN<150$	$150 \leqslant DN \leqslant 300$	$DN \geqslant 350$
吹扫口公称直径	与管道同径	150	250

3）每次吹扫管道的长度不宜超过 500m，当管道长度超过 500m 时，宜分段吹扫。

4）当管道长度在 200m 以上，且无其他管段或储气容器可利用时，应在适当部位安装吹扫阀，采取分段储气，轮换吹扫，当管道长度不足 200m，可采用管道自身储气放散的方法吹扫，打压点与放散点应分别设在管道的两端。

5）当目测排气无烟尘时，应在排气口设置白布或涂白漆木板检验，5min 内靶板上无铁锈、尘土等其他杂物为合格。

（4）清管球清扫应符合下列要求：

1）管道直径必须是同一规格，不同管径的管道应断开分别进行清扫。

2）对影响清管球通过的管件、设施，在清管前应采取必要措施。

3）清管球清扫完成，应按本小节第 3.（5）款进行检验，如不合格可采用气体再清扫至合格。

12.2.3　燃气管道强度试验

（1）试验前应具备下列条件：

1）试验用的压力计及温度记录仪应在校验有效期内。

2）试验方案已经批准，有可靠的通信系统和安全保障措施且已进行了技术交底。

3）管道焊接检验、清扫合格。

4）埋地管道回填土宜回填至管上方 0.5m 以上，并留出焊接口。

（2）管道应分段进行压力试验，试验管道分段最大长度宜按表 12-3 执行。

管道试压分段最大长度 表 12-3

设计压力 PN(MPa)	试验管段最大长度(m)
$PN \leqslant 0.4$	1000
$0.4 < PN \leqslant 1.6$	5000
$1.6 < PN \leqslant 4.0$	10000

（3）管道试验用压力计及温度记录仪表均不应少于两块，并应分别安装在试验管道的两端。

（4）试验用压力计的量程应为试验压力的 1.5～2 倍，其精度不得低于 1.5 级。

（5）强度试验压力和介质应符合表 12-4 的规定。

强度试验压力和介质 表 12-4

管道类型	设计压力 PN(MPa)	试验介质	试验压力(MPa)
钢管	$PN>0.8$	清洁水	$1.5PN$
	$PN\leqslant0.8$	压缩空气	$1.5PN$ 且≮0.4
球墨铸铁	PN		$1.5PN$ 且≮0.4
钢骨架聚乙烯复合管	PN		$1.5PN$ 且≮0.4
聚乙烯管	PN(SDR11)		$1.5PN$ 且≮0.4
	PN(SDR17.6)		$1.5PN$ 且≮0.2

（6）水压试验时，试验管段任何位置的管道环向应力不得大于管材标准屈服强度的 90%。架空管道采用水压试验前，应核算管道及其支撑结构的强度，必要时应临时加固。试压宜在环境温度 5℃以上进行，否则应采取防冻措施。

（7）水压试验应符合现行国家标准《液体石油管道压力试验》GB/T 16805 的有关规定。

（8）进行强度试验时，压力应逐步缓升，首先升至试验压力的 50%，应进行初检，如无泄漏、异常，继续升压至试验压力，然后宜稳压 1h 后，观察压力计不应少于 30min，无压力降为合格。

（9）水压试验合格后，应及时将管道中的水放净，并按本书第 12.2.2 节的要求进行吹扫。

（10）经分段试压合格的管段相互连接的焊缝，经射线照相检验合格后，可不再进行强度试验。

12.2.4 燃气管道系统严密性试验

（1）严密性试验应在强度试验合格、管线全线回填后进行。

（2）试验用的压力计应在校验有效期内，其量程应为试验压力的 1.5～2 倍，其精度等级、最小分格值及表盘直径应满足表 12-5 的要求。

试压用压力表选择要求 表 12-5

量程(MPa)	精度等级	最小表盘直径(mm)	最小分格值(MPa)
0～0.1	0.4	150	0.0005
0～1.0	0.4	150	0.005
0～1.6	0.4	150	0.01
0～2.5	0.25	200	0.01
0～4.0	0.25	200	0.01
0～6.0	0.16	250	0.01
0～10	0.16	250	0.02

（3）严密性试验介质宜采用空气，试验压力应满足下列要求：

设计压力小于 5kPa 时，试验压力应为 20kPa。

设计压力大于或等于 5kPa 时，试验压力应为设计压力的 1.15 倍，且不得小于 0.1MPa。

（4）试压时的升压速度不宜过快。对设计压力大于 0.8MPa 的管道试压，压力缓慢上升至 0.3 倍和 0.6 倍试验压力时，应分别停止升压，稳压 30min，并检查系统有无异常情况，如无异常情况继续升压。管内压力升至严密性试验压力后，待温度、压力稳定后开始记录。

（5）严密性试验稳压的持续时间应为 24h，每小时纪录不应少于 1 次，当修正压力降小于 133Pa 为合格。修正压力降应按下式确定：

$$\Delta P' = (H_1 + B_1) - (H_2 + B_2)\frac{273 + t_1}{273 + t_2} \tag{12-1}$$

式中　$\Delta P'$——修正压力降（Pa）；

H_1、H_2——试验开始和结束时的压力计读数（Pa）；

B_1、B_2——试验开始和结束时的气压计读数（Pa）；

t_1、t_2——试验开始和结束时的管内介质温度（℃）。

6. 所有未参加严密性试验的设备、仪表、管件，应在严密性试验合格后进行复位，然后按设计压力对系统升压，应采用发泡剂检查设备、仪表、管件及其与管道的连接处，不漏为合格。

12.3　竣工图的测绘

燃气管道竣工图是施工单位在竣工验收时必须提供的资料。竣工图应如实反映管道安装实际情况。施工过程中，应对管线的平面位置和高程位置进行准确的测量，为绘制竣工图提供基础资料。工程竣工验收前，若地面高程发生改变，应重新进行测量，并将新测量的数据标注在竣工图上。

12.3.1　绘制内容

管道的平、立面位置，管径、管材、管长、阀门等附属件及设备，调压计量装置、井室、地沟及构筑物、套管、地下障碍物、管线所在道路、建筑小区或单位名称、管线两侧固定的建构筑物、指北针等。

12.3.2　竣工图测量

对于地下燃气管道（设备）的竣工测量，一般是在设计施工图上绘制的，如果变更过大应该重新测绘。

所有管道及其附属设备均应定为测点。如果直管接头与相邻测点的距离超过 30m，也应定为测点。各种管道配件，如弯头、三通等，应有统一符号。管道、设备的平面测量误差应小于 ±10cm；垂直位置测量误差应小 ±5cm。

1. 平面测量

（1）三角定点法：两个据点以上的地形位置定点法实例（以房屋的两端点 A、B 为据点）和单独据点的地形位置定点法实例，详见图 12-1。

（2）平等移动法：也称作二进出测量法，一般用于工房区排管。如图 12-2 所示。

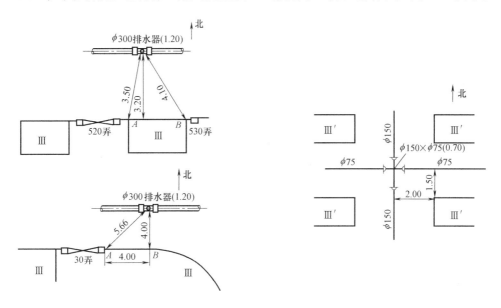

图 12-1　三角定位法实例　　　　　　图 12-2　平行移动法实例

以上两种方法也常综合使用。

2. 断面尺寸测量

除了测量管道的平面位置外，对于路口或燃气与其他管线相交、平行或遇其他障碍等较复杂部位，必须增加断面尺寸测量。测量时，以相邻的其他管线为据点，运用平行移动法确定所埋燃气管道的断面位置。如燃气管道的实际标高与设计标高不符时，应测量出实际标高，标注在竣工图中。

12.3.3　竣工图绘制

为了简便，施工单位通常在设计施工图上标注出实际施工与设计不符之处，作为竣工图。当变更过大时，才重新测绘竣工图。

现场测量记录是测绘工作的原始资料，须注明测量日期、地点、测量人员姓名等，并应尽快绘制在竣工图上。

（1）绘制管道平面图：凡是与设计施工图样不符之处，都必须按实际绘制。如管道坐标，遇障碍管道绕行（应注明起止位置、弯头角度、各部尺寸），阀门、配件的变更（如弯头改用三通等），认真核对设计变更通知单、施工日志与测量高程，以实际尺寸为准，不可遗漏。

（2）绘制管道断面图：设计施工图中通常都有管道断面图，包括管底埋深、桩号、距离、坡向、坡度、阀门、三通、弯头的位置与地下障碍等。绘制竣工图时，应将所有与施工图不符之处准确绘制出来，如管道各点的实际标高、管道绕过障碍的起止部位、各部尺寸、阀门配件的位置、标高等。绘制时，断面图与平面图应对应。应认真核对设计变更通知单、施工日志与测量记录，以实际尺寸为准。

（3）局部复杂密集的地下管线，应绘大样图，穿过河流、道路等特殊施工的管线，应注明增加的管沟、套管与隔断等，并增加局部放大图。

（4）施工图中未绘出的地下管线与其他构筑物，竣工图中应注明。施工图中绘出的地下管线与燃气管道的间距与实际不符时，按实际尺寸改正。

（5）竣工图由施工单位绘制，但监理单位、业主和设计单位必须认真审核并签字、盖章，以保证竣工图完整、准确无误。

12.4 燃气管道工程验收

工程完工后，施工单位按要求完成验收准备工作后，向监理部门提出验收申请。工程竣工验收应由建设单位主持，按规范要求程序进行。

监理部门对施工单位提交的《工程竣工报告》、竣工资料及其他材料进行初审，合格后提出《工程质量评估报告》，并向建设单位提出验收申请。

建设单位组织勘察、设计、监理及施工单位对工程进行验收。

验收合格后，各部门签署验收纪要。建设单位及时将竣工资料、文件归档，然后办理工程移交手续。

验收不合格应提出书面意见和整改内容，签发整改通知，限期完成。整改完成后重新验收。整改书面意见、整改内容和整改通知编入竣工资料文件中。

按照城镇燃气输配工程施工及验收规范，在工程验收时，施工单位应提交以下资料。

（1）开工报告。

（2）各种测量记录。

（3）隐蔽工程验收记录。

（4）材料、设备出厂合格证，材质证明书，安装技术说明书以及材料代用说明书或检验报告。

（5）管道与调压设施的强度与严密性试验记录。

（6）焊接外观检查记录和无损探伤检查记录。

（7）防腐绝缘措施检查记录。

（8）管道及附属设备检查记录。

（9）设计变更通知单。

（10）工程竣工图和竣工报告。

（11）储配与调压各项工程的程序验收及整体验收记录。

（12）其他应有的资料。

12.4.1 土石方工程验收

（1）验收挖方、填方工程时，应检查如下项目：

1）施工区域的坐标、高程和平整度。

2）挖方、填方和中线位置，断面尺寸和标高。

3）边坡坡度和边坡的加固。

4）水沟和排水设置的中线位置、断面尺寸和标高。

5）填方压实情况和压实系数（或千重力密度）。

6）隐蔽工程记录。

（2）验收石方焊破的挖方尺寸，应在爆松的土石清除以后进行。

基坑（槽）的检验：验收基坑（槽）或管沟时，应检查平面位置，底面尺寸，边坡坡度、标高和基土等。

基坑（槽）或管沟土方工程的允许偏差：

1）水平标高 0～200mm。

2）底面长度、宽度（由设计中心向两边量）不应偏小。

3）边坡坡高不应偏陡。

（3）回填夯压实检验：填土压实后的干密度，应有 90% 以上符合设计要求，其余 10% 的最低值与设计值的差，不得大于 0.08g/cm³，且应分散，不得集中。

采用环刀法取样时，基坑或沟槽回填每层按长度 20～50mm 取样一组，室内填土每层按 100～500m² 取一组，取样部位应在每层压实的下半部。

基坑（槽）或管沟爆破工程的允许偏差：

1）水平标高 0～2mm。

2）底面长度、宽度（由设计中心向两边量）0～200mm。

3）边坡坡度不应偏陡。

（4）土方隐蔽工程验收，下列隐蔽工程必须经过中间验收并做好记录。

1）基坑（槽）或管沟开挖竣工图和基土情况。

2）对不良基土采取的处理措施（如换土、泉眼或洞穴的处理，地下水的排除等）。

3）排水盲沟的设置情况。

4）填方土料、冻土块含量及填土辅压实验等记录。

（5）土方与爆破工程竣工后，应提出以下资料：

1）土石方竣工图。

2）有关设计变更和补充设计图纸或文件。

3）施工记录。

4）隐蔽工程验收记录。

5）永久性控制桩和水准点测量结果。

6）质量检查和验收记录。

12.4.2 基础工程验收

1. 设备基础验收要求

（1）基础表面平整、光滑。

（2）基础外形尺寸及位置均应符合设计文件规定。

（3）混凝土强度等级必须达到设计规定的要求。

2. 混凝土结构工程验收

（1）混凝土结构工程验收时应提供下列文件和记录：

1）设计变更和钢材代用证件。

2）原材料质量合格证件。

3）钢筋及焊接接头的试验报告。

4）混凝土工程施工记录。

5）混凝土试件的试验报告。

6）装配式结构构件的制作及安装验收记录。

7）预应力锚具、夹具和连接器的合格证及检验记录。

8）冬期施工记录。

9）隐蔽工程验收记录。

10）分项工程质量评定记录。

（2）混凝土结构工程的验收，除检查有关文件和记录外，还应进行外观检查。

（3）混凝土结构工程验收应符合《混凝土结构工程施工质量验收规范》GB 50204—2002 验收规范要求。

12.4.3　室内燃气工程验收

一般规定：

室内燃气工程施工应符合《城镇燃气室内工程施工与质量验收规范》CJJ 94—2009 的规定。

（1）室内燃气管道的试验应符合下列要求：

1）自引入管阀门起至燃具之间的管道的试验应符合《城镇燃气室内工程施工与质量验收规范》GJJ 94—2009 的要求；

2）自引入管阀门起全室外配气支管之间管线的试验应符合国家现行标准《城镇燃气输配工程施工及验收规范》CJJ 33 的有关规定。

（2）试验介质应采用空气或氮气。

（3）严禁用可燃气体和氧气进行试验。

（4）室内燃气管道试验前应具备下列条件：

1）已制定试验方案和安全措施；

2）试验范围内的管道安装工程除涂漆、隔热层和保温层外，已按设计文件全部完成，安装质量应经施工单位自检和监理（建设）单位检查确认符合《城镇燃气室内工程施工与质量验收规范》GJJ 94—2009 的规定。

（5）试验用压力计量装置应符合下列要求：

1）试验用压力计应在校验的有效期内，其量程应为被测最大压力的 1.5～2 倍。弹簧压力表的精度不应低于 0.4 级；

2）U 形压力计的最小分度值不得大于 1mm。

（6）试验工作应由施工单位负责实施，监理（建设）等单位应参加。

（7）试验时发现的缺陷，应在试验压力降至大气压力后进行处理。处理合格后应重新进行试验。

（8）家用燃具的试验与验收应符合国家现行标准《家用燃气燃烧器具安装及验收规程》CJJ 12 的有关规定。

（9）暗埋敷设的燃气管道系统的强度试验和严密性试验应在未隐蔽前进行。

（10）当采用不锈钢金属管道时，强度试验和严密性试验检查所用的发泡剂中氯离子

含量不得大于 25×10^{-6}。

强度试验：

（1）室内燃气管道强度试验的范围应符合下列规定：

1）明管敷设时，居民用户应为引入管阀门至燃气计量装置前阀门之间的管道系统；暗埋或暗封敷设时，居民用户应为引入管阀门至燃具接入管阀门（含阀门）之间的管道；

2）商业用户及工业企业用户应为引入管阀门至燃具接入管阀门（含阀门）之间的管道（含暗埋或暗封的燃气管道）。

（2）待进行强度试验的燃气管道系统与不参与试验的系统、设备、仪表等应隔断，并应有明显的标志或记录，强度试验前安全泄放装置应已拆下或隔断。

（3）进行强度试验前，管内应吹扫干净，吹扫介质宜采用空气或氮气，不得使用可燃气体。

（4）强度试验压力应为设计压力的 1.5 倍且不得低于 0.1MPa。

（5）强度试验应符合下列要求：

1）在低压燃气管道系统达到试验压力时，稳压不少于 0.5h 后，应用发泡剂检查所有接头，无渗漏、压力计量装置无压力降为合格；

2）在中压燃气管道系统达到试验压力时，稳压不少于 0.5h 后，应用发泡剂检查所有接头，无渗漏、压力计量装置无压力降为合格；或稳压不少于 1h，观察压力计量装置，无压力降为合格；

3）当中压以上燃气管道系统进行强度试验时，应在达到试验压力的 50% 时停止不少于 15min，用发泡剂检查所有接头，无渗漏后方可继续缓慢升压至试验压力并稳压不少于 1h 后，压力计量装置无压力降为合格。

12.4.4 防腐及绝缘工程验收

1. 一般规定和要求

（1）防腐和绝缘材料均应有制造厂的合格证书、化学成分和技术性能指标、批号、制造日期等。

（2）过期的涂装材料必须重新检验，确认合格方可使用。

（3）所用材料的品种、规格、颜色及性能必须符合设计要求。

（4）工程交工验收时，施工单位应提交施工记录。

2. 防腐工程验收

（1）钢材表面除锈如设计无明确规定，应按《涂装前钢材表面处理规范》SY/T 0407 规定的金属除锈等级，不低于 St3 级。

（2）防腐涂层应均匀、完整、无漏涂，并保持颜色一致，漆膜附着牢固，无剥落、皱纹、气孔、针孔等缺陷。

（3）埋地燃气管道外防腐绝缘涂层电阻不小于 $100000\Omega\cdot m^2$。

（4）防腐绝缘层应符合《城镇燃气输配工程施工及验收规范》CJJ33 的规定。

（5）防腐绝缘层耐击穿电压不得低于电火花检测仪检测的电压标准。

（6）牺牲阳极安装、测量应符合本章第四节的有关规定。

（7）埋地管道防腐层应做隐蔽工程记录。

3. 热绝缘工程验收

（1）热绝缘工程施工应符合以下要求。

1）《工业设备及管道绝热工程施工质量验收规范》GB 50185。

2）《设备及管道保温技术通则》GB/T 4272。

（2）热绝缘工程其他质量要求应符合以下规定。

1）表面平面度允许偏差：涂抹层不大于 10mm；金属保护层不大于 5mm；防漏层不大于 10mm。

2）厚度允许偏差：预制块+5%；毡、席材料+8%；填充品+10%。

3）膨胀缝宽度允许偏差不大于 5mm。

12.4.5 场站工程验收

1. 场站内设备安装要求与试运行

（1）各种运转设备在安装前应进行润滑保养及检验。

（2）各种运转设备在安装后投入试运行前要认真检查连接管道，安全附件是否安装正确，各连接结合部位是否牢靠。

（3）各种设备及仪器仪表，应经单独检验合格再安装。

（4）所有的非标准设备应按设计要求制造和检验，除设计另有规定，应按制造厂说明书进行安装与调试。

（5）管道安装应符合下列要求：

1）焊缝、法兰和螺纹等接口，均不得嵌入墙壁和基础中，管道穿墙或穿基础时应设在套管内，焊缝与套管一端的间距不应小于 100mm。

2）干燃气的站内管道应横平竖直，湿燃气的进出口管应分别坡向室外，仪器仪表接管应坡向干管，坡度及方向应符合设计要求。

3）调压器的进出口箭头指示方向应与燃气流动方向一致。调压器前后的直管长度应按设计或制造厂技术要求施工。

（6）调压器、安全阀、过滤器及各种仪表等设备的安装应在进出口管道吹扫、试压合格后进行，并应牢固平正，严禁强力连接。

（7）储罐和汽化器等大型设备安装前，应对其混凝土基础的质量进行验收，合格后方可进行。

（8）与储罐连接的第一道法兰、垫片和紧固件应符合有关规定，其余法兰垫片可采用高压耐油橡胶石棉垫密封。

（9）管道及管道与设备之间的连接应采用焊接或法兰连接，焊接应采用氩弧焊打底，分层施焊；焊接、法兰连接应符合《城镇燃气输配工程施工及验收规范》CJJ 33—2005第 5 节的规定。

（10）管道及设备的焊接质量应符合下列要求。

1）所有焊缝应进行外观检查，管道对接焊缝内部质量应采用射线照明探伤，抽检个数为对接焊缝总数的 25%，并应符合国家现行标准《承压设备无损检测（合订本）》（NB/T 4730.1～NB/T 4730.13）中的Ⅱ级质量要求。

2）管道与设备、阀门、仪表等连接的角焊缝应进行磁粉或液体渗透检验，抽检个数为角焊缝的 50%，并应符合国家现行标准《承压设备无损检测（合订本）》（NB/T 4730.1～NB/T 4730.13）中的Ⅱ级质量标准。

（11）场站内的设备试运行应先进行单机无负荷试车，再进行带负荷试车。在单机试车全部合格的前提下，最后进行站场内设备联动试车。联动试车宜按工艺系统设计的介质流动方向按顺序进行，直至联动试车合格为止。

2. 场站设备交工及验收

（1）场站设备应在联动试运行合格并办理完竣工验收后方可交工。

（2）场站工程建设整体验收应在各分项工程验收合格的基础上进行。

（3）场站设备验收应由建设单位、设计单位、施工单位、工程监理单位、建设行政主管部门及质量技术监督管理部门共同组织进行验收。

（4）在办理工程交工验收时应提交以下文件资料：

1）项目投资立项审批报告及可行性研究报告；

2）项目建设规划许可证；

3）项目建设招投标文件；

4）项目建设开工许可证；

5）项目建设设计、施工、监理等合同文件；

6）工程勘探、测量资料、设计图纸及设计评审文件等；

7）设备、材料合格证书、质检报告及施工过程中的全部原始记录；

8）设备监理及政府质量监督评定报告；

9）各分部分项工程验收合格证书；

10）竣工图；

11）系统总体试车记录及项目总验收报告等。

参 考 文 献

[1] 中华人民共和国建设部. 城镇燃气输配工程施工及验收规范 [S]. CJJ 33—2005 北京：中国建筑工业出版社，2005

[2] 李公藩. 燃气管道工程施工 [M]. 北京：中国计划出版社，2001

[3] 花景新. 燃气工程施工 [M]. 化学工业出版社，2010

[4] 中华人民共和国住房和城乡建设部. 城镇燃气室内工程施工与质量验收规范 [S]. CJJ 94—2009 北京：中国建筑工业出版社，2009

[5] 中华人民共和国建设部. 城镇燃气设计规范 [S]. GB 50028—2006 北京：中国建筑工业出版社，2006

13 管道置换与运行管理

13.1 燃气管道置换

新建燃气管道投入使用，要将管内空气排出去，并将燃气输入管道内。燃气管道内将出现混合气体，所以对新建管道内混合气体的置换必须在严密的安全技术措施保证前提下方可进行。燃气置换是一项具有危险性的工作，当往新建管道内输入燃气时将出现混合气体，若置换方案选择不当或操作失误，均可能发生恶性事故，造成惨重损失。因此，燃气置换的安全问题显得特别重要；置换之后，还需要确保供出的燃气能满足用户的使用要求；此外置换还应考虑经济问题，若方案不当将造成置换工作量大，费用高。

13.1.1 气体置换方法

根据目前同行业的成功经验，城市管网、居民户内的置换一般有如下三种方法可以采纳。

1. 直接置换法

直接置换法是用燃气输入新建管道内直接置换管内空气。操作方便、迅速，在新建管道与原有燃气管道连通后，即可利用燃气的工作压力直接排放管内空气，当置换到管道内燃气含量达到合格标准（取样合格）后，即可正式投产使用。

根据天然气的爆炸极限为 $5\%\sim15\%$，置换的终点必须控制管网的氧气含量小于 1.0%，连通后利用燃气的工作压力直接排放管内空气，当置换到管道内燃气含量达到合格标准后，即可正式投产使用。置换过程中置换空气的速度应保持 5m/s 以下，以防止混合气体（如图 13-1）在管道内碰撞起火花引起爆炸，直至管内燃气中氧含量小于 1.0%。

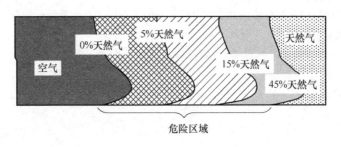

图 13-1　天然气与空气混合

天然气直接置换比较简便也比较经济，但是具有一定的危险性，在置换过程中，管道里必然要产生天然气与空气的混合气体，很容易在某外界因素的诱发下（如管道内焊渣、金属颗粒滚动等）产生爆炸，因此操作有严格的控制条件和要求。

考虑到其混合的不均匀性，天然气体积分数在 45％以下均应视为危险区，遇火源就要发生爆炸。

可能出现的火源有以下两种：

（1）高速气流会因摩擦产生静电，所以置换时要对管道系统进行接地。

（2）高速气流吹动管道中可能残留下来的石块、铁屑、焊条头等固体物质，与管道内壁碰撞产生火花，解决的关键是确保气流的低速，这样即便有石块等杂物，也不会被吹动，也就不可能产生火花。为了避免将杂物带进管道，应在进气管道上设置过滤器。

为此必须严格控制，采取各种安全措施，确保无火源。

2. 间接置换法

将惰性气体通入管道内，直至管道内的空气（或天然气）完全被取代，然后再将天然气（或空气）通入管道直至惰性气体完全被取代，这种用惰性气体作为中间介质置换的方法称为间接置换，这里所说的"惰性气体"是指既不可燃又不助燃的无毒气体，如氮气（N_2 或液氮）、二氧化碳（CO_2）等。

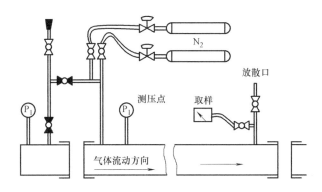

图 13-2 主干管天然气间接置换

具体操作过程（如图 13-2）是先将惰性气体注入管道，在管道末端放散，使用惰性气体置换出空气，直至放散管取样口惰性气体的体积分数达到预定的置换标准为止。然后再将天然气通入管道，同样操作，在检测管的取样口取样，用高精度燃气检测仪进行实时的监测分析，如果连续两次测得天然气体积分数达到 95％以上则置换完成。此法可靠性好，安全系数高，成功率也高。但操作复杂、繁琐，进行两次换气不仅耗用大量惰性气体还耗用大量的燃气，费用较高，并且换气时间长，工作量大。但是它可以确保可燃气体不会与管网中空气接触，不会形成具有爆炸的混合气体，因此此法可靠性好，安全系数高，成功性大，是国内、外燃气行业以前普遍采用的传统的置换方法。

长距离输气管道和城市高压管道一般都采用氮气置换，大部分采用加清管器氮气置换，即采用多组清管器顺序收发隔离气体介质的一种置换方法。

3. 阻隔置换法

阻隔置换方法是近几年在我国逐步推广使用的，简便易行、安全可靠，此方法比完全使用间接置换更经济，也比间接置换技术要求高，操作难度大，但是如果管道距离长，此方法的安全性和经济性优势明显。此方法可以用于长度大于 250m 的管道，但局限于公称管径小于等于 600mm 的管道，惰性气体阻隔体的体积必须不小于管道体积的 10％。充入管道的惰性气体的体积不能小于表 13-1 的规定。

阻隔置换充惰性气体体积　　　　　　　表 13-1

公称管径(mm)	250～500	500～1000	1000～1500	1500～2000	2500～5000	5000～10000
100	1	1	2	2	4	8
150	1	2	3	7	9	18
200	2	4	5	8	16	32
250	3	5	8	13	25	50
300	4	8	11	18	36	72
400	7	13	19	32	64	128
450	8	16	24	40	80	160
600	15	30	45	75	150	300

　　燃气置换是一个复杂的系统改造工程，事前必须做好计划，按照严格的程序进行。管网系统的置换应该包括完善的项目管理、周详的前期工作、严格的置换作业监控、适当的调度及妥善的善后工作。在整个置换过程中力争做到"零事故、无投诉、少扰民"。

　　管网置换范围：天然气门站、输出高压管道、高中压调压站、中压管网、中低压调压站（调压柜、调压箱）、低压管网和楼栋引入管的地上阀门。

13.1.2　编制管网置换方案

　　根据管网调查所收集的管网资料（即燃气管道、调压设施、阀门、凝水缸、防腐保护等）、管道现状、运行维修记录、运行参数、置换方法（直接法和间接法），确定压力级制和临时气源，选定燃气管道和附属设施的改造方式，布置原有气源与管网衔接，划定置换的大小区域，编制管网置换方案。

　　编制管网置换方案除了置换燃气的直接工作外还要包括对内、外部的联系、衔接、宣传、安全、消防、应急、抢险等。各地的具体方案虽各有差异，但主要内容包括：

　　（1）长输管线及场站天然气置换方案；

　　（2）高压管线及高中压调压站天然气置换方案；

　　（3）中压管网及中低压调压站（器）天然气置换方案；

　　（4）低压管网及低压调压站（器）天然气置换方案；

　　（5）天然气置换点火操作规程；

　　（6）天然气置换应急抢救方案；

　　（7）各片（区）置换实施方案；

　　（8）各片（区）设施和引出管详表。

13.1.3　置换准备

　　置换工程能否安全、顺利、按期进行，最重要的要做好置换准备工作。置换准备工作包括技术、安全、组织准备，编制置换投产方案，明确分工，分别落实。

1. 人员和置换设施

　　（1）人员培训

置换人员的培训内容包括：天然气基本常识；置换工作要求；置换方案；置换工作程序；器材的使用；点火放散实操演练；紧急事故处理。培训时间视人员的素质和工作特点而定，培训后要进行相应的理论与实际操作的考核，考核不合格者不能参与置换工作。

（2）置换人员

由于运营中的燃气公司在平时只有一套运营队伍，而在置换时需要大量的置换专职人员，即要运营、置换两套队伍同时运作，故需把有经验又熟悉管网的员工有的放矢地分配到两边。对于人员缺口较大的公司，可以采取聘任临时人员的办法，但这一部分人员更要加强培训，并取得当地燃气主管部门的认可。置换实操队伍可分为物资供应组、放散和检测组、配气调压组、置换队、阀门组、巡查组、后勤组、协调组、应急抢修（险）队等。视实际情况设置各组，每组分若干小组以及小组人数。

（3）置换设施

置换设施可分为交通工具、通信设备、安全设施、检测仪器、放散设施、专用设备、其他物品等几类，可参考表 13-2 准备。

置换设施表　　　　　　　　　　　　　　　　表 13-2

序号	类型	名 称
1	交通工具	抢修车、指挥车、工程车、摩托车、自行车等
2	通信设备	专用固定电话、对讲机、手机等
3	安全设施	灭火器、警告标志牌、空气呼吸器、安全帽、道路用的护栏、围带、交通告示筒、反光灯、闪光灯、防火衣、急救箱、防爆照明灯和手电筒等
4	检测仪器	可燃气体检测仪、压力计、气体浓度检测仪等
5	放散设施	放散管(含阻焰器)、放散管支撑架、软胶管(5～10m)、点火枪或点火棒等
6	专用设备	移动发电机、电焊机、氧焊用具、套丝机、水泵、砂轮机、鼓风机、扳手、管钳、老虎钳、尖嘴钳、旋具等
7	其他物品	雨具、镀锌管配件、开启阀门专用工具、沙井盖匙、试漏液、聚四氟乙烯带、堵气皮带、除锈剂、钙基脂、大力胶布、密封胶、阀门、开关指示牌等

2. 管网置换操作规程

制订置换操作中各环节的操作规程，确保行动统一、操作规范。其主要内容有：

（1）明确要求、统一指挥；

（2）安全纪律；

（3）开始前做必要的测试，对阀门、凝水缸和调压器进行编号；

（4）明确开关阀门的顺序及有关要求；

（5）放散、置换时应注意的事项；

（6）置换合格的标准；

（7）置换管网的图纸及相关资料；

（8）操作结束后的有关工作。

3. 安全事项

（1）确定置换中涉及的操作环节。主要有：开关主支管阀门、开关调压器、开关立管阀门、放散、置换、通气；

（2）由于置换持续时间长，为防止分断阀被意外地开关，应对分断阀上锁；

(3) 提前对所有的放散点进行探查，了解其周围情况，确保放散的安全；

(4) 进入密封场所，必须先检测气体，入内时要做好相应的安全保护和监护；

(5) 安全应急措施、设施、联络程序。

4. 应急方案

在确定操作环节的基础上，分析每个环节可能出现的情况，制定应急方案，应急方案的原则是宜简洁、行之有效地处理问题，方案中应明确：

(1) 出现紧急情况后的报告制度；

(2) 现场的简单操作；

(3) 应急小组的支援、不同紧急情况的处理方法；

(4) 应急工作准备，包括应急人员、措施、现场应急中心、应急联络等方面的准备。

5. 置换测试

为了保证置换安全进行，置换之前需要进行以下测试：

(1) 地下管网及阀门的切断性试验

管网及阀门的切断性试验是为了验证置换区管网与非置换区管网是否可靠隔离或错误地隔开，以及检验用于隔离的切断阀是否能可靠切断。同时，城区旧管网因天然气置换的需要而增加的部分连通管和分断阀，也必须经过试验以判断其是否可以正确连接或可靠切断。

试验时间应选择在用气最低峰期，尽可能地不影响客户的用气，可事先通知客户。应选择合适的试验压力，并且记录试验全过程。

在划分置换小区时，由于地管资料的不完善，可能有下列现象存在，因此在进行切断性试验时，一定要注意以下重要环节：

1) 在划定了置换小区后，仍可能有小口径的（如：DN25、DN40）管通向临近（非置换区）用户或由临近小区（非置换区）供入；

2) 在相邻小区（非置换区）可能有小口径管进入置换区的某一楼宇或某一楼宇中的某一立管（多数是靠近置换区的边界地段）；

3) 在置换小区的周边新建了部分楼宇，它可能是从置换区以小口径管供气。

在进行切断性试验时，在置换区域周边或者怀疑的地点，应尽可能选择多一些测压点，确保管网不发生误切断或未切断的情况。

管网的切断性试验可采取如下程序：

1) 缓慢关闭所有与置换区相连接的阀门。

2) 用燃烧的方法适当降低置换区管网的压力，降压幅度应适供气安全压力的范围而定，以不影响安全、稳定供气为原则。

3) 选择多个测压点，进行压力测量，检测置换区域管网压力是否稳定。

4) 参照表 13-3，选择合适的方式测量，保持压力 10min，如能压差稳定，可认为置换区管网已可靠切断。

5) 在测压前，应对区域周边的环境加以了解，请公司内熟知管网施工或运行的技术人员加入。

6) 置换区内或周边的重要工业或商业用户应设测压点，进行压力测试。

(2) 地上管网及阀门的切断性试验

小区管网切断试验检测方法　　　　　　　　　　　　　表 13-3

调压式	若该小区的低压管网图纸上并没有与其他小区相连接,只有该小区的调压器供应,可将调压器出口的压力调低,如正常出口的压力是 1.5kPa,可调低至 1kPa。如能保持监察区内外 0.5kPa 压差 10min,就证明低压网络没有连接到其他分区
阀门控制式	若该小区的低压管网在图纸上与其他小区相连接的,可考虑将所有的分区切断阀慢慢关上,直至区内外产生压差。如在试验期间有小气量用气需求,可用阀门调节,若显示区内外压差稳定,就证明此区没有连接到其他区
注意事项	(1)各个工作在试压以前,必须以通信设备联络妥当后,方可进行各项试压程序。 (2)必须准备放散管,阀门关闭或调压器出口压力调低后,区内的压力因没有或只有小区用气需求而难以快速下降,需用放散管将区内压力降低,以减少工作时间。 (3)若分区前后有放散管,可安装小型调压器以供小量的用气需求

地上管网及阀门的切断性试验较为简单,但同样涉及用户安全和供气压差的问题。大部分的地上管网及阀门连接均为丝接,密封材料往往是橡胶垫或麻丝,随着天长日久的风吹日晒,将发生材质变化,通入天然气后将发生微漏,故在通入天然气前应处理好。

地上管网及阀门的切断性试验时间应该选择在用气最低峰,尽可能地不影响用户的用气(可事先采取有效的办法)。应选择合适的试验压力(如 1kPa),关闭引入管阀门后降压,时间 10~20min,无用户时应无降压,并记录试压的全过程。

(3)调压器及管道试验

1)调压器试验

由于更新气种,管网的压力机制有所变化,许多管道、阀门和调压器随之改造,必然要更换或增加调压器。调压器是配气的关键设备,直接关联到两级压力的供气和安全,故更换或增加的调压器在天然气置换前必须安装调试完好,通常在原有气种运行时已安装调试。

2)新管试验

新管是指为新气源供气和置换所选装的高中压主管、连通管、旁通管。新安装管道除按安装要求进行吹扫试压外,在与原有气管联通时要做气密性检查。一般在供气运行前,先把新安装的管道内的空气排净,采用氮气间接法、天然气直接法或综合间断法视实际情况而定。

对管网全线检漏,发现存在问题立即进行整改,以确保置换工程顺利安全进行。

对每根立管及全部立管阀进行普查,要求在现场编上号码及编制立管及立管阀的档案记录。所有立管及立管阀需尽快除锈及防腐。管网地下阀门需安装阀门编号牌,挂上开关状态的标记牌。

(4)管网的升压试验

对于不需要改造且原来的实际运行压力低于天然气运行压力的管网,需要按计划进行升压试验,以验证管网在天然气置换后的工作压力下是否能安全运行。一般采取提高管网工作压力的方法进行试验,同时检测管网的泄漏情况,分析造成泄漏的原因并及时除漏。在升压试验中暴露出的问题,要在管网改造中一并综合考虑,选择修复或改造的方法,以确保这些管网能满足天然气的运行要求。如何实现升压,根据具体情况选择合适的方法。

13.1.4 置换投产实施

按照国家相关法规和当地政府的要求，通知天然气主管部门、公安、交通、消防、环保等政府部门，获得工作许可和相关部门的支持；同时利用电视、广播、报纸等传媒形式或上门派发通知单的形式，向客户公布置换日期，以获得公众对置换工作的配合。

下面以惰性气体置换法说明燃气管道的置换过程。

1. 置换准备

（1）置换技术方案和安全交底：对所有参加置换的人员进行技术交底、安全交底和应急预案。制定置换人员安排表，对所有参加置换的人员进行安排，做到定员定岗，分工明确，并上报置换领导小组。置换方案现场讲解，让所有参加置换的人员熟悉现场。

（2）技术资料检查，主要包括：城市管网竣工草图，站场工艺图，管道强度试验、气密性试验记录和吹扫记录。

（3）施工准备

1）放散管安装。

2）放散现场布置：以放散点为中心，方圆30m范围内拉彩带旗，并在各路口布置安全警示牌，警示牌不少于两块。

3）在放散点安装压力表。

（4）置换前必须进行短时间稳压测试。分段试压后，因置换区域内局部有法兰连接、阀门设备更换、设备安装等动作，在换气投产前必须完成系统试压（此时临时放散管要求安装完毕）。往管道内输入压缩空气，作短时间稳压试验（30min），如压降小于1%，则说明管道已存在泄漏点，必须找到并修复，直至压力稳定为止。

（5）接气时间准备：与支线实施置换的单位联络，置换方案达成一致意见，并落实接气时间。

（6）按物质分配要求分配置换工具，所有置换人员按人员安排分配要求，各放散点安全员、工艺仪表人员、检测人员到位待命。

（7）检查置换投气范围内的所有工艺管网、管道、设施、设备是否全部安装完毕，并经过有关部门按施工验收规范验收合格，置换投气作业场地清洁无杂物，无闲杂人员逗留。

（8）检查置换投气范围内的计量仪器、仪表是否全部经过法定计量授权单位的鉴定校验，全部合格并出具有鉴定合格证。

（9）检查置换投气所必需计量、测试工具、材料，临时管道流程是否全部备齐或安装就绪。

（10）由置换领导小组组织专人逐一检查，落实置换方案的实施情况，主要包括：阀门开启状态，放散现场条件和环境，急救抢险措施，通信设施，消防设施，安全隔离及宣传标志，气体采样装置等。

2. 置换实施

（1）氮气置换空气

1）支线和末站氮气置换空气完成后，打开末站出站阀，释放部分氮气至门站和城镇管网，门站和城镇管网氮气置换空气工作开始，依次分流程对站场和城镇管网进行置换。

2）巡线组开始巡线，重点检查站场法兰连接处和城镇管网阀井处，当闻到臭味时，启动应急预案。

3）放散点检测人员用含氧量测试仪检测放散管出口，利用快速测氧仪每隔 5min 检测取样气体中氧气含量，当放散点检测到气体含氧量连续三次均低于 1%时，说明管道内充满了氮气，关闭放散点控制阀。

4）若各放散点全部放散合格，说明管道内全部充满了氮气。

（2）天然气置换氮气

1）支线和末站天然气置换氮气结束后，门站和中压城镇管网可进行天然气置换氮气的工作。

2）天然气置换氮气流程同氮气置换天然气流程，分级分段对各流程进行置换。

3）巡线组开始巡线，并用天然气报警测试仪重点检查站场法兰连接处和城镇管网阀井处，当闻到臭味时，确定泄漏点，并启动应急预案。

4）放散点检测人员用含氧量测试仪检测放散管出口，利用快速测氧仪和天然气含量测试仪每隔 5min 检测取样气体中氧和天然气含量。当放散点检测到气体含氧量连续三次均低于 1%和天然气含量达到 90%以上时，说明管道内充满了天然气。

5）若各放散点全部放散合格，说明管道内全部充满了天然气。

6）储气工作完成后，可在放散点点火，点火成功，门站和中压城镇管网置换工作全部完成。

7）将临时放散管拆除，用天然气报警仪检查确定管端无泄漏后，用松软土质将管端掩埋，恢复地貌。

13.1.5　置换安全

天然气置换是一项非常危险的工作，若置换方案不当或操作失误，可能发生恶性事故，给人民群众的生命和财产造成损失，天然气置换的安全问题是在置换过程中首先要解决的问题。

1. 安全措施

天然气置换工作必须符合下述要求才允许实施。

（1）置换前必须进行风险评估。

（2）戴好适合的个人防护装置。

（3）准备呼吸器并确保能正常使用。

（4）准备灭火器并置于适当的位置。

（5）管道内空气的置换应在强度试验、严密性试验、吹扫清管、干燥合格后进行。

（6）间接置换应采用氮气或其他无腐蚀、无毒的惰性气体为置换介质。

（7）现场必须设置"禁止火源"、"禁止吸烟"等安全警示。

（8）置换进气端处必须安装压力表，监测压力。

（9）放散口高出地面 2.5m 以上。

（10）要求管道在置换中接地，特别是连接 PE 管道。

（11）火源必须距离放散口的上风向 5m 以外。

（12）确保气体能畅通无阻地排到大气中。

（13）置换过程中放空系统的混合气体应彻底放净。

（14）采用阻隔置换法置换空气时，氮气或惰性气体的隔离长度应保证到达置换管道末端，空气与天然气不混合。

（15）放空隔离区内不允许有烟火和静电火花产生。

（16）置换管道末端应配备气体含量检测设备，当置换管道末端放空管口气体含氧量体积分数不大于2%或可燃气体体积分数大于95%时，即可认为置换合格。

2. 注意事项

（1）置换工作不宜选择在晚间和阴天进行，因阴雨天气气压较低，置换过程中放散的天然气不易扩散，故一般选在晴朗的上午为好，风量大的天气虽然能加速气体的扩散，但应注意下风向处的安全措施。

（2）在换气开始时，置换气体的压力不能快速升高，特别对于大口径的中压管道，在开启阀门时应缓慢进行，施工现场阀门启闭应由专人控制并听从指挥的命令。

（3）在天然气置换氮气，放散人使用自备手机通信时，应距离放散点30m外。

（4）树立警告标志和警示彩带，未经许可人员禁止入内，置换开始前，在通往作业带的所有进口道路设置警告标志，管道置换完成后再撤去标志。

（5）在放散区10m范围内禁止闲杂人员与机动车辆通行，杜绝火种和烟火。

（6）发现天然气泄漏时，应立即确定泄漏点，关闭泄漏点两端的阀门，并疏散人群，张拉警示带，竖立警示牌，并向领导小组汇报，维护现场安全，等待抢险队抢修。

（7）在置换开始起，巡线小组配备可燃气体报警仪（0～5%），对置换区域内所有管道设备进行巡视检查。重点防止居民破坏管道，重点检查管道设备法兰连接处和阀井处。

13.1.6 应急预案

1. 门站和调压站法兰或螺栓处轻微泄漏

试压投产人员在置换投气期间在站内不停地巡检和检测，一旦发现站内法兰或螺栓处存在天然气轻微泄漏（听见有漏气声或可燃气体报警能检测到甲烷存在），应立即报告现场指挥，现场指挥可以根据现场情况，采取如下措施：

（1）在工艺允许的情况下，上报投产领导小组同意，切换至备用管路，隔离漏气的设施或管线，并在出入口竖警示牌。

（2）对于有把握处理的轻微泄漏，利用防爆工具对螺栓进行紧固处理。

（3）对于没有把握处理的泄漏，应上报投产领导小组，由投产领导小组命令施工单位保产人员到现场处理，根据泄漏情况进行紧固或更换垫片。

2. 中压管道天然气泄漏

（1）立即通知当地政府公安、消防部门，迅速组织疏散事故发生地周围居民群众，确保人民群众的生命安全，告知附近居民熄灭一切火种，严禁烧火做饭、开关电源。

（2）当泄漏天然气威胁到运输干线时，应协助当地政府停止公路、铁路、河流的交通运输。

（3）发生事故后，施工单位保产人员以最快的速度到达事故现场，及时雇用民工挖出泄漏处管沟土方，在抢修焊接过程中，要用轴流风机强制排除管沟的天然气，并进行不间断的可燃气体检测和安全监护。

13.2 运行管理

13.2.1 城市燃气管网的运行管理

1. 基本任务

把燃气安全地、不间断地供给所有用户是城市燃气管网运行管理的基本任务，因此，应经常对燃气管道及附属设备进行检查、维修，保证燃气设施完好，迅速消除燃气管网中出现的漏气、损坏和故障。此外，还应负责新用户的带气接管，巡视燃气管道所经之处在距燃气管道安全距离范围内有无违章建筑，并及时处理，排除燃气管网中排水器的泄水，检查阀门井是否完好，并排除集水等。

2. 燃气管网运行的安全要求

燃气管网的运行关系到城市供气的安全，必须时刻注意，避免事故发生。

（1）燃气管道进行带气检修时，严禁明火。施工前必须做好一切准备工作，如熄灭各种明火，检查周围是否有易燃、易爆物，施工场地是否牢固，准备好防毒面具等。到天棚、地沟、地板下、地下室维修时，应用防爆灯具，严禁用明火照明。严禁用燃气和氧气清扫管道。

（2）在沟槽内切管、钻孔、找漏时，严禁掏洞操作，带气操作时，沟槽上必须留一人观察情况。

（3）接到有漏气通知后，必须立即组织抢修，杜绝事故。如一时找不出漏气处，应立即报告上级。

（4）在燃气管道带气作业时，燃气压力不允许超过800Pa或小于200Pa。

（5）对燃气管线的巡视和对阀门井、地下构筑物的定期检查应同时进行。低压燃气管道每月至少两次，中压和高压燃气管道每月一次。在巡视时，要检查阀门井的完好程度和被燃气污染的程度，定期排除集水器的冷凝水。此外，还要检查离开燃气管道两侧15m宽以内的阀井（给水、排水、热力、通信、动力电缆井）、地下干管、地沟、人防、建筑物的地下室等处被燃气污染的程度。

（6）被燃气污染的阀门井、地下室、人防、管沟等处都有爆炸的危险。处理时，首先应通风，工作人员应戴防毒面具，地面上必须留一人；禁止吸烟、点火以及使用非防爆式灯等，阀井盖应用不会产生火花的木棍小心打开，轻放地上，不可碰撞面产生火花。

13.2.2 燃气管道泄漏检查

由于燃气管道埋在地下，处于隐蔽状态，如果发生漏气，泄漏的燃气沿地下土层孔隙扩散，使查漏工作十分困难。可以根据燃气浓度的大小确定大致的漏气范围。一般用下列方法查找。

（1）钻孔查漏。定期沿着燃气管道的走向，在地面上每隔一定距离（一般隔2~6m）钻一孔，用嗅觉或检漏仪进行检查。可根据竣工图查对钻孔处的管道埋深，防止钻孔时损坏管道和防腐层，发现有漏气时，再用加密孔眼辨别浓度，判断出比较准确的漏气点。对于铁道、道路下的燃气管道，可通过检查井或检漏管检查是否漏气。

（2）挖探坑。在管道位置或接头位置上挖探坑，露出管道或接口，检查是否漏气。探坑的选择，应结合影响管道漏气的各种原因综合分析而定。挖探坑后，即使没有找到漏气点，也可根据燃气气味浓淡程度，大致确定漏气点的方位，从而缩小查找范围。

（3）地下管线的井、室检查。地下燃气管道漏气时，燃气会从土层的孔隙渗透至各类地下管线的窨井内，在查漏时，可将检查管插入各类窨井内，凭嗅觉或检漏仪器检测有无泄漏燃气。

（4）植物生态观察。对邻近燃气管道的绿化树木等的生态观察，也是查漏的有效措施。如有泄漏，燃气扩散到土壤中，将引起花草树木的枝叶变黄，甚至枯死。

（5）利用排水器的排水量判断检查。燃气管道的排水器须按期进行排水，若发现水量骤增，情况异常，应考虑是否地下水渗入排水器，由此推测燃气管道可能破损泄漏，须进一步开挖检查。

（6）仪器检漏。各种类型的燃气检漏仪是根据不同燃气的物理、化学性质设计制造的，根据原理，目前应用的检漏仪有传感器式的和激光式的，根据携带方式分为手持式（见图 13-3）、车载式和机载式。

图 13-3　便携式燃气检漏仪

总之，燃气管网在运行管理过程中安全问题是第一要务，燃气企业需要不断完善运行管理制度，及时掌握燃气管网运行情况，确保燃气管网安全有效的运行。

参 考 文 献

[1]　李公藩. 燃气管道工程施工 [M]. 北京：中国计划出版社，2001
[2]　花景新. 燃气工程施工 [M]. 化学工业出版社，2010
[3]　中华人民共和国建设部. 城镇燃气设计规范 [S] GB 50028—2006. 北京：中国建筑工业出版社，2006
[4]　中华人民共和国建设部. 城镇燃气输配工程施工及验收规范 [S] CJJ 33—2005. 北京：中国建筑工业出版社，2005
[5]　中华人民共和国住房和城乡建设部. 城镇燃气设施运行、维护和抢修安全技术规程 [S] CJJ 51—2016. 北京：中国建筑工业出版社，2016
[6]　港华投资有限公司. 天然气置换手册 [M]. 北京：中国建筑工业出版社，2006

14 管道不停输施工

随着天然气管道建设的大力开展，全国各大城市都在积极进行城市天然气配套管网的建设工作，输气管网的安装改造和维护工作也越来越频繁。由于城市地理位置特殊，人员居住集中，高楼林立，车辆来往频繁，使城区天然气管网动火改造工作存在一定的风险。为了确保城区天然气管网动火改造工作的顺利进行，避免影响工业生产用气和居民生活用气，燃气管道不停输施工技术成为一项重要的安全保障措施。

燃气管道不停输施工，是应用于燃气施工的新、高技术，不但不影响正常供气也节省了停气降压造成的气损。避免了停气降压作业因阀门关闭不严造成漏气，压破封堵球胆的火爆事故的发生。

燃气管道不停输施工应遵循《城镇燃气设施运行、维护和抢修安全技术规程》CJJ51中相关规定。

14.1 不停输施工方法与准备工作

14.1.1 不停输施工的一般规定

（1）各地燃气供应单位对燃气设施停气、降压、动火及通气等生产作业实施分级审批制度。作业单位应制定作业方案，填写动火作业审批报告，并应逐级申报；经审批后因严格按批准方案实施。紧急事故应在抢修完毕后补办手续。

（2）燃气设施停气、降压、动火及通气等生产作业应配置相应的作业机具、通信设备、防护用具、消防器材、检测仪器等。

（3）燃气设施停气、降压、动火及通气等生产作业，应设专人负责现场指挥，并应设安全员。参加作业的操作人员应按规定穿戴防护用具。在作业中应对放散点进行监护，并应采取相应的安全防护措施。

（4）城镇燃气设施动火作业现场，应划出作业区，并应设置护栏和警示标志。

（5）作业坑处应采取方便操作人员上下及避险的措施。

（6）停气、降压作业时，宜避开用气高峰和不利天气。

14.1.2 不停输施工方法

（1）降压施工法。高、中压燃气管道运行压力高，使用阻气球（袋）无法阻气，故需要关闭阀门，将两控制阀门间燃气进行放散，并稳定压力在 $500\sim700\text{Pa}$ 后，对已建运行管道开孔、焊接，将新建燃气管道与已建运行管道连接。

（2）不降压施工法。在低压管道施工时使用不降压施工法，即已建运行低压燃气管道不降压，冷钻开孔后与新建燃气管道连接。

14.1.3 准备工作

（1）对已竣工准备接管的管道，要有验收手续，证明施工质量合格。凡严密性试验超过半年又未使用的管道，需重新进行试验。对已使用的燃气管道，应查清停气降压时阀门关闭范围内影响调压器的数量及该调压器所供应的范围，其低压干管是否与停气范围以外的低压干管相连通。对于需停气的专用调压器，需事先与用气单位商定停气时间，以便用户安排生产与生活。高、中压管道只有采取降压措施方可带气进行割焊。降压后，管内的压力必须大于大气压力，以免造成回火事故。

对新建管道与原有燃气管道连接的三通、管道、法兰短管等，应放样下料，做好坡口，保证与已使用的燃气管道剖开后可以吻合。准备好所需机具与熟练的操作人员。新建管道中阀门必须检验合格，开关灵活。

（2）制定方案。带气接管应由精通带气接管技术的专人负责，制定方案，作技术交底，负责指挥。方案应包括以下内容：

1）概述。包括原有与新建燃气管道的概况，接管位置等。

2）降压。包括停气降压的办法，开关哪些阀门，在何处放散，如何补气。观察压力的位置，防止倒空，尽量缩小停气降压的范围，确定用户用气的措施等。

3）操作方法。如连接方法、切割与焊接的要求、隔断气源的方法及具体要求。

4）通信与交通。包括指挥部与各作业点、降压点、压力观察点、放散点、补气点等的联络方法；指挥车、急救车与消防车的配置。

5）组织与管理。包括明确现场指挥与各作业点的负责人、安全员与联络人员，明确其职责；负责现场管理，挖掘管沟、断绝交通等。

6）安全。包括对操作人员的安全要求，安全防护用品的使用要求，应急措施等。

7）作业时间。包括起止时间，说明作业步骤和每一步所需时间。

8）为保证按计划完成，对于停气降压范围内的用户要事先通知。方案应报主管部门与公安消防部门审批。

（3）现场准备工作。对方案中所述的机具、材料、防护用品、观测仪表等要求完好、齐全，通信、车辆、器材要落实，并做好同用户等有关部门的联系。

14.1.4 停气降压

高、中压燃气管道的接管一般要停气降压。将压力降至500～700Pa，并稳定到这一范围，保证正压操作。用放散管排放燃气。

1. 次高压燃气管道降压

当新建管道为次高压管与原有次高压管连接，原有的次高压管道为环状管网时，只需关闭作业点两侧的阀门，并用阀门井内的放散管放散燃气，即可降压。

原有的次高压管道如果是平行的两根管道与高中压调压站连接，在次高压管道降压接管时，可安排适当时间关闭作业点两侧的阀门，使其中一条管道停止运行，另一条管道低峰供气。同样，用阀门井内的放散管排放燃气降压。在降压过程中进行压力调整，高于作业要求压力时放散；低于作业要求压力时，稍开阀门补气；压力合适时关闭阀门。

2. 中压燃气管道降压

原有的中压管道为环状管网时，可关闭作业点两侧的阀门，用阀门井内的放散管排出燃气降压。

如果是枝状管网，需做好用户的停气工作。先关闭支线阀门，从支线上的中低压调压箱将中压燃气减压后进至低压管网与用户，直至中压管压力与低压管内压力相同，再关闭调压箱的出口阀门。用箱内放散管放散至接管作业要求的压力。

3. 低压燃气管道降压

一般的低压管带气接管是不降压的，但在管径较大（大于 $DN300$）、作业点距调压站很近时，要进行降压。关闭作业点两侧的阀门，然后用阀门井内的放散管放散。要注意防止由于用户的用气造成低压管的倒空。

14.1.5 停气降压中应注意事项

（1）凡需要采取停气降压措施时，均应事前与有关部门协商，确定影响用户的范围和停气降压的允许时间。对于停气的用户，在施工前通知作好停气准备。

（2）停气降压的时间应避开高峰负荷时间，常在夜间进行。如需在出厂、出站管道上停气，应由调度中心与制气厂、输配站商定停气措施。

（3）中压管上停气时，为防止阀门关闭不严密造成施工管段内压力增加，引起阻气袋位移，使燃气大量外泄，应在阀门旁靠近停气管段一侧钻两个孔，作为安装放散管与测压仪表用。见图14-1。如果在燃气管道的阀门井中均已安装，则不必另行安装。

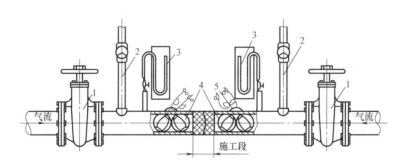

图 14-1　中压管停气降压操作示意图
1—阀门；2—放散管；3—测压仪表；4—阻气袋；5—湿泥封口

（4）停气降压作业时应可靠地切断气源，并应将作业管段或设备内的燃气安全地排放或进行置换；专人监控管道内的燃气压力，降压作业时应控制降压速度，管道内不得产生负压；密度大于空气的燃气输送管道进行停气或降压作业时应采用防爆机驱散在作业坑集聚的燃气。

（5）施工结束后，在通气前应将停气管段内的空气进行置换。常用的置换的方法是用燃气直接驱赶，燃气由一端进入，空气由另一端的放散管排出，待管内燃气取样燃烧合格后方可通气。

（6）恢复通气前，必须通知所有停气的用户将燃具开关关闭，通气后再逐一通知用户放尽管内混合气体后再进行点火。

14.2 不停输施工

14.2.1 钢管不停输施工

1. 管道开三通

按照规范要求，当支管道的公称直径大于或等于 1/2 主管道公称直径时，应采用三通；支管道的公称直径小于 1/2 主管道公称直径时才可以直接开口，如图 14-2。

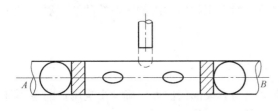

图 14-2 管道开三通示意图

（1）预制开口短管，短管末端安装控制阀门，阀门开启。

（2）作业点两侧阀门井内可临时安装放散管与测压管，用后拆去、焊牢。

（3）关闭燃气管道作业点两侧阀门井内的阀门，将管内剩余燃气放散并稳定到正压（500～700Pa），然后开始电焊冲割。

选用合适的焊条，调整焊接电流，进行冲割。因气割时氧气和乙炔混合气压在 500kPa 左右，大大超过管内燃气压力，势必导致过剩氧气进入燃气管道内和燃气混合形成爆炸性气体，被气割火焰引爆，容易造成燃气管道内爆炸的危险。选用电焊条冲割只会引燃从管内外泄的燃气，而管内因没有混入空气（氧气）而且保持正压，故不会引起管内燃烧或爆炸，较为安全可靠。

（4）当焊条割穿管壁时燃气外逸即着火燃烧。应用石棉黏土团（石棉：黏土：水＝1：3：1）投掷，将火苗扑灭并粘堵切割缝隙。操作时一人冲割，一人堵缝，随割随堵，及时灭火。随着切割缝隙增长，燃气外泄量的增多，管内压力下降。当下降至 300Pa 时便停止切割，用石棉黏土团堵住缝隙。当管内燃气压力恢复到 700Pa 后再进行切割。

（5）继续使用焊条冲割，至仅留两个连接点（10mm 左右）为止。切割处浇水冷却到常温。在位于切割孔两侧钢管内塞入阻气袋阻塞气源后，用快口扁凿切断 2 个连接点，旋紧外螺母，将弧形板随丝杆牵引至管外，干管开洞处修整后，焊接法兰短管并安装阀门。

2. 对接

当管道延伸时，带气管道与新建管标高一致，采用对接连接。如图 14-3。

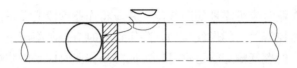

图 14-3 管道对接示意图

（1）开天窗。在带气管道末端选定的位置上切割一块椭圆形铜板，方法与上述相同。

（2）塞球。切割完毕，将火焰全部扑灭，操作人员戴好防毒面具，撬开天窗，取下弧形钢板，立即向来气方向塞入橡胶球胆，并迅速向球胆内充入压缩空气，用打足气的球胆将管道堵塞，使之不漏气。

（3）切管与焊接。切掉已使用的燃气管道末端的堵板，焊接新、旧管道。

（4）充气。管道焊接完毕，焊口冷却后，再戴上防毒面具，放掉橡胶球胆中的空气并从管内取出，立即将原来切割下来的天窗钢板盖在原来切割的位置上。这时燃气冲入新管道、将新建管道置换为燃气，全部置换为燃气后，燃气压力再降至作业要求的压力。

（5）用电焊带火焊接天窗。

（6）检漏并防腐。将燃气压力升至运行压力，用肥皂水涂刷新焊的焊口，不漏为合格。然后对新焊口进行无损检测，检测合格后做防腐施工。

3. 钢管钻孔接支管

当接出管管径不大于 50mm 时，一般采用螺纹接口连接。因钢管管壁较薄（一般为 4～12mm），管壁上的内螺纹仅为 2～5 牙，连接强度与严密性均较差，所以要在圆孔管壁上先焊接外接头，以增强连接强度与严密性，见图 14-4、图 14-5。操作顺序如下：

（1）用封闭式钻孔在带气钢管上钻孔，攻螺纹，操作方法与铸铁管钻孔相同。

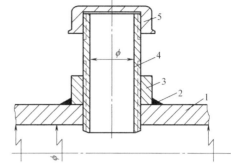

图 14-4 带气钢管钻孔（接出小口径）
1—钢管；2—环焊接；3—外接头；4—短管；5—管堵

（2）为避免在焊接外接头时造成带气操作，先要安装特制的短管（长螺纹闷管）与孔内螺纹连接。长螺纹闷管由带有较长的圆柱外螺纹白铁管和钢制外接头组成。

（3）焊接外接头于钢管外壁上，然后拆除外螺纹白铁管，完成接口的操作。

图 14-5 钢管不停输施工现场取景

14.2.2 聚乙烯塑料管不停输施工

1. 钢塑过渡带压不停输施工

钢塑过渡带压不停输施工见图 14-6，适用于各种规格已运行钢质燃气管道与新建聚乙烯燃气管道的连接。施工中将焊接式管道带压连接器与已运行钢质燃气管道焊接牢固、连接器出气端与钢塑过渡接头连接，待管道连接完成后，通过专用电动开孔机可实现新建聚乙烯管道带压不停输作业。此方法选用目前技术成熟、其优点在于不影响燃气管道的正常运行，不影响任何用户的正常用气。

新管道试压合格、经批准后实施不停输开孔作业，具体操作步骤如下：

（1）认真阅读 PE 管道连接件出厂说明书及技术要求。

（2）将需要电熔套管连接的部位清理干净，用专用电动铣刀刮去表层的污损面。

（3）将钢塑过渡接头的聚乙烯管端插入电熔套管一半处停止，电熔套管另一端套在新建聚乙烯燃气管道上，插至电熔套管的另一半位置。

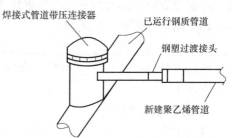

图 14-6　刚塑过渡带压不停输施工

（4）连接电熔机（需要 220V 电源），将电熔机上的两根导线插在电熔套管上的两个插座内（没有反正之分），再按照实际管径来设定电熔加热时间，电熔加热时间按管径有具体的规定，到规定时间后电熔机自动关机。在电熔套管上有两个观察点，在电熔自动完成后，电熔套管上的观察点会自动隆起，证明此次电熔结束并且合格。

（5）按管径的大小有回凉时间的技术要求。在回凉过程中不允许移动和碰撞电熔施工操作部位。

（6）将钢塑过渡接头的金属端焊接在管道带压连接器的出气口端（成品件上有标志），此焊口要经无损检测合格。

（7）将管道带压连接器的进气口（成品件上有标志）以鞍形焊接方式焊接在原有的带气管道上，并对此焊口进行磁粉或着色无损检测，合格后才可视为此工艺完成。

（8）进行此施工段试压，试压介质为压缩空气，合格后放掉压缩空气。

（9）卸下管道带压连接器的顶部封盖，将专用铣具从封盖口处放入，连接 220V 电源，打开电源后，铣具工作。铣具工作过程在人工的监视下自动完成。

（10）当铣具自动停止后，切断电源并移至远处。拔出铣具后管道带压连接器会自动将出气口封闭，以防止燃气泄出。

（11）将管道带压连接器的封盖按照原位置装好。

（12）进行管道置换。将新建管道末端的放散口打开放气，取样检测合格后关闭放散阀门。

（13）回到管道带压连接器处，用仪器检测封盖否连接紧密。

（14）进行作业坑的回填、夯实，在距地面 50cm 处敷设警示标志带后，进行完全回填、夯实并对施工现场进行卫生清理。

2. 局部管段间隔断管管道连接

局部管段间隔断管管道连接见图 14-7，适用于已运行聚乙烯燃气管道与新建燃气 PE 管道的连接。在聚乙烯管道需连接部位左右适当位置分别采用卡管器（见图 14-8）将已运行管道卡紧，选用隔爆手枪电钻在需断管部位打孔卸压、断管。将电熔套管安装在断管两端口并与新建聚乙烯管进行电熔焊接，待焊接完成后松开卡管器，管道连接作业完成。此方法优点主要是操作方便，但存在的问题主要有：

（1）已运行管道卡管器下游需停止用户用气，且确保在连接作业过程中管道为正压；

（2）土方开挖面积大，增加工程费用；

（3）管道变形大，影响回填土施工进度（当管道连接作业完成后，只有当管道被卡部位弹性变形完全恢复后，方可回填土，以保证管道流通面积）。

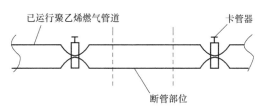

图 14-7　局部管段间隔断管管道连接

施工步骤如下：

（1）认真阅读 PE 管道连接件出厂说明书及技术要求。

（2）将需要电熔套管连接的部位清理干净，用专用电动铣刀刮去表层的污损面。

（3）将电熔套管套入管端标志位置。

（4）连接电熔机（需要 220V 电源），进行电熔连接。

（5）按管径的大小有回凉时间的技术要求。在回凉过程中，不允许移动和碰撞电熔施工操作部位。

（6）在回凉充分后，将卡管器打开，恢复通气，进行检漏，检漏合格后覆土回填。

图 14-8　卡管器

3. 新建小管径管道带压不停输施工

新建小管径管道带压不停输施工见图 14-9，适用于公称直径不大于 50mm 的新建燃气管道和已运行聚乙烯燃气管道的连接。将鞍形带压接头与已运行聚乙烯管道焊接，接头另一端与新建管道连接完成后，手动扳动鞍形带压接头开孔器，即完成管道通气作业。本方法的优点是：土方开挖面积小，不影响已运行燃气管道的正常供气，管道连接作业便捷，无气量损失。但由于受鞍形带压接头型号限制，新建燃气管道最大规格不得大于 $DN50m$。

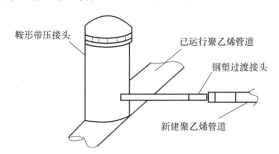

图 14-9　新建小管径管道带压不停输施工

施工步骤如下：

（1）认真阅读 PE 管道连接件出厂说明书及技术要求。

（2）将需要电熔套管连接的部位清理干净，用专用电动铣刀刮去表层的污损面。

（3）将钢塑过渡接头的聚乙烯管一端插入电熔套管一半处停止，新建聚乙烯燃气管道插至电熔套管的另一半位置。

（4）连接电熔机（需要 220V 电源），进行电熔连接。

（5）按管径的大小有回凉时间的技术要求。在回凉过程中不允许移动和碰撞电熔施工操作部位。

（6）将钢塑过渡接头的金属端焊接在管道带压连接器的出气口端（成品件上有标志），此焊口要经过无损检测合格。

（7）鞍形带压接头与已运行的 PE 管连接，步骤如下：

1）把需要连接的部位清理干净；

2）把鞍形带压接头（成品件）的鞍座与 PE 管开孔点之间放置好橡胶垫；

3）将鞍形带压接头垂直放置于清理干净的 PE 管开孔处；

4）把与鞍形带压接头配套的 U 形紧固套（原厂配置）从原 PE 管开孔点下方套上；

5）将 U 形紧固套与鞍座的螺栓孔对正后，进行螺栓紧固。紧固螺栓时，对角线上螺栓的紧固用力要均匀，以保证鞍形带压接头全方位与原 PE 管相贴合，确保组件的气密性。

（8）进行此施工段试压，试压介质为压缩空气，合格后放掉压缩空气。

（9）卸下鞍形带压接头的顶部封盖，将专用铣具从卸下封盖口处放入，连接 220V 电源，打开电源后，铣具工作。铣具工作过程在人工的监视下自动完成。

（10）当铣具自动停止后，切断电源并移至远处。拔出铣具后鞍形带压接头会自动将出气口封闭，以防止燃气泄出。

（11）将鞍形带压接头的封盖按照原位置装紧。

（12）进行管道置换。将新建管道末端的放散口打开放气，取样检验合格后关闭放散阀门。

（13）回到鞍形带压接头处，用仪器检测封盖是否连接紧密。

（14）通气后用测试仪器检测合格后，进行防腐、回填、夯实，敷设警示标志带后，进行完全回填、夯实并对施工现场进行卫生清理。

14.2.3 安全要求

1. 使用带压开孔、封堵设备在燃气管道上接支管或对燃气管道进行维修更换等作业时，应根据管道材质、管径、输送介质、敷设工艺状况、运行参数等选择合适的开孔、封堵设备及不停输开孔、封堵施工工艺，并应制定作业方案。

2. 作业前应对施工用管材、管件、密封材料等进行复核检查，并应对施工用机械设备进行调试。

3. 不同管材、不同管径、不同运行压力的燃气管道上首次进行开孔、封堵作业的施工单位和人员进行模拟实验。

4. 带压开孔、封场作业内不得有火种。

5. 钢管管件的安装与焊接应符合下列规定：

（1）钢制管道内带有输送介质情况下进行封堵管件组对焊接，应符合现行国家标准《钢制管道带压封堵技术规范》GB/T 28055。

（2）封堵管件焊接时应控制管道内气体或者液体的流速，焊接时，管道内介质压力不宜超过 1.0MPa。

（3）开孔部位应选择在直管段上，并应避开管道焊缝；当无法避开时，应采取有效措施。

（4）用于管道开孔、封堵作业的特制管件宜采用钢制管件。

（5）在大管径和较高压力的管道上开孔作业时，应对管道开孔进行补强，可采用的面积补强法；开孔直径大于管道半径的面积补强受限或设计压力大于 1.6MPa 时，宜采用整体式补强。

6. 带压开孔、封堵作业应按操作规程进行，并应符合下列规定：

（1）开孔前应对焊接到管线上的管件和组装到管线上的阀门、开孔机等进行整体严密性试验；

（2）拆卸夹板阀上部设备前，应关闭夹板阀卸放压力；

（3）夹板阀开启前，阀门闸板两侧压力应平衡；

（4）撤除封堵头前，封堵头两侧压力应平衡；

（5）带压开孔、封堵作业完成并确认各部位无渗漏后，应对管件和管道做绝缘防腐处理，其防腐层等级不应低于原管道防腐层等级。

7. 聚乙烯管道进行开孔、封堵作业时，应符合下列规定：

（1）每台封堵机操作人员不得少于 2 人；

（2）开孔机与机架连接后应进行严密性试验，并应将待作业管段有效接地；

（3）安装机架、开孔机、下堵塞等过程中，不得使用油类润滑剂；

（4）安装管件防护套时，操作者的头部不得正对管件的上方。

参 考 文 献

[1] 李公藩. 燃气管道工程施工 [M]. 北京：中国计划出版社，2001

[2] 中华人民共和国建设部. 城镇燃气设施运行、维护和抢修安全技术规程 [S] CJJ 51—2016. 北京：中国建筑工业出版社，2016

[3] 中华人民共和国建设部. 城镇燃气输配工程施工及验收规范 [S] CJJ 33—2005. 北京：中国建筑工业出版社，2005

[4] 花景新. 燃气工程施工 [M]. 化学工业出版社，2010

[5] 中华人民共和国建设部. 城镇燃气设计规范 [S] GB 50028—2006. 北京：中国建筑工业出版社，2006

[6] 赵霞. 李光辉. 聚乙烯管道带压不停气连接 [J]. 煤气与热力，2010，30（8）：21-25

15 施工安全、环境保护

15.1 施工安全

燃气工程施工是市政工程建设中一个非常重要的工作，它的特征比较显著。比如其建设点很多，而且牵扯的区域广，项目的建设时间不长，难度系数较高等。燃气项目是关系到人民群众切身利益的项目，只有确保现场施工安全顺畅的开展，才能确保人民群众的生命财产安全。

燃气工程的施工是吊装、土建、安装、焊接等多工种的组合，施工环境涉及深沟或高空作业，也涉及老管道且必须在带有燃气的情况下操作。因此施工人员应严格遵守和执行施工安全操作规程（包括各种施工机具的安全操作规程），才能确保施工有条不紊地进行。

制定完整安全施工体系：

要保证安全施工，就必须制定完整的安全施工体系，燃气工程安全施工体系包括 4 个方面：制度、机构、人员和应急预案。

（1）制度。制度的建立是安全管理依据，建立健全安全生产责任制和安全管理制度是保证安全施工首要问题。依据 HSE 要求制定安全管理制度，明确各级人员的安全职责。安全管理制度是安全管理人员的执行准绳，建立一套适合的、便于执行的安全管理制度非常重要。

（2）机构。现场应有安全管理机构。施工项目负责人应是安全负责人，并配备专（兼）职安全管理员。安全员由部门对其培训考核合格后持证上岗。各类施工管理人员及施工人员必须经安全培训合格后上岗。特殊作业人员必须具有主管部门颁发的资格证书及上岗证。

（3）人员。专（兼）职安全管理人员（安全员）配备恰当，分工明确、各司其职。

（4）预案。消灭事故于萌芽、出事的情况下，能不能及时处理事故、减小事故损失，取决于这个预案的准备情况和人员执行预案的能力。

安全施工的中心在于制度的建立和执行，安全生产责任制的明确是企业安全管理的核心，人员的培训教育制度是现场安全专员工作的重中之重。不同的施工过程对安全操作的要求都不一样，本节将对常见分项工程安全施工操作要点进行说明。

15.1.1 安全施工操作要点

1. 土方工程安全操作要点

地下燃气管道敷设中各项操作均在沟槽中完成，因此防止塌方是地下管道工程安全工作的重点。

（1）坍方主要原因

1）沟槽两侧有回填土存在，使沟槽的土壤失去原始状态而无粘着力造成坍方。与此同时，邻近管线失去土层而沉陷折断，有时会出现坍方和管线断裂同时发生的情况。

2）地下水位较高或雨雪季节，沟槽受水分长时间浸泡，使土壤的粘着力降低，其中黄土层更明显，会引起大面积坍方。而细砂土遇水呈流砂状态，坍方面会不断扩大。

3）距离沟槽较近的房屋、电杆、堆物荷重或倾斜力矩导致坍方。此类情况出现将造成建筑物、电杆的倒塌而出现险情，故对毗邻沟边电杆、建筑物应采取支撑措施。

4）沟槽超深、沟壁土层荷重大于土壤粘着力时出现坍方最为常见。

（2）土方工程的安全措施

1）施工前应了解现场情况（土质、沟边建筑物），配备充足的支撑工具，板桩。对距离沟边 1.5m 内的电杆，无基础的建筑物，必须采用支撑措施后方可开掘沟槽，沟槽开掘后随即用板桩支撑。

2）大于或等于 800mm 管径的沟槽应采取先打桩后开挖再支撑的施工方法。施工时将沟槽面层开挖后，沿沟槽两边将槽钢（20 号以上）打入土层，然后再进行开挖，并逐道进行支撑。排管沟槽现场布置见图 15-1。

3）为减轻沟边荷载，开掘沟槽的土方应尽量外运，少量堆放于沟边的余土应远离沟槽边 300mm 以上。防止堆土中硬块坠落沟内砸伤施工人员。安全监护人员应巡回检查沟边是否存在坍方裂缝痕迹，及时采取必要措施。

4）当管道吊装下沟完成坡度检查后，应及时在管身部分回填土形成"腰箍"。这不仅压实了管基，而且增加了沟槽的支承力，以阻止坍方的发生。

5）采用挖掘机开挖沟槽，必须事先摸清地下资料，并由专人指挥和监护，防止损坏地下管线的事故产生。

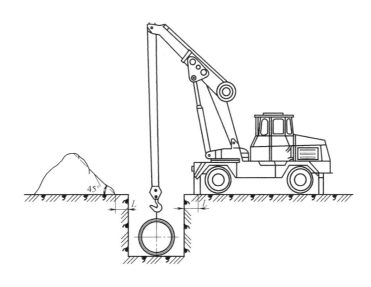

图 15-1　排管沟槽现场布置图

2. 吊装及管件就位安全操作要点

（1）吊装时应对吊件质量、吊机能力和钢丝绳强度进行验算。禁止超负荷吊装。

（2）吊装管道下沟时，吊机的停放位置应选择平整安全部位，吊机与沟边应保持1.50m以上净距（指支脚与沟边净距）。

（3）吊装操作应由专人指挥，起吊时吊件下不准站人。吊装下沟时应由1～2人扶稳，防止吊件晃动碰撞。

（4）在有架空电缆的地区吊装，吊机最高起吊位置的吊臂顶端与架空电缆线应保持足够的安全距离（见表15-1），并应与建筑物保持表格所示安全净距。

吊机与架空电缆线的安全距离 表 15-1

电压等级(V)	100 以下	600～10000	35000	110000	220000
垂直距离(m)	2.5	3	4	5	7
水平距离(m)	1.5	3	4	5	7

3. 水下施工安全操作要点

（1）施工中浮管产生的原因

施工过程中敷设完的管道，往往被地下水所浸没。由于铁（钢）的密度远远超过水的密度，埋设于沟槽中的管道（钢管或铸铁管）的荷重总是大于水的相对浮力，所以沟槽的积水对已敷设管道无影响。

当管道处于封闭状态时，密封的管体在水中产生的浮力则大大地超过管道的荷重，此时即产生浮管。施工中浮管常发生于大口径钢管封口后排除管内积水，往管内充气进行气密性试验时。另外，在施工敷设管道过程中，已敷设管道存在坡度，当处于低坡的管段内积水达到封闭管端面时，高坡的管段形成密封状态，出现浮力，也导致该管段浮管产生（见图15-2）。

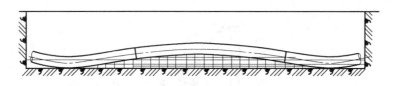

图 15-2 高坡管段浮管示意图

浮管产生使管道失去坡度，接口松动、损坏，沟槽淤泥渗入浮起管段底部，更严重的是浮起的钢管产生永久弯曲变形。一旦产生浮管，必须拆除起浮管道（一般涉及管段较长），重新开挖沟槽，返工的损失较大，并拖延工程进展。浮管的危害性极大，因此，在施工过程中必须采取有效的技术措施，避免"浮管"的产生。

（2）"浮管"的预防措施

1）施工前对较大口径管道的荷重及管段封口时在水中的浮力仔细验算，以确定覆土深度和外加荷重。

2）控制回填土层是管道防浮的有效措施。回填土层荷重对埋设的管道所产生的重力，是该平衡式中的可变因素，施工中不可忽视。

3）外加防浮措施。在越野排管时，由于管道敷设中受坡度局限，当遇到地面起伏不平时，局部管段的填土层减少，特别是穿越小河流或池塘时的管段暴露于土层外。对上述情况可采用特制框架或附加重块等方式稳定管道。框架法是用 20 号以上规格的槽钢焊接成框架，压入防浮管道两侧，依靠入土槽钢的摩阻力稳固管道，见图 15-3。框架数量根据入土槽钢的摩阻力计算决定。附加重块，是在防浮管道下部设置大型混凝土块，用钢制抱箍与管道相连来增加荷重。使用时应对混凝土重块荷重和抱箍的强度进行验算。

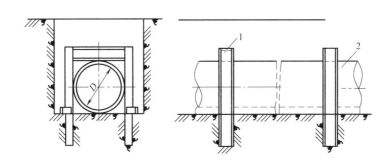

图 15-3　框架式管道防浮装置示意图
1—槽钢框架（一般取 20 号槽钢）；2—被保护管道

4. 带气施工安全操作要点

在管网大修、老管道中镶三通管和镶接表具，附属设备调换更新中，为不影响正常的供气，往往是在带气情况下操作。确保施工安全的基本要点是防止中毒、燃烧和爆炸事故的出现。除在本书第 14 章中所介绍的内容以外，还应注意以下几个问题：

（1）在室内带气操作，应先将门窗全部打开，以保持施工场所的空气流通。又因燃气一般比空气轻，外泄的燃气向上流动，故操作人员（特别是头部）应位于管道燃气泄漏点的下侧方向。

（2）地下管道带气操作坑应选用梯形沟或斜沟槽，并应大于一般操作工作坑的尺寸，使泄漏的燃气能及时得到扩散。

（3）凡带气操作，必须配备两个以上施工人员。大、中型的带气操作工程应配备比正常施工增加一倍的人员，保证带气操作人员能轮流调换。在大量燃气外泄或在封闭场所带气操作，施工人员必须戴防毒面具，现场配消防器材，并由专人指挥现场。

5. 高空作业安全操作要点

（1）高空施工应选用适当高度的扶梯，预先检查其牢固性。扶梯脚应包扎橡胶布，以增加摩擦力，防止高空操作用力时扶梯移动。高空操作时不得在空中移动扶梯，操作者应戴安全带。

（2）高空安装管道时应根据管道质量，用长扁凿设临时支点。安装完毕应及时设置铁搁架、钩钉等，使之固定，防止管道坠落（见图 15-4）。

（3）当安装管道需要穿越墙壁或楼板进行凿洞操作时，隔墙处应设专人监护，防止穿孔时砖块碎片飞溅伤人。

6. 市区施工安全操作要点

市区内地下管道施工给城市交通带来一定影响，沟槽处理不当会产生交通事故，施工中应采取必要的安全措施。

（1）施工区域必须设明显的安全标志，夜间设红色信号灯，使车辆驾驶员和行人在较

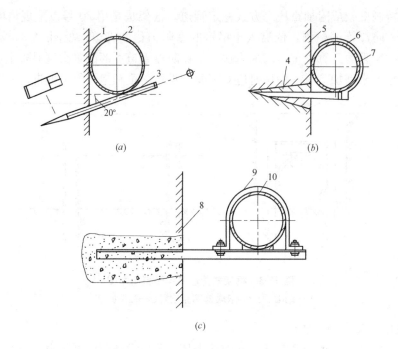

图 15-4　架空管道固定法示意图

(*a*) 安装接管时操作；(*b*) 靠墙固定法；(*c*) 离墙固定法

1、5、8—墙；2、7、10—架空管；3—长扁凿；4—木楔；6、9—卡箍

远的距离即能发现而避让，防止坠入沟内，造成伤亡事故。

（2）施工中开掘沟槽的部位，余土、材料、机具的放置位置和施工的进度应根据经交通主管部门批准的规定实施，不得随意更改。穿越交叉路口和道路必须加盖临时"过道板"。过道板一般用钢板制成。根据沟槽宽度和行驶车辆的荷载选定规格。实际使用中 $\phi300$ 以下管道沟槽采用厚度为 25～30mm 的整块钢板（见图 15-5）。

铺设时沟槽两侧有一定余量，并设固定点，防止移动。当管径大于 $\phi300$ 时，管道沟槽采用双层钢板加强或用槽钢和特制的过道板（见图 15-6）。

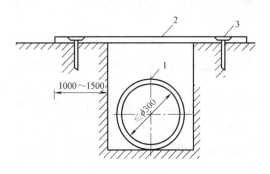

图 15-5　小口径（$\leqslant\phi300$）埋管沟
槽过道示意图

1—管道；2—过道钢板；3—稳固销钉

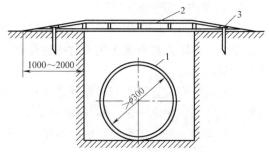

图 15-6　大口径埋管（大于 $\phi300$）过道示意图

1—管道；2—过道钢板；3—稳固销钉

（3）运用"一体化"施工，缩小施工作业区，确保交通安全。一般情况下，地下管道

施工从开挖沟槽、敷设管道到回填的操作顺序是分阶段进行。但城市交通繁忙，在市区道路施工将限制在夜间进行，而白天道路仍恢复交通。因此施工作业区将缩小到一个夜间（仅几个小时）为一个单元（工期），即在一个夜间同时完成破路开沟敷管回填土筑路等各道工序，并做到工完料净场地清。白天恢复道路原来面貌，如此循环进行。

这种边开沟、边敷设管道、边回填土、边筑路，在短时间内完成较短的管段施工称之为"一体化"施工法。该方法虽然较多地耗用机具，但鉴于城市道路交通的局限，"一体化"施工法不仅使施工和交通两不误，而且做到文明施工，对于交通日益繁忙的城市道路地下管施工，越来越得到广泛的应用。

7. 停气降压施工安全操作要点

（1）接管停气前对原有管道气源情况的测试

在双气源的老管道上嵌接三通管会遇到因管道阻塞而实际上为单气源的情况，如果预先没有摸清，施工中仍按照"双气源"管道嵌接三通管顺序进行施工，不办理停气申请手续，那么一旦在操作时将老管道切断将使管道阻塞的一方连接的大批用户中断供气。因此，施工前对嵌三通管部位的气源测试是必不可少的步骤。

1）阻气袋阻气测定气源（见图 15-7）。在嵌接三通管的阻气孔内塞入阻气袋于 B 方向时，阻气孔有燃气外溢，表明 A 向气源正常，如果阻气孔外溢的燃气压力明显降低或无气，说明 A 向的气源不正常或管道有阻塞。然后用同样方法塞入阻气袋于 A 向检查 B 向的气源是否正常。

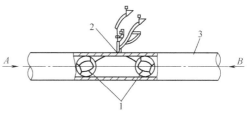

图 15-7　阻气袋阻气测定气源
1—阻气袋；2—阻气孔；3—老管道

2）U 形压力计测试法（见图 15-8）。在嵌接三通管用的两只阻气孔中分别插入两只 U 形压力计皮管，并在两只阻气孔中放入阻气袋，阻气孔临时封闭，两只 U 形压力计分别显示出相同的管内压力读数。然后往阻气袋内充气，在逐步充气过程中，分别观察两只 U 形压力计的读数是否有明显变化。如果发现某一只 U 形压力计上读数明显下降，则表明该 U 形压力计测定的一侧管内阻塞，如果两只 U 形压力计均未明显变化，则说明双方管道畅通，气源正常。

连接三通管镶接使用的阻气袋，必须预先充分浸没在水中检查，确认无泄漏方可使

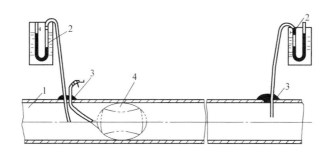

图 15-8　运用 U 形压力计测定气源示意图
1—燃气管道；2—U 形压力计；3—阻泄泥土；4—阻气袋

用。阻气袋应并列两只塞于管内，防止因阻气袋游动或突然破裂，大量燃气外溢，造成管内压力突然下降而使邻近用户中断供气。

（2）恢复用户供气的安全措施

需要停气施工的工程，在竣工后恢复供气时，如灶具的开关处于开启状态，则燃气将从灶具中泄出并扩散至室内引起中毒、爆炸事故。所以，在恢复供气前检查所涉及用户的灶具使之处于关闭状态。

恢复供气的步骤是：先地下、后地上，先屋外、后屋内。即：先在地下管道末端放散点取样合格，然后在引入屋内的室外立管上放散取样，合格后开启室内灶具开关放散空气（预先将门窗全部打开）。当嗅到燃气时点火试样，在管内混合气尚未全部放清的情况下，急于点火会引起管内爆炸，使燃气表和管道爆裂。

处于封闭的灶具（工业炉窑、大锅灶等），应先在炉窑外的放散点排放混合气，在取样合格后再用引火棒点火试样，合格后方可将灶具点火。如果预先不在炉窑外放散而直接在炉膛内点火，将使处于封闭状态的炉膛中的混合气遇火而爆炸，造成破坏性事故，其危害极大。

8. 气密性试验安全操作要点

（1）管道进行气密性试验时，管内压缩空气对管端和三通管口的管盖产生较大的轴向推力，使管盖离体发生击伤事故。在管内压力相同的条件下，随着管径的增大，轴向推力成倍的递增，仅仅依靠承插口填料的摩阻力是难以阻挡管盖飞离的，气密性试验前在管盖处均应根据管内压力设立支撑。支撑力应按式（15-1）～式（15-3）进行验算：

$$F_支 > F_推 - N \tag{15-1}$$

式中　$F_支$——管盖顶端外加支撑力（N）；

　　　$F_推$——管内压缩空气对管盖产生的轴向推力（N）；

　　　N——承插口填料摩阻力（N）。

$$F_推 = \frac{\pi}{4} p d^2 \tag{15-2}$$

式中　p——管盖所受单位面积上压力（Pa）；

　　　d——管道内直径（m）。

$$N = t \pi b (D_1 + D_2) \tag{15-3}$$

式中　t——垫料与管壁的单位面积摩阻力（Pa）；

　　　b——承插口深度（m）；

　　　D_1——插口外径（m）；

　　　D_2——承口内径（m）。

常见各种管道在气密性试验时（中压管道气密性压力为 1.37×10^4Pa，低压为 1.96×10^4Pa），管内压缩空气对管盖的轴向推力见表15-2。

管盖的轴向推力　　　　　　　　　　　　　　　　　　　　　表 15-2

口径(mm)	中压管道气密性试验时 $F_推$(N)	低压管道气密性试验时 $F_推$(N)
75	606	87
100	1078	154

续表

口径(mm)	中压管道气密性试验时 $F_推$(N)	低压管道气密性试验时 $F_推$(N)
150	2425	346
200	4311	616
300	9700	1386
500	26944	3849
700	52809	7544
1000	107775	15397

（2）向管内输入压缩空气时，必须由专人观察进气压力表读数，严防管内压力过高，使轴向推力超过支撑力，造成管盖离体事故。

（3）当气密性试验合格后，应随即开启检查阀门，将管内压缩空气排放，防止拆除支撑时，管盖突然离体发生击伤事故。

（4）运用燃气工作压力检查管道气密性的方式，应采用燃气检漏仪或肥皂水涂于管外壁，观察是否出现气泡。禁止用明火查漏，特别是在暗室、地下室等中的管道，因泄漏燃气无法扩散，如用明火查漏引起燃烧和爆炸的可能性极大。

总之，恢复供气的安全要点是必须排除管内混合气体，并确认管内（炉内）为燃气的单一介质时方可点火试样。

燃气工程的安全管理是一项长期而艰巨的任务。为了保障燃气工程安全，防患于未然，有必要实施严格的安全检查工作，充分认识何处为检查的重点以及什么属于不安全状态和不安全行为。只有充分认识这些不安全因素，采取必要的安全防护和改进措施，才会使安全管理工作得到落实和改进，才会有一个良好的安全生产和工作环境。

15.2 环境保护

随着社会的不断发展，环境问题日益受到普遍关注。工程开工前，一般由工程技术部负责编制详细的施工区和生活区的环境保护计划，并根据具体的施工计划制定防止施工环境污染的措施，防止工程施工造成施工区附近地区的环境污染和破坏。根据具体的施工计划制定出与工程同步的防止施工环境污染的措施，认真做好施工区和生活营地的环境保护工作，防止工程施工造成施工区附近地区环境污染和破坏。施工环保体系框图如图 15-9。

《中华人民共和国环境保护法》、《中华人民共和国水污染防治法》、《中华人民共和国大气污染防治法》、《中华人民共和国噪声污染防治法》等一系列国家及地方颁布的有关环境保护法律、法规和规章，指出做好施工区和生活营地的环境保护工作，坚持"以防为主、防治结合、综合治理、化害为利"的原则。以"安全健康，托起生命的太阳、环境保护，营造绿色的天地"指导工程建设。

15.2.1 环境保护控制项目和控制标准

施工中环境保护控制项目拟分为：水环境、大气环境、噪声环境三部分。按照要求并参照有关规定，对环境保护及水土保持制定如下标准。

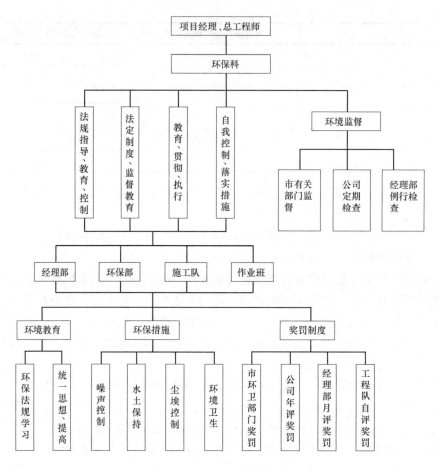

图 15-9 施工环保体系框图

（1）废水排放标准（见表 15-3）

废水排放标准（mg/L）   表 15-3

水质指标	BOD₅	SS	COD
废水水质	156.25	250	312.5
排放标准	30	70	100

（2）大气污染控制标准：按《环境空气质量标准》GB 3095 二级标准控制；施工机械设备尾气排放满足有关标准要求。

（3）噪声控制标准：按照《建筑施工场界环境噪声排放标准》GB 12523（见表 15-4），昼间标准值为 60dB（A），夜间标准值为 50dB（A）进行控制。夜间噪声最大声级超过限值的幅度不得高于 15dB（A）；当场界距噪声敏感建筑物较近，其室外不满足测量条件时，可在噪声敏感建筑物室内测量，并将表 15-4 中相应的限值减 dB（A）作为评价依据。

建筑施工场界环境噪声排放标准［dB（A）］   表 15-4

昼间	夜间
70	55

15.2.2　环境保护计划

为防止施工作业产生污染和影响居民生活，根据国家和地方的有关规定，结合施工现场实际情况，制定环境保护计划，具体如下：

（1）施工现场保护：按照设计要求对主体工程和弃土弃渣场、工程管理区进行挡护和采取排水设施。

（2）绿化保护：按照设计要求对主体工程植物护坡、绿化带、弃土弃渣场植物护坡、林草地、工程管理区绿化、对外连接道路防护林的施工。

（3）土地保护：对弃土弃渣场、砂石料场土地进行平整及复耕。

（4）临时设施保护：对主体工程施工区、弃土弃渣场、生产生活区、施工道路和文物挖掘区采取临时拦挡、排水和防尘布挡护等。

（5）施工过程预防保护：坡面开挖、填筑工程先修建截排水沟、拦挡工程后再施工，弃土弃渣场先拦后弃，并尽量考虑综合利用，施工道路经常洒水，运输土石料车辆实行遮盖，并做好水土保持监测工作。

15.2.3　环境保护施工措施

1. 防止扰民与污染措施

（1）工程开工前，编制详细的施工区和生活区的施工期环境保护措施计划，报监理工程师审批后实施。施工方案尽可能减少对环境产生不利影响。

（2）与施工区域附近的居民和团体建立良好的关系。对受噪声污染的居民，做到事前通知，随时通报施工进展，并设立投诉热线电话。

（3）采取合理的预防措施避免扰民施工作业，以防止公害的产生。

（4）采取一切必要的手段防止运输的物料进入场区道路和河道，并安排专人及时清理。

（5）针对施工活动引起的污染，采取有效的措施加以控制。

2. 弃渣和固体废弃物利用和堆放措施

（1）施工弃渣和固体废弃物以国家《中华人民共和国固体废弃物污染环境防治法》为依据，按设计和合同文件要求送至指定弃渣场。

（2）做好弃渣场的综合治理，按照设计要求采取工程保护措施，避免边坡失稳和弃渣流失。

（3）保持施工区和生活区的环境卫生，在施工区和生活营地设置足够数量的临时垃圾贮存设施，防止垃圾流失，定期将垃圾送至指定垃圾场，按要求进行覆土填埋。

（4）保持施工区和生活区的环境卫生，在施工区和生活区设置一定数量卫生设施，定时清除垃圾，将其运到指定地点堆放、掩埋或焚烧处理。

（5）做好弃渣场的治理，按照监理工程师批准的规划有序地堆放和利用弃渣，完善渣场地表截排水措施，确保开挖和渣场边坡稳定，防止任意倒放弃渣，降低河道的泄洪能力，影响其他承包人的施工和危及下游居民的安全。

3. 噪声、光污染控制

（1）严格遵守《建筑施工场界环境噪声排放标准》GB 12523 的有关规定，施工前，首先向环保局申报并了解周围单位居民工作生活情况，施工作业严格限定在规定的时间内进行。

（2）合理安排施工组织设计，对周围单位、居民产生影响的施工工序，均安排在白天或规定时间进行，空压机、发电机、打夯机等高噪声作业，严格限定作业时间，减少对周围单位居民的干扰。

（3）选用低噪声设备，加强机械设备的维修保养，采取消声措施降低施工过程中的噪声。产生噪声的机械设备按规范规定和业主的有关要求严格限定作业时间。

（4）施工运输车辆慢速行驶，不鸣喇叭。

（5）施工照明灯的悬挂高度和方向合理设置，晚间不进行露天电焊作业，不影响居民夜间休息，减少或避免光污染。

4. 水环境保护措施

（1）施工前作好施工驻地、施工场地的布置和临时排水设施，保证生活污水、生产废水不污染水源、不堵塞既有排水设施；生活污水、生产废水经沉淀过滤达标排放；含油污水除油后排放。

（2）施工中产生的废泥浆和淤泥使用专门的车辆运输，防止遗洒，污染路面。

（3）雨期施工，做好场地的排水设施，管理好施工材料，及时收集并运出建筑垃圾，保证施工材料、建筑垃圾不被雨水冲走。

（4）施工中对弃土场地进行防护，保证弃土不堵塞、不污染既有排水设施。

5. 空气环境保护措施

（1）施工生产、生活区域裸露场地、运输道路，进行场地硬化或经常洒水养护。

（2）装卸、运输、储存易产生粉尘、扬尘的材料时，采用专用车辆、采取覆盖措施；易产生粉尘、扬尘的作业面和过程，优化施工工艺，制定操作规程和洒水降尘措施，在旱季和大风天气适当洒水，保持湿度。

（3）工地汽车出入口设置冲洗槽，对外出的汽车用水枪冲洗干净，确认不会对外部环境产生污染后，再让车辆出门，保证行驶中不污染道路和环境。

（4）加强机械设备的维修保养和达标活动，减少机械废气、排烟对空气环境的污染。

（5）施工中，由材料管理人员负责对施工用料进行控制，限制对环境、人员健康有危害的材料进入施工场地，防止误用。

（6）施工中对弃土场地进行平整、碾压，弃土完毕后，植草防护或按有关要求进行处理。

6. 固体废弃物处理措施

（1）生产、生活垃圾分类集中堆放，按环保部门要求处理。施工现场设垃圾站，专人负责清理，做到及时清扫、清运，不随意倾倒。

（2）施工弃土按设计或环保部门要求运至指定地点堆弃、平整和碾压，同时作好防护，保证不因大风下雨污染环境。

（3）加强废旧料、报废材料的回收管理，多余材料及时回收入库。

7. 节能降耗措施

施工中积极应用新技术、新材料，坚持清洁生产，综合利用各种资源，最大程度的降低各种原材料的消耗，节能、节水、节约原材料，切实做到保护环境。

8. 生态控制措施

（1）对城市绿化，在施工范围内严格按照法规执行。合理布置施工场地，生产、办公设施布置在征地红线以内，尽量不破坏原有的植被，保护当地环境。

（2）严格履行各类用地手续，按划定的施工场地组织施工，不乱占地、不多占地。

（3）对施工中可能遇到的各种公共设施，制定可靠的防止损坏和移位的实施措施，向全体施工人员交底。

（4）施工场地采用硬式围挡，施工区的材料堆放、材料加工、出渣及出料口等场地均设置围挡封闭。施工现场以外的公用场地禁止堆放材料、工具、建筑垃圾等。

（5）工程竣工后搞好地面恢复，恢复原有植被，防止水土流失。

9. 地下管线保护措施

对施工中遇到的各种管线，先探明后施工。妥善保护各类地下管线，确保公共设施的安全。

10. 文物保护措施

加强全员文物保护意识教育，做到不损坏文物，对施工中发现地下文物，及时上报文物主管部门，配合文物管理部门做好文物保护。

11. 人员健康控制措施

（1）对新进入施工区的工作人员进行卫生检疫，检疫项目为：病毒性肝炎、疟疾等虫媒性传染性疾病。

（2）发放常见病的预防药，进行如乙肝疫苗类预防接种，提高人群免疫力。

（3）施工现场内的厨房必须符合当地有关部门关于施工工地厨房卫生要求的规定，申办食品卫生许可证。

（4）炊事员上岗必须持有效的健康证和岗位培训证，上班时间必须穿戴白衣帽及袖套。洗、切、煮、卖、存等环节要设置合理，生、熟食品严格分开，餐具用后随即洗刷干净，并按规定消毒。

（5）施工现场设立医疗室，医护人员全天候值班，对施工人员作定期健康观察和抽样体检，施工班组配备医疗急救箱及常用急救药品。

（6）施工现场落实各项除"四害"措施，定期喷洒药物，严格控制"四害"孳生。

（7）定期对饮用水质和食品进行卫生检查，切断污染饮用水的任何途径；设置专职清洁员，及时清理生活垃圾。

参 考 文 献

［1］ 中华人民共和国建设部. 城镇燃气输配工程施工及验收规范［S］CJJ 33—2005. 北京：中国建筑工业出版社，2005

［2］ 中华人民共和国建设部. 聚乙烯燃气管道工程技术规程［S］CJJ 63—2008. 北京：中国建筑工业出版社，2008

［3］ 城镇燃气管理条例

［4］ 建筑施工安全生产培训教材编写委员会. 建设工程安全生产法律法规［M］. 北京：中国建筑工业出版社，2017

16 施工组织设计及网络计划技术

16.1 概述

施工组织设计，是燃气工程项目在投标、施工阶段必须提交的技术文件，这里所要介绍的施工组织设计是中标后组织实施阶段的施工组织设计。

16.1.1 基本规定

（1）施工组织设计是工程施工项目管理的重要内容，应经现场踏勘、调研，且在施工前编制。

（2）施工组织设计必须经所在企业的技术负责人批准后方可实施，有变更时要及时办理变更审批，这里的企业技术负责人一般为单位的总工程师。

（3）施工组织设计中关于工期、进度、人员、材料设备的调度，施工工艺的水平以及采用的各项安全技术措施等项的设计将直接影响工程的顺利实施和工程成本。要想保证工程施工顺利进行，工程质量达到预期目标，降低工程成本，使企业获得应有的利润，施工组织设计就必须做到科学合理、技术先进、费用经济。

16.1.2 主要内容

1. 工程概况及特点

（1）简要介绍拟建燃气工程的名称、管道规格型号、规模、主要工程数量表；工程地理位置、地形地貌、地质条件等；建设单位及监理机构、设计单位、质量监督站名称，合同开工日期和工期。

（2）分析工程特点、施工环境、工程建设条件。燃气管道工程通常有以下形式及特点：长输管道工程管线距离较长，施工流动性大，一般穿越多种地形地貌，赔付协调量大，且地下障碍物复杂，施工前需要求建设单位提供完整、准确的地下管线及建（构）筑物资料，以便施工时对相关管线及建（构）筑物加以保护，减少损害，一般包含直埋、顶管、定向钻等施工方式；燃气场站工程多专业工程交错、综合施工，施工范围固定，一般包含燃气、电器仪表、自动控制、建筑、给水排水、暖通等专业；城镇中低压燃气管道工程与城市交通、市民生活相互干扰，工期短或有行政指令，施工用地紧张、用地狭小。这些特点决定了施工组织设计必须对工程进行全面细致的调查、分析，以便在施工组织设计的每一个环节上，做出有针对性的、科学合理的设计安排，从而为实现工程项目的质量、安全、降耗和工期目标奠定基础。

（3）技术规范和检验标准。标书中明确工程所使用的规范和质量检验评定标准，工程设计文件和图纸及作业指导书的编号。

2. 施工平面布置图

（1）施工总平面布置图，应标明拟建工程平面位置、生产区、生活区、预制场地、材料堆场位置；周围交通环境、环保要求，需要保护或注意的情况。

（2）燃气场站工程的施工平面布置图，由于生产区、生活区、预制场地、材料堆场位置均处于场站围墙内，故随着燃气工程及其他专业工程的施工进展，各区域场地有一定的动态特性，即每一个施工阶段之后，施工平面布置是变化的。要能科学合理的组织燃气场站工程的施工，施工平面布置图应是动态的，即必须详细考虑好每一步的平面布置及其合理衔接。

（3）长输管线工程的施工平面布置图，由于长输管线工程施工形式是线型的，现场场地主要布置为开挖区、堆土区、预制场地、材料堆场、机具设备位置等，随着管线的延伸，该平面布置同时进行移动，即"流水施工"。

如图 16-1、图 16-2 所示，以施工工作面宽度按照 18m 布置为例，以管位中线为界，两侧分配的工作面宽度分别为 7m 和 11m。具体施工过程中，沟槽一侧主要堆放开挖出来的土方，长输管道沟槽开挖深度一般为 2.5～3m，故分配 7m 宽的工作面用于堆放土方；沟槽另一侧主要布设管道材料，机具设备移动及人员操作区，需相对宽松的空间，故分配 11m 宽的工作面用于管道预制焊接场地和机具设备移动的空间。

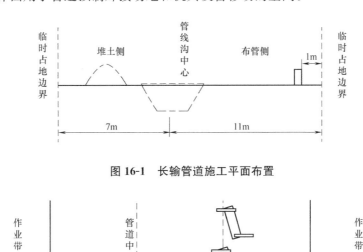

图 16-1 长输管道施工平面布置

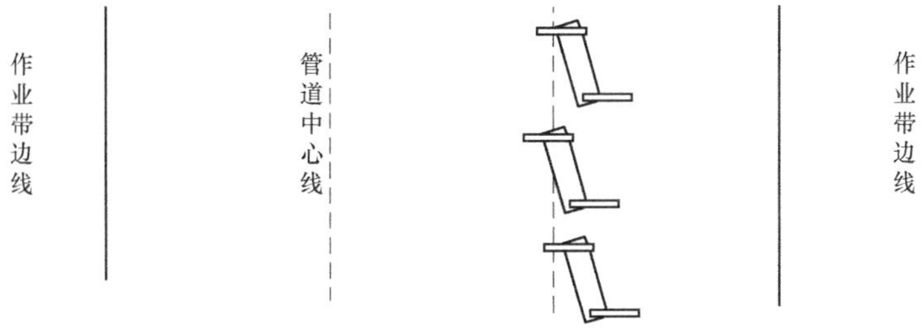

图 16-2 管道布置

管道安装方面，目前高压管道尺寸约 12m 一根，每天施工作业焊接长度可达 120m 左右，这样每天焊接一段完成，进行无损检测探伤及防腐合格后，即可进行沟槽开挖、埋设管道在作业现场就会形成管道焊接施工、管道探伤、防腐施工、管道沟槽开挖埋设施工这样一个从后向前相邻作业的局面，并根据现场的施工进展每天向管线终点推进，就像流水一般，从上游向下游徐徐流动，故称为"流水施工"，如图 16-3 所示施工计划横道图。这种形式的施工对现场的组织安排及材料、机具设备配合的要求较高。

图 16-4 为鱼塘施工平面布置图，图 16-5 为管线穿越河流施工平面布置图，图 16-6 为高压电杆保护施工断面示意图。

工程名称：某天然气联络线工程		工作日	9月															
序号	项目名称		1	2	3	4	5	6	7	8	9	10	11	12	13	14	15
1	桩号K0+000-K0+600段管道焊接	6															
2	桩号K0+000-K0+600段管道无损检测及防腐	5															
3	桩号K0+000-K0+600段管道沟槽开挖埋设	4															
4	桩号K0+600-K1+200段管道焊接	6															
5	桩号K0+600-K1+200段管道无损检测及防腐	5															
6	桩号K0+600-K1+200段管道沟槽开挖埋设	4															

图 16-3　施工计划横道图

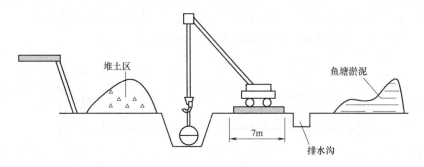

图 16-4　鱼塘施工平面布置图

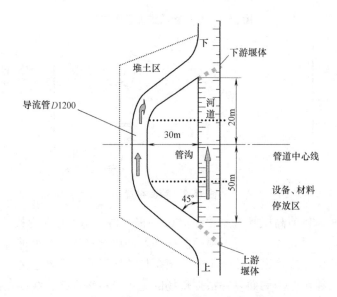

图 16-5　管线穿越河流施工平面布置图

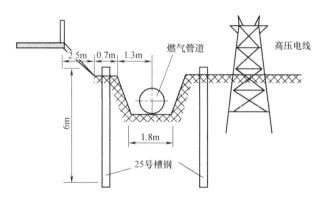

图 16-6　高压电杆保护施工断面示意图

3. 施工部署和管理体系

（1）施工部署包括施工阶段的区域划分与安排、施工流程（顺序）、进度计划，工种、材料、机具设备、运输计划。施工进度计划用网络图或横道图表示，关键线路（工序）用粗线条（或双线）表示，必要时标明每日、每周或每月的施工强度。以分项工程划分并标明工程量。施工流程（顺序）一般应以流程图表示各分项工程的施工顺序和相关关系，必要时附以文字简要说明。图 16-7 所示为施工工艺流程图。

（2）管理体系包括组织机构设置、项目经理、技术负责人、施工管理负责人及各部门主要负责人等岗位职责、工作程序等，要根据具体项目的工程特点，进行部署。项目组织机构如图 16-8 所示。

4. 施工方案及技术措施

（1）施工方案是施工组织设计的核心部分，主要包括拟建工程的主要分项工程的施工方法、施工机具的选择、施工顺序的确定，还应包括季节性措施、四新技术措施以及结合工程特点和由施工组织设计安排的、根据工程需要采取的相应方法与技术措施等方面的内容。

（2）重点叙述技术难度大、工种多、机具设备配合多、经验不足的工序和关键工序或关键部位应编制专项施工方案，例如深基坑沟下焊接作业、管线穿越河流、水塘、公路、铁路等施工作业；常规的施工工序可简要说明。

5. 施工质量保证计划

（1）明确工程质量目标，确定质量保证措施。根据工程实际情况，按分项工程分别制定质量保证技术措施，并配备工程所需的各类技术人员。

（2）在多个专业工程综合进行时，工程质量常常会相互干扰，因而进行质量总目标和分项目标设计时，必须严密考虑工程的顺序和相应的技术措施。

（3）对于工程的特殊部位或分项工程、分包工程的施工质量，应制定相应的监控措施。

（4）质量保证计划应由施工项目负责人主持编制，项目技术负责人、质量负责人、施工生产负责人应按企业规定和项目分工负责编制。

（5）质量保证计划的内容涉及明确质量目标、确定管理体系和组织机构、质量管理措施和质量控制流程。

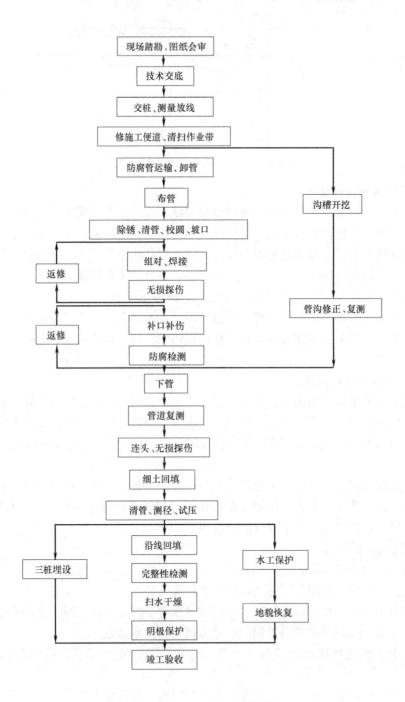

图 16-7 施工工艺流程图

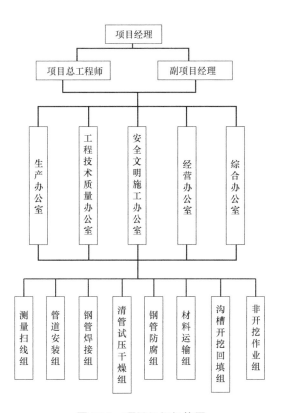

图 16-8 项目组织机构图

6. 施工安全保证计划

（1）明确安全施工管理的目标和管理体系，兑现合同约定和承诺。

（2）风险源识别与防范，包括安全教育培训、安全检查机构、施工现场安全措施、施工人员安全措施。危险性较大的分部分项工程施工专项方案、应急预案和安全技术操作规程。施工单位应当在危险性较大的分部分项工程施工前编制专项方案；对于超过一定规模的危险性较大的分部分项工程，施工单位应当组织专家对专项方案进行论证。一般长输管道中高速铁路或地下管线复杂的穿越工程需进行专家论证。

（3）主要内容包括：编制依据、项目概况、施工平面图、控制目标、控制程序、组织机构、职责权限、规章制度、资源配置、安全措施、检查评价、奖惩措施等。

7. 文明施工、环保节能降耗保证计划以及辅助、配套的施工措施

（1）燃气管道工程一般处于城镇区域或城郊，具有与市民近距离相处的特殊性，因而必须在施工组织设计中详细安排好文明施工、安全生产施工和环境保护方面措施，把对社会、环境的干扰和不良影响降至最低程度。

（2）工程环境保护管理主要内容有：防治大气污染、防治水污染、防治施工噪声污染、防治施工固体废弃物污染、防治施工照明污染。

16.2 网络计划技术

燃气工程施工网络计划技术是为了实现工程进度目标控制而设计的一种辅助手段。在工程施工实践中，必须树立和坚持一个最基本的工程管理原则，即在确保工程质量的前提下，控制工程的进度。进度控制的过程也就是随着工程的进展，进度计划不断调整的过程。施工进度计划是项目施工组织设计重要组成部分，对工程履约起着主导作用。编制施工总进度计划的基本要求是：保证工程施工在合同规定的期限内完成；迅速发挥投资效益；保证施工的连续性和均衡性；节约费用、实现成本目标。

16.2.1 网络计划的基本原理

利用网络图的形式表达一项工程中各项工作的先后顺序及逻辑关系，经过计算分析，找出关键工作和关键线路，并按照一定目标使网络计划不断完善，以选择最优方案；在计划执行过程中进行有效的控制和调整，力求以较小的消耗取得最佳的经济效益和社会效益。

16.2.2 网络计划的基本概念

（1）网络图：网络图是由箭线和节点按照一定规则组成的、用来表示工作流程的、有向有序的网状图形。网络图分为双代号网络图和单代号网络图两种形式，由一条箭线与其前后的两个节点来表示一项工作的网络图称为双代号网络图；而由一个节点表示一项工作，由箭线表示工作顺序的网络图称为单代号网络图。

（2）网络计划与网络计划技术：用网络图表达任务构成、工作顺序并加注工作的时间参数的进度计划，称为网络计划。用网络计划对任务的工作进度进行安排和控制，以保证实现预定目标的科学的计划管理技术，称为网络计划技术。

16.2.3 网络计划

国际上，工程网络计划有许多名称，如 CPM、PERT、CPA、MPM 等。工程网络计划的类型有如下几种不同的划分方法。

（1）工程网络计划按工作持续时间的特点划分为：
1）肯定型问题的网络计划；
2）非肯定型问题的网络计划；
3）随机网络计划等。
（2）工程网络计划按工作和事件在网络图中的表示方法划分为：
1）事件网络：以节点表示事件的网络计划；
2）工作网络
① 以箭线表示工作的网络计划（我国《工程网络计划技术规程》JGJ/T 121—2015 称为双代号网络计划）；
② 以节点表示工作的网络计划（我国《工程网络计划技术规程》JGJ/T 121—2015 称为单代号网络计划）。
（3）工程网络计划按计划平面的个数划分为：
1）单平面网络计划；
2）多平面网络计划（多阶网络计划，分级网络计划）。
美国较多使用双代号网络计划，欧洲则较多使用单代号搭接网络计划。

我国的《工程网络计划技术规程》JGJ/T 121—2015 推荐的常用的工程网络计划的类型包括:

1) 双代号网络计划;

2) 单代号网络计划;

3) 双代号时标网络计划;

4) 单代号搭接网络计划。

这里主要介绍双代号网络计划和双代号时标网络计划。

16.2.4 双代号网络计划及双代号时标网络计划

双代号网络图是以箭线及其两端节点的编号表示工作的网络图,如图 16-9 所示。

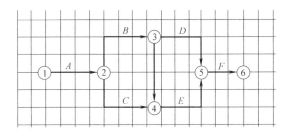

图 16-9 双代号网络图

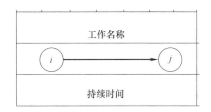

图 16-10 双代号网络图工作的表示方法

1. 箭线（工作）

工作是泛指一项需要消耗人力、物力和时间的具体活动过程,也称工序、活动、作业。双代号网络图中,每一条箭线表示一项工作。箭线的箭尾节点 i 表示该工作的开始,箭线的箭头节点 j 表示该工作的完成。工作名称可标注在箭线的上方,完成该项工作所需要的持续时间可标注在箭线的下方,如图 16-10 所示。由于一项工作需用一条箭线和其箭头与箭尾处两个圆圈中的号码来表示,故称为双代号网络计划。

在双代号网络图中,任意一条实箭线都要占用时间,并多数要消耗资源。在建设工程中,一条箭线表示项目中的一个施工过程,它可以是一道工序、一个分项工程、一个分部工程或一个单位工程,其粗细程度和工作范围的划分根据计划任务的需要确定。

在双代号网络图中,为了正确的表达图中工作之间的逻辑关系,往往需要应用虚箭线。虚箭线是实际工作中并不存在的一项虚设工作,故他们既不占用时间,也不消耗资源,一般起着工作之间的联系、区分和断路三个作用:

(1) 联系作用是指应用虚箭线正确表达工作之间相互依存的关系;

(2) 区分作用是指双代号网络图中每一项工作都必须用一条箭线和两个代号表示,若两项工作的代号相同时,应使用虚工作加以区分;

(3) 断路作用是用虚箭线断掉多余联系,即在网络图中把无联系的工作连接上时,应加上虚工作将其断开。

在无时间坐标的网络图中,箭线的长度原则上可以任意画,其占用的时间以下方标注的时间参数为准。箭线可以为直线、折线或斜线,但其行进方向均应从左向右。在有时间坐标的网络图中,箭线的长短必须根据完成该工作所需持续时间的长短按比例绘制。

在双代号网络图中,通常将工作用箭线 $i-j$ 表示。紧排在本工作之前的工作称为紧前工作，紧排在本工作之后的工作称为紧后工作，与之平行进行的工作称为平行工作。

2. 节点（又称结点、事件）

节点是网络图中箭线之间的连接点。在时间上节点表示指向某节点的工作全部完成后该节点后面的工作才能开始的瞬间，它反映前后工作的交接点。网络图中有三个类型的节点。

（1）起点节点

即网络图的第一个节点，它只有外向箭线（由节点向外指的箭线），一般表示一项任务或一项工作的开始。

（2）终点节点

即网络图的最后一个节点，它只有内向箭线（指向节点的箭线），一般表示一项任务或一项工作的完成。

（3）中间节点

即网络图中既有内向箭线，又有外向箭线的节点。

双代号网络图中，节点应用圆圈表示，并在圆圈内标注编号。一项工作应当只有唯一的一条箭线和相应的一对节点，且要求箭尾节点的编号小于箭头节点的编号，即 $i<j$。网络图节点的编号顺序应从小到大，可不连续，但不允许重复。

3. 线路

网络图中从起始节点开始，沿箭头方向顺序通过一系列箭线与节点，最后达到终点节点的通路称为线路。在一个网路图中可能有很多条线路，线路中各项工作的持续时间之和就是该线路的长度，即线路所需要的时间。一般网路图有多条线路，可依次用该线路上的节点代号来记述，例如网路图 16-8 中的线路有三条线路：①－②－③－⑤－⑥、①－②－④－⑤－⑥、①－②－③－④－⑤－⑥。

在几条线路中，有一条或几条线路的总时间最长，称为关键线路，一般用双线或粗线标注。其他线路长度均小于关键线路，称为非关键线路。

4. 逻辑关系

网络图中工作之间相互制约或相互依赖的关系称为逻辑关系，它包括工艺关系和组织关系，在网络中均应表现为工作之间的先后顺序。

（1）工艺关系

生产性工作之间由工艺过程决定的，非生产性工作之间由工作程序决定的先后顺序称为工艺关系。

（2）组织关系

工作之间由于组织安排需要或资源（人力、材料、机械设备和资金等）调配需要而确定的先后顺序关系称为组织关系。

网络图必须正确的表达整个工程或任务的工艺流程和各工作开展的先后顺序，以及他们之间相互依赖和相互制约的逻辑关系。因此，绘制网络图时必须遵循一定的基本规则和要求。

5. 双代号时标网络计划

时标网络计划是以时间坐标为尺度编制的网络计划。它通过箭线的长度及节点的位置，可明确表达工作的持续时间及工作之间恰当的时间关系，是目前工程中常用的一种网络计划形式。

双代号时标网络计划能够清楚地展现计划的时间进程，直接显示各项工作的开始和完成时间、工作的自由时差和关键线路，可以通过叠加确定各个时段的材料、机具、设备及人力等资源的需要，由于箭线的长度受到时间坐标的制约，故绘图比较麻烦。

6. 绘制示例

某燃气高压联络线工程，全长 6549m，包含顶管穿越施工、定向钻穿越施工、鱼塘段施工、常规施工等，总工期 98 天，双代号时标网络计划如图 16-11 所示。其中 F 工作为 70m 的顶管穿越工程，依据人、材、机准备情况及性能，工作井制作及养护需 15 天，顶管进度正常为每天 8m，据此可推断出该顶管工程正常工期约 25 天。H、G、F、E 工作由于分布在该管线的不同工作面，可以安排 4 个施工作业队伍同时进行施工。C 工作为 627m 直埋管道施工，由于该段地貌起伏较大，且多次穿越鱼塘及其他地下管线等障碍物，工期安排时可事先摸清鱼塘及地下管线的位置、深度情况，根据工作难度及总工期目标，合理控制该部分施工工期，经实地测量鱼塘大小及淤泥深度，编制施工方案，根据挖掘机清淤的效率及支护的工作量，控制鱼塘段施工时间为 10 天，控制两处管线交叉处施工时间为 3 天，管道焊接工人数量为 3 名，管径为 DN800，根据以往施工经验，焊接进度约为 100m/天，开挖、回填随焊接进度流水作业，一般最后一根管道焊接完成后 2 天完成最后的开挖、回填工作，据此可控制 C 工作施工工期为 24 天（适当给予 2 天的弹性空间）。

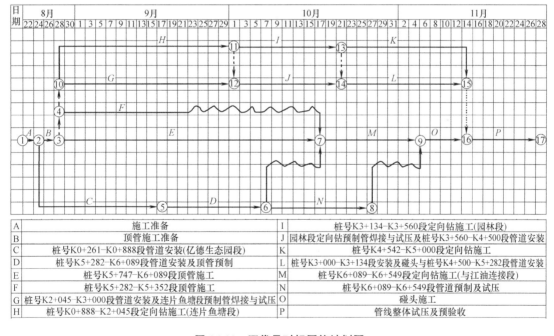

A	施工准备	I	桩号K3+134-K3+560段定向钻施工(园林段)
B	顶管施工准备	J	园林段定向钻预制管焊接与试压及桩号K3+560-K4+500段管道安装
C	桩号K0+261-K0+888段管道安装(亿德生态园段)	K	桩号K4+542-K5+000段定向钻施工
D	桩号K5+282-K6+089段管道安装及顶管预制	L	桩号K3+000-K3+134段安装及碰头与桩号K4+500-K5+282段管道安装
E	桩号K5+747-K6+089段顶管施工	M	桩号K6+089-K6+549段定向钻施工(与江油连接段)
F	桩号K5+282-K5+352段顶管施工	N	桩号K6+089-K6+549段管道预制及试压
G	桩号K2+045-K3+000段管道安装及连片鱼塘段预制管焊接与试压	O	碰头施工
H	桩号K0+888-K2+045段定向钻施工(连片鱼塘段)	P	管线整体试压及预验收

图 16-11 双代号时标网络计划图

16.3 燃气工程施工组织编制方法

1. 掌握设计意图和确认现场条件

编制施工组织设计应在现场踏勘、调研基础上，做好设计交底和图纸会审等技术准备工作后进行。如天然气高压联络线工程，应在编制施工组织设计前依据设计图纸进行现场勘探，了解管线线路上的地形地貌，并将现场实际地貌与设计图纸进行比对，找出差异，并在设计交底上向设计提出，以便及时进行设计变更和施工方法的确定。

2. 计算工程量和计划施工进度

根据合同和定额资料，采用工程量清单中的工程量，准确计算劳动力和资源需要量；按照工期要求、工作面的情况等因素，决定劳动力和机具的具体需要量以及各工序的作业时间，合理组织流水作业，编制进度计划网络图、横道图，安排施工进度。

3. 确定施工技术方案（关键工序、关键部位）

按照进度计划，需要研究确定主要分部、分项工程的施工方法（工艺）和施工机具的选择，制定整个单位工程的施工流程。具体安排施工顺序和划分流水作业段，设置围挡和疏导交通。

4. 计算各种资源的需要量和确定供应计划

依据采用的劳动定额和工程量及进度计划确定劳动量（以工日为单位）和每日的工人需要量。依据有关定额和工程量及进度计划，来计算确定材料和预制品的主要种类和数量及其供应计划。

5. 平衡劳动力、材料物资和施工机具的需要量并修正施工计划

根据对劳动力的材料物资的计算可以绘制出相应的曲线以检查其平衡情况。如果发现有过大的高峰或低谷，即应将进度计划做适当调整与修改，使其尽可能地趋于平衡，以便使劳动力的利用和物资的供应更为合理。

6. 绘制施工平面布置图

设计施工平面布置图，应使生产要素在空间上的位置合理、互不干扰，能加快施工速度。

7. 确定施工质量保证体系和组织保证措施

建立质量保障体系和控制流程，实行各质量管理制度及岗位责任制；落实质量管理组织机构，明确质量责任。确定重点、难点和技术复杂分部、分项工程质量的控制点和控制措施。

8. 确定施工安全保证体系和组织保证措施

建立安全施工组织，制定施工安全制度及岗位责任制、消防保卫制度、不安全因素监控措施、安全生产教育措施、安全技术措施。

9. 确定施工环境保护体系和组织保证措施

建立环境保护、文明施工的组织及责任制，针对环境要求和作业时限，制定落实技术措施。

10. 其他有关方面措施

视工程具体情况制定与各协作单位的配合服务承诺、成品保护、工程交验后服务等措施。

参 考 文 献

本书编委会. 市政公用工程管理与实务［M］. 北京：中国建筑工业出版社，2016

附录　燃气工程施工涉及的表项

摘录于《武汉市燃气管道工程施工统一用表》09 版

工程开工报告　　　　　　　　　　　　　　　　　　　　　附表 1

工程名称			
工程地点			
质监登记号		施工许可证号	
建设单位			
施工单位			

致：

　　根据合同约定，建设单位已办理工程建设的相关手续，我方已完成开工前的各项准备工作，计划于年月日开工，请审批。

　　已完成报审的条件有：

　　□建设单位办理的相关审批手续

　　□施工组织设计(含主要管理人员和特殊工程人员资格证明)

　　□现场定线交桩

　　□主要人员、材料、设备进场

　　□现场道路、水、电等已达到开工条件

项目经理(签字)：

施工单位(公章)：

年　　月　　日

监理单位审批意见：□同意　□不同意

总监理工程师：

年　　月　　日

建设单位审批意见：□同意　□不同意

项目负责人：

年　　月　　日

工程竣工报告

工程名称			
施工单位			
开工日期	年 月 日	竣工日期	年 月 日
竣工 工程 内容			
说明			

致：
本工程内容已按合同约定全部完成,工程质量符合设计和规范要求,具备交工条件,特申请组织竣工验收,请批复。
项目经理(签字):
施工单位(公章):

年 月 日

监理单位审批意见:□同意 □不同意
总监理工程师(签字):

年 月 日

建设单位审批意见:□同意 □不同意
项目负责人(签字):

年 月 日

技术交底记录 附表 3

工程名称			
交底时间		交底地点	
接受人员			

交底内容：

接受人(签字)：

交底人(签字)：		时间	年 月 日

图纸会审记录 附表 4

工程名称				
会审地点		会审时间		

会审内容：

各方人员 签字	建设单位		建设单位盖章
	设计单位		
	监理单位		
	施工单位		

管线地面高程测量记录 　　　　　　　　附表 5

工程名称	
工程地点	

工程地点		测量日期	

基准点/临时水准点编号及高程	

管段起止桩号	

桩号	设计图现状地面标高程	实测地面塔尺读数	实测地面高程	实测高程与设计图高程差值(m)

测量人(签字):		复核人(签字):	

工程变更、洽商记录 　　　　　　　　附表 6

工程名称	

洽商原因: 洽商内容: 施工单位项目负责人(签字): 　　　　　　　　　　　　　　　　　　　　　　　年　　月　　日
监理单位意见: 总监理工程师(签字): 　　　　　　　　　　　　　　　　　　　　　　　年　　月　　日
设计单位意见: 项目负责人(签字): 　　　　　　　　　　　　　　　　　　　　　　　年　　月　　日
建设单位意见: 项目负责人(签字): 　　　　　　　　　　　　　　　　　　　　　　　年　　月　　日

设备、材料出厂质量证明文件汇总表 附表7

序号	设备、材料名称	型号及规格	数量	证件份数

变更说明：

施工单位填报人（签字）；

年 月 日

监理工程师/建设单位质检员（签字）；

年 月 日

设备、材料进场检验记录 附表8

名称	规格和型号	生产单位	数量	证件份数	类别

附件：
□产品合格证份、共 页；
□材质证明书份、共 页；
□生产厂家检验/试验报告份、共 页；
□检测机构报告份、共 页；
□进口产品商检证份、共 页；
□质量机构检验报告份、共 页；
□压力容器、压力管道及管件生产制造许可证份、共 页；
□其他份、共 页。

外观质量检查记录：
检查人（签字）：

年 月 日

施工单位意见：
质检员（签字）：

年 月 日

监理/建设单位核查意见：
审查人（签字）：

年 月 日

沟槽回填土密实度检测试验报告汇总表 附表9

工程名称					
检测单位					
检测方法		取样见证人			
埋地管长度		检测点数量			
检测报告编号	取样点桩号	土质种类	密实度(%)		
			Ⅰ层	Ⅱ层	Ⅲ层

填表人(签字)：　　　　　　　　　　　　　　　　　　　　年　月　日

钢管焊缝外观检查及无损检测汇总表 附表10

工程名称								
管道名称或起止桩号								
焊缝编号	外观检查级别	渗透检测级别	超声波检测级别	射线检测级别				检测报告编号	返修情况
				Ⅰ	Ⅱ	Ⅲ	Ⅳ		

合计：
外观检查：Ⅰ级　条、Ⅱ级　条、Ⅲ级　条、Ⅳ级　条
超声波：Ⅰ级　条、Ⅱ级　条、Ⅲ级　条、Ⅳ级　条，实际检测比例　%。
射线：Ⅰ级　张、Ⅱ级　张、Ⅲ级　张、Ⅳ级　张，实际检测比例　%。
检测比例和检测结果：□符合要求　□不符合要求

附：焊道图张。

施工单位质检员(签字)：　　　　　　　　　　　　　　　　　年　月　日

监理工程师/建设单位质检员(签字)：　　　　　　　　　　　　　年　月　日

钢管防腐（补口）剥离强度试验记录 附表11

工程名称							
试验日期			年 月 日	气温			℃
防腐材料				防腐层表面温度			℃
试验仪器							
试验部位	管体温度（℃）	划开宽度（cm）	划开长度（cm）	测力计数值（N）		剥离强度（N／cm）	试验结论
							□合格 □不合格
							□合格 □不合格
试验说明和结论	试验人员(签字)：						年 月 日
施工单位意见： 质检员(签字)： 年 月 日			监理单位意见： 监理工程师(签字)： 年 月 日			建设单位意见： 质检员(签字)： 年 月 日	

管线沟槽高程测量记录 附表12

工程名称								
测量区间					测量日期			
桩号	槽底测量塔尺读数	地面测量塔尺读数	槽底高程	地面高程	实际挖深(m)	设计挖探(m)	抽测结果	抽测人签字
测量人(签字)：								
复核结果： 复核人(签字)：							年 月 日	

沟槽开挖施工及检查记录 附表 13

工程名称					开挖日期		
开挖管段					开挖方式		
起止桩号(部位)	土 质	边坡率	上口宽(m)	沟底宽(m)		挖深(m)	管基处理
管位核查情况							
变更内容及依据							
图示说明:							
施工单位自查意见: 质检员(签字): 　　　　　　　　年 月 日				监理/建设单位检查意见: 监理工程师/质检员(签字): 　　　　　　　　年 月 日			

管基处理及检查记录 附表 14

工程名称			
处理地段		施工时间	
处理原因: 处理依据:			
处理内容及附图说明: 施工人员(签字):　　　　　　　　　　　　　　　　　　年 月 日			
施工单位自查意见: 质检员(签字):　　　　　　　　　　　　　　　　　　年 月 日			
监理单位复查意见: 监理工程师(签字):　　　　　　　　　　　　　　　　年 月 日			
建设单位复查意见: 质检员(签字):　　　　　　　　　　　　　　　　　　年 月 日			

铸铁管安装及检查记录

附表 15

工程名称	
施工部位	
管材及管件尺寸	
永久性支墩设置	

序号	施工日期	接口编号(或桩号)	安装前检查	连接检查	检查结论

施工员(签字)		质检员(签字)	

土建结构工程施工及检查记录

附表 16

工程名称			
结构名称		所在部位	
施工时间	年 月 日至 年 月 日		

基础处理:

砌筑施工记录:

混凝土施工记录:

检查意见和结论:

施工员(签字):	年 月 日
质检员(签字):	年 月 日

334

聚乙烯管安装及检查记录
附表 17

工程名称				施工日期		年 月 日
安装部位(桩号)				天气		

	材料级别、管径及管长		PE SDR DN —				
	设备型号						
	焊接压力	MPa	热板温度	℃	加热时间	min	冷却时间 min
热熔连接	起止接口编号				接口总数		
	检验项目	合格标准			自检结果	抽检数	合格数
	翻边对称性	翻边最低处深度不低于管材表面					
	接头对正性	焊缝两侧错边量不超过壁厚的10%,即 mm					
	翻边切除	翻边应是实心圆滑的根部较宽					
		翻边下侧无杂质、小孔、扭曲和损坏					
		每隔5cm进行180°背弯试验,无裂缝、不露出熔合线					
	设备型号			设备校准日期			
	加热电压	V	加热时间 min	刮皮长度 mm		插入长度	mm
电熔连接	起止接口编号			接口总数			
	检验项目及合格标准			自检结果	抽检数		合格数
	刮皮痕迹和插入长度标记明显						
	接缝处无熔融料溢出						
	管件内电阻丝不应挤出						
	管件上观察孔中能看到少量熔融料溢出						

问题及处理

签字:

施工单位自查意见:	监理单位检查意见:	建设单位检查意见:
焊工(签字):		
质检员(签字): 年 月 日	监理工程师(签字): 年 月 日	质检员(签字): 年 月 日

附表 18

钢管焊接及焊缝外观检查记录

工程名称		施焊日期		天气	
管材及管径		坡口形式		预热温度	
焊接方式		焊条型号		焊丝型号	

焊口编号	管号(原材料)	焊缝位置(所在桩号)	坡口内外清理范围(mm)	钝边(mm)	坡口角度(°)	间隙(mm)	内壁错边量(mm)	螺旋焊道间距(mm)	表面缺陷					外观质量等级	抽查结果	抽查人签字
									气孔	夹渣	咬边(mm)	未焊透(mm)	余高(mm)			

施工单位自查意见：

质检员（签字）：　　　　　　　　　年　月　日

监理/建设单位检查意见：

监理工程师/质检员（签字）：　　　　　　　　　年　月　日

附表 19

钢管及附件现场防腐检查记录

工程名称												
防腐材料及工艺									□普通级　□加强级			
防腐层设计厚度		mm				防腐等级						
防腐日期	防腐部位	防腐管道（附件）的规格和数量	表面处理方法		防腐层外观质量	防腐层测量厚度	电火花检测结果		电火花检测电压		抽查结果	抽查人签字
			管材及附件外观检查	表面处理等级			下沟前	下沟后	防腐层剥离强度试验	kV		

问题及处理记录：

施工人员：

施工单位自查意见：

质检员（签字）：　　　　　　　　　　　　　　年　　月　　日

监理/建设单位检查意见：

监理工程师/质检员（签字）：　　　　　　　　　　年　　月　　日

沟槽回填施工及检查记录　　　　　　　　附表 20

工程名称				
回填部位			回填时间	
槽底和回填土质：				
回填及分层夯实：				
金属示踪线及警示带敷设：				
金属示踪线测试情况：				
路面恢复和警示标识埋设：				
施工单位自查意见： 质检员(签字)： 　　　　年　月　日		监理单位检查意见： 监理人员(签字)： 　　　　年　月　日		建设单位检查意见： 质检员(签字)： 　　　　年　月　日

管道穿跨越工程施工检查记录　　　　　　　附表 21

工程名称			
施工地点		施工起止日期	
起止桩号		管道长度及规格	
穿跨越方式：□定向钻 □顶管 □跨越 □其他			
管道安装：			
穿跨越前的检验：			
穿跨越简图：			
施工单位自查意见： 质检员(签字)： 　　　　年　月　日		监理/建设单位检查意见： 监理工程师/质检员(签字)： 　　　　年　月　日	

隐蔽工程检查记录　　　　　　　　　　　　　　　　　　　附表 22

工程名称	
隐蔽部位和内容	

依据:□施工图纸　□设计变更/洽商(编号)　□其他
示意图:

施工单位自查意见:

质检员(签字):　　　　　　　　　　　　　　　　　　　　　年　月　日

监理/建设单位检查意见:□同意隐蔽　□修改自行隐蔽　□不同意,修改后重新报验
质量问题:
监理工程师/建设单位质检员(签字):　　　　　　　　　　　年　月　日

室内及室外地上管道安装及检查记录　　　　　　　　　　　附表 23

	工程名称									
	安装部位(栋号)				安装起止时间					
	工程内容									
安装部位	管道编号									
	安装位置									
	管道与墙面的净距(mm)									
施工及检查情况	管道连接方式及质量									
	管卡、托(吊)架安装									
	套管安装									
	引入管安装									
	管道和金属支架涂漆									
	计量表安装									
	管件、附件及阀门安装									

施工人员(签字):　　　　　　　　　　　　　质检员(签字):
　　　　　　　　　　　年　月　日　　　　　　　　　　　　　　年　月　日

管道吹扫记录

附表 24

工程名称	
管道直径	
吹扫方式	□气体吹扫 □清管球清扫
吹扫前 的检查	□与无关系统的有效隔离 □吹扫口、排污口及靶板的安全技术要求 □其他
吹扫管线 示意简图	
过程记录	
检验方法	

吹扫区间/长度	起止时间	结论
		□合格 □不合格
		□合格 □不合格

施工单位质检员(签字)：	监理单位监理工程师 /建设单位质检员(签字)：
年　月　日	年　月　日

输配管道强度试验记录

工程名称			
管段名称 或桩号		试验日期	
管材规格 及长度			
试验前的检查	□试验用仪表的有效期　□试压方案和安全技术措施 □管道的焊接、管道清扫　□管道回填情况		
试验介质	□清洁水　□压缩空气　□其他		
设计压力	MPa	试验压力	MPa
试验用压力表	□弹簧压力表　□U形压力计　□其他		
	数量	块	量程	0～ MPa/mmHg
	精度 等级	级	有效期	至　年　月　日
介质温度 （℃）			
升至 50%试验 压力时 初检情况	□有管道泄漏 □有管线变形 □无管道泄漏 □无管线变形		
稳压时间 （h）		观察时间 （h）	
试验过程中 出现的问题 及处理措施			

施工单位自查意见：

质检员（签字）：

　　　　　　　　　年　月　日

监理/建设单位检查意见：

监理工程师/质检员（签字）：

　　　　　　　　　年　月　日

输配管道严密性试验记录

附表 26

工程名称												
管段名称或桩号								试验日期				
管材规格及长度												
试验介质	□清洁水 □压缩空气 □其他											
设计压力				MPa		试验压力						MPa
试验用仪表	□温度计 □气压表 □弹簧压力表 □U形压力表 □其他											
试验前的检查	□管道的强度试验和回填情况 □试验方案审批情况 □试验用压力计、温度计、气压计的量程和有效期											

Ⅰ记录时间；Ⅱ压力(MPa/mmHg)；Ⅲ大气压(Pa)；Ⅳ介质温度(℃)

Ⅰ	Ⅱ	Ⅲ	Ⅳ	Ⅰ	Ⅱ	Ⅲ	Ⅳ	Ⅰ	Ⅱ	Ⅲ	Ⅳ

试验起止时间	月 日 时 分至 月 日 时 分
试验过程中出现的 问题及处理措施	

修正压力降	Pa	试验结论	□合格 □不合格

施工单位质检员(签字)： 年 月 日	监理工程师/建设单位质检员(签字)： 年 月 日

室内管道强度及严密性试验记录 附表 27

工程名称					
管道名称				试验日期	
试验介质	□空气 □其他			设计压力	MPa
试验前的检查	□试验方案 □试验管道的安装情况 □连接接头外观检查 □管道加固 □与无关系统的隔离 □其他				
试验用压力表	□弹簧压力表 □U型压力计 □其他				
	量程		精度等级		级
	最小分格值		有效期		至 年 月 日

强度试验记录		
试验段落(部位)	试验压力	试验结果

严密性试验记录		
试验段落(部位)	试验压力	试验结果

试验过程中的问题及处理	

施工单位质检员(签字): 年 月 日	监理工程师/建设单位质检员(签字): 年 月 日

燃气报警系统安装调试记录

附表 **28**

工程名称				
建设单位				
安装单位			项目 负责人	
安装 主要设备	名称	规格型号	数量	安装位置

安装点位分布及联动控制示意图：

调试情况及说明：

调试结论：

安装单位意见	监理/建设单位意见
代表(签字)： 　　　　　　(公章) 　　　　　　　　　　年 月 日	代表(签字)： 　　　　　　(公章) 　　　　　　　　　　年 月 日

埋地管道回填前验收记录 附表 29

单位工程名称	
验收部位	
工程量	
施工单位	
施工执行标准	

验收项目		施工单位检查评定记录	监理/建设单位验收记录
主控项目	1　与建构筑物、相邻管线间距		
	2　管材、管件及设备材质证明		
	3　沟槽		
	4　钢管焊接		
	5　钢管防腐		
	6　法兰安装及防腐		
	7　聚乙烯管道连接		
	8　聚乙烯管道外观		
	9　地沟		
	10　套管		
	11　管道附件与设备安装		
	12　管道强度及严密性试验		

一般项目	量测项目		允偏值	测量值						合格率(%)
	1	管顶标高(mm)	±10							
	2	管中心位移(mm)	±20							

施工单位检查评定结果	
	质检员(签字)：　　　　　　　　　　　　　　　　　年　月　日
监理/建设单位验收结论	
	监理工程师/建设单位质检员(签字)：　　　　　　　　年　月　日

345

埋地管道回填质量验收记录

附表 30

单位工程名称													
验收部位													
施工单位													
施工执行标准													

施工质量验收规范的规定				施工单位检查评定记录								监理/建设单位验收记录	
主控项目	1	回填前槽底清理											
	2	回填土质											
	3	回填分层压实											
	4	警示带和金属示踪线敷设											
	5	路面警示标志											
	6	超挖部分回填											
一般项目	1	路面恢复											
	2	密实度	量测项目	标准值	实测值							合格率(%)	
			管道两侧	≮90%									
			管顶0.5m以上区域	≮90%									
			管顶以上0.5m区域	设计要求									

施工单位自查评定结果	
	质检员(签字)：　　　　　　　　　　　　　　　　　　　　年　月　日

监理/建设单位验收结论	
	监理工程师/建设单位质检员(签字)：　　　　　　　　　　　年　月　日

346

室外地上管道安装质量验收记录 　　　　　附表 31

单位工程名称														
施工单位														
验收部位														
施工执行标准														

施工质量验收规范的规定				施工单位检查评定记录									监理/建设单位验收记录	
主控项目	1	管道、管件、阀门及其他材料												
	2	管道附件及设备安装												
	3	管道连接												
	4	管道吹扫和压力试验												
一般项目	1	管道防腐												
	2	支吊架安装												
		量测项目	规定值	实际值									合格率（%）	
	3	焊缝与吊支架净距（mm）	∢50											
	4	接地电阻（Ω）	≯10											

施工单位检查评定结果	质检员（签字）：　　　　　　　　　　　　　　年　月　日
监理/建设单位验收结论	监理工程师/建设单位质检员（签字）：　　　　　　年　月　日

室内管道安装质量验收记录 附表 32

单位工程名称			
施工单位			
验收部位			
施工执行标准			

施工质量验收规范的规定			自评检查记录	验收记录
主控项目	1	管道、管件、阀门及其他材料质量		
	2	与其他管线的最小平行、交叉间距		
	3	管道连接		
	4	阀门安装检验		
	5	管道压力试验		
	6	暗埋管道		
	7	引入管敷设及防腐层		

		施工质量验收规范的规定			自评检查记录	验收记录
一般项目	1	管道坡度、坡向				
	2	支(吊、托)架及管座(墩)安装				
	3	套管安装				
	4	管道和金属支架涂漆				
		量测项目		允偏值	实际偏差值	合格率(%)
	5	水平管的标高(mm)		±10		
	6	阀门中心距地面高度(mm)		±15		
	7	与墙面的净距(mm)		±10		
	8	水平管道纵横方向弯曲(mm)	每1m	D≤100mm	0.5		
				D>100mm	1		
			全长(25m以上)	D≤100mm	≯13		
				D>100mm	≯15		
	9	立管垂直度	每1m		2		
			全长(5m以上)		≯10		

施工单位自查评定结果	
质检员(签字)：	年 月 日

监理/建设单位验收结论	
监理工程师/建设单位质检员(签字)：	年 月 日

单位（分部）工程质量验收记录　　　　　附表 33

单位工程名称	
分部工程名称	

工程内容：

序号	分部(分项)工程名称	质量控制资料	观感检查
1		□齐全　□基本齐全　□不齐全	□好　□一般　□差
2		□齐全　□基本齐全　□不齐全	□好　□一般　□差
3		□齐全　□基本齐全　□不齐全	□好　□一般　□差
4		□齐全　□基本齐全　□不齐全	□好　□一般　□差

施工单位验收意见： 项目经理(签字)：　　　年　月　日	监理单位验收意见： 总监理工程师(签字)：　　　年　月　日
设计单位验收意见： 项目负责人(签字)：　　　年　月　日	建设单位验收意见： 项目负责人(签字)：　　　年　月　日

质量/安全事故报告书　　　　　附表 34

工程名称		
建设单位		
施工单位		
设计单位		
监理单位		
事故发生时间		
事故造成损失	报告事故时间	
事故经过、后果与原因分析：		
事故发生后采取的措施：		
对责任单位、责任人处理意见：		
报告人(签字)：		年　月　日
负责人(签字)：		年　月　日